POLITEXT 131

Dispositivos electrónicos y fotónicos. Fundamentos

POLITEXT

Lluís Prat Viñas

Josep Calderer Cardona

Dispositivos electrónicos y fotónicos. Fundamentos

EDICIONS UPC

Primera edición: enero de 2003
Segunda edición: marzo de 2006
Reimpresión: mayo de 2010

Diseño de la cubierta: Manuel Andreu

©   Edicions UPC, 2003
       Edicions de la Universitat Politècnica de Catalunya, SL
       Jordi Girona Salgado 31, Edifici Torre Girona, D-203, 08034 Barcelona
       Tel.: 934 015 885   Fax: 934 054 101
       Edicions Virtuals: www.edicionsupc.es
       E-mail: edicions-upc@upc.edu

Producción: LIGHTNING SOURCE

Depósito legal: B-15933-2006
ISBN: 978-84-8301-854-5

Índice

3   Tecnología de fabricación

4   Dispositivos optoelectrónicos

5   El transistor bipolar

6   Transistores de efecto de campo

1 Propiedades eléctricas de los semiconductores

El objetivo de este capítulo es la introducción del lector al conocimiento de los semiconductores y de sus propiedades eléctricas fundamentales, que le permita emprender en los capítulos siguientes el estudio de los dispositivos electrónicos realizados con semiconductores, lo cual, en definitiva, es el objetivo de este libro. Se comienza con una breve descripción de los semiconductores y de su dopaje, haciendo especial hincapié en el silicio. Se estudia después una propiedad de importancia fundamental, como es la cantidad de cargas móviles que pueden originar corriente en el semiconductor, denominadas *portadores*. Se analizan los mecanismos por los cuales esos portadores inducen una corriente eléctrica, y se llega a la formulación de una ecuación de importancia clave para los dispositivos semiconductores: la ecuación de continuidad. Finalmente se presenta la relación entre cargas, campos eléctricos, potencial y bandas de energía, que permite emprender en el capítulo siguiente el estudio de la unión PN, la estructura básica para fabricar dispositivos.

1.1 Materiales semiconductores

1.1.1 Introducción

Los materiales semiconductores ocupan una posición intermedia en la escala de conductividades entre los conductores y los aislantes. La resistividad de los buenos conductores, como el cobre, es del orden de $10^{-6}\,\Omega\cdot$cm, y la de los buenos aislantes supera los $10^{12}\,\Omega\cdot$cm, mientras que la de los semiconductores ocupa prácticamente todo el intervalo limitado por los dos valores anteriores. Los primeros estudios sobre los semiconductores fueron realizados por Tomas Seebeck en 1821, y las primeras aplicaciones se deben a Werner von Siemens (1875, fotómetro de selenio) y a Alexander Graham Bell (1878, sistema de comunicación telefónica). No obstante, esos materiales no tuvieron un papel importante en el mundo de la electrónica hasta 1947, cuando se descubrió el transistor bipolar. Desde entonces, los nombres *electrónica* y *semiconductores* han quedado unidos de forma indisoluble.

En la tabla 1.1 se muestra una parte de la tabla periódica en la que aparecen los principales semiconductores. Se indica en cada celda el número atómico del elemento. Debe recordarse que los elementos de la columna II tienen dos electrones de valencia, mientras que los de la columna III tienen tres, y así sucesivamente.

En la tabla 1.2 se muestran los principales semiconductores utilizados actualmente en aplicaciones electrónicas. Obsérvese que aparecen semiconductores simples como el silicio (Si) y el germanio (Ge) y semiconductores compuestos. Entre éstos se hallan los binarios IV-IV, III-V y II-VI —formados por parejas de elementos procedentes cada uno de ellos de las columnas indicadas— y las aleaciones constituidas por tres o más elementos, como son los compuestos ternarios y cuaternarios. En esos compuestos, *x* e *y* indican el tanto por uno del elemento considerado.

Tabla 1.1   Parte de la tabla periódica en la que figuran los elementos que juegan un papel importante en la electrónica de los semiconductores

II	III	IV	V	VI
^{4} Be	^{5} B	^{6} C	^{7} N	^{8} O
^{12} Mg	^{13} Al	^{14} Si	^{15} P	^{16} S
^{30} Zn	^{31} Ga	^{32} Ge	^{33} As	^{34} Se
^{48} Cd	^{49} In	^{50} Sn	^{51} Sb	^{52} Te
^{80} Hg	^{81} Tl	^{82} Pb	^{83} Bi	^{84} Po

Tabla 1.2   Tipos de semiconductores utilizados en aplicaciones electrónicas

Tipos de semiconductores	Ejemplos
Semiconductores simples	Si, Ge
Semiconductores compuestos IV-IV	SiC, SiGe
Semiconductores compuestos III-V	GaAs, GaP, GaSb, AlAs, AlP, AlSb, InAs, InP, InSb
Semiconductores compuestos II-VI	ZnS, ZnSe, ZnTe, CdS, CdSe, CdTe
Aleaciones	$Al_xGa_{1-x}As$, $GaAs_{1-x}P_x$, $Hg_{1-x}Cd_xTe$, $Ga_xIn_{1-x}As_{1-y}P_y$

El semiconductor más utilizado en la electrónica actual es el silicio —en un porcentaje superior al 95 %— pero los semiconductores compuestos empiezan a jugar un papel cada vez más significativo en aplicaciones de alta velocidad y en la optoelectrónica. Por ese motivo, en este libro se considera al silicio como semiconductor de referencia, si no se indica otra cosa explícitamente.

1.1.2 La estructura cristalina

Un semiconductor se denomina *amorfo* cuando sus átomos no siguen una ordenación espacial más allá de unos poco átomos. Contrariamente, cuando todos los átomos están perfectamente ordenados, siguiendo una estructura básica que se repite indefinidamente en las tres direcciones del espacio, se dice que es un *monocristal*. Cuando el material está constituido por un aglomerado de granos cristalinos, se dice que presenta una estructura *policristalina*.

El silicio es un elemento con 14 electrones, como indica su número atómico. Diez de esos electrones ocupan órbitas muy próximas al núcleo, y están tan ligados a éste que prácticamente no cambian su estado durante las interacciones normales entre átomos. No sucede lo mismo con los cuatro más externos, llamados *electrones de valencia*, los cuales participan activamente en las interacciones con los demás átomos. Por ese motivo, se dice que el silicio es un átomo *tetravalente*.

Cuando el silicio forma un monocristal, cada átomo se une a cuatro átomos contiguos mediante cuatro enlaces covalentes, en las direcciones que se muestran en la figura 1.1.a. Un enlace covalente está formado por un par de electrones compartidos por los dos átomos. En el silicio, cada uno de los átomos unidos aporta un electrón de valencia para formar un enlace. Esa estructura básica se repite por todo el espacio, tal y como se muestra en la figura 1.1.b, en la que se representa la celda básica del silicio. Como se puede observar, cada átomo de la celda básica está unido a cuatro átomos contiguos mediante cuatro enlaces covalentes, siguiendo la estructura de la figura 1.1.a.

La celda básica es el menor volumen representativo del cristal, que repetido indefinidamente en las tres direcciones del espacio origina el monocristal. Para describir esa celda se emplean dos elementos: la red cristalina y el grupo atómico. La red es un conjunto de puntos, denominados *nodos*; vinculado a cada nodo se halla el grupo atómico. De ese modo, el grupo atómico se repite en el espacio siguiendo la distribución marcada por la red.

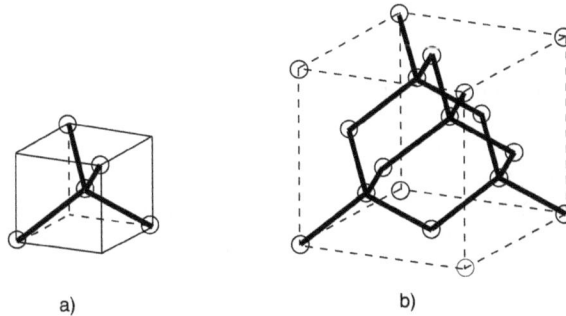

a)   b)

Fig. 1.1 a) Estructura de enlaces entre átomos. b) Celda unitaria del silicio. En la figura, cada esfera representa un átomo, y cada segmento entre esferas un enlace covalente.

La red cristalina del silicio es un cubo con nodos en los ocho vértices y en el centro de cada una de las caras, denominada *estructura cúbica centrada en las caras* (en inglés, *fcc, face centered cube*). El grupo atómico está constituido por dos átomos de silicio: uno de ellos situado en el nodo, y el segundo separado del primero según la dirección marcada por la diagonal principal del cubo, a una distancia igual a 1/4 de esa diagonal (v. fig. 1.1.b). Esa estructura cristalina se denomina *diamante*, ya que es la misma que presenta el diamante (cristal de carbono). La longitud de una arista del cubo se denomina *constante de red* (en inglés, *lattice constant*), y para el silicio es de 5.43 Å. Teniendo en cuenta ese dato, es fácil comprobar que hay 5×10^{22} átomos de silicio por cada centímetro cúbico.

El GaAs y otros semiconductores compuestos tienen una estructura cristalina ligeramente diferente, denominada *zincblenda*. La red cristalina es también cúbica centrada en las caras, pero el grupo atómico está constituido por un átomo de galio y uno de arsénico, con la misma distribución espacial que la descrita anteriormente para el silicio. La constante de red de ese semiconductor es de 5.65 Å. Los enlaces entre átomos son covalentes y parcialmente iónicos, dado que los átomos pentavalentes de As ceden un electrón a los átomos trivalentes de Ga para formar el enlace.

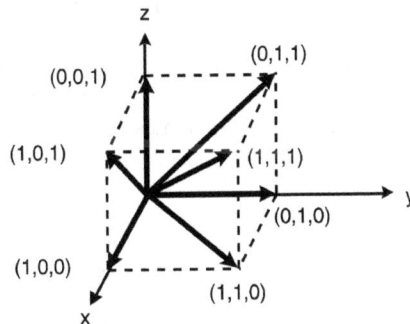

Fig. 1.2 Principales direcciones cristalinas en el silicio. El cubo representa la celda básica.

Se pueden agrupar todos los átomos de un cristal en un conjunto de planos paralelos y equidistantes, denominados *planos cristalográficos*. Existen infinitas familias de planos cristalográficos en un semiconductor, y cada una viene especificada por un conjunto de tres enteros denominados *índices de Miller*. En los cristales cúbicos, esos índices son proporcionales a los componentes de un vector perpendicular a los planos. En la figura 1.2 se representa la celda básica de silicio junto con algunas direcciones cristalinas. Las direcciones cristalinas son importantes para determinadas propiedades físicas y tecnológicas del semiconductor.

1.1.3 Los portadores de corriente. Modelos de enlaces y de bandas

La corriente eléctrica a través de una sección de un material se define como la carga que atraviesa esa sección por unidad de tiempo. Para que haya corriente debe haber, por lo tanto, partículas que transporten la carga; esas partículas móviles con carga eléctrica se denominan *portadores de corriente*. En los semiconductores existen dos tipos de portadores de corriente: los electrones de conducción, que tienen carga negativa, y los huecos, con carga positiva.

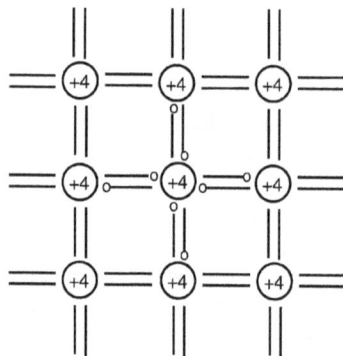

Fig. 1.3   *Modelo de enlaces del semiconductor. Los electrones de valencia, representados por pequeños círculos, se dibujan solo para los enlaces del átomo central, con indicación del átomo que los aporta.*

Para estudiar la naturaleza de esos portadores de corriente se debe partir de la estructura cristalina del semiconductor, descrita en el apartado anterior. Para evitar la complicación que comporta el carácter tridimensional de esa estructura, se realiza una representación simplificada bidimensional que se denomina *modelo de enlaces*, la cual se muestra en la figura 1.3. En ese modelo, cada círculo representa el núcleo más los electrones internos de un átomo del semiconductor, y cada línea entre los círculos un electrón de valencia compartido por los átomos. Nótese que la carga +4 indicada en cada círculo se neutraliza con la carga negativa de los cuatro electrones de valencia que el átomo aporta para realizar los cuatro enlaces covalentes con los átomos contiguos. Debe tenerse en cuenta que en la realidad los cuatro enlaces no están en un mismo plano, sino que se disponen en el espacio según se ha mostrado en la figura 1.1.

El electrón de valencia que forma parte de un enlace covalente está fuertemente ligado a los átomos que une. Si se aplica un campo eléctrico al semiconductor, los electrones de valencia siguen ligados al enlace, y los de las capas más internas al núcleo aun con más fuerza, por lo cual no se produce movimiento de cargas alguno. La corriente es, por tanto, nula, y el semiconductor es consecuentemente un aislante. Tal es el comportamiento de un semiconductor a 0 K.

Un estudio riguroso del semiconductor exige la aplicación de la mecánica cuántica. No obstante, muchas de las propiedades de esos dispositivos se pueden entender utilizando una aproximación basada en la física clásica, que considera a los electrones como partículas materiales que obedecen a las leyes de Newton. Esa aproximación didáctica posee indudables ventajas, dado que evita la demora que supondría el aprendizaje previo de los conocimientos sobre mecánica cuántica y física del estado sólido que resultan necesarios para emprender el estudio riguroso de los semiconductores. Pero, lamentablemente, la aproximación clásica requiere ocasionalmente la aportación «externa» de resultados de la física cuántica que permitan superar sus limitaciones. Una de esas aportaciones es la *cuantificación* de la energía: la energía que un electrón puede absorber o emitir está constituida por *paquetes* de energía indivisibles denominados cada uno de ellos *cuanto* de energía. El cuanto de energía electromagnética se denomina *fotón*, y el de energía térmica, *fonón*.

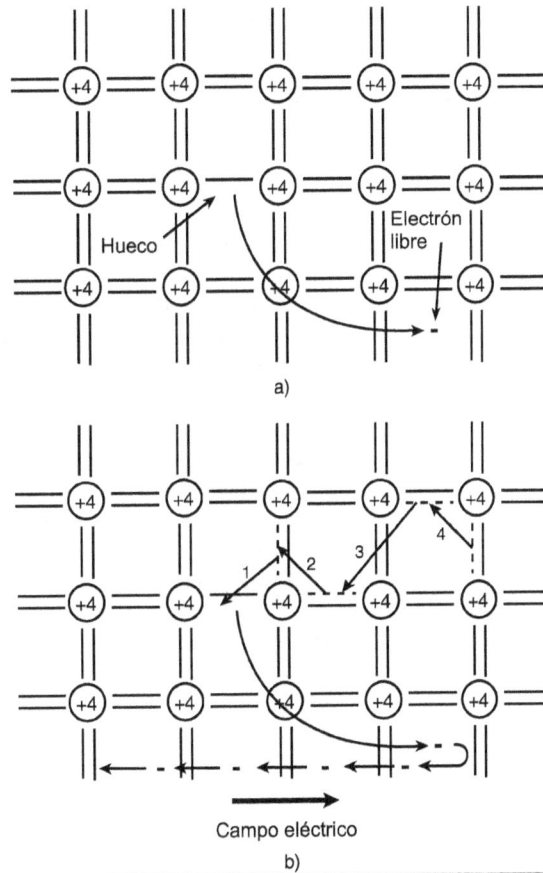

Fig. 1.4 a) Generación de un par electrón-hueco por la ruptura de un enlace covalente. b) Desplazamiento del electrón libre y del hueco por la acción de un campo eléctrico aplicado sobre el semiconductor.

Si un electrón de valencia que forma parte de un enlace covalente absorbe un cuanto de energía del valor adecuado, puede romper la ligazón con el enlace covalente y moverse libremente por el semiconductor. Ese electrón libre, desligado del enlace, se denomina *electrón de conducción* y es un portador de corriente, ya que es una carga que se mueve en sentido contrario al campo eléctrico aplicado al semiconductor debido a su carga negativa.

El enlace covalente roto produce un desequilibrio en la red cristalina, el cual «reclama» la presencia de un electrón para su reconstrucción. Un electrón de valencia de un enlace próximo puede verse afectado por ese desequilibrio, abandonar su enlace y reconstruir el enlace roto. Pero esa acción significa, simplemente, que el enlace covalente roto ha cambiado de sitio, por lo cual se repite la acción anterior. Se vería, por tanto, que el enlace covalente roto —el _hueco_— se va moviendo por el cristal. Cuando se aplica un campo eléctrico se favorece el desplazamiento de los electrones de valencia que ocupan sucesivamente el enlace covalente roto, en sentidos contrarios al campo eléctrico (v. fig. 1.4.b). El resultado es que el hueco, es decir, el enlace covalente roto, se mueve en el mismo sentido que el campo eléctrico, como si de una carga positiva se tratara. La física cuántica demuestra que se puede considerar al enlace covalente roto como a una partícula positiva del mismo valor absoluto que el electrón, y con una masa específica. Es, por lo tanto, un portador de corriente con carga positiva.

Para generar un electrón de conducción y un hueco se debe proporcionar un cuanto de energía a un electrón de valencia. El electrón desligado adquiere una energía mayor que cuando formaba parte del enlace covalente. La representación de la energía de los electrones en los distintos puntos del semiconductor se denomina _modelo de bandas de energía_.

Para alcanzar una comprensión cualitativa de ese modelo debe considerarse en primer lugar el modelo atómico de Bohr para un átomo aislado. Como es bien sabido, Bohr propuso para el átomo un modelo planetario corregido en algunos aspectos: los electrones giran en órbitas circulares alrededor del núcleo, de tal forma que la fuerza eléctrica de atracción entre el electrón negativo y el núcleo positivo se neutralizan exactamente con la fuerza centrífuga. No obstante, solo se permiten aquellas órbitas cuyo momento angular sea un múltiplo entero de $h/2\pi$. El electrón que se halla en una órbita permitida no emite energía. En cada órbita, el electrón tiene una energía total bien definida, que viene dada por la suma de las energías potencial y cinética. El electrón puede saltar de una órbita a otra absorbiendo o emitiendo un cuanto de energía igual a la diferencia entre las respectivas energías totales que tiene en cada una de las órbitas consideradas. En la figura 1.5 se muestra el radio y la energía total del electrón en las órbitas permitidas. El electrón puede por tanto tener en el átomo aislado unos _niveles_ de energía permitidos, mientras que el resto de energías no le están permitidas.

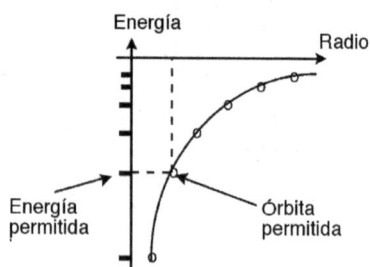

Fig. 1.5 Modelo de Bohr para el átomo aislado: el electrón tiene en cada órbita permitida una energía bien definida

Cuando se forma el cristal, hay muchos átomos que interactúan entre sí, de manera que el modelo del átomo aislado deja de ser válido. El principio de exclusión de Pauli establece que no puede haber dos electrones de un mismo sistema con el mismo estado cuántico. Por esa razón, cuando dos átomos se aproximan y los electrones comienzan a interactuar entre sí y a formar un mismo sistema, los niveles de energía del átomo aislado tienen que desdoblarse, dado que en caso contrario podría haber dos electrones con el mismo estado cuántico (v. fig. 1.6). Cuando, en lugar de dos átomos, son muchos más los que interactúan, como en el caso de un cristal, el nivel original se debe subdividir en tantos niveles como átomos interactúen. Aparecen así intervalos de energía en los cuales hay una gran densidad de niveles permitidos, y da la impresión de que hay una continuidad de energías permitidas. Se dice entonces que ese intervalo constituye una *banda de energía permitida*. Cuando en un intervalo de energías no hay nivel permitido, se le denomina *banda prohibida* (*BP*).

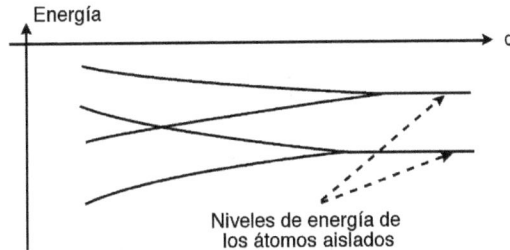

Fig. 1.6 Desdoblamiento de los niveles permitidos cuando la distancia d *entre los dos átomos se reduce*

Ejercicio 1.1

Calcúlese el radio y la energía total del electrón para las dos órbitas más próximas al núcleo del átomo de hidrógeno. Datos: el radio de las órbitas permitidas es $r = (h^2\varepsilon_o/\pi m q^2)n^2 = 0{,}53n^2$ Å; la velocidad $v = (q^2/h\varepsilon_o)(1/n)$, donde n es entero.

Las dos primeras órbitas son para n *= 1 y* n *= 2. Los radios son* r_1 *= 0.53 Å y* r_2 *= 2.12 Å.*

La energía total del electrón en una órbita es E $= E_{cin} + E_{pot} = (1/2)mv^2 + (-q^2/4\pi\varepsilon_o r) = -q^2/8\pi\varepsilon_o r =$
$= -13{,}6/n^2\ eV$

Por lo tanto, $E_1 = -13.6\ eV$ *y* $E_2 = -3.4\ eV$. *El signo negativo de la energía total indica que el electrón está ligado al núcleo —para liberarse es necesario un radio infinito, lo cual significa un valor de* n *infinito y, por lo tanto, una energía total nula—.*

Las energías de los electrones de valencia se agrupan en un intervalo que se denomina *banda de valencia*; el límite superior de ese intervalo es E_v. Las energías que pueden tener los electrones que se han desligado de los enlaces covalentes se agrupan también en un intervalo, denominado *banda de conducción*; su límite inferior es E_c. Entre las dos bandas se extiende la *banda prohibida*: ningún electrón puede tener una energía de ese margen. Véase la figura 1.7.

La amplitud de la banda prohibida se denomina E_g (en inglés, la banda prohibida se conoce como *band gap*), y es uno de los parámetros más importantes de un semiconductor. Esa energía, $E_g = E_c - E_v$, es la energía mínima que se debe proporcionar a un electrón de valencia para desligarlo del enlace covalente. Cuanto mayor es el valor de E_g, más fuerte es el enlace covalente y menos electrones lo pueden romper, por lo cual el semiconductor es más aislante. A temperatura ambiente el silicio tiene una $E_g = 1.1$ eV, el GaAs de 1.43 eV y el Ge de 0.68 eV. Los semiconductores que tienen una E_g superior a los 3 eV son prácticamente aislantes, mientras que los que la tienen nula o de pocas décimas de eV son conductores. (Un electronvoltio, eV, es la energía adquirida por un electrón cuando es acelerado por una diferencia de potencial de 1 voltio, y equivale a 1.6×10^{-19} julios). Si bien E_g varía ligeramente con la temperatura, en este texto se hace la aproximación de considerarla constante.

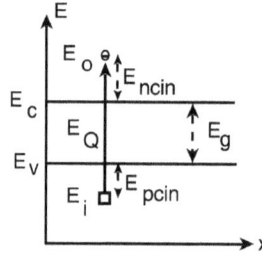

Fig. 1.7   Modelo de bandas de energía de un semiconductor

Cuando un electrón de valencia de energía E_i absorbe un cuanto de energía E_Q (v. fig. 1.7), pasa a tener una energía dentro de la banda de conducción de valor $E_o = E_i + E_Q$. Ese electrón libre tiene una cierta velocidad, y por tanto, una cierta energía cinética. Esa energía cinética es $E_{ncin} = E_o - E_c$. En el límite, para energía cinética nula, es decir, cuando el electrón libre está inmóvil, su energía es igual a E_c. Por ese motivo, E_c es la *energía potencial del electrón libre*. Análogamente, un hueco situado en el nivel E_i dentro de la banda de valencia tiene una energía potencial de valor E_v y una energía cinética de valor $E_{pcin} = E_v - E_i$. Nótese que se comporta como una burbuja dentro de un líquido: cuanto más profunda, más energética.

1.1.4 El semiconductor intrínseco

Se denomina *semiconductor intrínseco* al semiconductor puro y perfectamente cristalino. En rigor, ese semiconductor no tiene existencia real porque todos los semiconductores contienen algún átomo de impureza y tienen algún defecto cristalino.

En el semiconductor intrínseco los portadores se generan exclusivamente por la ruptura de enlaces covalentes. En consecuencia, el número de electrones de conducción y el de huecos son iguales. Ese número de portadores se calcula a partir de las densidades de electrones libres n y de huecos p, es decir, a partir del número de portadores por unidad de volumen. Como que en los semiconductores la unidad de longitud utilizada habitualmente es el centímetro, n representa el número de electrones libres por cm^3 y p el número de huecos por cm^3. Por tanto, en un semiconductor intrínseco $n = p = n_i$, siendo n_i la *concentración intrínseca*.

La concentración intrínseca depende de E_g y de la temperatura. Efectivamente, si E_g aumenta se debe proporcionar más energía a un electrón de valencia para que pueda romper el enlace, por lo cual el número de enlaces rotos a una determinada temperatura, es decir, n_i, es menor. Si la temperatura aumenta hay más energía térmica disponible, es decir, más cuantos de energía térmica, y por lo tanto hay un mayor número de electrones que han podido absorber un cuanto y convertirse en electrones de conducción, lo cual provoca el aumento de n_i. En los próximos apartados se demuestra la expresión que relaciona cuantitativamente n_i con E_g y T:

$$n_i = AT^{3/2} e^{-E_g / 2k_B T} \tag{1.1}$$

siendo T la temperatura en kelvins, k_B la constante de Boltzmann ($k_B = 8.62 \times 10^{-5}$ eV/K) y A una constante. En la figura 1.8 se representa esta función:

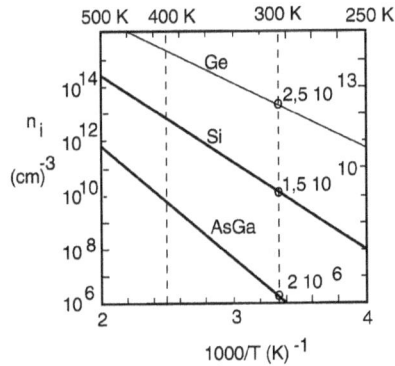

Fig. 1.8.   *Concentración intrínseca en función de la temperatura*

A temperatura ambiente (300 K), los valores de n_i para el silicio, el germanio y el arseniuro de galio son

$$n_i(\text{Si}) = 1.5 \times 10^{10} \text{ cm}^{-3} \qquad n_i(\text{GaAs}) = 2 \times 10^6 \text{ cm}^{-3} \qquad n_i(\text{Ge}) = 2.5 \times 10^{13} \text{ cm}^{-3}$$

Nótese que pequeñas variaciones de E_g significan diferencias en varios órdenes de magnitud (hay siete órdenes de magnitud entre la concentración intrínseca del GaAs y la del Ge).

Ejercicio 1.2

Calcúlese el valor de la constante A en la ecuación 1.1 para el silicio, sabiendo que a 300 K el valor de n_i es de 1.5×10^{10} cm^{-3}. Dato: constante de Boltzmann $k_B = 8.62 \times 10^{-5}$ eV/K.

Sustituyendo los valores en 1.1 y teniendo en cuenta que para el silicio $E_g = 1.1$ eV, *resulta*

$A = n_i(300)/[(300)^{1.5}exp(-1.1/(2 \cdot 8.62 \times 10^{-5} \cdot 300)] = 4.979 \times 10^{15} \ cm^{-3}/K^{1.5}$

CUESTIONARIO 1.1.a

1. El silicio monocristalino, con una densidad de 2.33 g/cm^3, contiene 5×10^{22} átomos en cada centímetro cúbico. La densidad del silicio amorfo depende de la técnica empleada para su obtención. Determínese la cantidad de átomos por cm^3 en una muestra de silicio de densidad 1.95 g/cm^3.

a) 4.18×10^{22} b) 3.50×10^{22} c) 8.15×10^{21} d) 9.74×10^{21}

2. La celda unitaria de la red cristalina del silicio es un cubo de 5.43 Å de arista. Determínese cuántos átomos de silicio contiene.

a) 12   b) 8   c) 6   d) 4

3. _¿Cuál de las siguientes proposiciones referidas al diagrama de bandas de energía de un semiconductor es falsa?_

a) Cuando un electrón de conducción adquiere energía pasa a un nivel de energía superior dentro de la banda de conducción.

b) Cuando un hueco adquiere energía pasa a un nivel de energía inferior dentro de la banda de valencia.

c) A 0 K, un electrón de la banda de valencia no puede nunca adquirir energía dentro de la misma banda.

d) Un electrón de la banda de valencia puede adquirir energía dentro de la misma banda, pasando de un nivel inferior a otro superior que se encuentre vacío. La energía de los huecos no depende en absoluto de ese cambio.

4. _Razónese a partir de un diagrama de bandas cuál de las siguientes proposiciones es cierta._

a) A 0 K, los semiconductores son aislantes y los metales son conductores.

b) A 0 K, todos las materiales son aislantes.

c) A 0 K, algunos metales son aislantes.

d) A 0 K, todos los materiales son conductores.

5. _Una muestra de silicio intrínseco presenta una resistencia de 1 kΩ. Si se supone, como primera aproximación, que la conductividad es inversamente proporcional a la concentración intrínseca de portadores,_ n_i, _¿qué resistencia tiene la muestra si en lugar de ser de Si es de GaAs?_

_a) 770 Ω   b) 1.43 Ω   c) 7.5 MΩ   d) 0.13 mΩ_

6. _El valor de la concentración intrínseca de portadores en el silicio a 300 K es de 1.5×10^{10} cm^{-3}. ¿Qué valor adopta_ n_i _si se dobla el valor de la temperatura absoluta T? Datos: anchura de banda prohibida_ E_g _= 1.1 eV, constante de Boltzmann_ k_B _= 8.62×10^{-5} eV/K._

_a) 1.08 cm^{-3} b) 2.1×10^{20} cm^{-3} c) 1.27×10^5 cm^{-3} d) 1.75×10^{15} cm^{-3}_

1.1.5 El semiconductor extrínseco tipo N

Cuando a un cristal semiconductor se le añaden átomos diferentes a los propios del semiconductor, se dice que se le _dopa_, y el material resultante se denomina semiconductor _extrínseco_. Como se ve seguidamente, mediante el dopaje se puede conseguir que el semiconductor tenga muchos más electrones que huecos, y se dice entonces que el semiconductor es del tipo _N_ —hace referencia al hecho de que las cargas negativas son mayoría—, o bien, que tenga más huecos que electrones, y se dice en tal caso que el semiconductor es del tipo _P_ —por las cargas positivas, que son mayoría—. En un semiconductor extrínseco se denominan _mayoritarios_ los portadores más abundantes, y _minoritarios_ los otros. El dopaje permite controlar la conductividad del semiconductor en más de siete órdenes de magnitud, tanto en el tipo N como en el tipo P, y juega un papel fundamental en los dispositivos electrónicos.

Para conseguir un semiconductor tipo N se debe añadir átomos de *impurezas donadoras* —ese nombre hace referencia al hecho de que esos átomos dan un electrón libre al semiconductor—. El dopaje se mide por la cantidad de impurezas añadidas por centímetro cúbico, cantidad que se denomina N_D. En el caso del silicio las impurezas donadoras son átomos pentavalentes, como el fósforo o el arsénico. Esos átomos de impureza ocupan en la red cristalina el sitio de los átomos de silicio (v. fig. 1.9.a), y dedican cuatro de sus cinco átomos de valencia a formar cuatro enlaces covalentes con los átomos contiguos, como hace el silicio. Esos electrones están fuertemente ligados, igual que los demás electrones de los enlaces covalentes del cristal. El «quinto» electrón continúa unido al núcleo mediante la fuerza electrostática de Coulomb, mucho más débil que la que liga al electrón del enlace covalente, por lo cual es un electrón muy fácil de arrancar. Cuando ese electrón se desliga del átomo se convierte en un *electrón libre*, y *la impureza queda cargada positivamente* —se dice que *se ioniza*—. Cabe notar que en ese proceso no se rompe ningún enlace, por lo cual tampoco se genera ningún hueco.

Se denomina *nivel donador E_d* a la energía del «quinto» electrón cuando está ligado a la impureza (v. fig. 1.9.b). Es un nivel de energía muy próximo a la banda de conducción, lo cual indica que con muy poca energía E_c–E_d se puede convertir en un electrón de conducción.

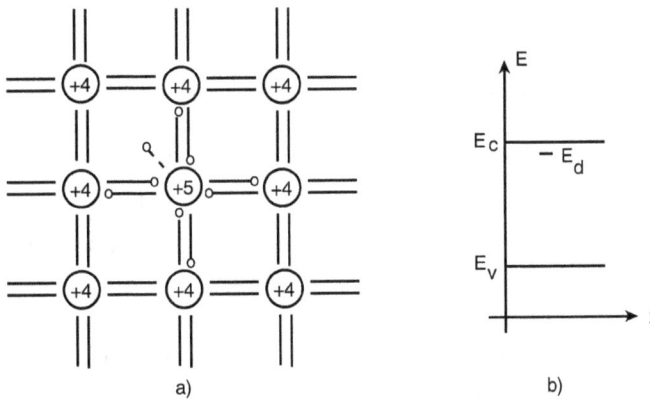

Fig. 1.9   a) *Modelo de enlaces del semiconductor con impurezas donadoras.*
b) *Nivel donador en el modelo de bandas de energía.*

La evolución de la concentración de portadores con respecto a la temperatura se representa en la figura 1.10. A 0 K no hay energía térmica disponible y ningún electrón se halla desligado. Por eso $n = p = 0$. Cuando la temperatura aumenta ligeramente, algunos «quintos» electrones se desligan de las impurezas y «saltan» a la banda de conducción. Se dice que las impurezas se están ionizando o que se da una *ionización parcial* de las impurezas. El número de enlaces covalentes rotos es insignificante ($p \cong 0$), ya que es mucho más difícil e improbable romper un enlace covalente que desligar un «quinto» electrón.

A temperaturas más altas, todas las impurezas han cedido el «quinto» electrón, todas están ionizadas, y el número de enlaces rotos es todavía muy bajo. Por ello, $n \cong N_D$ y $p << n$. Ese comportamiento se denomina *extrínseco* y es el que suele caracterizar al semiconductor a las temperaturas de funcionamiento normal de los dispositivos. Pero si la temperatura sigue aumentando el número de enlaces rotos, n_r, se hace cada vez mayor, y puede llegar un momento en que $n_r >> N_D$. En esa situación final se dice que *el semiconductor tiende a intrínseco*, ya que $n \cong p$, porque $n = N_D + n_r \cong n_r$ y $p = n_r$.

Las concentraciones de portadores que se acaban de describir cualitativamente también se pueden hallar cuantitativamente. Para realizarlo en una primera aproximación se debe suponer un dopaje uniforme y utilizar una relación entre los portadores denominada *ley de acción de masas*. En el próximo apartado se justifica esa ley, que establece que en equilibrio térmico

$$np = n_i^2$$

(1.2)

A una temperatura determinada y para un semiconductor dado, la concentración intrínseca n_i es constante. Por lo tanto, lo que establece la ley de acción de masas es que en equilibrio térmico el producto de n y p es constante. Ello significa que si n aumenta debido a un incremento de N_D, p tiene que disminuir.

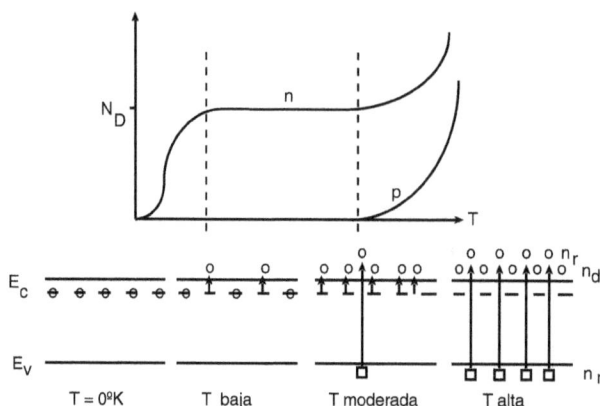

*Fig. 1.10   Evolución de la concentración de los portadores con la temperatura,
e indicación de la procedencia de los electrones libres*

Supóngase un semiconductor uniforme en el que todos los puntos son idénticos entre sí. La carga neta de cada punto ha de ser nula, ya que si no fuera así, el semiconductor tendría una carga neta global, lo cual no es cierto ya que se ha «construido» a partir de átomos neutros de semiconductor y átomos neutros de impurezas. En un punto del semiconductor hay cargas positivas —huecos e impurezas ionizadas N_D^+— y cargas negativas —electrones libres—. Por lo tanto, la neutralidad de carga en cada punto exige que

$$p + N_D^+ = n$$

(1.3)

Si en esta ecuación sustituimos p en función de n utilizando 1.2, resulta

$$n = \frac{N_D^+ + \sqrt{(N_D^+)^2 + 4n_i^2}}{2} \qquad p = \frac{n_i^2}{n}$$

(1.4)

Se ha ignorado la solución con signo negativo antes de la raíz porque daría una n negativa, que no tiene sentido físico. Conociendo n_i (por 1.1) y N_D^+ se puede hallar n y p. Afortunadamente, para temperaturas medianas y altas N_D^+ es igual a N_D, es decir, todas las impurezas están ionizadas, y 1.4

permite calcular n y p. En el intervalo de temperaturas en el que el comportamiento es extrínseco, n_i es muy inferior a N_D, por lo cual 1.4 muestra que $n \cong N_D$ y $p \ll N_D$. En cambio, a medida que la temperatura aumenta, n_i crece, hasta que llega un momento en que $n_i \gg N_D$; la ecuación 1.4 indica entonces que $n \cong n_i$, $p \cong n_i$, es decir, que el semiconductor tiende a intrínseco.

Ejercicio 1.3

Se dispone de una muestra de germanio dopada con $N_D = 10^{15}$ cm^{-3}. ¿Para qué temperaturas no es válida la aproximación $n \cong N_D$? Supónganse todas las impurezas ionizadas.

La expresión 1.4 indica que la aproximación es válida si $N_D^2 \gg 4n_i^2$. Tomando un factor de 10 como «mucho mayor», resulta que la aproximación no es válida si $N_D^2 < 40n_i^2$, es decir, si $n_i > N_D/\sqrt{(40)} = 1.6 \times 10^{14}$ cm^{-3}. Observando la figura 1.1, la temperatura a la que n_i adopta ese valor es de unos 340 K.

1.1.6 El semiconductor extrínseco tipo P

Se denomina semiconductor del tipo P al que está dopado con átomos *aceptores* —ese nombre hace referencia al hecho de que son átomos que aceptan un electrón—. La presencia de esas impurezas provoca que haya más huecos que electrones. En el caso del silicio, esas impurezas son átomos trivalentes como el boro y el aluminio. El átomo aceptor ocupa la posición de un átomo de silicio en la red cristalina, y dedica sus tres electrones de valencia a formar tres enlaces covalentes; queda un «cuarto» enlace incompleto (v. fig. 1.11). Cuando un electrón de un enlace covalente contiguo «salta» al enlace incompleto, deja tras de sí un hueco e ioniza negativamente la impureza.

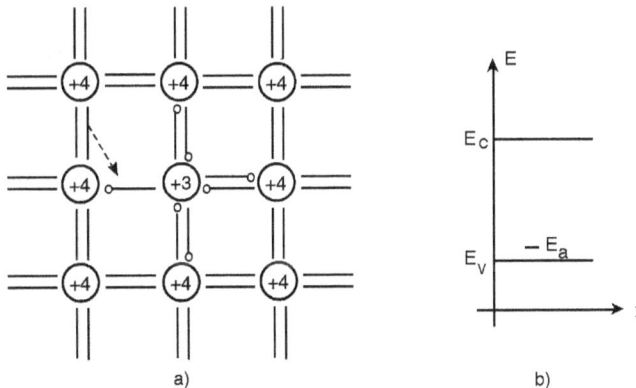

Fig. 1.11   a) Semiconductor con impurezas aceptoras. b) Nivel aceptor E_a en el modelo de bandas.

Se denomina *nivel aceptor E_a* la energía del electrón que ha completado el «cuarto» enlace de la impureza aceptora. Es un nivel muy próximo a E_v, lo cual indica que un electrón de valencia de un enlace covalente contiguo puede «saltar» hacia esa impureza con un incremento de energía muy bajo $E_a - E_v$ y generar un hueco.

La evolución de las concentraciones de electrones y huecos con relación a la temperatura es análoga a la descrita para el semiconductor N: solo se debe intercambiar electrones con huecos, y tener en cuenta que los huecos residen en la banda de valencia. Para un semiconductor uniforme del tipo P, las concentraciones de huecos y electrones son

$$p = \frac{N_A^- + \sqrt{(N_A^-)^2 + 4n_i^2}}{2} \qquad\qquad n = \frac{n_i^2}{p} \qquad\qquad (1.5)$$

donde N_A^- indica la densidad de impurezas aceptoras ionizadas negativamente. Normalmente, en el intervalo de temperaturas en el cual suelen trabajar los dispositivos semiconductores todas las impurezas están ionizadas, por lo cual $N_A^- = N_A$ y la expresión 1.5 permite el cálculo de p y n.

Ejercicio 1.4

El valor de n_i para el silicio a una determinada temperatura es de 10^{14} cm^{-3}. ¿Cuál es la concentración de huecos si el dopaje es $N_A = 10^{14}$ cm^{-3}?

Sustituyendo valores en 1.5 resulta p = $10^{14}[(1+\sqrt{5})/2] = 1.62\times10^{14}$ cm^{-3}

1.1.7 La compensación de impurezas

Se denomina *compensación de impurezas* al fenómeno por el cual, a efectos de creación de portadores, una impureza donadora y otra aceptora se neutralizan mutuamente. A 0 K la impureza donadora cede su «quinto» electrón a la aceptora para que ésta complete su «cuarto» enlace. Esa redistribución electrónica a 0 K se produce de ese modo ya que la energía total del cristal es así menor. Por lo tanto, esas impurezas están ionizadas a 0 K y quedan inhabilitadas para crear un electrón libre —la donadora— y un hueco —la aceptora—. El *dopaje neto* es por tanto la diferencia entre las dos concentraciones, N_D y N_A. Si N_D es mayor que N_A, el semiconductor es del tipo N con un dopaje neto $N_D^* = N_D - N_A$, mientras que si sucede lo contrario, el semiconductor es del tipo P con un dopaje neto $N_A^* = N_A - N_D$. Si no se indica lo contrario, en este texto se considera siempre que los dopajes son netos.

El fenómeno de compensación de impurezas tiene una importancia tecnológica fundamental, ya que permite transformar una región de un tipo en una del tipo contrario, simplemente añadiendo al cristal impurezas del nuevo tipo en cantidad suficiente para neutralizar y superar las que había previamente.

CUESTIONARIO 1.1.b

1. Cuando se introducen impurezas donadoras en un semiconductor, ¿cuál de las siguientes proposiciones es cierta?

   a) El semiconductor queda con una carga global neta negativa.

   b) El semiconductor se mantiene siempre neutro, en todos sus puntos.

c) *El semiconductor es globalmente neutro, pero solo lo es en cada punto si la distribución de impurezas es uniforme.*

d) *El semiconductor solamente es neutro si se incorpora al mismo tiempo una cantidad igual de impurezas aceptoras.*

2. *Una muestra de silicio tiene una concentración de átomos donadores $N_D = 10^{16}$ cm^{-3}. Si se le añade $N_A = 10^{16}$ átomos aceptores uniformemente distribuidos en cada centímetro cúbico, ¿qué concentración de electrones libres tiene el semiconductor a 300 K?*

a) *2×10^{16} cm^{-3}*   b) *10^{16} cm^{-3}*   c) *1.5×10^{10} cm^{-3}* d) *cero*

3. *Dentro de un semiconductor, los portadores se mueven de manera similar a las moléculas de un gas en un recipiente —movimiento de agitación térmica—. Considérense los casos de un semiconductor sin dopar y de un semiconductor con concentraciones $N_A = N_D = 10^{16}$ cm^{-3}, es decir, con dopaje neto nulo.¿Cuál de las siguientes proposiciones relativas al movimiento de agitación térmica de los portadores es cierta? —ténganse en cuenta las fuerzas entre cargas eléctricas—.*

a) *No existe diferencia alguna.*

b) *El semiconductor dopado conduce más que el no dopado.*

c) *El semiconductor dopado conduce menos que el no dopado.*

d) *La respuesta depende de si $N_A = N_D > n_i$ o $N_A = N_D < n_i$.*

4. *¿Cuál de las siguientes proposiciones, referidas a distintos semiconductores dopados con $N_A = 10^{15}$ aceptores/cm^3, es cierta?*

a) *A cierta temperatura, el silicio se comporta de forma extrínseca mientras que el germanio lo hace de forma intrínseca.*

b) *A cierta temperatura, el silicio se comporta de forma extrínseca mientras que el GaAs lo hace de forma intrínseca.*

c) *Cualquier semiconductor dopado con $N_A = 10^{15}$ cm^{-3} es siempre extrínseco del tipo P.*

d) *El intervalo de temperaturas para el comportamiento intrínseco es igual para todos los semiconductores.*

5. *El germanio tiene una concentración intrínseca de portadores a la temperatura de trabajo de $n_i = 2.5 \times 10^{13}$ cm^{-3}. ¿Para qué valores de dopaje no es válida la aproximación $n \cong N_D$ en un material del tipo N?*

a) *$N_D < 5 \times 10^{13}$ cm^{-3}*   b) *$N_D = 5 \times 10^{13}$ cm^{-3}*

c) *$N_D = 2.5 \times 10^{14}$ cm^{-3}*   d) *$N_D = 5 \times 10^{14}$ cm^{-3}*

6. *A una cierta temperatura, la concentración intrínseca en el silicio es $n_i = 10^{14}$ cm^{-3}. ¿Qué valor tiene la concentración de electrones si el dopaje es de $N_D = 10^{14}$ donadores/cm^3?*

a) *10^{14} cm^{-3}*   b) *1.6×10^{14} cm^{-3}* c) *2×10^{14} cm^{-3}*   d)*10^{28} cm^{-3}*

1.2 Concentración de portadores en el equilibrio. El nivel de Fermi

Las características eléctricas de un semiconductor están íntimamente relacionadas con la cantidad de portadores en los distintos puntos de los semiconductores. Para calcular esas cantidades en el equilibrio térmico y en las condiciones más habituales de funcionamiento de los dispositivos es suficiente aplicar las ecuaciones 1.4 y 1.5, suponiendo a todas las impurezas ionizadas. No obstante, conviene por una parte justificar las ecuaciones 1.1 y 1.2, que han servido para deducir las ecuaciones mencionadas, y por otra, introducir un nuevo concepto estrechamente relacionado con esas concentraciones, el denominado _nivel de Fermi_, que juega un papel central en la teoría de los dispositivos. Se introduce previamente el concepto de _equilibrio térmico_.

1.2.1 La generación y la recombinación de portadores. Concepto de _equilibrio térmico_

Se denomina _generación de portadores_ cada uno de los fenómenos que originan portadores —electrones libres y huecos—, y _recombinación de portadores_ los que los eliminan.

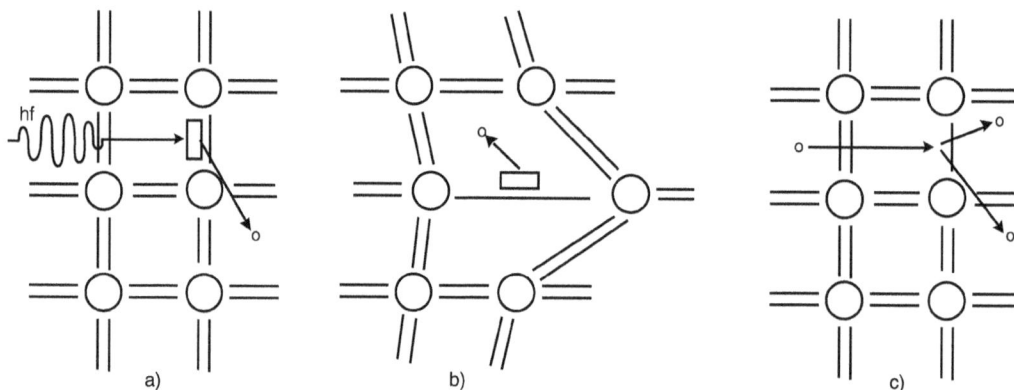

Fig. 1.12 Mecanismos de generación de portadores. a) Por absorción de un fotón.
b) Por absorción de un fonón. c) Por colisión con otro portador.

La generación de un par electrón-hueco requiere la ruptura de un enlace covalente, lo cual implica la donación de un cuanto de energía igual o superior a E_g a un electrón de valencia. Ese cuanto puede ser de energía térmica, de energía electromagnética o de energía cinética. La energía térmica está constituida por desplazamientos acoplados de los átomos de la red cristalina alrededor de su posición de equilibrio, similares a las ondas que se producen en la superficie del agua cuando se le tira una piedra. El cuanto de energía térmica se denomina _fonón_. La energía electromagnética está constituida por un campo eléctrico y un campo magnético perpendiculares uno respecto al otro, que se propagan por el espacio, y que según su frecuencia forman las ondas de radio o la luz. El cuanto de energía electromagnética se denomina _fotón_. Una radiación de frecuencia f está formada por fotones de energía hf, siendo h la constante de Planck. La generación por energía cinética suele denominarse _ionización por impacto_, ya que se produce por colisión, mediante la cual un portador cede su energía cinética al otro. En la figura 1.12 se ilustran esos mecanismos de generación. Hay otros mecanismos de generación de naturaleza cuántica, que se describen más adelante. La generación se caracteriza por una cantidad g, que es el número de pares generados por centímetro cúbico y por segundo.

La recombinación es la destrucción de un par electrón-hueco por la reconstrucción de un enlace covalente roto. El enlace covalente roto «captura» un electrón libre. Para conseguirlo, no obstante, el electrón libre se debe desprender de su *energía en exceso* y adquirir de nuevo una energía dentro de la banda de valencia. Dependiendo del tipo de semiconductor, esa energía en exceso la puede desprender en forma de energía térmica —calor—, electromagnética —radiación— o cinética —dando el portador recombinado su energía cinética a otro electrón libre, lo cual se denomina *mecanismo de recombinación Auger*—. La descripción más detallada de los mecanismos de recombinación se hace más adelante. La recombinación se caracteriza por una cantidad *r*, que es el número de pares que se recombinan por centímetro cúbico y por segundo.

Análogamente a como sucede en el mundo de los seres vivos, se denomina *tiempo de vida del portador* al tiempo transcurrido desde su generación hasta su recombinación. Esa cantidad es una variable aleatoria. Su valor medio se denomina *tiempo de vida medio del portador*, y se representa respectivamente por τ_n o τ_p según se trate de electrones o de huecos.

Un semiconductor que se halle a temperatura superior a 0 K presenta siempre generación y recombinación de portadores. Efectivamente, bajo esas condiciones siempre hay energía térmica disponible en el cristal, que es capturada por electrones de valencia para romper el enlace correspondiente, y siempre hay electrones libres, que son capturados por huecos para rehacer el enlace covalente roto. Se produce una situación de equilibrio cuando un fenómeno es neutralizado por su contrario, es decir, cuando hay tantos pares generados como recombinados. Debe notarse, no obstante, que se trata de un equilibrio dinámico entre dos fenómenos opuestos que no dejan de producirse constantemente. Un semiconductor en régimen estacionario siempre debe cumplir la condición $g = r$. Bajo esas condiciones, *n* y *p* se mantienen en valores constantes, ya que para cada par que se genera, otro se recombina.

El denominado *equilibrio térmico* es un caso especial de régimen estacionario. Significa que el semiconductor no está sometido a agentes físicos externos —intercambios de energía o de materia con su entorno— y que sus variables internas —temperatura, concentraciones, etcétera— tienen valores constantes con respecto al tiempo. El semiconductor dispone solamente de su energía térmica interna para romper enlaces, no emite energía hacia el exterior ni la recibe, y su temperatura es constante en todo el material. Bajo esas condiciones, $g = g_{th}$ y *r* debe ser igual a g_{th}; en consecuencia, se originan unas concentraciones estables de portadores que se denominan *concentraciones de equilibrio* n_0 y p_0.

Nótese que si se comunica energía al semiconductor, por ejemplo iluminándolo, se provoca que *g* sea mayor que g_{th}, por lo que el número de portadores aumenta progresivamente. Pero la recombinación, que es proporcional al producto *np* —ya que depende de la probabilidad de que un electrón y un hueco se encuentren— también aumenta, puesto que *n* y *p* crecen. Se llega a un momento en el que nuevamente $g = r$, y a partir de entonces *n* y *p* se convierten en constantes, en unos valores superiores a los que había en el equilibrio térmico. El semiconductor ha alcanzado un régimen estacionario bajo la iluminación. Si en un instante determinado se elimina la iluminación, *g* retorna instantáneamente a g_{th}, mientras que *p* y *n* se mantienen inicialmente en los valores de equilibrio anteriores. Por lo tanto, dado que bajo esas condiciones *r* es mayor que *g*, se recombinan más enlaces que los que se generan, y consecuentemente *n* y *p* disminuyen; con su disminución provocan la disminución de *r*, hasta que de nuevo se llega al equilibrio térmico en el cual $r = g_{th}$. En razón de ese comportamiento, se dice que cuando desaparece la excitación el semiconductor tiende al equilibrio térmico.

Ejercicio 1.5

La energía del fotón es $E_{fi} = hf = hc/\lambda$, ya que el producto de la frecuencia f por la longitud de onda λ es la velocidad de la propagación de la luz c. Sabiendo que hc = 1.24 eV·µm y que $E_g(Si) = 1.1$ eV, ¿qué longitudes de onda no producen pares electrón-hueco en el silicio?

No pueden romper el enlace covalente los fotones de energía inferior a $E_g = 1.1$ eV, es decir, aquellos para los que $hc/\lambda < 1.1$ eV. Sustituyendo valores, los fotones con $\lambda > 1.2$ eV no generan pares electrón-hueco.

CUESTIONARIO 1.2.a

1. *En un proceso de generación térmica de portadores, la energía necesaria para la creación de un par electrón-hueco procede de la energía cinética de agitación de los átomos de la red. ¿Cuál de las siguientes proposiciones, referidas al comportamiento de un semiconductor en el límite de temperatura 0 K, es cierta?*

a) No tiene portadores libres, porque no hay energía para romper enlaces covalentes.

b) No tiene portadores, porque a 0 K la energía necesaria para generar pares electrón-hueco se hace infinita.

c) No tiene portadores cuando el semiconductor es intrínseco, pero sí cuando está dopado.

d) Hay portadores, pero no pueden contribuir a la conducción eléctrica porque su velocidad es nula.

2. *Se desea saber cómo influye la temperatura en el número de pares electrón-hueco que se generan y recombinan por unidad de tiempo y volumen en un semiconductor en equilibrio. ¿Cuál de estas proposiciones es correcta?*

a) A mayor temperatura hay más energía disponible para romper enlaces y, por lo tanto, aumenta la generación térmica, que domina sobre la recombinación. A altas temperaturas no es pues posible el equilibrio térmico.

b) Un incremento de la temperatura no provoca el aumento de la generación térmica si se mantiene la situación de equilibrio.

c) Al incrementar la temperatura aumenta la generación térmica y también la recombinación, dado que hay más portadores. El equilibrio es posible a cualquier temperatura.

d) En rigor, solo se puede hablar de equilibrio térmico a 0 K.

3. *Considérese un semiconductor intrínseco en equilibrio térmico. En un instante $t = 0$ es iluminado, y como consecuencia se duplica el número de enlaces covalentes que se rompen por* *unidad de tiempo. Supóngase que la velocidad de recombinación* r *se mantiene constante en el valor que tenía en el equilibrio térmico. ¿Qué proposición, referida a la evolución del número de electrones libres, es cierta?*

    a) n *aumenta hasta el valor de saturación* $2n_i$.

    b) n *se mantiene en el valor de equilibrio* n_i.

    c) n *aumenta indefinidamente siguiendo una ley exponencial en el tiempo.*

    d) n *aumenta indefinidamente siguiendo una ley lineal en el tiempo.*

4. *Considérese para el semiconductor de la cuestión anterior que* r = knp. *¿A qué valor tiende* r *cuando* t >> 0?

    a) r *aumenta hasta el valor de saturación* $2g_{th}$.

    b) r *aumenta hasta el valor de saturación* g_{th}.

    c) r *aumenta indefinidamente siguiendo una ley exponencial en el tiempo.*

    d) r *aumenta indefinidamente siguiendo una ley lineal en el tiempo.*

5. *Considérese un semiconductor intrínseco en equilibrio térmico. Al igual que en las dos cuestiones anteriores, en un instante* t = 0 *es iluminado, y como consecuencia se duplica el número de enlaces covalentes que se rompen por unidad de tiempo. ¿Cuál de estas respuestas es incorrecta?*

    a) En t < 0, g = g_{th} = r_{th} = r

    b) En t = 0^+, g = $2g_{th}$, r = r_{th}

    c) En t = 0^+, n = p = n_i

    d) En t $\rightarrow \infty$, g = $2g_{th}$ = $2r_{th}$ = r $\Rightarrow$ n = p = $2n_i$

6. *En el equilibrio térmico a temperatura* T > 0, *las concentraciones de portadores son constantes porque la velocidad de generación es igual a la de recombinación; es decir, existe un equilibrio dinámico* g_{th} = r_{th} > 0. *Se puede imaginar, no obstante, que las concentraciones de portadores se mantienen constantes porque hay un «equilibrio estático» sin ruptura ni reconstrucción de enlaces* (g_{th} = r_{th} = 0). *Tanto en un caso como en el otro el hecho observable es que las concentraciones de portadores se mantienen constantes. Una de las siguientes proposiciones es errónea ¿Cuál?*

    a) En un semiconductor dado, si las concentraciones fuesen «estáticas» no dependerían exclusivamente de la temperatura.

    b) Un equilibrio estático no explicaría la tendencia del semiconductor a retornar al equilibrio térmico cuando desaparece una generación externa.

    c) No se sabe explicar porqué en un equilibrio estático se llega a un régimen estacionario bajo iluminación.

    d) El equilibrio estático y el dinámico son dos hipótesis que nunca se podrán contrastar experimentalmente.

1.2.2 La ley de Fermi-Dirac y las concentraciones de portadores en el equilibrio térmico

La ley de Fermi-Dirac establece que la probabilidad F(E) de que un electrón ocupe un nivel de energía E cuando el semiconductor está en equilibrio térmico es

$$F(E) = \frac{1}{1 + e^{(E-E_f)/k_B T}} \tag{1.6}$$

donde E_f es una constante denominada *nivel de Fermi*, el significado de la cual se expone seguidamente. En la deducción de esa ley se tiene en cuenta que se debe cumplir el principio de exclusión de Pauli, el cual establece que no puede haber más de un electrón con el mismo estado cuántico. Nótese que la probabilidad de que un nivel E esté vacío es $[1 - F(E)]$. Esa ley, que se ha «importado» de la física estadística, se complementa con otro resultado que se emplea frecuentemente: *en un sistema en equilibrio térmico*, E_f *adopta el mismo valor en todos los puntos*.

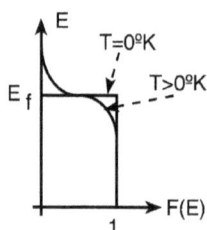

Fig. 1.13   Representación de la ley de Fermi-Dirac

Cuando T es igual a 0 K, todos los niveles de energía inferiores a E_f se hallan ocupados, ya que F(E) es igual a la unidad —el exponente de 1.6 tiende a menos infinito— y todos los niveles de energía superior a E_f se hallan vacíos, porque F(E) es igual a cero —el exponente tiende a más infinito—. A 0 K la función de Fermi tiene la forma de escalón representada en la figura 1.13. Por lo tanto, el nivel de Fermi es el que separa los niveles llenos de los vacíos a 0 K. Cuando la temperatura es mayor que cero, F(E) se «suaviza», y electrones de niveles próximos por debajo de E_f pasan a ocupar niveles próximos por encima de E_f (se debe tener en cuenta que para cantidades grandes, la probabilidad da el tanto por uno de niveles ocupados).

En los semiconductores, E_f está previsiblemente en la banda prohibida, ya que a 0 K la banda de valencia está totalmente llena —todos los electrones de valencia forman parte de enlaces covalentes— mientras que la banda de conducción está totalmente vacía, ya que no hay ningún electrón libre.

Ejercicio 1.6

Determínese la posición del nivel a 0 K en un semiconductor que tenga un dopaje $N_D = 2N_A$.

A 0 K todas las impurezas aceptoras han recibido un electrón de las donadoras (compensación de impurezas). Por lo tanto, todos los niveles E_a se hallan ocupados, la mitad de los E_d vacíos y la otra mitad ocupados. Dado que a 0 K todos los niveles por encima de E_f han de estar vacíos y todos los de debajo ocupados, resulta que $E_f = E_d$.

Cuando $(E - E_f) >> k_BT$, la expresión 1.6 se puede aproximar a $\exp[-(E - E_f)/k_BT]$, que se conoce con el nombre de *estadística de Boltzmann*, puesto que fue deducida por ese científico en el contexto de la teoría cinética de los gases, en la cual no se aplica el principio de exclusión de Pauli.

La función *densidad de estados*, g(E), da el número de niveles de energía permitidos en un intervalo de energía dE, en el entorno de E. Para calcular el número de electrones que hay en un intervalo ΔE alrededor de un nivel de energía E, se debe multiplicar el número de niveles permitidos en ese intervalo, g(E)·ΔE, por la probabilidad de que se hallen ocupados, F(E):

$$\Delta n(E) = F(E)g(E)\Delta E \tag{1.7}$$

En la banda prohibida el número de niveles permitidos es cero. La función densidad de estados de la banda de conducción cercana a E_c, g$_c$(E), y la función densidad de estados de la banda de valencia cercana a E_v, g$_v$(E), se pueden aproximar por:

$$g_c(E) = 4\pi\left[\frac{2m_n}{h}\right]^{3/2}\sqrt{E - E_c} \qquad g_v(E) = 4\pi\left[\frac{2m_p}{h}\right]^{3/2}\sqrt{E_v - E} \tag{1.8}$$

donde m_n y m_p son constantes con dimensión de masa propias de cada material, y reciben el nombre de *masa efectiva de densidad de estados de electrones* y *de huecos*, respectivamente. La tabla 1.3 presenta esos valores para algunos semiconductores usuales.

Tabla 1.3 Algunos parámetros de los semiconductores más utilizados. Los parámetros m$_n$ *y* m$_p$ *son respectivamente las masas efectivas de electrones y huecos. La masa del electrón en reposo es m$_0$ = 9.1×10^{-31} kg. El parámetro a es la constante de la red cristalina.*

	E (eV)	n_i (300 K) (cm^{-3})	m_n/m_0	m_p/m_0	μ_n (cm^2/Vs)	μ_p (cm^2/Vs)	a (Å)	ε_r
Si	1.1	1.5×10^{10}	1.18	0.81	1350	480	5.43	11.8
GaAs	1.43	2×10^6	0.066	0.52	8500	400	5.65	13.2
Ge	0.68	2.5×10^{13}	0.55	0.36	3900	1900	5.66	16

Aplicando 1.7 a la banda de conducción se puede conocer la distribución de los electrones en esa banda de energía. En la figura 1.14 se representan las funciones densidad de estados, la de Fermi y la distribución energética de los portadores. El número total de electrones en esa banda en equilibrio térmico es

$$n_0 = \int_{E_c}^{E_{c\max}} g_c(E)F(E)dE = N_cF_{1/2}(\eta_c); \quad \text{si } E_f << (E_c - k_BT): \ n_0 \cong N_ce^{-\frac{E_c-E_f}{k_BT}} \tag{1.9}$$

De forma similar, el número de huecos en la banda de conducción es

$$p_0 = \int_{E_{v\min}}^{E_v} gv(E)\left[1\text{-}F(E)\right]dE = N_vF_{1/2}(\eta_v); \ \text{si } E_f >> (E_v + k_BT): \quad p_0 \cong N_ve^{-\frac{E_f-E_v}{k_BT}} \tag{1.10}$$

En estas expresiones los coeficientes N_c y N_v se denominan *densidad efectiva de estados de la banda de conducción* y *de la banda de valencia,* respectivamente, y sus valores sonp

$$N_c = 2\left[\frac{2\pi m_n k_BT}{h^2}\right]^{3/2} \qquad N_v = 2\left[\frac{2\pi m_p k_BT}{h^2}\right]^{3/2} \tag{1.11}$$

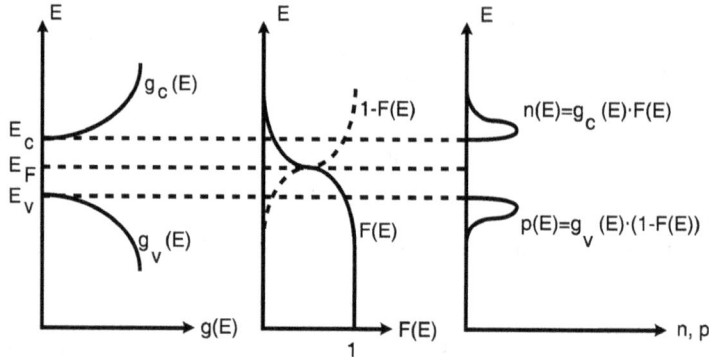

Fig. 1.14 Funciones densidad de estados, función de Fermi y distribuciones de portadores. Nótese que si E_f aumenta, el área de $n(E)$ aumenta y la de $p(E)$ disminuye; sucede lo contrario si E_f disminuye.

$F_{1/2}$ representa la integral de Fermi de orden 1/2 de la variable η, que se proporciona tabulada en forma numérica ya que no existe una expresión analítica para calcularla. η_c es $(E_f - E_c)/k_B T$ y η_v es igual a $(E_v - E_f)/k_B T$. Cuando E_f está suficientemente alejado de la banda respectiva, las concentraciones se pueden aproximar con las expresiones finales de 1.9 y 1.10, que se denominan *aproximaciones de Boltzmann*. Cuando el dopaje es muy elevado, el nivel de Fermi puede penetrar dentro de la banda de conducción —en el tipo N— o dentro de la de valencia —en el tipo P—. En esos casos los semiconductores se denominan *degenerados*.

Un procedimiento similar al que se acaba de exponer, pero que supera el marco de profundidad de este texto, permite calcular la fracción de impurezas ionizadas:

$$N_D^+ = N_D\left[1 - \frac{1}{1+\left[\exp((E_D - E_f)/k_B T)\right]/g_d}\right] \quad N_A^- = N_A\left[\frac{1}{1+g_a\exp((E_A - E_f)/k_B T)}\right] \quad (1.12)$$

donde g_d y g_a se denominan *factor de degeneración del nivel donador* y *del nivel aceptor*, respectivamente. Son valores usuales para el silicio $g_d = 2$ y $g_a = 4$.

Ejercicio 1.7

¿Para qué valores de dopaje N_D está el nivel de Fermi al menos $3k_B T$ por debajo de E_c? Datos: $T = 300$ K, $N_c(300$ K$) = 2.8\times10^{19}$ cm^{-3}.

La expresión 1.9 es válida si $E_c - E_f > 3k_B T$. Sustituyendo en esa ecuación: $n_0 = N_D = N_c\exp(-3) = 1.4\times10^{18}$ cm^{-3}. Por lo tanto, se requieren dopajes inferiores al valor calculado.

1.2.3 La ley de acción de masas y la concentración intrínseca

Cuando E_f está en la banda prohibida y suficientemente alejada de E_c y E_v, de forma que las aproximaciones de Boltzmann sean válidas, multiplicando las expresiones de n_0 y p_0 dadas por 1.9 y 1.10 resulta

$$n_0 p_0 = N_c N_v e^{-(E_c - E_v)/k_B T} = N_c N_v e^{-E_g/k_B T} = A T^3 e^{-E_g/k_B T} \tag{1.13}$$

donde se ha utilizado las expresiones de N_c y N_v dadas por 1.11. Ese resultado pone de manifiesto que el producto de n_0 por p_0 en equilibrio térmico es independiente de E_f. Solo depende del material, a través de E_g, y de la temperatura. Por lo tanto, a una temperatura determinada y para un material dado, el producto n_0p_0 es constante. Como ese producto no depende del dopaje, también es válido cuando el dopaje es nulo, es decir, para el semiconductor intrínseco. En ese caso, $n_0 = p_0 = n_i$; por tanto, $n_0p_0 = n_i^2$: es la ley de acción de masas utilizada en el apartado anterior. Dado que n_0p_0 es igual a n_i^2, la expresión 1.13 también proporciona la concentración intrínseca n_i, dada la expresión 1.1. Nótese que en un semiconductor extrínseco n_i no es una concentración de portadores, sino simplemente un parámetro característico del material que regula la cantidad de portadores minoritarios.

CUESTIONARIO 1.2.b

1. *La distribución energética de los electrones dentro de la banda de conducción, n(E), viene dada por el producto de la función densidad de estados, $g_c(E) = A(E - E_c)^{1/2}$, multiplicada por la función de Fermi, F(E), la cual se puede aproximar con $F(E) = exp[-(E - E_f)/k_BT]$ si $E_f << E_c$. Hágase una representación gráfica aproximada de n(E) y hállese la energía para la cual n(E) es máxima.*

    a) $E_{max} = E_c$ *b)* $E_{max} = E_c + k_BT/2$

    c) $E_{max} = E_c + k_BT$ *d)* $E_{max} = E_c + 3 \cdot k_BT/2$

2. *Un semiconductor está dopado con impurezas donadoras y aceptoras de tal manera que $N_A = 2N_D = 10^{16}\ cm^{-3}$. Los niveles donadores E_d se hallan por debajo de la banda de conducción a $E_c - E_d = 0.05\ eV$, y los aceptores E_a están a $E_a - E_v = 0.045\ eV$, por encima de la banda de valencia. ¿Dónde se sitúa el nivel de Fermi a 0 K?*

    a) $E_c - E_f = 0.05\ eV$ *b)* $E_c - E_f = 0.005\ eV$

    c) $E_f - E_v = 0.045\ eV$ *d)* $E_f - E_v = 0.005\ eV$

3. *¿Qué fracción del número de donadores están ionizados a 200 K, sabiendo que a esa temperatura la relación entre el nivel de Fermi y el de impurezas es $E_d - E_f = 0.1\ eV$?*

Dato: $k_B = 8.62 \times 10^{-5}\ eV/K$.

    a) 0.02 %   *b) 99.8 %*   *c) 0.03 %*   *d) 99.7 %*

4. *Cuando se añaden impurezas donadoras a un semiconductor, ¿cuál de las proposiciones siguientes es correcta?*

    a) Aumentan las concentraciones de electrones y de huecos.

    b) Aumenta la concentración de electrones y la de huecos se mantiene constante.

    c) Aumenta la concentración de electrones y disminuye la de huecos.

    d) Aumenta la concentración intrínseca de portadores.

5. *En un semiconductor extrínseco los portadores mayoritarios provienen en parte de la ruptura de enlaces —efecto intrínseco— y en parte del efecto de las impurezas. Supóngase un semiconductor* intrínseco ($p_0 = n_0 = n_i$), *al que se le añaden N_D donadores por centímetro cúbico. Un lector poco atento puede pensar que la concentración de electrones de conducción es $n_0 = n_i + N_D$ mientras que la de huecos, p_0, se mantiene en n_i. ¿Cuál de las siguientes proposiciones sobre esa conclusión no es correcta?.*

> *a) Es incompatible con la neutralidad de carga.*

> *b) Es incompatible con la ley de acción de masas.*

> *c) El cálculo de n_0 es aceptable cuando $n_i << N_D$, pero no el de p_0.*

> *d) Los cálculos de n_0 y p_0 son erróneos cuando n_i y N_D son comparables.*

6. *Una muestra de silicio a 300 K tiene una concentración de electrones $n_0 = 10^{15}$ cm^{-3}. ¿Cuál es el valor de p_0 a 450 K? Datos: $n_i(300 K) = 1.5 \times 10^{10}$ cm^{-3}, $n_i(450 K) = 3.3 \times 10^{13}$ cm^{-3}.*

> *a) $p_0(450 K) = 3.3 \times 10^{13}$ cm^{-3}*   *b) $p_0(450 K) = 10^{15}$ cm^{-3}*

> *c) $p_0(450 K) = 10^{12}$ cm^{-3}*   *d) $p_0(450 K) = 2 \times 10^{15}$ cm^{-3}*

1.2.4 La posición del nivel de Fermi

Si se conocen las concentraciones de equilibrio n_0 y p_0 y las aproximaciones de Boltzmann son válidas, las expresiones 1.9 y 1.10 permiten hallar la posición del nivel de Fermi:

$$E_f = E_c - k_B T \ln \frac{N_c}{n_0} \qquad E_f = E_v + k_B T \ln \frac{N_v}{p_0} \qquad (1.14)$$

Un caso especial es el del semiconductor intrínseco. En ese semiconductor $n_0 = p_0 = n_i$; su nivel de Fermi se denomina E_{fi}. Sumando las dos expresiones que proporcionan E_f en 1.14, y teniendo en cuenta que el semiconductor es intrínseco, resulta

$$2E_{fi} = E_c + E_v - k_B T \ln \frac{N_c}{n_i} + k_B T \ln \frac{N_v}{n_i} \quad \Rightarrow \quad E_{fi} = \frac{E_c + E_v}{2} + \frac{k_B T}{2} \ln \frac{N_v}{N_c} \qquad (1.15)$$

Ese resultado indica que el nivel de Fermi del semiconductor intrínseco está aproximadamente en la mitad de la banda prohibida, ya que al ser N_c y N_v muy parecidos, el logaritmo de su cociente es cercano a cero.

Si las expresiones 1.14 se aplican a un semiconductor intrínseco, se puede aislar N_c y N_v en función de E_{fi} y n_i. Sustituyendo esos valores en las aproximaciones de Boltzmann 1.9 y 1.10, resultan las siguientes expresiones alternativas

$$n_0 = n_i e^{(E_f - E_{fi})/k_B T} \qquad p_0 = n_i e^{-(E_f - E_{fi})/k_B T} \qquad (1.16)$$

que permiten relacionar las concentraciones de equilibrio con $(E_f - E_{fi})$. En un semiconductor N, E_f debe estar en la mitad superior de la banda prohibida., ya que n_0 es superior a n_i; viceversa, en un semiconductor P, E_f está en la mitad inferior. Nótese que en equilibrio térmico E_f es constante, mientras que E_{fi} está siempre situado en el centro de la banda prohibida.

El nivel de Fermi sólo está definido en equilibrio térmico. Cuando el semiconductor está fuera de ese equilibrio, se utilizan los denominados *cuasiniveles de Fermi*, E_{fn} y E_{fp}, que permiten mantener el formulismo de las ecuaciones 1.16 bajo esas condiciones:

$$n = n_i e^{(E_{fn} - E_{fi})/k_B T} \qquad\qquad p = n_i e^{-(E_{fp} - E_{fi})/k_B T}$$

$$(1.17)$$

Ejercicio 1.8

¿Cuál es la posición del nivel de Fermi a 300 K en una muestra de silicio dopada con $N_A = 10^{15}$ cm^{-3}? Datos: $n_i(300$ K$) = 1.5^{10}$ cm^{-3}, $k_B T = 0.025$ eV.

Aplicando 1.16 resulta p = N$_A$ = 10^{15} = n$_i$exp[(E$_{fi}$ – E$_f$)/k$_B$T]. *Operando resulta* E$_{fi}$ – E$_f$ = 0.277 eV. *Puesto que* E$_{fi}$ *está en la mitad de la banda,* E$_{fi}$ – E$_v$ = 1.1 eV/2 = 0.55 eV. *Por lo tanto,* E$_f$ – E$_v$ = = 0.55 eV – 0.277 eV = 0.272 eV.

CUESTIONARIO 1.2.c

1. *Cuando la temperatura de un semiconductor aumenta, se produce un desplazamiento del nivel de Fermi así como variaciones en las concentraciones de los portadores. Ambos cambios están relacionados entre sí. Razónese cuál de las siguientes proposiciones es cierta.*

> *a) El nivel de Fermi* E$_f$ *se acerca al nivel de Fermi intrínseco* E$_{fi}$, *y debido a ello aumenta la concentración de los minoritarios, al tiempo que disminuye la de los mayoritarios.*

> *b) El nivel de Fermi* E$_f$ *se acerca al nivel de Fermi intrínseco* E$_{fi}$, *y aumentan las concentraciones de ambos tipos de portadores.*

> *c) El nivel de Fermi* E$_f$ *se acerca al nivel de Fermi intrínseco* E$_{fi}$, *pero no se puede prever la variación de las concentraciones de portadores sin conocer la variación de la concentración intrínseca* n$_i$ *con la temperatura.*

> *d) El sentido del desplazamiento del nivel de Fermi depende de si el semiconductor presenta un comportamiento intrínseco o extrínseco.*

2. *Calcúlense las concentraciones de ambos tipos de portadores en un semiconductor en el que la posición del nivel de Fermi viene dada por la relación* E$_{fi}$ – E$_f$ = E$_g$/4. *Datos:* n$_i$ = 1.5×10^{10} cm^{-3}, k_BT = 0.025 eV, E$_g$ = 1.1 eV.

> *a)* n$_0$ = 2.5×10^5 cm^{-3}, p$_0$ = 9×10^{14} cm^{-3} *b)* p$_0$ = 2.5×10^5 cm^{-3}, n$_0$ = 9×10^{14} cm^{-3}

> *c)* n$_0$ = 1.5×10^{10} cm^{-3}, p$_0$ = 9×10^{14} cm^{-3} *d)* p$_0$ = 1.5×10^{10} cm^{-3}, n$_0$ = 9×10^{14} cm^{-3}

3. *Las concentraciones de los portadores de un semiconductor en equilibrio térmico son* n$_0$ = 10^{16} cm^{-3} *y* p$_0$ = 2.25×10^4 cm^{-3}. *Al iluminarlo se generan nuevos portadores, de manera que las nuevas concentraciones son* n = 2×10^{16} cm^{-3} *y* p = 10^{16} cm^{-3} *respectivamente. Indíquese cuál de las siguientes proposiciones es falsa.*

a) El nivel de Fermi está situado en $E_f = E_{fi} + 0.0335\ eV$.

b) El nivel de Fermi está situado en $E_f = E_{fi} - 0.0335\ eV$.

c) El nivel de Fermi está muy cerca de E_{fi}, *ya que* n *es casi igual a* p.

d) El nivel de Fermi sólo está definido para un semiconductor en equilibrio térmico.

PROBLEMA GUIADO 1.1

Se desea estudiar la posición del nivel de Fermi de un semiconductor del tipo N en función de la temperatura. Considérese una muestra de germanio dopada con $N_D = 5 \times 10^{14}\ cm^{-3}$.

1. Suponiendo que a 300 K todas las impurezas están ionizadas, determínense las concentraciones n_0 *y* p_0 *de ambos tipos de portadores en el equilibrio. Dato: concentración intrínseca de portadores en el germanio,* $n_i(300\ K) = 2.5 \times 10^{13}\ cm^{-3}$.

2. Determínese la posición del nivel de Fermi para esa temperatura. Datos: densidad efectiva de estados en la banda de conducción, $N_c(300\ K) = 1.04 \times 10^{19}\ cm^{-3}$; *constante de Boltzmann,* $k_B = 8.62 \times 10^{-5}\ eV \cdot K^{-1}$.

3. ¿A qué temperatura alcanza la concentración intrínseca de los portadores el valor de $5 \times 10^{14}\ cm^{-3}$? *Dato: anchura de la banda prohibida,* $E_g = 0.68\ eV$.

(Hágase un cálculo aproximado suponiendo $[(T/300\ K)^{3/2} = 1]$.

4. ¿Qué valor tienen las concentraciones de electrones y de huecos a esa temperatura?

5. Supóngase que la temperatura es de 385 K. ¿Dónde se halla el nivel de Fermi?
Ayuda: recuérdese que $N_c(T) = N_c(300\ K)(T/300\ K)^{3/2}$.

6. Trácese una gráfica cualitativa de la evolución del nivel de Fermi.

1.3   Corrientes en los semiconductores

Cuando una sección de área *A* es cruzada por una carga eléctrica d*Q* en un tiempo d*t* se dice que por ella circula una corriente $I = dQ/dt$. Para dar una idea más directa de la magnitud de la corriente se suele emplear una magnitud denominada *densidad de corriente, J*, definida como *I/A*. Para que haya corriente, por tanto, debe haber partículas móviles con carga, que son las que se han denominado *portadores*: los electrones libres y los huecos. En los próximos apartados se describe el movimiento de los portadores dentro del semiconductor, y dos de los mecanismos más importantes que lo originan: el de difusión y el de arrastre por un campo eléctrico. Hay otros mecanismos que originan corrientes eléctricas en los semiconductores, como la *emisión termoiónica* y el *transporte balístico*, que son menos comunes que los anteriores y que quedan fuera del alcance de este texto.

1.3.1 La agitación térmica de los portadores

Los electrones y huecos del interior del semiconductor están constantemente en movimiento, de forma similar a las moléculas de un gas en el interior de un recipiente. Ese movimiento se denomina *agitación térmica*. Después de recorrer una cierta distancia, el portador experimenta una *dispersión* que cambia la dirección de su trayectoria y su energía cinética. Esa dispersión (en inglés, *scattering*) puede ser debida a la colisión con un átomo del cristal, a una fuerza eléctrica producida por una impureza ionizada o a la colisión con otro portador, entre otras causas. Después de una dispersión, el portador sigue recorriendo un cierto camino en la nueva dirección y vuelve a sufrir una nueva dispersión. Ese movimiento se representa en la figura 1.15; nótese que es aleatorio, y que no hay ninguna dirección privilegiada. Si se considera una sección cualquiera del semiconductor, hay tantos electrones que la cruzan en un sentido como en el contrario.

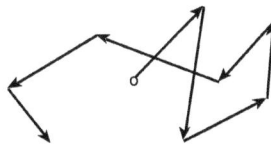

Fig. 1.15   Movimiento de agitación térmica de un portador en el interior de un semiconductor

El valor medio del módulo de la velocidad del electrón en ese movimiento se denomina *velocidad térmica, v_{th}*. Si la temperatura aumenta, esa velocidad aumenta. Se puede hallar fácilmente su valor en equilibrio térmico por la energía cinética media de los electrones libres en la banda de conducción:

$$< E_{cin} > = \frac{\int_{E_c}^{E_{c\max}} (E - E_c) n(E) dE}{\int_{E_c}^{E_{c\max}} n(E) dE} = \frac{3}{2} k_B T \tag{1.18}$$

Por lo tanto, la velocidad térmica en equilibrio es

$$\frac{1}{2} m_n v_{th}^2 = \frac{3}{2} k_B T \quad \Rightarrow \quad v_{th} = \sqrt{\frac{3 k_B T}{m_n}} \tag{1.19}$$

Para el silicio a temperatura ambiente esa velocidad resulta ser del orden de 10^7 cm/s. Cuando los electrones de una región de un semiconductor fuera del equilibrio térmico tienen una energía cinética media superior al valor dado por 1.18, se dice que están a la temperatura $T_n = 2 < E_{cin} > /3 k_B$. Esa temperatura es superior a la ambiente; por esa razón se dice que son «electrones calientes» (en inglés, *hot electrons*). La velocidad térmica de esos electrones es mayor que la correspondiente al equilibrio térmico, dada por 1.19. En el caso de los huecos existe un concepto dual.

Ejercicio 1.9

¿Cuál es el valor medio de la velocidad de agitación térmica de un grupo de electrones que están a una temperatura de 1000 K? Datos: $m_n = 0.26 m_0$; $m_0 = 9.1 \times 10^{-31}$ kg; $k_B = 8.62 \times 10^{-5}$ eV/K.

Dado que $(1/2)m_n v_{th}^2 = (3/2)k_B T$, resulta $v_{th} = [3 \cdot 8.62 \times 10^{-5} \cdot 1000 eV / 0.26 \cdot 9.1 \times 10^{-31} kg]^{1/2}$

Operando resulta $v_{th} = 4.18 \times 10^5$ m/s $= 4.18 \times 10^7$ cm/s.

1.3.2 La corriente de difusión

Cuando entre dos puntos de un semiconductor existe una diferencia de concentración de un portador, aparece un flujo de portadores que tiende a igualar la concentración en todos los puntos. Se denomina *corriente de difusión* la asociada a ese flujo. La causa de esa corriente es la agitación térmica de los portadores.

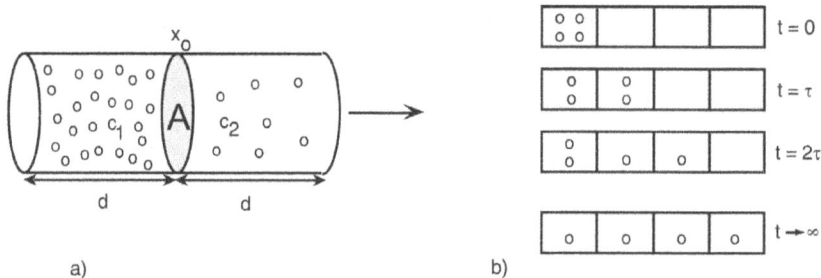

Fig. 1.16   a) *Flujo de portadores a través de* x_0 *debido a la difusión. b) La difusión tiende a igualar la concentración en todos los puntos.*

En la figura 1.16.a se muestra un semiconductor con una concentración de portadores c_1 a la izquierda de la sección x_0, y una concentración c_2, a la derecha, de forma que $c_2 = c_1 + \Delta c$. Supóngase que esos portadores presentan un movimiento de agitación térmica unidimensional, de manera que en un tiempo Δt la mitad se mueven hacia la derecha una distancia d, y la otra mitad hacia la izquierda la misma distancia. El flujo neto de portadores a través de x_0 en ese Δt en el sentido de las x crecientes es

$$\phi(x_o) = \frac{c_1/2 - c_2/2}{\Delta t} = -\frac{1}{2}\frac{(c_2 - c_1)}{\Delta t} = -\frac{1}{2}\frac{\Delta c}{\Delta t} \qquad (1.20)$$

Es decir, el flujo es proporcional a la derivada de la concentración y tiene signo negativo. Ese signo indica que los portadores se mueven desde los puntos de mayor concentración a los de menor concentración. En la figura 1.16.b se muestra la evolución respecto al tiempo de cuatro portadores situados inicialmente en la casilla de la izquierda. Según se observa, su difusión tiende a la igualación de las concentraciones en todas las casillas —situación que, una vez conseguida, es estable con relación al tiempo—.

Generalizando el resultado 1.20, los flujos de electrones y huecos a través de una sección de área unitaria situada en x_0 son

$$\phi_p = -D_p \frac{dp}{dx} \qquad \phi_n = -D_n \frac{dn}{dx} \qquad (1.21)$$

Las constantes D_p y D_n se denominan respectivamente *coeficientes de difusión de huecos* y *de electrones*, y dependen de su velocidad y del tiempo entre dispersiones.

Dado que los electrones y los huecos tienen carga eléctrica, el flujo de esos portadores produce una corriente eléctrica denominada *corriente de difusión*. Sus densidades son

$$J_{dp} = -qD_p \frac{dp}{dx} \qquad J_{dn} = +qD_n \frac{dn}{dx} \qquad (1.22)$$

Nótese que la corriente producida por los electrones tiene signo opuesto a la de los huecos, ya que se ha multiplicado el flujo —negativo— por su carga eléctrica —negativa—.

Ejercicio 1.10

¿Cuál sería la densidad de la corriente de difusión de huecos si su concentración es $p(x) = 10^{16}\exp(-10^5 x)$ cm^{-3}? Datos: $D_p = 12.5$ cm^2/s.

Según 1.22, $J_{dp} = -qD_p(dp/dx) = -qD_p10^{16}exp(-10^5x)\cdot(-10^5) = 2\times10^3 exp(-10^5x)$ A/cm^2.

1.3.3 El desplazamiento de portadores por un campo eléctrico

El campo eléctrico produce una fuerza que actúa sobre las cargas eléctricas. La fuerza tiene el mismo sentido del campo para las cargas positivas, y el sentido opuesto para las negativas. Esa fuerza produce un desplazamiento o arrastre de los portadores, el cual da lugar a la *corriente de arrastre*.

La acción del campo eléctrico se superpone al movimiento de agitación térmica de los portadores. Actúa durante los desplazamientos libres entre las dispersiones del portador y lo desvía según el sentido de su fuerza. En la figura 1.17 se representa la acción del campo eléctrico superpuesta a la agitación térmica. Esos desplazamientos adicionales tienen siempre el mismo sentido y se dan en todos los portadores, por lo cual un conjunto de electrones experimenta un desplazamiento neto a causa del arrastre del campo eléctrico. La velocidad de arrastre es ese desplazamiento neto dividido por el tiempo durante el cual se ha producido.

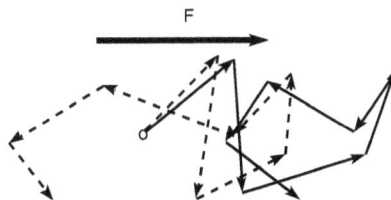

Fig. 1.17   Superposición del movimiento de arrastre sobre el de agitación térmica

La energía cinética que el campo proporciona al portador en cada trayecto libre se transfiere al cristal en los procesos de dispersión en forma de calor, por lo cual el material se calienta. Ese fenómeno se conoce como *efecto Joule*. A causa de esa transferencia de energía los portadores se mueven con una velocidad de arrastre constante —es decir, no ganan energía cinética— en lugar de moverse con una aceleración constante —como sucede en el vacío—. La velocidad de arrastre es función del campo eléctrico, y varía de la forma representada en la figura 1.18. Nótese que cuando el campo eléctrico es intenso —en el silicio, superior a unos 30 kV/cm—, la velocidad deja de aumentar y adquiere un valor denominado *velocidad de saturación*, que suele estar alrededor de los 10^7 cm/s. Con campos eléctricos débiles, no obstante, la velocidad es proporcional al campo eléctrico. Esa constante de proporcionalidad se denomina *movilidad del portador*.

$$\vec{v}_p = \mu_p \vec{E}_{el} \qquad \vec{v}_n = -\mu_n \vec{E}_{el} \qquad (1.23)$$

Las movilidades y los coeficientes de difusión se relacionan a través de las relaciones de Einstein:

$$D_p = \mu_p \frac{k_B T}{q} \qquad D_n = \mu_n \frac{k_B T}{q} \qquad (1.24)$$

La expresión ($k_B T/q$) tiene dimensiones de tensión, por lo cual se la denomina *tensión térmica, V_t*.

$$V_t = \frac{k_B T}{q} \qquad (1.25)$$

A temperatura ambiente, V_t es aproximadamente 25 mV.

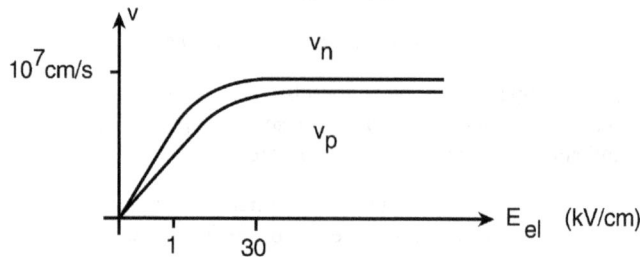

Fig. 1.18   Velocidad de arrastre en función del campo eléctrico

---

Ejercicio 1.11

¿Cuál es la velocidad de arrastre de los electrones en una muestra de silicio que está bajo un campo eléctrico de 1 kV/cm, si μ_n = 1500 cm^2/Vs? Repítase para una muestra de GaAs, sabiendo que para ese material μ_n = 8500 cm^2/Vs.

Según 1.23, $v_n = \mu_n E_e$; por lo tanto, $v_n(Si) = 1.5\times10^6$ cm/s; $v_n(GaAs) = 8.5\times10^6$ cm/s. Nótese que los electrones se mueven a una velocidad cinco veces superior en el GaAs que en el Si.

1.3.4 La corriente de arrastre

Se denomina *corriente de arrastre* la originada por un campo eléctrico. Cuando en un semiconductor está presente un campo eléctrico, los portadores experimentan unas velocidades medias de desplazamiento, v_n y v_p, que dependen del campo eléctrico, tal como se muestra en la figura 1.18.

Para calcular el valor de esa corriente se considera la figura 1.19, en la que se presenta un semiconductor de sección A que tiene aplicado un campo eléctrico E_{el}. Supóngase, de momento, que ese semiconductor sólo tiene cargas positivas que se mueven a la velocidad de arrastre v_p. Durante un tiempo dt esas cargas se desplazan una distancia v_pdt. Por lo tanto, las cargas que atraviesan la sección A durante ese dt son las contenidas en el cilindro de base A y altura v_pdt. El número de cargas en ese cilindro es el producto de la densidad de portadores, p, por el volumen del cilindro, Av_pdt. Dado que cada portador tiene una carga q, la carga eléctrica que ha atravesado la sección A durante el dt es dQ_p = q$p(Av_p$dt). Por lo tanto, la corriente de las cargas positivas a través de la sección A es

$$I_{ap} \equiv \frac{dQ_p}{dt} = \frac{qpAv_p dt}{dt} = qAv_p p \qquad (1.26)$$

Imagínese por un momento que cambia sólo el signo de la carga de los portadores, es decir, los portadores negativos se mueven hacia la derecha. Ello provoca un cambio de signo de la corriente, ya que ahora dQ_p es negativo. Imagínese a continuación que el sentido de movimiento de esas cargas negativas se invierte. Ese cambio provoca un nuevo cambio en el signo de la corriente, que ha de pasar de negativo a positivo. Por tanto, *las cargas negativas que se mueven en sentido contrario a las positivas producen una corriente del mismo signo que el de las cargas positivas*. Eso es precisamente lo que sucede en un semiconductor que tiene ambos tipos de portadores y un campo eléctrico aplicado. Las cargas positivas se mueven en el mismo sentido que el campo eléctrico, y producen la corriente I_p dada por 1.26; las cargas negativas se mueven en sentido contrario y producen una corriente I_n del mismo signo que I_p. Esa corriente I_n es

$$I_{an} = qAv_n n \qquad (1.27)$$

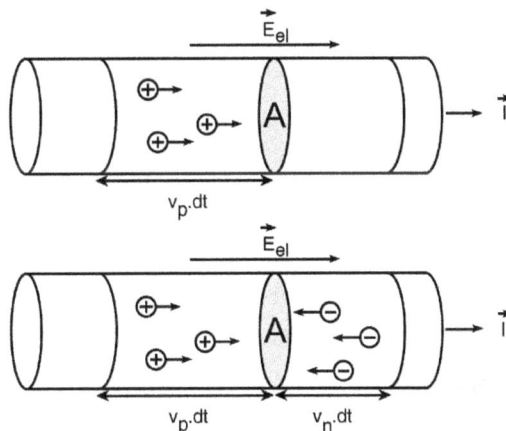

Fig. 1.19   Corriente de arrastre en un semiconductor únicamente con portadores positivos (parte superior)
y con ambos tipos de portadores (parte inferior)

Por tanto, la densidad de la corriente total es

$$I_a = I_{ap} + I_{an} = qAv_p p + qAv_n n \tag{1.28}$$

Nótese que esas relaciones se han deducido partiendo de unas velocidades v_p y v_n de los portadores, por lo cual tienen una validez general no condicionada a la presencia de un campo eléctrico. Si esas velocidades están creadas por un campo eléctrico débil, v_p y v_n son proporcionales al campo y 1.28 se puede expresar como

$$J_a = J_{ap} + J_{an} = q\mu_p E_{el} p + q\mu_n E_{el} n = q(\mu_p p + \mu_n n)E_{el} = \sigma E_{el} \tag{1.29}$$

La proporcionalidad entre la densidad de corriente y el campo eléctrico se conoce como *ley de Ohm*. La constante de proporcionalidad σ se denomina *conductividad* y es función del dopaje. Nótese también que en un semiconductor extrínseco la corriente de arrastre de los minoritarios es muy inferior a la de los mayoritarios, ya que el campo eléctrico es el mismo y las concentraciones son muy diferentes.

Ejercicio 1.12

¿Cuál es la densidad de la corriente de arrastre en la muestra de silicio del ejercicio anterior, si la concentración de electrones es $n = 10^{15}$ cm^{-3}?

Según 1.27 y teniendo en cuenta el resultado del anterior ejercicio, $J_{na} = qnv_n = 240$ A/cm^2.

Ejercicio 1.13

Repítase el ejercicio anterior, pero considerando un campo eléctrico de 10^5 V/cm. Dato: $v_{sat} = 10^7$.

Observando la gráfica 1.17 se ve que la velocidad de los electrones es la de saturación: $v_n = 10^7$ cm/s. Por lo tanto, $J_{an} = qnv_n = 1600$ A/cm^2.

CUESTIONARIO 1.3.a

1. *En la región de base de un transistor bipolar el campo eléctrico es nulo, y la distribución de electrones se puede aproximar con la expresión $n(x) = n(0)\cdot[(w_B - x)/w_B]$, donde $0 < x < w_B$. Hállese la expresión de la corriente de difusión de electrones.*

    a) $J_n = -qD_n \cdot n(0)/x$ *b)* $J_n = qD_n \cdot n(0)/x$

    c) $J_n = -qD_n \cdot n(0)/w_B$ *d)* $J_n = qD_n \cdot n(0)/w_B$

2. *Discútase si, dado un campo eléctrico aplicado a un semiconductor, el sentido de la corriente eléctrica depende de si el material es del tipo P o del tipo N. ¿Cuál de estas proposiciones es correcta?*

a) Los huecos se mueven en el sentido del campo y los electrones en el sentido contrario. Por lo tanto, la corriente tiene el sentido del campo en un semiconductor del tipo P, y el sentido contrario en uno del tipo N.

b) Los huecos se mueven en el sentido del campo y los electrones en el sentido contrario. Para conocer el sentido de la corriente en cualquier semiconductor debe calcularse la diferencia entre las corrientes.

c) Los huecos se mueven en el sentido del campo y los electrones en el sentido contrario. Pero la corriente siempre va en el sentido del campo, tanto en un semiconductor del tipo P como en uno del tipo N.

d) La corriente de difusión generada por un gradiente en la concentración de portadores tiene distinto sentido, según se trate de electrones o de huecos. Lo mismo debe suceder con la corriente correspondiente a un gradiente de potencial (campo).

3. *Suponiendo que la relación de proporcionalidad entre la velocidad de los portadores y el campo eléctrico —aproximación de movilidad— sea aceptable hasta valores del campo $E_{el} = 10^3$ V/cm, se pide que se calcule la tensión máxima que se puede aplicar entre dos puntos separados por L = 100 µm, sin abandonar dicha aproximación. Asimismo, hállese la movilidad de los huecos, sabiendo que la densidad de corriente en el límite de esa región es J = 4000 A/cm², y que el semiconductor es del tipo P con un dopaje uniforme $N_A = 5 \times 10^{16}$ aceptores/cm³.*

a) 10 V, 8×10^{-17} cm²/Vs   *b) 10^7 V, 8×10^{-17} cm²/Vs*

c) 10^7 V, 500 cm²/Vs   *d) 10 V, 500 cm²/Vs*

4. *En una región de un semiconductor en la que la concentración de electrones es $N_D = 10^{15}$ cm⁻³ existe un campo eléctrico E. Calcúlese el valor de la corriente de arrastre de electrones en los dos casos siguientes: $E = 10^2$ V/cm y $E = 10^5$ V/cm. Téngase en cuenta que la velocidad depende del campo eléctrico. Datos: $\mu_n = 1500$ cm²/Vs, $v_{nsat} = 10^7$ cm/s.*

a) 24 A/cm², 1600 A/cm²   *b) 24 A/cm², 24000 A/cm²*

c) 1.6 A/cm², 1600 A/cm²   *d) 1.6 A/cm², 24000 A/cm²*

1.3.5 La resistencia de un semiconductor

Cuando se aplica una diferencia de potencial V entre dos puntos de un semiconductor separados por una distancia L, se crea un campo eléctrico que origina una corriente de arrastre (v. fig. 1.20). Si el semiconductor es homogéneo, el campo eléctrico se puede aproximar por

$$E_{el} = \frac{V}{L} \tag{1.30}$$

Sustituyendo ese valor en 1.29 resulta

$$I = qA(\mu_p p + \mu_n n)\frac{V}{L} = q(\mu_p p + \mu_n n)\frac{A}{L}V = \frac{V}{R} \tag{1.31}$$

Es decir, al aplicar una diferencia de potencial V se origina una corriente proporcional a V. Esa es precisamente otra formulación de la ley de Ohm, siendo la constante de proporcionalidad $1/R$. R se denomina *resistencia del semiconductor*. Su valor es

$$R = \frac{1}{q(\mu_n n + \mu_p p)} \frac{L}{A} = \frac{1}{\sigma} \frac{L}{A} \qquad \sigma = \frac{1}{\rho} = q(\mu_n n + \mu_p p) \qquad (1.32)$$

La inversa de la conductividad σ es la resistividad ρ. Nótese que la resistencia depende de la geometría del semiconductor y de las densidades de portadores. Aumenta cuando lo hace la longitud L del semiconductor, y disminuye al aumentar su sección A. También varía con el dopaje. Para un semiconductor N, $n \cong N_D$ y $p \ll n$, y por tanto $\sigma \cong q\mu_n N_D$. Análogamente, para un semiconductor P, $\sigma \cong q\mu_p N_A$. En la figura 1.21 se representan los valores experimentales de la resistividad del silicio en función del dopaje.

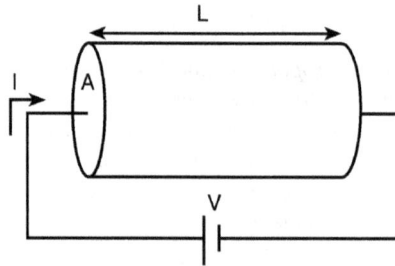

Fig. 1.20   Corriente originada por una diferencia de potencial aplicada al semiconductor

Nótese, finalmente, que la validez de 1.32 presupone la de 1.29, que solo es cierta para campos débiles. Si los campos aumentan considerablemente, las velocidades de los portadores dejan de ser proporcionales al campo eléctrico —la movilidad efectiva disminuye— y la resistividad del semiconductor aumenta.

Ejercicio 1.14

En la figura 1.21 se observa que la resistividad del silicio para $N_D = 3 \times 10^{19}$ cm^{-3} es de 2×10^{-3} $\Omega \cdot$cm. ¿Cuál es la movilidad μ_n?

La resistividad es $\rho = [q(\mu_n n + \mu_p p)]^{-1} \cong [q\mu_n N_D]^{-1}$, ya que $n \cong N_D \gg p$. Por tanto, $\mu_n = 1/\rho q N_D = 104$ cm^2/Vs.

Ejercicio 1.15

¿Qué resistencia presenta una muestra de semiconductor del ejercicio anterior con una longitud de 1 mm y una sección de 0.1 mm^2?

Según 1.32, $R = \rho(L/A) = 2 \times 10^{-3}(10^{-1}/0.1 \times 10^{-2}) = 0.2$ Ω.

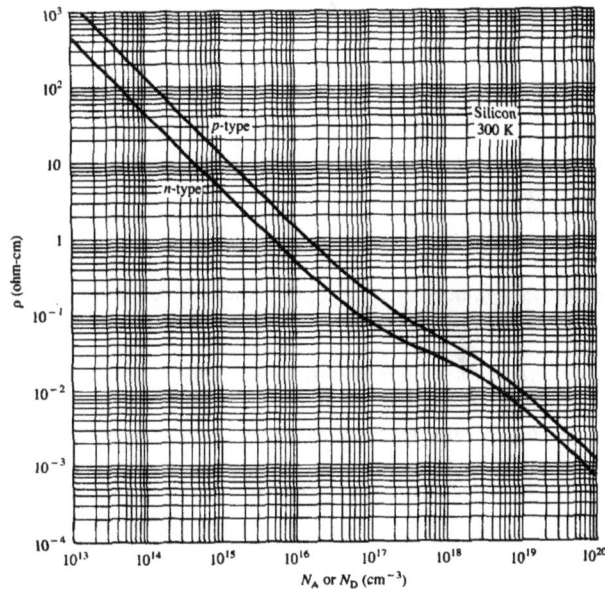

Fig. 1.21   Valores experimentales de la resistividad del silicio en función del dopaje

CUESTIONARIO 1.3.b

1. ¿Qué dopaje debe tener una muestra de silicio del tipo N, para que su resistividad sea $\rho = 1\ \Omega cm$? ¿Y si el silicio es del tipo P? Datos: $\mu_n = 1200\ cm^2/Vs$, $\mu_p = 400\ cm^2/Vs$.

a) $1.56 \times 10^{16}\ cm^{-3}$, $5.2 \times 10^{15}\ cm^{-3}$

b) $5.2 \times 10^{15}\ cm^{-3}$, $1.56 \times 10^{16}\ cm^{-3}$

c) $3.9 \times 10^{15}\ cm^{-3}$, en ambos casos.

d) $1.95 \times 10^{15}\ cm^{-3}$, en ambos casos.

2. Una muestra de silicio del tipo N con longitud $L = 1\ mm$ y sección $A = 0.1\ mm^2$ tiene una resistencia $R = 100\ \Omega$. Sabiendo que su dopaje es de $N_D = 10^{16}$ donadores/cm³, ¿cuál es la movilidad de los electrones?

a) $1250\ cm^2/Vs$ b) $62.5\ cm^2/Vs$ c) $6250\ cm^2/Vs$ d) $625\ cm^2/Vs$

3. Una región de un dispositivo está constituida por silicio del tipo P con una concentración de impurezas $N_A = 8 \times 10^{16}\ cm^{-3}$. Sus dimensiones son longitud $L = 10\ \mu m$ y sección $A = 25\ \mu m \times 25\ \mu m$. La movilidad de los portadores mayoritarios es $\mu_p = 400\ cm^2/Vs$. Calcúlese qué corriente máxima puede soportar para que la caída de tensión entre sus extremos no supere los $100\ mV$.

a) $32\ A$ b) $3.2\ mA$ c) $0.32\ \mu A$ d) $32\ pA$

4.   Una muestra de silicio de longitud $L = 100$ μm y sección $A = 10$ μm $\times 1$ μm presenta una resistencia entre sus extremos $R = 1$ kΩ cuando se le aplica una tensión $V_1 = 1$ V. ¿Se puede asegurar que la resistencia será la misma cuando la tensión aplicada sea $V_2 = 100$ V?

  a) Sí, porque en la expresión de la resistencia no aparece el valor de la tensión aplicada.

  b) No, porque qV_2 es mayor que la anchura de la banda prohibida (E_g) del silicio.

  c) Sí, porque la corriente que circula en ambos casos es lo suficientemente reducida como para asegurar la linealidad de la ley de la corriente.

  d) No, porque la relación lineal entre la velocidad de los portadores y el campo eléctrico no es válida en el segundo caso.

5.   Una muestra de silicio intrínseco presenta una resistencia $R_0 = 1$ MΩ en la oscuridad. ¿Qué resistencia (R_L) presenta cuando se ilumina, si la iluminación provoca un aumento de las concentraciones de portadores por un factor de 100?

  a) 100 MΩ   b) 1 MΩ   c) 10 kΩ   d) 100 Ω

PROBLEMA GUIADO 1.2

Se desea estudiar cómo varia la resistencia que presenta una muestra de silicio intrínseco al variar la temperatura. Se sabe que a 300 K la resistencia es de 10 kΩ, y se puede suponer que las movilidades no varían significativamente con la temperatura. Tómense como datos: $n_i(300\ K) = 1.5 \times 10^{10}$ cm^{-3}, $E_g = 1.1$ eV, $k_B = 8.62 \times 10^{-5}$ eV/K.

  1. ¿Cuál es el valor de la relación longitud/sección L/A, sabiendo que $\mu_n = 1500$ cm^2/Vs y $\mu_p = 500$ cm^2/Vs.

  2. A partir de este apartado, supóngase que $L/A = 0.05$ cm^{-1}. Hállese la expresión de R en función de la concentración intrínseca.

  3. Calcúlese la concentración intrínseca de portadores correspondiente a una temperatura de 250 K.

  4. ¿Cuál es el valor de la resistencia a 250 K?

  5. Repítase el cálculo para 200 K.

1.4 Ecuaciones de continuidad

Considérese un volumen determinado de un semiconductor. El número de portadores en ese volumen es el resultado del balance entre los que se generan y los que se recombinan, y entre los que entran y salen del volumen mediante las corrientes. El resultado de ese balance son las ecuaciones de continuidad.

1.4.1 Deducción de las ecuaciones de continuidad

En la figura 1.22 se presenta un volumen infinitesimal del semiconductor, limitado por una sección de área A y altura dx. Se supone que la corriente es unidimensional según el eje x. Un aumento del número de huecos en ese volumen provoca un aumento en la concentración dp, siendo el incremento total igual a $dp \cdot A dx$. Dicho aumento se debe a la generación neta $g - r$ y a la diferencia entre el flujo entrante y el flujo saliente:

$$dp\, A dx = (g - r)A dx\, dt + \left[\frac{J_p(x)}{q} - \frac{J_p(x + dx)}{q}\right] A\, dt \qquad (1.33)$$

Nótese que $g - r$ es la generación neta por unidad de volumen y tiempo, por lo cual se debe multiplicar por el volumen considerado y por el tiempo dt. Por otro lado, J_p son culombios por centímetro cuadrado de sección y por segundo, y dado que cada hueco tiene una carga q, se debe dividir por esa cantidad para hallar el flujo de huecos, y multiplicar por la sección y por el tiempo para hacer el balance en el volumen considerado. Si se dividen todos los miembros de esta ecuación por $A dx \cdot dt$, y se tiene en cuenta que $J_p(x + dx)$ menos $J_p(x)$ es igual a dJ_p, resulta

$$\frac{dp}{dt} = g - r - \frac{1}{q}\frac{dJ_p}{dx} \qquad (1.34)$$

Esta expresión se denomina ecuación de continuidad de los huecos. De forma similar, el balance de electrones de este volumen da

$$\frac{dn}{dt} = g - r + \frac{1}{q}\frac{dJ_n}{dx} \qquad (1.35)$$

que es la ecuación de continuidad de los electrones. Nótese que hay un cambio de signo en el término de la corriente porque la carga del electrón es –q.

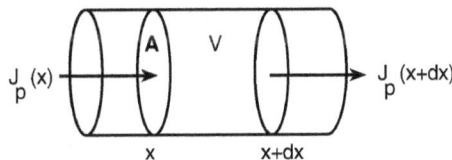

Fig. 1.22   Volumen del semiconductor utilizado para calcular la ecuación de continuidad

En todo el volumen del semiconductor se tienen que cumplir simultáneamente las ecuaciones 1.34 y 1.35, para las cuales se debe tener en cuenta que J_p es la corriente total de huecos —es decir, la suma de la corriente de arrastre más la de difusión de huecos— y J_n la corriente total de electrones. Además, se debe tener en cuenta que estas dos ecuaciones no son independientes, debido al hecho de que la recombinación r es proporcional al producto np, tal y como se comenta en el apartado 1.2.1.

La resolución de un sistema de dos ecuaciones en derivadas parciales y acopladas generalmente no es simple, y normalmente se debe recurrir a técnicas del cálculo numérico. Para evitar ese problema se suelen realizar, cuando sea posible, aproximaciones razonables que permitan simplificarlo. Los próximos apartados tienen como objetivo la presentación de esas aproximaciones.

Ejercicio 1.16

Razónese, mediante la integración de la ecuación de continuidad, qué sucedería en un semiconductor homogéneo si $g - r$ se mantuviera constante.

Dado que el semiconductor es homogéneo, todos los puntos son idénticos y no hay variación respecto a x. *Por tanto, la ecuación de continuidad se reduce a d*n/d*t = g – r. La solución de esta ecuación es* n = n$_0$ + *(g – r)*t. *Este resultado indica que la concentración de electrones crece linealmente con el tiempo hasta valores arbitrariamente elevados. Esa situación no se puede mantener de forma estacionaria.*

1.4.2 Las ecuaciones de continuidad y el equilibrio térmico

Como ya se ha discutido, el equilibrio térmico es un régimen estacionario —las derivadas con respecto al tiempo son nulas— en el cual $g = r$. Por tanto, las ecuaciones de continuidad establecen que J_p y J_n deben ser cada una de ellas constantes en x. El valor de esa constante es cero, es decir, $J_p(x) = 0$ y $J_n(x) = 0$ para cualquier x.

Efectivamente, en el equilibrio térmico la corriente total $(J = J_p + J_n)$ debe ser nula, ya que en caso contrario sale energía continuamente del volumen considerado —nótese, por ejemplo, que una corriente que atraviesa una resistencia produce calor—. Por lo tanto, debe suceder que $J_p = -J_n$, es decir, la corriente debe estar formada por un par electrón-hueco que viajan el uno al lado del otro. Pero en ese caso, terminarían recombinándose, y en ese fenómeno se liberaría energía, por lo cual el volumen del semiconductor liberaría energía térmica hacia su entorno, en contradicción con la definición del equilibrio térmico. Por tanto, en el equilibrio térmico se tiene que cumplir que

$$J_p(x) = 0 \qquad J_n(x) = 0 \qquad \text{para cualquier } x \tag{1.36}$$

Dado que en el equilibrio térmico todos los términos de la ecuación de continuidad son nulos, estas ecuaciones solo se utilizan fuera del equilibrio térmico. En esas circunstancias las concentraciones n y p son diferentes a las del equilibrio:

$$n = n_0 + \Delta n \qquad\qquad p = p_0 + \Delta p \tag{1.37}$$

donde n_0 y p_0 son las concentraciones en el equilibrio térmico; las variables Δn y Δp se denominan *concentraciones en exceso* o simplemente *excesos de electrones y de huecos con respecto al equilibrio.*

1.4.3 La recombinación neta

La generación de portadores se debe a la suma de la generación térmica más la generación *externa*, originada por energía que proviene del exterior. La generación térmica es inevitable, por lo cual se la suele asociar con la recombinación total r:

$$g - r = g_{ext} + g_{th} - r = g_{ext} - (r - g_{th}) = g_{ext} - U \qquad U \equiv r - g_{th} \qquad (1.38)$$

U se denomina *recombinación neta*. Nótese que en el equilibrio térmico, U es nula; si r es menor que g_{th}, U es negativa, y si r es mayor que g_{th}, U es positiva.

La recombinación neta se puede deber a diversos mecanismos. El más simple es la *recombinación directa*, en la que un electrón de conducción se recombina haciendo una transición a la banda de valencia en la que está el hueco. Ese mecanismo suele ser dominante en los semiconductores que emiten radiación electromagnética. En tal caso

$$U = B(np - n_0 p_0) \qquad (1.39)$$

ya que r es proporcional a np y g_{th} es igual a r_{th}, que es proporcional a $n_0 p_0$. Cuando el semiconductor está en *condiciones de baja inyección*, es decir, cuando los excesos de portadores son muy inferiores al dopaje, la expresión 1.39 se puede simplificar. Supóngase un semiconductor N, y que Δn y Δp son muy inferiores a los mayoritarios n_0 —el dopaje—. Entonces

$$U = B[(n_0 + \Delta n)(p_0 + \Delta p) - n_0 p_0] \cong B[n_0(p_0 + \Delta p) - n_0 p_0] = Bn_0 \Delta p = \frac{\Delta p}{\tau_p} \qquad (1.40)$$

donde τ_p tiene dimensiones de tiempo y se denomina *tiempo de vida medio de los huecos*, siendo la inversa de $B \cdot n_0$.

Otro mecanismo de recombinación es el denominado *de Shockley-Read-Hall*, en el que el electrón que se recombina hace una primera transición desde la banda de conducción a un *centro de recombinación*, y posteriormente una segunda transición desde el centro de recombinación a la banda de valencia en la que está el hueco. El centro de recombinación es un nivel de energía permitido en la banda prohibida, similar a los niveles donador y aceptor pero situado hacia la mitad de la banda. Es el mecanismo dominante en el silicio. La recombinación neta y su simplificación para un semiconductor N en baja inyección son

$$U = \frac{np - n_0 p_0}{\tau_n(p + p_1) + \tau_p(n + n_1)} \cong \frac{n_0 \Delta p}{\tau_p n_0} = \frac{\Delta p}{\tau_p} \qquad (1.41)$$

donde n_1 y p_1 son constantes que dependen de las características del centro de recombinación. Nótese que en baja inyección la aproximación 1.40 coincide con 1.41.

Finalmente, un tercer mecanismo importante es la *recombinación Auger*, en la que un portador se desprende de su energía en exceso dándola a otro portador del mismo tipo en forma de energía cinética. Este mecanismo suele ser dominante cuando el dopaje es muy elevado. La recombinación neta y su simplificación para un semiconductor N son

$$U = C_{An}(n^2 p - n_0^2 p_0) + C_{Ap}(np^2 - n_0 p_0^2) \cong C_{An} n_0^2 \Delta p = \frac{\Delta p}{\tau_p} \qquad (1.42)$$

siendo τ_p la inversa de $C_{An} n_0^2$. La aproximación también coincide con las anteriores.

Cuando coexisten diversos mecanismos de recombinación, la recombinación neta total es la suma de las diferentes recombinaciones netas, lo cual comporta que la inversa del tiempo de vida resultante es la suma de las inversas de los tiempos de vida de cada uno de los mecanismos.

En definitiva, la *recombinación neta* U, *en condiciones de baja inyección, se puede aproximar al exceso de minoritarios dividido por el tiempo de vida medio.* Esta aproximación rompe el acoplamiento de las dos ecuaciones de continuidad y permite realizar el estudio del semiconductor resolviendo sólo la ecuación de continuidad de los minoritarios con una *U* dada por

$$U \cong \frac{\Delta minoritarios}{\tau_{\text{minoritarios}}} \tag{1.43}$$

Ejercicio 1.17

Calcúlese el tiempo de vida medio de los huecos en silicio del tipo *N* dopado con $N_D = 10^{20}$ cm^{-3}, suponiendo que el mecanismo de recombinación dominante es el de Auger y $C_{An} = 10^{-31}$ s^{-1} cm^{-6}.

Según 1.42, el tiempo de vida medio de los huecos es $\tau_p = (C_{An}n_0^2)^{-1} = (C_{An}N_D^2)^{-1} = 1$ *ns.*

CUESTIONARIO 1.4.a

1. *En un reactor químico hay un flujo de entrada de* F_A *moléculas por minuto. El flujo de salida tiene un valor de* F_B *moléculas por minuto. La reacción en el interior supone una disminución de un número* R_I *de moléculas cada minuto. Con estos datos, escríbase la ecuación de continuidad que correspondería al sistema descrito.*

   a) $F_A = F_B + R_I$ *b)* $F_B = F_A + R_I$ *c)* $F_A + F_B = R_I$ *d)* $F_A - F_B = 2 \cdot R_I$

2. *Supóngase que en un semiconductor en el que se produce una generación externa de portadores se desea calcular las concentraciones de portadores en exceso a partir de la condición* $g_{ext} = R$. *¿Qué condiciones se deben cumplir en las ecuaciones de continuidad?*

   a) El campo eléctrico y las corrientes son nulos.

   b) Las condiciones son estacionarias y las corrientes de portadores son nulas.

   c) Las condiciones son estacionarias y las corrientes son constantes —no necesariamente nulas—.

   d) El campo eléctrico es nulo y las corrientes son constantes —no necesariamente nulas—.

3. *En un semiconductor sin generación externa de portadores los electrones se mueven por difusión y por la acción de un campo eléctrico constante. Escríbase la ecuación de continuidad en términos de las derivadas de la concentración de electrones* n.

   a) $d\text{n}/dt = -\Delta\text{n}/\tau_n + \mu_n E_{el} \cdot d\text{n}/dx + D_n \cdot d^2\text{n}/dx^2$

   b) $d\text{n}/dt = -\Delta\text{n}/\tau_n + \mu_n E_{el} \cdot d\text{n}/dx + D_n \cdot d\text{n}/dx$

   c) $d\text{n}/dt = -\Delta\text{n}/\tau_n + \mu_n E_{el} \cdot d\text{n}/dx + qD_n \cdot d^2\text{n}/dx^2$

   d) $d\text{n}/dt = -\Delta\text{n}/\tau_n + \mu_n E_{el} \cdot d\text{n}/dx + qD_n \cdot d\text{n}/dx$

4. *Considérese un semiconductor con unas concentraciones de portadores constantes en el tiempo, $dp/dt = dn/dt = 0$, pero con $g - r \neq 0$ —la generación y la recombinación totales no se anulan la una a la otra—. ¿Cómo son los perfiles de las densidades de corriente $J_p(x)$ y $J_n(x)$ en una región en la que $g - r$ sea constante? ¿Puede ese semiconductor estar en equilibrio térmico?*

a) $J_p = J_n = 0$ *en todos los puntos. El semiconductor está en equilibrio térmico.*

b) $J_p = -J_n$ *y es constante en todos los puntos. El semiconductor no está en equilibrio térmico.*

c) J_p *y* J_n *son funciones lineales de* x *de modo que* $J_p(x) + J_n(x) = 0$. *El semiconductor no está en equilibrio térmico.*

d) J_p *y* J_n *son funciones lineales de* x *de modo que* $J_p(x) + J_n(x)$ *es constante —no necesariamente cero—. El semiconductor no está en equilibrio térmico.*

5. *Un semiconductor dopado con* $N_D = 10^{16}$ *donadores/cm^3 se encuentra en condiciones estacionarias, sometido a una generación externa constante de portadores a una velocidad g_{ext}. La velocidad total de recombinación de los pares electrón-hueco se puede calcular mediante la expresión $r = knp$. Para hallar el valor de la constante k se observa que cuando $g_{ext} = 10^{18}$ cm^{-3}s^{-1} se tienen unos excesos de portadores $\Delta p = \Delta n = 10^{14}$ cm^{-3}. ¿Qué valor se debe asignar a k? Justifíquese que se trabaja a baja inyección, y hállese a partir de ahí el valor del tiempo de vida medio de los minoritarios.*

a) $k = 10^{-14}$ *cm^{3}s^{-1},* $\tau_p = 10^{-4}$ *s*

b) $k = 10^{-14}$ *cm^{3}s^{-1},* $\tau_p = 10^{-2}$ *s*

c) $k = 10^{-12}$ *cm^{3}s^{-1},* $\tau_p = 10^{-4}$ *s*

d) $k = 10^{-14}$ *cm^{3}s^{-1},* $\tau_p = 10^{-2}$ *s*

6. *Suponiendo que el semiconductor de la cuestión anterior sea silicio ($n_i = 1.5 \times 10^{10}$ cm^{-3}), determínese el valor de la velocidad de generación térmica g_{th} en cm^{-3}·s^{-1}.*

a) 2.25×10^6 *b)* 2.25×10^8 *c)* 1.5×10^{12} *d)* 1.5×10^{14}

1.4.4 La ecuación de continuidad en el dominio temporal en un semiconductor homogéneo

Considérese un semiconductor del tipo *N* homogéneo, de manera que las variaciones con la posición son nulas, ya que todos los puntos son idénticos. En ese caso, los términos de las derivadas de las corrientes con respecto a la posición son cero, y las ecuaciones 1.34 y 1.35 se convierten en ecuaciones diferenciales en la variable tiempo solamente.

Supóngase que el semiconductor está en equilibrio térmico en *t* inferior a cero, y que a partir de *t* igual a cero se le ilumina con una radiación electromagnética que produce una generación de pares electrón-hueco, g_L, constante en todo el volumen. Se desea saber cómo evolucionan las concentraciones de portadores, suponiendo que en todo momento hay baja inyección y que los excesos de portadores son iguales.

Como se ha visto en el apartado anterior, la ecuación de continuidad de los minoritarios se puede escribir de la forma siguiente:

$$\frac{\mathrm{d}p}{\mathrm{d}t} = g_L - \frac{\Delta p}{\tau_p} = g_L - \frac{p - p_0}{\tau_p} \tag{1.44}$$

Esta ecuación diferencial depende solo de p y se puede resolver fácilmente (v. apéndice A). La solución de la ecuación homogénea, $\mathrm{d}p/\mathrm{d}t + p/\tau_p = 0$, es $p_h(t) = A\exp(-t/\tau_p)$, y una solución particular de la completa es $p_c(t) = g_L\tau_p + p_0$. La solución general es la suma de la solución homogénea más la completa, y depende de la constante A. Para determinar esa constante y hallar la solución física se debe aplicar la condición inicial: en $t = 0$ la concentración de huecos es p_0. Por tanto, la solución que se obtiene es

$$p(t) = p_0 + g_L\tau_p(1 - e^{-t/\tau_p}) \tag{1.45}$$

Este resultado indica que en el instante $t = 0$ la concentración de huecos minoritarios es la del equilibrio térmico, y a partir de ese instante aumenta exponencialmente hasta alcanzar un valor asintótico final de $p_0 + g_L\tau_p$. La constante de tiempo del exponente es τ_p, el tiempo de vida de los huecos, por lo cual, después de unas tres constantes de tiempo —es decir, de $3\tau_p$— se alcanza el valor estacionario final. Este comportamiento se representa en la figura 1.23.

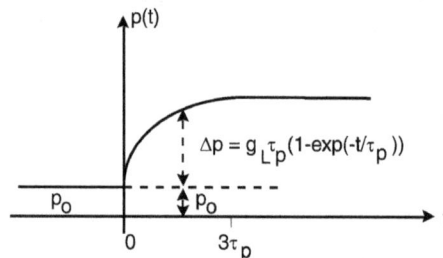

Fig. 1.23   Evolución de la concentración de minoritarios producida por una radiación electromagnética que produce una g_L constante a partir de t = 0

Si se supone que en todo momento el exceso de electrones es igual al de huecos, resulta que

$$n(t) = n_0 + g_L\tau_p(1 - e^{-t/\tau_p}) \cong n_0 \tag{1.46}$$

pero si se está en baja inyección, n_0 es muy superior a $p(t)$, y por tanto, muy superior a $\Delta p(t)$, por lo cual la solución anterior se puede aproximar con la concentración de equilibrio n_0.

La evolución del retorno al equilibrio cuando se interrumpe la iluminación se analiza en el ejercicio siguiente.

Ejercicio 1.18

Supóngase que en $t = t_0$ el semiconductor iluminado que se acaba de analizar está en régimen estacionario, y que en ese momento se interrumpe la iluminación. ¿Cuál es la evolución de los huecos?

En t = t_0 *la concentración de huecos es* $p(t_0) = p_0 + g_L \tau_p$, *ya que el semiconductor se encuentra en régimen estacionario. A partir de ese instante* $g_L = 0$. *La ecuación de continuidad que se debe resolver es, por lo tanto,* $dp/dt = -(p - p_0)/\tau_p$. *La solución de esta ecuación es* p = $p_0 + g_L \tau_p exp[-(t-t_0)/\tau_p]$. *Obsérvese que la concentración de huecos retorna al valor del equilibrio de forma exponencial, con una constante de tiempo igual al tiempo de vida de los huecos.*

1.4.5 La ecuación de continuidad en el dominio espacial en régimen estacionario

Considérese ahora un ejemplo de semiconductor del tipo P en régimen estacionario. Las derivadas de n y p respecto al tiempo son, por lo tanto, nulas. Las ecuaciones de continuidad 1.34 y 1.35 se reducen a ecuaciones diferenciales únicamente en la variable x. Se supone que el semiconductor es arbitrariamente largo, que g_L y el campo eléctrico en su interior son nulos, y que en todo momento está en baja inyección, es decir, n(x) $<< p_0$. Se supone, finalmente, que en $x = 0$ se mantiene desde el exterior un exceso de electrones constante, Δn(0) igual a C. Se desea hallar las concentraciones n(x) y p(x) en el interior del semiconductor.

Dado que el semiconductor está en baja inyección, la ecuación de continuidad de los minoritarios se puede aproximar con

$$\frac{dn}{dt} = 0 = -\frac{\Delta n}{\tau_n} + \frac{1}{q}\frac{dJ_n}{dx} = -\frac{n - n_0}{\tau_n} + D_n \frac{d^2 n}{dx^2} \tag{1.47}$$

En la última expresión se ha considerado que la corriente de electrones es solamente de difusión, $J_n = qD_n dn/dx$, ya que la de arrastre es nula al ser nulo el campo eléctrico. La ecuación 1.47 se conoce también con el nombre de *ecuación de difusión*.

La solución de la ecuación homogénea es $n_h(x) = A\exp[x/\sqrt{(D_n \tau_n)}] + B\exp[-x/\sqrt{(D_n\tau_n)}]$. Una solución particular de la completa es $n_c(x) = n_0$. La solución general es la suma de las dos soluciones. Pero para hallar la solución física se debe determinar las dos constantes A y B. Dado que el semiconductor es arbitrariamente largo, A debe ser cero, ya que al poder ser x arbitrariamente elevada, la concentración crecería exponencialmente con la distancia al origen, lo cual no tiene sentido físico alguno. Por otro lado, n(0) es igual a $n_0 + C$. Por lo tanto, $B = C$. Sustituyendo en la solución general resulta

$$n(x) = n_0 + C \cdot e^{-x/\sqrt{D_n \tau_n}} \tag{1.48}$$

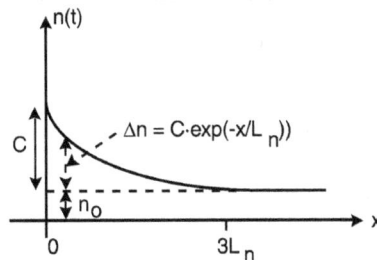

Fig. 1.24   Distribución de la concentración de minoritarios en el interior del semiconductor, manteniendo un exceso constante en la superficie de valor C

Este resultado indica que la concentración de electrones en la superficie es $n_0 + C$, y que a medida que se penetra en el semiconductor la concentración tiende exponencialmente al valor de equilibrio n_0. La constante de tiempo del exponente es $\sqrt{(D_n\tau_n)}$, que tiene dimensiones de longitud y se denomina L_n, *longitud de difusión de los electrones*. Por tanto, después de penetrar una distancia de $3L_n$ se halla ya la concentración de equilibrio n_0.

Como se ve más adelante, si el campo eléctrico es nulo debe haber neutralidad de carga en el interior del semiconductor, es decir, el exceso de huecos tiene que ser igual al de electrones. Por lo tanto

$$p(x) = p_0 + C \cdot e^{-x/\sqrt{D_n\tau_n}} \cong p_0 \qquad (1.49)$$

donde la última aproximación se debe al hecho que se trabaja en baja inyección.

En este texto la resolución de las ecuaciones de continuidad se limita al régimen estacionario $(d/dt = 0)$ o a un semiconductor homogéneo $(d/dx = 0)$. La resolución simultánea de las ecuaciones de continuidad en función de x y de t queda fuera del alcance de este libro.

Ejercicio 1.19

Calcúlese la corriente de electrones que debe entrar en el semiconductor con $x = 0$ para mantener la distribución de electrones dada por 1.48.

Dado que en el interior del semiconductor no hay campo eléctrico, la corriente de electrones solo puede ser de difusión. Esa corriente es $J_{dn} = qD_n(dn/dx)$. Derivando $n(x)$ según 1.48, resulta $J_{dn}(x) = -(qD_nC/L_n)exp(-x/L_n)$. Por lo tanto, $J_{dn}(0) = -qD_nC/L_n$. Esa corriente va reponiendo los electrones que van desapareciendo por recombinación.

CUESTIONARIO 1.4.b

1. *Sea una muestra de silicio dopada con 10^{16} donadores por cm^3. En $t = 0$ se ilumina de forma que la velocidad de generación es $g_{ext} = 10^{18}$ $cm^{-3}s^{-1}$. Se sabe que en régimen estacionario $\Delta n = \Delta p = 10^{14}$ cm^{-3}. ¿A partir de qué instante se puede suponer que se han alcanzado las condiciones estacionarias dentro de un margen de error del 1 % en las concentraciones de portadores? Dato: $\tau_p = 0,1$ ms.*

   a) 4.6×10^{-4} s   b) 4.6×10^{-2} s   c) 2.3×10^{-4} s   d) 2.3×10^{-2} s

2. *En el mismo semiconductor de la cuestión anterior se suprime la excitación externa una vez alcanzadas las condiciones estacionarias. Se toma ese instante como el nuevo origen de tiempo $(t' = 0)$ para el próximo cálculo. Determínese la función que sigue la concentración de huecos en exceso, en cm^{-3}, en su retorno al equilibrio.*

   a) $10^{18}exp(-t'/\tau_p)$ *b) $10^{18}(1 - t'/\tau_p)$*

   c) $10^{14}exp(-t'/\tau_p)$ *d) $10^{14}(1 - t'/\tau_p)$*

3. *Supóngase que se es capaz de reducir el tiempo de vida de los portadores minoritarios del semiconductor de las cuestiones anteriores en un 20 % del valor hallado. Se desea saber cómo cambian las concentraciones de portadores en exceso en las condiciones estacionarias, la duración de los transitorios, y la respuesta del semiconductor a una iluminación consistente en un tren de impulsos de corta duración. ¿Cuál de estas proposiciones es correcta?*

a) Los excesos de concentración se reducen en un 20 %, mientras que los transitorios duran igual. La respuesta del semiconductor a la excitación es débil.

b) Los excesos de concentración aumentan en un 20 %, y los transitorios son más prolongados. La respuesta del semiconductor a la excitación es más intensa pero más lenta.

c) Los excesos de concentración se reducen en un 20 %, mientras que los transitorios son más breves. La respuesta del semiconductor a la excitación es más débil pero más rápida.

d) Los excesos de concentración aumentan en un 20 %, y los transitorios son más breves. La respuesta del semiconductor a la excitación es más intensa y más rápida.

4. *Al igual que en la cuestión 1, se ha producido una generación de portadores de valor $g_{ext} = 10^{18}\ cm^{-3}s^{-1}$ por una incidencia de fotones que se supone uniforme en todo el volumen. Sabiendo que la anchura de la banda prohibida del semiconductor es de 1.1 eV, calcúlese el valor de la potencia incidente mínima necesaria para producir esa generación en una muestra de 500 μm ×100 μm de superficie y 10 μm de profundidad.*

    a) 8.8 W   *b) 8.8 mW*   *c) 88 μW*   *d) 88 nW*

5. *Sea un semiconductor del tipo P, semiinfinito ($0 < x < \infty$), con un campo eléctrico interno nulo y un dopaje uniforme, en condiciones estacionarias, en el que se produce una generación externa uniforme de portadores con una velocidad g_{ext}. El tiempo de vida de los minoritarios es τ_n. En el extremo x = 0, la concentración de minoritarios en exceso Δn es nula. Hállese la expresión del perfil Δn(x) siendo L_n la longitud de difusión de los minoritarios.*

    a) $\Delta n(x) = g_{ext}\cdot \tau_n$ *b) $\Delta n(x) = g_{ext}\cdot \tau_n[1 - exp(-x/L_n)]$*

    c) $\Delta n(x) = g_{ext}\cdot \tau_n[1 - x/L_n]$ *d) $\Delta n(x) = g_{ext}\cdot \tau_n[1 - (-x/L_n)^2]$*

6. *Supóngase en la cuestión anterior que $L_n = 100\ \mu m$, $g_{ext} = 10^{18}\ cm^{-3}s^{-1}$, $\tau_n = 100\ \mu s$. Calcúlese a partir de ahí el valor mínimo de la longitud para poder considerar la muestra como semiinfinita. El error aceptable es del 1 %.*

    a) 460 mm   *b) 460 μm*   *c) 230 mm*   *d) 230 μm*

PROBLEMA GUIADO 1.3

Uno de los sensores empleados para detectar radiación electromagnética es el fotoconductor, que se estudia en el capítulo dedicado a los dispositivos optoelectrónicos. En ese dispositivo, la radiación electromagnética —los fotones— genera portadores en el interior del semiconductor, y como consecuencia de este hecho la resistencia del material varía. Esa variación se utiliza para detectar la presencia de radiación.

Supóngase un semiconductor del tipo P, dopado con 10^{13} aceptores/cm^3. Su longitud es de 1 mm y su sección de 10^{-2} cm^2. Se pide:

a) El valor de la resistencia en la oscuridad a 300 K. Datos: $n_i = 1.5 \times 10^{10}$ cm^{-3}, $\mu_n = 1500$ cm^2/Vs, $\mu_p = 500$ cm^2/Vs.

b) Se ilumina el semiconductor con un polvo de luz que genera uniformemente portadores por todo el volumen. La velocidad de generación $g_L(t)$ $(cm^{-3}s^{-1})$ presenta una dependencia del tiempo dada por la expresión $g_L(x) = g_0 exp(-t/\tau_L)$.

Hállese el exceso de concentración de electrones $\Delta n(t)$ resolviendo la ecuación diferencial correspondiente, suponiendo que la recombinación neta es $U = \Delta n/\tau_n$. ¿Cuál es la condición inicial en ese caso?

c) Cuando $g_0 = 5 \times 10^{18}$ $cm^{-3}s^{-1}$ y $\tau_L = 2\tau_n = 2$ μs, la solución al apartado anterior es

$$\Delta n(t) = 10^{13}[exp(-t/2 \ \mu s) - exp(-t/1 \ \mu s)] \ cm^{-3}$$

Hállese la resistencia en función del tiempo que presenta el semiconductor; represéntese gráficamente.

PROBLEMA GUIADO 1.4

Una célula solar fotovoltaica es un dispositivo que genera una corriente eléctrica al ser iluminado por la radiación solar. Más adelante se expone que está formada por un semiconductor con dos partes: una con dopaje del tipo P y otra del tipo N —una unión PN—. La corriente que se recoge está constituida por portadores minoritarios fotogenerados en ambas regiones. Para realizar una primera aproximación al análisis de ese dispositivo se considera solamente un semiconductor del tipo N, dopado con 10^{16} aceptores por centímetro cúbico, el cual se extiende desde el origen hasta valores de x arbitrariamente elevados. La radiación produce una generación de pares electrón-hueco a una velocidad $g_L(x)$ $(cm^{-3}s^{-1})$, dada por la expresión $g_L(x) = g_0 exp(-\alpha x)$.

a) Hállese la distribución de portadores minoritarios $\Delta p(x)$ resolviendo la ecuación de continuidad. Considérese que en ese dispositivo se mantiene en todo momento la condición de contorno $\Delta p(0) = 0$, y que el material es arbitrariamente largo.

b) Hállese la densidad de la corriente de huecos en el punto x = 0 suponiendo que con $g_0 = 10^{20}$ $cm^{-3}s^{-1}$, $D_p = 100$ cm^2/s, $\tau_p = 10^{-4}$ s y $\alpha = 10^3$ cm^{-1} la solución sea $\Delta p(x) = 10^{12}[exp(-10^3 x)]$ cm^{-3} (x está expresada en cm). Supóngase que el campo eléctrico es nulo en toda la región.

1.5 Campos y cargas en un semiconductor

En el interior del semiconductor hay cargas eléctricas positivas —como los huecos y las impurezas donadoras que han cedido el electrón— y cargas eléctricas negativas —como los electrones libres y las impurezas aceptoras ionizadas—. Evidentemente, hay muchas más cargas eléctricas —como los electrones de valencia y los núcleos atómicos— pero se supone que esas cargas están neutralizadas entre ellas en todos los puntos. Como es bien sabido, las cargas eléctricas crean campos eléctricos, y éstos originan diferencias de potencial. El objetivo de este apartado es analizar tales cuestiones.

1.5.1 Distribuciones de carga. Las leyes de Gauss y de Poisson

La densidad de carga neta en un punto del semiconductor, $\rho(x)$, es el balance entre las cargas positivas y las negativas presentes en ese punto:

$$\rho(x) = q(p(x) - n(x) + N_D^+(x) - N_A^-(x)) \tag{1.50}$$

La *ley de Gauss* establece que la relación entre la densidad de carga y el campo eléctrico es

$$\frac{dE_{el}}{dx} = \frac{\rho(x)}{\varepsilon} \quad \Rightarrow \quad E_{el}(b) - E_{el}(a) = \int_a^b \frac{\rho(x)}{\varepsilon} dx \tag{1.51}$$

siendo ε la constante dieléctrica del semiconductor.

La existencia de un campo eléctrico en un punto produce una diferencia de potencial. La relación entre el campo eléctrico y el potencial es

$$\frac{dV}{dx} = -E_{el} \quad \Rightarrow \quad V(b) - V(a) = -\int_a^b E_{el} dx \tag{1.52}$$

La *ley de Poisson* combina las dos relaciones anteriores:

$$\frac{d^2V}{dx^2} = -\frac{dE_{el}}{dx} = -\frac{\rho}{\varepsilon} \tag{1.53}$$

Ejercicio 1.20

Se supone que la densidad de carga de un semiconductor es cero hasta $x = 0$ y a partir de ese punto adopta el valor constante $\rho = a$. Calcúlese el campo eléctrico y el potencial generados por esa carga, suponiendo que $E_{el}(0) = 0$ y $V(0) = V_0$.

Aplicando 1.51 resulta $E_{el}(x) = (a/\varepsilon)x$, es decir, el campo eléctrico aumenta linealmente con x.

Aplicando ahora 1.52, resulta $V(x) = V_0 + (a/2\varepsilon) \cdot x^2$; el potencial aumenta cuadráticamente con la posición.

CUESTIONARIO 1.5.a

1. *Se aplica una diferencia de potencial* $V_0 = 20\ V$ *entre los terminales de un semiconductor uniforme de longitud* $L = 100\ \mu m$ *y sección* $A = 1\ mm^2$. *Hállese el valor del campo eléctrico en el interior del semiconductor.*

    a) $2{\times}10\ V/cm$ *b)* $2{\times}10^3\ V/cm$ *c)* $2{\times}10^4\ V/cm$ *d)* $2{\times}10^5\ V/cm$

2. *En el interior de una región de un cristal de silicio existe un potencial eléctrico* $V(x) = V_0 \cdot [1 - (x/x_0)^2]$, *con* $V_0 = 10\ V$, $x_0 = 10\ \mu m$ *y* $0 < x < 10\ \mu m$.

Calcúlese la distribución del campo eléctrico (en V/cm) y de la carga dentro del semiconductor. Dato: $\varepsilon = 10^{-12}\ F/cm$.

    a) $E_{el} = 10^4$, $\rho = 10$ *b)* $E_{el} = 10^7 x$ *(x en cm)*, $\rho = 10$

    c) $E_{el} = 2{\times}10^7 x$ *(x en cm)*, $\rho = 20$ *d)* $E_{el} = 2{\times}10^7 x$ *(x en cm)*, $\rho = 10$

3. *Supóngase que en el interior de un material que tiene una constante dieléctrica* $\varepsilon = 10^{-12}\ F/cm$ *hay una distribución de carga* $\rho(x) = 1.6\ \mu C/cm^3$ *en la región* $0 < x < 100\ \mu m$. *La longitud de la muestra va desde* $x = 0$ *hasta* $x = 200\ \mu m$. *Calcúlese el perfil del campo eléctrico (en V/cm) en el interior del material, con x expresada en cm. Dato:* $\varepsilon = 10^{-12}\ F/cm$.

    a) $E_{el} = 1.6{\times}10^6 x$ *para* $0 \le x \le 100\ \mu m$, $E_{el} = 1.6{\times}10^4$ *para* $100 \le x \le 200\ \mu m$

    b) $E_{el} = 1.6{\times}10^6 x$ *para* $0 \le x \le 100\ \mu m$, $E_{el} = 0$ *para* $100 \le x \le 200\ \mu m$

    c) $E_{el} = 1.6{\times}10^4$ *para* $0 \le x \le 100\ \mu m$, $E_{el} = 0$ *para* $100 \le x \le 200\ \mu m$

    d) $E_{el} = 3.2{\times}10^4$ *para* $0 \le x \le 200\ \mu m$

4. *¿Qué forma geométrica tiene el perfil del campo eléctrico que resulta de las distribuciones de carga representadas en las figuras adjuntas?*

5. *Si en una región* $0 \leq x \leq L = 5$ µm *de un cristal de silicio con un dopaje de* $N_D = 10^{15}$ *donadores/cm3 se pudiesen suprimir los portadores de corriente, ¿cuál sería el campo eléctrico en el interior del material, en* V/cm? *Calcúlese la diferencia de potencial entre sus extremos.*

Dato: $\varepsilon = 10^{-12}$ *F/cm.*

      a) $E_{el} = 1.6 \times 10^8 x$ *(x en cm),* $\Delta V = 20\ V$ *b)* $E_{el} = 1.6 \times 10^8 x$ *(x en cm),* $\Delta V = 40\ V$

      c) $E_{el} = 8 \times 10^{-4}$, $\Delta V = 20\ V$ *d)* $E_{el} = 1.6 \times 10^{-3}$, $\Delta V = 40\ V$

6. *En el interior de un semiconductor dopado con una concentración uniforme de donadores* N_D, *muy superior a la concentración intrínseca, existe un campo eléctrico constante. Entre* N_D, *las concentraciones de portadores* p *y* n *y la densidad de carga* ρ *existe una serie de relaciones. ¿Cuál de las siguientes no es cierta?*

      a) $\rho = 0$, n − p = N_D *b)* $\rho = 0$, n ≅ N_D

      c) *n* − p = N_D, n ≅ N_D *d)* *n* − p = N_D, n ≅ p

1.5.2 Las aproximaciones de vaciamiento y de cuasineutralidad

Para conocer el comportamiento de un dispositivo es necesario saber las concentraciones de portadores y el potencial en cada uno de sus puntos. Derivando el potencial se obtiene el campo eléctrico en el punto considerado, y conociendo las concentraciones *n* y *p* en ese punto se obtiene las corrientes de arrastre y de difusión. La diferencia de potencial entre los terminales de los dispositivos es la tensión aplicada que origina las corrientes calculadas.

Las concentraciones y el potencial en cada punto del dispositivo deben cumplir las ecuaciones generales del semiconductor, es decir, las ecuaciones de continuidad 1.34 y 1.35 y la ecuación de Poisson (1.53). Nótese que se pueden formular como un sistema de tres ecuaciones diferenciales en las variables *n*, *p* y *V*, y que deben satisfacer unas determinadas condiciones de contorno, dependientes de las tensiones aplicadas. La resolución de ese sistema es, en general, una tarea difícil que suele exigir la utilización de técnicas de cálculo numérico, porque no existe una expresión matemática que proporcione la solución.

Por ese motivo es muy importante simplificar el problema general y obtener aproximaciones razonables, fáciles de conseguir matemáticamente y que permitan entender físicamente el comportamiento del dispositivo —por ejemplo, ¿por qué un diodo deja pasar la corriente en un sentido y la bloquea en el sentido contrario?, o ¿qué parámetros tienen más influencia sobre el rendimiento de conversión energética de una célula solar?—. Hoy día está al alcance de todo el mundo el poder obtener soluciones más exactas a partir de una aproximación inicial, utilizando programas informáticos de cálculo numérico.

Dos de las aproximaciones más utilizadas para evitar el tener que resolver el sistema general de ecuaciones diferenciales del semiconductor hacen referencia a la ecuación de Poisson. Cuando en una región del semiconductor [p(*x*) − n(*x*)] es muy inferior a [$N_D^+(x) − N_A^-(x)$], se dice que la región está vacía o despoblada de portadores, y la densidad de carga se puede aproximar con

$$\rho(x) \cong q(N_D^+(x) − N_A^-(x)) \tag{1.54}$$

Esta aproximación —que es el punto de partida de próximo capítulo, dedicado al análisis de la unión PN— se denomina *aproximación de vaciamiento*.

Se da otra situación cuando $p(x) - n(x)$ es muy similar a $N_D^+(x) - N_A^-(x)$. En ese caso la densidad de carga $\rho(x) \ll q[N_D^+(x) - N_A^-(x)]$. Se dice que se trata de una *región casi neutra* y la aproximación que se hace es

$$p(x) - n(x) \cong N_D^+(x) - N_A^-(x) \tag{1.55}$$

Es decir, se supone que los mayoritarios coinciden con el dopaje.

Dado que los dopajes son conocidos, las dos aproximaciones independizan al potencial y al campo eléctrico de n y de p, lo cual permite desacoplar la ecuación de Poisson y las de continuidad. La aplicación de estas aproximaciones al análisis aproximado de dispositivos se ve en los próximos capítulos.

Ejercicio 1.21

Demuéstrese que en una región en la cual el campo eléctrico es constante, hay neutralidad de carga.

La ley de Gauss establece que $\rho(x) = \varepsilon(d\mathbb{E}_{el}/dx)$. Por lo tanto, si $\mathbb{E}_{el}$ es constante, $\rho = 0$, lo que indica que hay neutralidad de carga. En ese caso, $n - p = N_D - N_A$ y, si se está en baja inyección, los mayoritarios coinciden con el dopaje neto. Si el semiconductor es del tipo N, n se puede aproximar con el dopaje donador neto siempre que sea muy superior a p.

1.5.3 El campo eléctrico creado por un dopaje variable

Cuando el dopaje es variable, las concentraciones de portadores también los son, y en consecuencia se producen corrientes de difusión que tienden a igualar las concentraciones en todos los puntos. Dado que las impurezas están fijas en el cristal, el desplazamiento de los portadores origina densidades de carga a lo largo del dispositivo. Estos dipolos de carga producen campos eléctricos que provocan corrientes de arrastre, las cuales hacen variar los dipolos iniciales de carga, ya que implican nuevos desplazamientos de portadores. Al final, no obstante, se consigue llegar a una situación estacionaria: el equilibrio térmico.

Un semiconductor con dopaje no uniforme en equilibrio térmico presenta densidades de carga, campos eléctricos y diferencias de potencial en su interior, el balance de los cuales da lugar al cumplimiento de la condición que caracteriza al equilibrio: la corriente de electrones y la de huecos han de ser nulas en todos los puntos del semiconductor. Así pues,

$$J_p(x) = q\mu_p p_0 E_{el} - qD_p \frac{dp_0}{dx} = 0 \;\Rightarrow\; E_{el} = V_t \frac{1}{p_0} \frac{dp_0}{dx} \tag{1.56}$$

donde se ha empleado la relación de Einstein (1.24) entre D y μ. Asimismo,

$$J_n(x) = q\mu_n n_0 E_{el} + qD_n \frac{dn_0}{dx} = 0 \;\Rightarrow\; E_{el} = -V_t \frac{1}{n_0} \frac{dn_0}{dx} \tag{1.57}$$

El lector puede comprobar que estas dos relaciones del campo eléctrico son equivalentes, ya que en el equilibrio térmico se cumple la ley de acción de masas, $n_0 p_0 = n_i^2$.

Las expresiones 1.56 y 1.57 permiten calcular directamente el campo eléctrico en el equilibrio térmico producido por un dopaje no uniforme, si se puede hacer la aproximación de cuasineutralidad. En ese caso, solo es necesario sustituir en esas expresiones el portador mayoritario por el dopaje.

Ejercicio 1.22

Calcúlese el campo eléctrico producido por un dopaje de valor $N_A(x) = 10^{19} \exp(-10^4 \cdot x^2) \cdot cm^{-3}$. Supóngase la cuasineutralidad de carga.

Por la hipótesis de cuasineutralidad, $p_0(x) = N_A(x)$. Aplicando 1.56 resulta $E_{el}(x) = -500 \cdot x$ V/cm.

Ejercicio 1.23

A partir del resultado del ejercicio anterior, hállese para qué intervalo de valores de x es válida la aproximación de cuasineutralidad.

A partir de la expresión de densidad de carga 1.50, se halla $p = N_A + n + \rho/q$. *Para poder aproximar los huecos mayoritarios con el dopaje es necesario que* $n \ll N_A$ *y que* $\rho/q \ll N_A$. *La primera condición implica que* $n_i^2/N_A \ll N_A$, *es decir,* $N_A^2 \gg n_i^2$. *Para analizar la segunda condición es necesario hallar* ρ *previamente. Por la ley de Gauss,* ρ *es la derivada de* E_{el} *multiplicada por* ε. *Operando resulta* $\rho = -500 \times 10^{-12}$ C/cm^3 *y* $\rho/q = 3.1 \times 10^9$ cm^{-3}. *Por tanto, será necesario que* N_A *sea muy superior a* 3.1×10^9 cm^{-3}. *Tomando como «mucho mayor» un factor 10, resulta que* N_A *debe ser superior a* 5×10^{10} cm^{-3}. *A partir de ahí resulta inmediato hallar el intervalo de* x *pedido.*

CUESTIONARIO 1.5.b

1. *Sea un semiconductor del tipo N con una distribución variable de donadores $N_D(x)$. Se supone que la concentración de portadores mayoritarios es aproximadamente igual a la de impurezas. En el equilibrio térmico se puede calcular el campo eléctrico del interior del material a partir de la condición $J_n(x) = 0$ o $J_p(x) = 0$. ¿Cuál de las implicaciones siguientes resulta inaceptable?*

    a) $J_n = 0 \Rightarrow E_{el} = -V_t \cdot (1/n) \cdot dn/dx$ *b)* $J_p = 0 \Rightarrow E_{el} = -V_t \cdot p \cdot d(1/p)/dx$

    c) $J_n = 0 \Rightarrow E_{el} = -V_t \cdot (1/N_D) \cdot dN_D/dx$ *d)* $J_p = 0 \Rightarrow E_{el} = -V_t \cdot (1/N_D) \cdot dN_D/dx$

2. *Calcúlense las densidades de las corrientes de difusión (en A/cm^2) de los dos tipos de portadores correspondientes a los siguientes perfiles: $n(x) = 10^{16} \exp[-x/x_0]$ cm^{-3}, $p(x) = 2.25 \times 10^4 \exp[x/x_0]$ cm^{-3}, donde $x_0 = 10$ μm y x varía entre 0 y 50 μm. Los coeficientes de difusión de los portadores son $D_n = 750$ cm^2/Vs y $D_p = 300$ cm^2/Vs. ¿Es compatible este resultado con el equilibrio térmico del material? ¿Cuál de los siguientes resultados es correcto?*

a) $J_n(0) = -1.2 \times 10^3$, $J_p(0) = -1.08 \times 10^{-2}$, puede haber equilibrio térmico.

b) $J_n(0) = -1.2 \times 10^3$, $J_p(0) = -1.08 \times 10^{-2}$, no puede haber equilibrio térmico.

c) $J_n(x = 50 \ \mu m) = 7.4$, $J_p(x = 50 \ \mu m) = 7.3 \times 10^{-12}$, no puede haber equilibrio térmico.

d) $J_n(x = 50 \ \mu m) = 0$, $J_p(x = 50 \ \mu m) = 0$, puede haber equilibrio térmico.

3. *Con los datos de la cuestión anterior, se desea saber qué valor (en V/cm) debe tener el campo eléctrico en el interior del semiconductor para que haya equilibrio, si ello es posible.*

Dato: $k_B T/q = 0.025 \ V$.

    a) 25　　　　　　　　　　　　*b) $25 exp(-x/x_0)$*

    c) $-25 exp(-x/x_0)$　　　　　*d) Ningún campo cumple esa condición.*

4. *En el interior de un semiconductor del tipo N en equilibrio térmico existe un campo eléctrico constante de valor E_1. Hállese la distribución de la carga eléctrica $\rho(x)$ y de las impurezas $N_D(x)$.*

    a) $\rho = 0$, N_D = constante　　　　*b) $\rho = E_1$, $N_D = N_D(0) exp(-ax)$ siendo a = constante*

    c) $\rho = E_1$, N_D = constante　　　　*d) $\rho = 0$, $N_D = N_D(0) exp(-ax)$ siendo a = constante*

5. *El perfil hallado en la cuestión anterior resulta cómodo porque permite cálculos sencillos, pero es poco realista. Se adopta otro que se halla frecuentemente en los dispositivos semiconductores:*

$N_A(x) = N_A(0) exp[-(x/x_0)^2]$ para $0 < x < 4 \ \mu m$, con $N_A(0) = 10^{19} \ cm^{-3}$, $x_0 = 10^{-4} \ cm$

Hállese el campo eléctrico en el interior del semiconductor en equilibrio térmico, en v/cm, y ρ/q en el interior del semiconductor, en cm^{-3}. Dato: $\varepsilon = 10^{-12} \ F/cm$.

    a) $E_{el} = -50$, $\rho/q = 0$　　　　*b) $E_{el} = -5 \times 10^6 x$ (x en cm), $\rho/q = 3 \times 10^{13}$*

    c) $E_{el} = -50$, $\rho/q = 3 \times 10^{15}$　　*d) $E_{el} = -5 \times 10^6 x$ (x en cm), $\rho/q = 3 \times 10^{15}$*

6. *Se considera una barra infinita de silicio. Para $x < 0$ el dopaje es $N_D = 10^{16}$ donadores/cm^3, y para $x > 0$ es $N_D = 2 \times 10^{16}$ donadores/cm^3 (perfil en escalón). ¿Cuál de las siguientes proposiciones es falsa?*

    a) La aproximación $n(x) = N_D(x)$ es válida en todos los puntos del semiconductor.

    b) El semiconductor no es neutro en las proximidades de $x = 0$.

    c) En las proximidades de $x = 0$ existe un campo eléctrico no nulo con signo negativo.

    d) Existe una diferencia de potencial de $V(x \rightarrow \infty) - V(x \rightarrow \infty) = 17 \ mV$ entre los extremos.

1.6 Diagrama de bandas de energía de un semiconductor

El diagrama de bandas de energía es una representación gráfica de los niveles de energía que tienen los electrones a lo largo del semiconductor. Un ejemplo de diagrama de bandas es el representado en la figura 1.25. Como se puede observar, en cada punto del semiconductor están definidos los niveles de energía E_c y E_v, que limitan las bandas de conducción y de valencia y, por lo tanto, la banda prohibida. Pero estos niveles varían de un punto a otro, si bien se mantiene constante la diferencia entre ellos, que es la anchura de la banda prohibida E_g, la cual depende únicamente del material semiconductor.

El punto de partida para obtener el diagrama de bandas es la representación del nivel de Fermi del semiconductor en equilibrio térmico. Como se ha dicho en apartados anteriores, ese nivel es constante en equilibrio térmico en todos los puntos del semiconductor. Al variar el dopaje entre dos puntos, varía la posición del nivel de Fermi respecto a las bandas, por lo cual los niveles E_c y E_v deben irse «adaptando» a lo largo del semiconductor, porque E_f es constante. Así, en la figura 1.25 se muestra que cerca del origen de las coordenadas el semiconductor es del tipo N, ya que E_c está cerca de E_f, mientras que en el otro extremo es del tipo P, porque E_f está muy próximo a E_v.

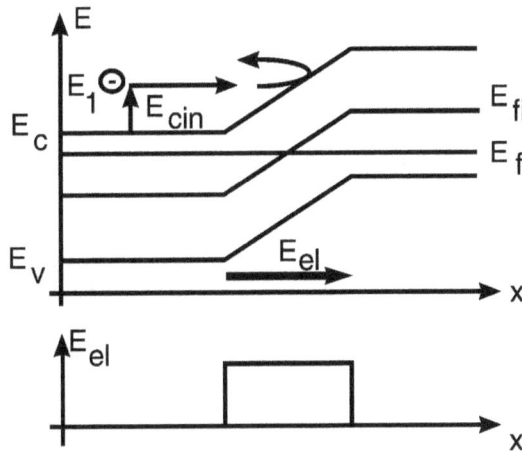

Fig. 1.25 a) Diagrama de bandas en el equilibrio térmico. b) Campo eléctrico.

El diagrama de bandas da mucha información sobre las características del semiconductor. Por ejemplo, indica las regiones en las que hay campos eléctricos, y sus valores. En el apartado 1.1.3 se justifica que E_c es la energía potencial de los electrones libres. Un electrón de la banda de conducción con energía total E_1 (mayor que E_c) tiene una energía cinética de valor $(E_1 - E_c)$ y una energía potencial E_c. La física de los campos conservativos —tal es el caso del campo eléctrico de un semiconductor sin gradientes de temperatura ni campos magnéticos— demuestra que la energía cinética adquirida por el electrón en una región del semiconductor en la que hay un campo eléctrico efectivo sobre los electrones $E_{el,n}$ que acelera al electrón, es a cambio de perder energía potencial.

$$dE_{ncin} = (-q)E_{el,n}dx = -dE_c \quad \Rightarrow \quad E_{el,n} = \frac{1}{q}\frac{dE_c}{dx} \tag{1.58}$$

El campo eléctrico efectivo que actúa sobre el electrón produce, por lo tanto, una curvatura en el nivel E_c. De forma similar, el campo eléctrico efectivo que actúa sobre un hueco, $E_{el,p}$, produce una curvatura en el nivel E_v.

$$E_{el,p} = \frac{1}{q}\frac{dE_v}{dx} \tag{1.59}$$

En los semiconductores elementales —como el silicio y el germanio— los niveles E_c y E_v son paralelos, por lo cual sus derivadas son iguales; el campo eléctrico efectivo que actúa sobre los electrones coincide con el campo eléctrico efectivo que actúa sobre huecos.

$$E_{el} = E_{el,n} = E_{el,p} = \frac{1}{q}\frac{dE_v}{dx} = \frac{1}{q}\frac{dE_c}{dx} = \frac{1}{q}\frac{dE_{fi}}{dx} \tag{1.60}$$

pero en un semiconductor compuesto E_g puede ser variable. En ese caso, E_c y E_v dejan de ser paralelos y los campos eléctricos efectivos sobre electrones y huecos son diferentes. En ese hecho se basan las propiedades específicas de las heteroestructuras.

La curvatura de E_c y de E_v en la región central de la figura 1.25 indica que hay un campo eléctrico positivo en esa región del semiconductor. Considérese el electrón de energía E_1 en una posición x cercana al origen. La energía cinética de ese electrón es $E_1 - E_c$, lo cual significa que tiene una determinada velocidad, que se supone con sentido hacia las x más positivas. Cuando ese electrón penetra en la región central donde está el campo eléctrico, éste lo frena, dado que el electrón es una carga negativa. Esa acción de frenado va acompañada de una disminución de su velocidad, y por tanto de su energía cinética, cosa que se evidencia por la disminución de $E_1 - E_c$ en esa región. Cuando el campo eléctrico consigue frenar totalmente el electrón, la velocidad de éste es nula, y también lo es su energía cinética. Ello sucede cuando el nivel E_1 «toca» a E_c. En ese punto el electrón está parado. A partir de ese momento, el campo eléctrico acelera el electrón en sentido contrario, hacia el origen de las coordenadas, de forma que progresivamente va ganando velocidad y energía cinética, hasta que sale de la región del campo eléctrico. Se dice entonces que el campo eléctrico confina ese electrón a la región izquierda. Solo pueden evitar el confinamiento los electrones que tienen una energía cinética superior al escalón que les presenta el incremento del nivel E_c en la región central, es decir, aquellos electrones que, debido a que tienen mucha velocidad, no llegan a ser frenados totalmente por el campo eléctrico.

Se aplica un razonamiento similar a los huecos de la región a la derecha de la parte central. La energía cinética de un hueco es $E_v - E_2$. Cuando el hueco va en sentido hacia el origen de las coordenadas y entra en la región donde está el campo, éste lo frena y hace disminuir su energía cinética. Cuando el nivel de energía del hueco, E_2, «toca» a E_v, el hueco queda frenado por el campo eléctrico e inicia su retroceso hacia la región de partida, impulsado por el campo. También se dice que las bandas confinan ese hueco a la región de la derecha. Solo pueden llegar a la región de la izquierda los huecos con una energía cinética $E_v = E_2$ mayor que el escalón que les presenta la curvatura del nivel E_v.

La estructura de bandas también se puede relacionar con el potencial. En efecto,

$$\frac{1}{q}\frac{dE_{fi}}{dx} = E_{el} = -\frac{dV}{dx} \quad \Rightarrow \quad V = -\frac{1}{q}(E_{fi} - E_r) \tag{1.61}$$

donde E_r es una constante de integración. Nótese que la expresión obtenida muestra que la diferencia de potencial entre dos puntos es la diferencia de E_{fi} entre esos puntos dividida por (–q):

$$V(x) - V(x_0) = \frac{E_{fi}(x) - E_{fi}(x_0)}{(-q)}$$ (1.62)

Cuando se hace $E_r = E_f$ en 1.61, ya que en equilibrio térmico E_f es constante, el potencial se denomina *intrínseco* y se representa por ϕ_i:

$$\phi_i = \frac{1}{q}(E_f - E_{fi})$$ (1.63)

Nótese que el potencial intrínseco es nulo en un semiconductor intrínseco, positivo en uno del tipo N y negativo si es del tipo P. La expresión 1.63 permite expresar las concentraciones en el equilibrio (expresiones 1.16) en función del potencial intrínseco:

$$n_0 = n_i e^{\phi_i / V_t}$$
$$p_0 = n_i e^{-\phi_i / V_t}$$ (1.64)

Es también interesante comprobar que sustituyendo en la expresión 1.57 (izquierda) —que establece que la corriente en el equilibrio es nula— la expresión del campo eléctrico en función de E_{fi} (1.60) y la expresión de las concentraciones de equilibrio en función de n_i y de E_{fi} (1.16), se obtienen las relaciones de Einstein entre los coeficientes de difusión y las movilidades.

Fuera del equilibrio térmico, las concentraciones se expresan también en función de los potenciales. Así, las expresiones 1.17 se convierten en

$$n = n_i e^{(\phi_i - \phi_n)/V_t}$$
$$p = n_i e^{(\phi_p - \phi_i)/V_t}$$ (1.65)

donde ϕ_i se denomina *potencial intrínseco* y es $\phi_i = E_{fi}/(-q)$, ϕ_n es el cuasipotencial de Fermi de electrones y es $E_{fn}/(-q)$, y ϕ_p es el cuasipotencial de Fermi de huecos y es $E_{fp}/(-q)$. En estas definiciones se toma $E_{fi}/(-q)$ como origen de potencial.

Ejercicio 1.24

Calcúlese el campo eléctrico entre $x = 0$ y $x = 0.5$ μm, sabiendo que el nivel de Fermi intrínseco varía linealmente en esa región desde $E_{fi}(0) = -5.1$ eV a $E_{fi}(0.5$ μm$) = -5.6$ eV. ¿Cuál es la diferencia de potencial entre esos dos puntos?

Aplicando 1.60, $E_{el} = (1/q)·\Delta E_{fi}/\Delta x = (-5.6 + 5.1)/0.5 \times 10^{-4} \ eV/q·cm = -10^4 \ V/cm.$

La diferencia de potencial es la del potencial interno entre esos dos puntos:

$V(0.5$ μm$) – V(0) = \phi_i(0.5$ μm$) – \phi_i(0) = [E_{fi}(0) – E_{fi}(0.5$ μm$)]/q = 0.5 \ eV/q = 0.5 \ V.$

CUESTIONARIO 1.6

1. Un cristal de silicio de 100 μm de longitud presenta el siguiente perfil de campo eléctrico:

$E(0 \leq x < 45 \ \mu m) = 0$, $E(45 \leq x \leq 55 \ \mu m) = E_0 = 500 \ V/cm$, $E(55 < x \leq 100 \ \mu m) = 0$

¿Cuál de las siguientes figuras corresponde al diagrama de bandas del semiconductor?
Datos: $qV_1 = 0.5 \ eV$ y $qV_2 = 5 \ eV$

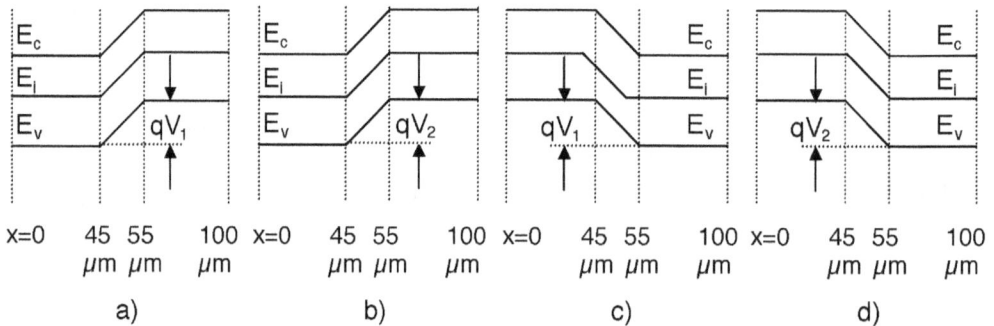

a)   b)   c)   d)

2. Supóngase que el diagrama de bandas de un semiconductor es el de la figura b de la cuestión anterior, con $qV_1 = 0.4 \ eV$. ¿Cuál es la energía mínima que se debe proporcionar a un electrón que se encuentra en el nivel $E = E_c$ en un punto $x < 45 \ \mu m$, para que pueda alcanzar $E = E_c$ en un punto $x > 55 \ \mu m$? Se plantea la misma pregunta para un hueco que inicialmente se encuentra en el nivel $E = E_V$ en un punto $x < 45 \ \mu m$, y se debe desplazar hasta el nivel $E = E_V$ en un punto $x > 55 \ \mu m$.

a) Se debe proporcionar una energía de 0.4 eV tanto al electrón como al hueco.

b) Se debe proporcionar una energía de 0.4 eV al electrón; el hueco no precisa aportación de energía.

c) El electrón tiene suficiente energía, pero se debe suministrar al hueco 0.4 eV.

d) Ambos portadores se pueden desplazar sin necesidad de más energía.

3. Si en el caso de la cuestión anterior la energía que se da al electrón es tan solo de $\Delta E = 0.16 \ eV$, determínese hasta qué punto x se desplaza el portador antes de ser completamente detenido por el campo eléctrico —el punto de retorno—.

a) $x_{max} = 49 \ \mu m$

b) $x_{max} = 47.5 \ \mu m$

c) $x_{max} = 46.6 \ \mu m$

d) $x_{max} = 45 \ \mu m$

4. En el caso de la cuestión anterior, calcúlese cuanta energía cinética le queda al electrón al alcanzar la región $x > 55 \ \mu m$ si la energía que se le suministra es de 3 eV

a) 3.4 eV   b) 3 eV   c) 2.6 eV   d) 2.2 eV

5. *A un cristal de silicio de 500 μm de longitud se le aplica un campo eléctrico uniforme de 100 V/cm en el sentido creciente de las* x. *Represéntese el diagrama de bandas. ¿Se puede afirmar que el concepto* nivel de Fermi *tenga sentido?*

a) E_i, E_c *y* E_v *son funciones lineales crecientes de* x, *mientras que* E_f *es constante.*

b) E_i, E_c *y* E_v *son funciones lineales decrecientes de* x, *mientras que* E_f *es constante.*

c) E_i, E_c *y* E_v *son funciones lineales crecientes de* x. *No tiene sentido referirse a* E_f.

d) E_i, E_c *y* E_v *son funciones lineales decrecientes de* x. *No tiene sentido referirse a* E_f.

PROBLEMA GUIADO 1.5

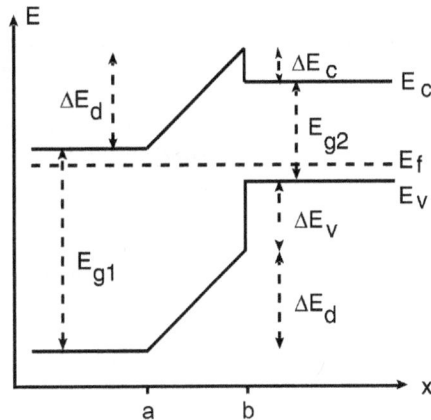

El diagrama de bandas de la figura corresponde a una estructura denominada heterounión, la cual está formada por dos semiconductores distintos —en este caso por $E_{g1} = 1.35$ *eV y* $E_{g2} = 0.75$ *eV—. a) ¿Cuál es el dopaje de la región* x < a, *sabiendo que en esa región* $E_c - E_f = 0.1$ *eV? b) ¿Qué fracción de los electrones de conducción de la región* x < a *tiene energía suficiente para pasar a la región* x > b? *c) Repítanse los dos apartados anteriores para la región* x > b, *sabiendo que* $E_f - E_v = 0.075$ *eV y sustituyendo los electrones de conducción por huecos. d) Supóngase que en el punto medio entre* a *y* b *se genera un par electrón-hueco. ¿Cómo se desplazan los portadores por efecto de ese campo eléctrico? e) ¿Qué energía cinética ha ganado ese electrón al salir de la región libre de campo? f) ¿Qué velocidad adquiere un electrón de conducción que penetra en la región* x > b *con energía mínima?*

Datos: $\Delta E_c = 0.1$ *eV,* $\Delta E_v = 0.49$ *eV,* $\Delta E_d = 0.66$ *eV,* $n_{i1} = 10^7$ *cm^{-3},* $n_{i2} = 4 \times 10^{11}$ *cm^{-3}.*

APÉNDICE 1.1   Efectos de alto dopaje

Cuando el dopaje de una región del semiconductor adopta valores superiores a unos 10^{18} átomos por centímetro cúbico, la concentración intrínseca aumenta respecto al valor constante que tiene para dopajes menores (para el silicio a 300 K, ese valor es de 1.5×10^{10} cm^{-3}). Ese aumento de n_i tiene efectos sobre la concentración de portadores minoritarios, ya que la ley de acción de masas establece que minoritarios = n_i^2/mayoritarios. La concentración de mayoritarios coincide con la de impurezas.

En el apartado 1.2.3 se deduce la ley de acción de masas multiplicando las concentraciones de electrones y de huecos en el equilibrio térmico. Además, se adopta la hipótesis de que esas concentraciones se pueden aproximar con las aproximaciones de Boltzmann, lo cual sólo es cierto si el nivel de Fermi está suficientemente por debajo de E_c cuando se calcula n_0, y suficientemente por encima de E_v cuando se calcula p_0. Si un semiconductor N está muy dopado, el nivel de Fermi puede estar incluso por encima de E_c, y la aproximación de Boltzmann deja de ser válida para el cálculo de n_0. Algo similar sucede con un semiconductor P muy dopado: el nivel de Fermi puede estar por debajo de E_v, con lo que no se puede calcular p_0 empleando la aproximación de Boltzmann. Por lo tanto, en el cálculo del producto $n_0 p_0$ se debe utilizar las ecuaciones generales que dependen de las integrales de Fermi de orden 1/2, que dan un resultado diferente que el calculado con 1.33.

Por otro lado, aparece un fenómeno nuevo: el valor de E_g disminuye. Se dice que hay un estrechamiento de la banda prohibida (en inglés, *bandgap narrowing*). En un semiconductor N ello se debe a que los niveles donadores —que con dopajes bajos son niveles discretos, localizados en las posiciones de los átomos de impureza— pasan a convertirse en una banda continua en todo el semiconductor, que acaba uniéndose a la banda de conducción y provoca, en consecuencia, la disminución del nivel E_c, y, por tanto, de E_g —que no es otra cosa que la separación existente entre los niveles E_c y E_v—.

Cuando se calcula el producto $n_0 p_0$ teniendo en cuenta la influencia de las integrales de Fermi y el estrechamiento de la banda prohibida, ΔE_g, resulta

$$n_i^2 = FC e^{\Delta E_g / k_B T} = n_{i0}^2 e^{\Delta E_g^{ap} / k_B T} \tag{1.66}$$

donde FC es una constante que toma en cuenta los efectos de la estadística de Fermi-Dirac, y ΔE_g es el estrechamiento de la banda prohibida. En la última expresión, n_{io} es la concentración intrínseca para dopajes bajos —el valor que se utiliza habitualmente— y ΔE_g^{ap} es la reducción *aparente* de la anchura de la banda prohibida, que integra la reducción real y los efectos de la estadística de Fermi.

Los valores del estrechamiento aparente de la banda prohibida se pueden aproximar con la expresión

$$\Delta E_g^{ap} = 0.009 \left[\ln \frac{N}{10^{17}} + \sqrt{\left(\ln \frac{N}{10^{17}} \right)^2 + 0.5} \right] \tag{1.67}$$

siendo N la concentración de impurezas ionizadas. Si $N = 10^{20}$ cm^{-3}, resulta que $\Delta E_g^{ap} = 0.125$ eV, y por tanto $n_i^2 = 146 \cdot n_{io}^2$. La concentración de minoritarios es, por lo tanto, $p_0 = n_i^2/10^{20} = 328$ cm^{-3}, en lugar del valor que se halla si se ignoran los efectos de alto dopaje: $p_0 = n_{io}^2/10^{20} = 2.25$ cm^{-3}. Es decir, la concentración de minoritarios aumenta a razón de un factor de 146.

Esos efectos son importantes en los dispositivos dominados por el comportamiento de los portadores minoritarios y que presentan regiones con dopajes muy elevados, como la unión PN —y su aplicación a las células solares— y los transistores bipolares.

Ejercicio 1.25

Se denomina *dopaje efectivo* el dopaje que produce la concentración real de minoritarios si se ignora el aumento de la concentración intrínseca producida por el alto dopaje. Si el máximo dopaje posible en el silicio es de 10^{21} cm^{-3}, ¿cuál es el máximo dopaje efectivo?

Aplicando 1.67 con $N = 10^{21}$ cm^{-3}, *resulta* $\Delta E_g^{ap} = 0.166\,eV$ y, *según la expresión 1.66,* $n_i = 4.15 \times 10^{11}$ cm^{-3}. *La concentración de minoritarios es* $n_i^2/N = 172$ cm^{-3}. *El dopaje efectivo es el que da el mismo valor empleando* n_{io} *en lugar de* n_i, *es decir,* $172 = n_{io}^2/N_{ef}$. *Por lo tanto,* $N_{ef} = 1.3 \times 10^{18}$ cm^{-3}.

APÉNDICE 1.2   Algunas implicaciones de la naturaleza cuántica del electrón

Como se ha dicho en el apartado 1.1.3, en este texto —y por razones didácticas— se emplea la aproximación clásica que considera al electrón como a una partícula material de masa m_n que obedece a las leyes de Newton. Hay no obstante una serie de fenómenos para los cuales esta aproximación resulta inadecuada, y entonces se debe «importar» algunos resultados de la mecánica cuántica.

La mecánica cuántica parte de un principio básico: la dualidad onda-corpúsculo. Todos los entes físicos son a la vez corpúsculos y ondas. A escala macroscópica domina uno de los dos aspectos, y entonces se puede hacer la diferenciación de la física clásica entre ondas y partículas materiales, pero a escala microscópica se suelen presentar las dos naturalezas a la vez, y deja de ser válida la alternativa clásica entre onda y corpúsculo. Por ello, la mecánica cuántica asocia al electrón una función de onda que contiene su naturaleza ondulatoria. Esta ecuación se halla resolviendo la ecuación de Schrödinger.

Es necesario hacer algunas correcciones a la aproximación clásica al electrón como partícula material; éstas hallan su justificación en el estudio mecanocuántico del electrón, y tienen una importancia significativa en el comportamiento de los dispositivos; son: el concepto de masa efectiva, el efecto túnel y el pozo de potencial.

a) La masa efectiva o eficaz de un portador

El electrón del cristal semiconductor se comporta como un «paquete» de ondas localizado en un punto y que sigue las leyes de la mecánica ondulatoria. Cuando se desea reproducir el movimiento de ese paquete de ondas mediante una partícula material ficticia que siga las leyes de Newton, se debe ir ajustando la masa de esa partícula según se mueve. Por ello, en unas ocasiones se debe asignar a la partícula ficticia una masa negativa y en otras una masa infinita, con el objeto de que la partícula siga fielmente el movimiento del paquete de ondas. La masa de esa partícula ficticia se denomina *masa eficaz*.

La mecánica cuántica demuestra que a un electrón de energía E y «momento cristalino» k (en el capítulo 4 se describe la relación entre E y k) se le debe asignar una masa eficaz m_n de valor

$$m_n = \frac{\hbar^2}{\partial^2 E / \partial k^2} \tag{1.68}$$

Cuando el electrón tiene una energía cercana a E_c, resulta que el valor m_n es positivo y próximo al valor de la masa del electrón en el vacío y en reposo (v. tabla 1.3). El electrón se puede aproximar a una partícula material que sigue las leyes de Newton empleando esta masa, siempre que la energía del electrón esté próxima a E_c. Pero cuando el electrón gana energía cinética y se separa de E_c, la expresión 1.68 da un valor de m_n diferente. Entonces el electrón pasa a comportarse como una partícula con una masa mayor o menor.

En la figura 1.26 se representa, para diferentes semiconductores, la velocidad de los electrones en función del campo eléctrico. Nótese que la curva correspondiente al GaAs presenta una «resistencia incremental» negativa —en una región, al incrementarse el campo eléctrico disminuye la velocidad—. Ello se debe al hecho de que al aumentar el campo eléctrico, los electrones ganan velocidad y energía cinética y pasan a «residir» en una región de la banda de conducción alejada de E_c, en la que la masa eficaz es mayor; ello «frena» a los electrones. Los diodos Gunn, que se utilizan en microondas, emplean este cambio de masa del electrón para producir oscilaciones.

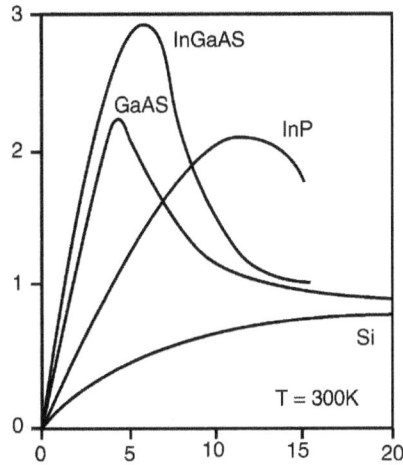

Fig. 1.26   *Velocidad de los electrones respecto al campo eléctrico, para diversos semiconductores*
(según M. Shur en Introduction to Electronic Devices, *John Wiley, 1996)*

b) El efecto túnel

En la figura 1.25 se muestra que un electrón de conducción, con energía E_1 inferior al escalón de potencial que se le presenta en una cierta región del semiconductor, queda confinado a esa región. Ello se debe al hecho de que ese electrón dispone de una energía cinética $E_1 - E_c$ y de una energía potencial E_c. Cuando E_1 se hace igual a E_c, la energía cinética se hace cero y el electrón queda parado, sin poder penetrar en la banda prohibida. El campo eléctrico presente en esa región lo reenvía a la región de origen. La penetración en la banda prohibida significa tener una energía cinética negativa, lo cual implica una velocidad imaginaria que no tiene sentido físico en las partículas materiales.

No obstante, el electrón, como todos los entes físicos, tiene la doble naturaleza corpuscular y ondulatoria, y por lo tanto se comporta también como una onda. Cuando se estudia la «función de onda» del electrón en el contexto descrito en el párrafo anterior —mediante la mecánica cuántica— resulta que la función de onda puede penetrar en el escalón de potencial, si bien esa penetración se amortigua muy rápidamente y el electrón se refleja de nuevo hacia la región de origen. Nótese que esa penetración está en radical contradicción con el comportamiento clásico que queda descrito en el párrafo anterior.

En ocasiones, la energía potencial del electrón de conducción, es decir, el nivel E_c, presenta la forma de una *barrera de potencial*, tal como las que se muestran en la figura 1.27. Nótese que al otro lado de la barrera, el nivel E_1 de energía del electrón vuelve a ser un nivel permitido. Si la anchura de la barrera es suficientemente reducida, la función de onda del electrón dentro de la barrera no se amortigua completamente, y la función de onda llega con un valor no nulo al otro lado de la barrera. En ese caso existe una «cierta probabilidad» de que el electrón atraviese la barrera y se propague por la región de la banda derecha. Cuando sucede eso, se dice que el electrón ha atravesado la barrera de potencial por efecto túnel. Nótese, no obstante, que para que ello sea posible es necesario que al otro lado de la barrera el nivel de energía E_1 esté permitido y esté vacío —para cumplir con el principio de exclusión de Pauli—, ya que en la transmisión túnel la energía total del electrón, E_1, no varía.

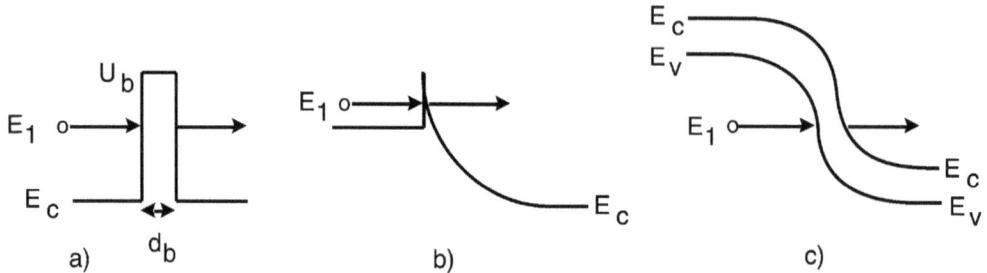

Fig. 1.27 Barreras de potencial y transmisión por efecto túnel. a) Barrera rectangular. b) Transmisión túnel en el contacto óhmico. c) Transmisión túnel en la ruptura de la unión PN.

Si N electrones de energía E_1 inciden en la barrera de potencial, los n electrones que la atraviesan por efecto túnel son $n = N \cdot P_t(E_1)$, siendo $P_t(E_1)$ la probabilidad de transmisión túnel. Para una barrera rectangular de altura U_b y anchura d_b, el valor de esa probabilidad es

$$P_t(E_1) = A e^{-\frac{2d_b\sqrt{2m_n(U_b - E_1)}}{\hbar}} \qquad (1.69)$$

Esta expresión muestra que la probabilidad de transmisión túnel disminuye exponencialmente según aumenta la anchura o la altura de la barrera. En dispositivos de silicio, la anchura de la barrera debe ser inferior a unos 100 Å para que la transmisión túnel sea significativa.

En el siguiente capítulo se ven dos casos de transmisión túnel: el caso de los contactos óhmicos y el caso de la ruptura de la unión PN. En el primero, los electrones de conducción del semiconductor pasan al metal «tunelando» la barrera que les presenta el nivel E_c. En el segundo, los electrones de valencia de la región P pasan a la banda de conducción de la región N «tunelando» la banda prohibida.

c) Cuantificación de la energía en el pozo de potencial

Los dispositivos que se construyen empleando dos o más semiconductores diferentes se denominan *heteroestructuras*. En las heteroestructuras se suelen presentar *pozos de potencial*, que son regiones en las que el nivel E_c tiene la forma simétrica de la barrera de potencial: el nivel E_c, en una región muy estrecha, se hace inferior a los valores de E_c de su alrededor. La mecánica cuántica muestra que un electrón sólo puede tener niveles de energía discretos dentro del pozo de potencial.

Esa propiedad es fácil de entender por analogía con los niveles de energía permitidos del electrón en el átomo. En efecto, según el modelo atómico de Bohr, un electrón en una órbita de radio r alrededor del núcleo tiene una energía potencial de valor

$$E_{pot} = -\frac{Zq^2}{4\pi\varepsilon_o}\frac{1}{r} \qquad (1.70)$$

En la figura 1.28 se representa esa función. Como se puede observar, no es más que un pozo de potencial, tal como se ha descrito en el primer párrafo de este apartado. El bien conocido resultado de la cuantificación de la energía del electrón en el átomo —solo se permiten unos niveles de energía bien determinados— se puede extrapolar al pozo de potencial.

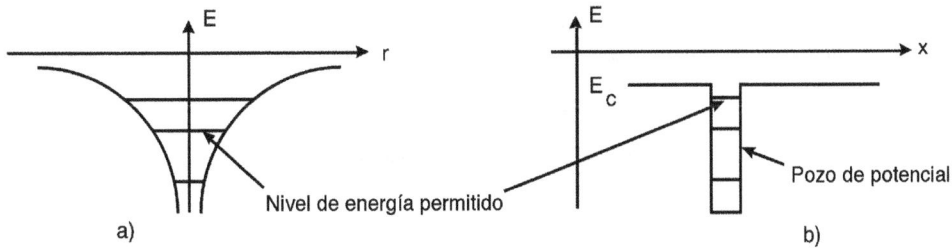

Fig. 1.28   a) Energía potencial en el átomo. b) Pozo de potencial en un semiconductor.

El transistor de electrones de alta velocidad HEMT (iniciales de las palabras inglesas *High Electron Mobility Transistor*) y el diodo túnel resonante RTD (iniciales de las palabras inglesas *Resonant Tunneling Diode*) son ejemplos actuales de la utilización de la cuantificación de la energía en un pozo de potencial.

PROBLEMAS PROPUESTOS

Salvo indicación en contra, utilícense los siguientes datos para el silicio: $E_g(300 K) = 1.1 eV$, $k_B = 8.62 \times 10^{-5} eV/K$, $n_i(300 K) = 1.5 \times 10^{10} cm^{-3}$, $hc = 1.24 eV \cdot \mu m$, $q = 1.6 \times 10^{-19} C$, $\varepsilon = 11.9 \cdot \varepsilon_0$, $\varepsilon_0 = 8.85 \times 10^{-14} F/cm$, $V_t = 25 mV$.

P1.1   *Un termistor fabricado con Si tipo N, dopado con* $N_D = 10^{11} \cdot cm^{-3}$, *presenta una resistencia de 500 Ω a 300 K. Suponiendo que las movilidades no varían significativamente con la temperatura,*

   a) *Hállese la resistencia que presenta el termistor a 150 °C*

   b) *Represéntese gráficamente su resistencia en función de la temperatura, entre –150 °C y 150 °C*

   Datos: $\mu_n = 1500 \cdot cm^2/Vs$, $\mu_p = 500 cm^2/Vs$

P1.2   *Una muestra de silicio presenta en equilibrio térmico a 300 K entre los puntos x = 0 y x = 10 μm una distribución de huecos dada por* $p(x) = 10^{18} exp(-\alpha x) cm^{-3}$, *que genera un campo eléctrico de valor –100 V/cm.*

   a) *Calcúlese* α

   b) *Dibújese, de modo aproximado,* $n(x)$ *y* $p(x)$

   c) *Dibújese el diagrama de bandas de equilibrio*

   d) *Hállese el perfil del dopaje*

P1.3   *Un semiconductor de CdS intrínseco (*$E_q = 2.42 eV$*) se ilumina con una radiación de 0.4 μm de longitud de onda. Las dimensiones de ese fotodetector son* L = 10 μm, W = 5 μm *y* t = 0.25 μm. *Se aplica una tensión de 20 V entre sus extremos, separados por la longitud* L.

   a) *¿Puede ese semiconductor detectar dicha iluminación?*

   b) *¿Qué corriente hay en la oscuridad?*

c) *Como consecuencia de la irradiación se generan* $g_L = 10^{20}$ *pares electrón-hueco por centímetro cúbico y segundo. ¿Cuál es la corriente en régimen estacionario?*

Datos: $n_i = 1\ cm^{-3}$, $\mu_n = 250\ cm^2/Vs$, $\mu_p = 15\ cm^2/Vs$, $\tau_n = 1\ \mu s$

P1.4   *Una muestra de silicio se caracteriza por el diagrama de bandas de la figura.*

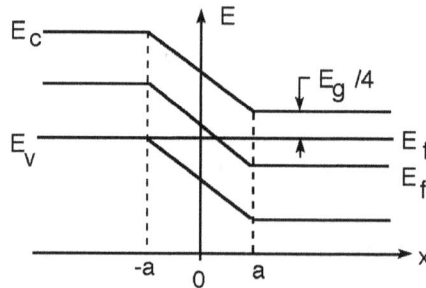

a) *Determínese la resistividad del semiconductor a 300 K para* x > a *y para* x < −a

b) *¿Qué energía cinética debe tener un electrón localizado en* x = a, *para poder llegar a la región* x < −a?

c) *Dibújese el potencial en función de* x

d) *Dibújese el campo eléctrico en función de* x

e) *¿Cuál es la densidad de la corriente de electrones en* x = 0?

f) *¿Existe corriente de difusión en* x = 0?

FORMULARIO DEL CAPÍTULO 1

- Concentración intrínseca
$$n_i = AT^{3/2}e^{-E_g/2k_BT}$$

- Ley de acción de masas
$$n_0 p_0 = n_i^2$$

- Concentraciones del equilibrio

Tipo N:
$$n_0 = \frac{N_D^+ + \sqrt{N_D^{+2} + 4n_i^2}}{2} \qquad p_0 = \frac{n_i^2}{n_0}$$

Tipo P:
$$p_0 = \frac{N_A^- + \sqrt{N_A^{-2} + 4n_i^2}}{2} \qquad n_0 = \frac{n_i^2}{p_0}$$

- Nivel de Fermi
$$n_0 = n_i e^{(E_f - E_{fi})/k_BT} \qquad p_0 = n_i e^{-(E_f - E_{fi})/k_BT}$$

- Corrientes de difusión
$$J_{dp} = -qD_p \frac{dp}{dx} \qquad J_{dn} = +qD_n \frac{dn}{dx}$$

- Corrientes de arrastre
$$J_{ap} = qpv_p = qp\mu_p E_{el} \qquad J_{an} = qnv_n = qn\mu_n E_{el}$$

- Resistencia y conductividad
$$R = \frac{1}{\sigma}\frac{L}{A} \qquad \sigma = q(\mu_n n + \mu_p p)$$

- Relaciones de Einstein
$$D_p = \mu_p \frac{k_BT}{q} \qquad D_n = \mu_n \frac{k_BT}{q}$$

- Recombinación neta
$$U \cong \frac{\Delta minoritarios}{\tau_{minoritarios}}$$

- Ecuaciones de continuidad
$$\frac{\partial p}{\partial t} = g_{ext} - U - \frac{1}{q}\frac{\partial J_p}{\partial x} \qquad \frac{\partial n}{\partial t} = g_{ext} - U + \frac{1}{q}\frac{\partial J_n}{\partial x}$$

- Densidad de carga
$$\rho(x) = q\left[p(x) - n(x) + N_D^+(x) - N_A^-(x)\right]$$

- Ley de Gauss
$$\frac{dE_{el}}{dx} = \frac{\rho(x)}{\varepsilon} \implies E_{el}(b) - E_{el}(a) = \int_a^b \frac{\rho(x)}{\varepsilon}dx$$

- Relación entre campo y potencial
$$\frac{dV}{dx} = -E_{el} \implies V(b) - V(a) = -\int_a^b E_{el}dx$$

- Equilibrio térmico
$$E_f(x) = \text{constante} \qquad J_p(x) = J_n(x) = 0 \quad \text{para cualquier } x$$

- Bandas y campo eléctrico
$$E_{eln} = \frac{1}{q}\frac{dE_c}{dx} \qquad E_{elp} = \frac{1}{q}\frac{dE_v}{dx} \qquad E_{el} = \frac{1}{q}\frac{dE_{fi}}{dx}$$

- Potencial intrínseco en el equilibrio
$$\phi_i = \frac{1}{q}(E_f - E_{fi})$$

2   La unión PN

La mayoría de los dispositivos semiconductores utilizados en la electrónica contienen regiones del tipo P y regiones del tipo N. Las propiedades de los contactos entre los dos tipos de zona, denominados *uniones PN*, son fundamentales para el funcionamiento del dispositivo. Como ejemplos, un diodo es un dispositivo formado por una sola unión; un transistor, tanto si es bipolar como MOS, contiene al menos dos uniones, etcétera. Se dedica este capítulo al estudio del comportamiento de la unión PN.

Después de una descripción cualitativa del funcionamiento de una unión PN, se dedica la mayor parte del capítulo al análisis cuantitativo empleando un modelo simple. Se comienza por el estudio del sistema en equilibrio, se continúa con la evaluación de las corrientes bajo la aplicación de tensiones continuas, y se pasa luego a ver el efecto de las tensiones dependientes del tiempo —los efectos dinámicos—. Aunque este estudio se centra en las uniones en las que la región P y la región N son del mismo semiconductor —homouniones—, se discute también las características de las heterouniones, formadas por dos semiconductores distintos. Se acaba el capítulo presentando el comportamiento de los contactos entre un metal y un semiconductor, y discutiendo las características que deben tener los contactos que actúan como terminales de un dispositivo —los contactos óhmicos—.

2.1   La unión PN: bandas de energía y efecto rectificador

2.1.1 Hipótesis iniciales del modelo

Una unión PN es un cristal semiconductor único, con una región dopada con impurezas aceptoras y otra con impurezas donadoras. Cuando los dopajes son homogéneos en el interior de cada región y existe un plano de separación entre ambas, se habla de *unión abrupta*. Si el cambio de dopaje es progresivo, se habla de *unión gradual*. Este estudio se centra en las uniones abruptas; se denomina N_A la concentración de impurezas aceptoras de la región P, mientras que N_D es el nivel de dopaje de la región N. Se supone que para esas impurezas se cumple la condición de ionización total.

Se consideran válidas las principales hipótesis que han permitido llevar a cabo el estudio de los semiconductores del primer capítulo; particularmente, que los semiconductores son no degenerados y que se mantienen las condiciones de baja inyección. Por otro lado, este trabajo se simplifica empleando un modelo unidimensional: las variables que se utilizan dependen de una sola coordenada, medida en la perpendicular al plano de la unión, pero no de las otras dos coordenadas.

2.1.2 El diagrama de bandas

La figura 2.1 representa el símbolo, la estructura y el diagrama de bandas en equilibrio de la unión PN. Debe recordarse aquí que el nivel de Fermi, E_f, es constante en equilibrio térmico. La deformación de los niveles E_c y E_v —y junto con ellos, de E_{fi}— indica que hay un campo eléctrico en sentido de derecha a izquierda en la región de transición, es decir, un campo que va de la región N a la P. Tal como se ha descrito en el capítulo 1, ese campo eléctrico confina los portadores mayoritarios en las respectivas regiones: los electrones en la región N y los huecos en la P. Solo pueden pasar a la otra región los portadores que tengan suficiente energía como para superar el escalón representado por la curvatura de las bandas —en equilibrio, una energía cinética superior a qV_{bi}—. Dado el valor que suele tener esa barrera, el porcentaje de portadores que la pueden superar es muy pequeño.

Se distinguen tres regiones en la unión PN: la _región neutra P_, en la que el campo eléctrico es nulo y en la que hay, por lo tanto, neutralidad de carga; la _zona de carga espacial (ZCE)_ o _región de transición entre P y N_, en la que hay un campo eléctrico intenso producido por un dipolo de carga espacial; y, finalmente, la _zona neutra N_. Se supone que en la zona neutra P la concentración de huecos es N_A y $n \ll p$, mientras que para la región neutra N se supone que $n = N_D$ y $p \ll n$.

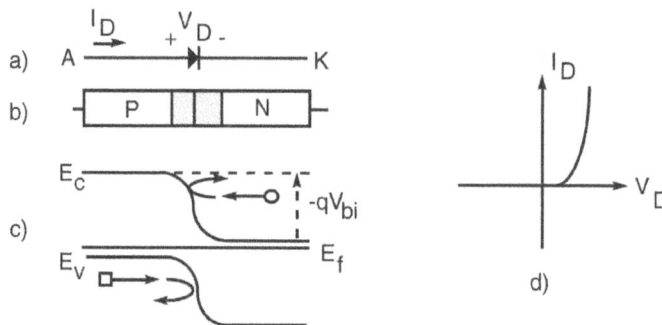

Fig. 2.1   La unión PN: a) Símbolo circuital. b) Estructura física. c) Diagrama de bandas
en equilibrio térmico. d) Característica I(V) mostrando el efecto rectificador.

2.1.3 El efecto rectificador

El efecto rectificador consiste en la propiedad de permitir el paso de la corriente en un sentido —de P a N, en el caso de una unión PN— y de bloquearlo en el sentido contrario (v. fig. 2.1.d). El dispositivo que presenta ese efecto se denomina _diodo_.

Más adelante se justifica que si se aplica una tensión positiva de valor V_D en la región P con respecto a la región N —se denomina _polarización directa_—, el escalón de energía en la ZCE pasa a valer $q(V_{bi} - V_D)$. La polarización directa causa la disminución del campo eléctrico en la región de transición, porque reduce la pendiente del perfil de E_{fi}. En polarización inversa —región N positiva con respecto a la P— la altura del escalón $q(V_{bi} - V_D)$ aumenta.

En polarización directa, la disminución del escalón de energía en la región de transición permite el paso de muchos portadores mayoritarios de cada una de las regiones a la otra, porque precisan menos energía cinética para ello. En efecto: según la ley de Fermi, la distribución energética de los electrones dentro de la banda de conducción disminuye exponencialmente a medida que su energía se aleja de E_c. De la misma manera, el número de huecos dentro de la banda de valencia disminuye exponencialmente a medida que su energía se aleja de E_v. Así pues, en polarización directa hay un flujo muy intenso de huecos de P a N, y de electrones de N a P. En consecuencia, la corriente a través del diodo —en sentido de P a N— aumenta exponencialmente con la tensión de polarización.

En polarización inversa, el aumento de la altura del escalón de energía produce un confinamiento todavía mayor de los portadores: es todavía más difícil para los huecos ir de P a N, y para los electrones ir de N a P. La corriente es casi nula. Nótese que el aumento de la altura del escalón implica un aumento del campo eléctrico en la ZCE porque la pendiente de E_{fi} aumenta.

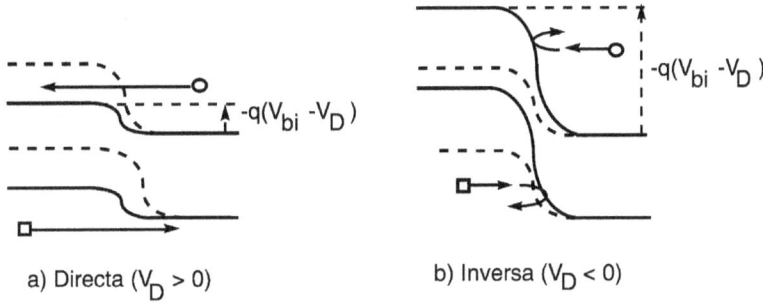

a) Directa ($V_D > 0$)   b) Inversa ($V_D < 0$)

Fig. 2.2   Diagrama de bandas: a) En polarización directa. b) En polarización inversa.

2.1.4 Potencial, campo eléctrico y carga espacial en la región de transición

El diagrama de bandas nos muestra que hay una diferencia de potencial, un campo eléctrico y un dipolo de carga en la región de transición entre P y N. En efecto, recordando las relaciones halladas en el capítulo 1,

$$\theta_i(x) = V(x) = -\frac{E_{fi}(x) - E_f}{q} \qquad E_{el}(x) = -\frac{dV(x)}{dx} \qquad \rho(x) = \varepsilon\frac{dE_{el}}{dx} \tag{2.1}$$

Estas funciones se hallan representadas, junto con la curvatura de las bandas, en la figura 2.3, para condiciones de equilibrio térmico y para polarización directa. Se observa que en equilibrio la región N está un potencial V_{bi} por encima de la región P. Ese potencial, que se denomina *potencial de contacto* o *potencial de difusión*, tiene como valor

$$V_{bi} = V_N - V_P = \phi_{iN} - \phi_{iP} = \left.\frac{E_f - E_{fi}(x)}{q}\right|_N - \left.\frac{E_f - E_{fi}(x)}{q}\right|_P =$$

$$= \frac{k_B T}{q}\ln\frac{N_D}{n_i} + \frac{k_B T}{q}\ln\frac{N_A}{n_i} = \frac{k_B T}{q}\ln\frac{N_D N_A}{n_i^2} \tag{2.2}$$

donde se admite que la concentración de mayoritarios en cada región es aproximadamente igual a su nivel de dopaje.

La aplicación de una tensión de polarización directa V_D reduce la altura de la barrera de potencial entre la parte N y la P, que pasa a valer $V_{bi} - V_D$; ello implica una disminución de la intensidad del campo eléctrico y de la densidad de carga. En cambio, en polarización inversa V_D es negativa, y por lo tanto la barrera de potencial se hace más elevada, el campo eléctrico más intenso y la densidad de carga mayor.

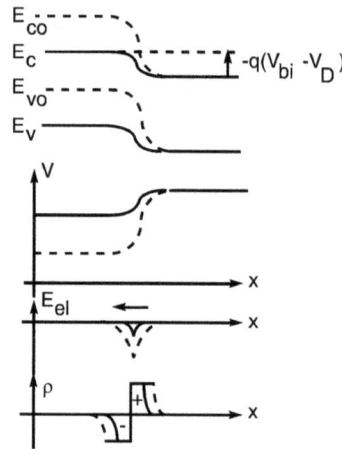

Fig. 2.3 Diagrama de bandas, potencial, campo eléctrico y densidad de carga
en equilibrio térmico y en polarización directa

Si se va polarizando cada vez más la unión en inversa, el aumento del campo eléctrico llega a provocar la *ruptura de la unión PN*. Cuando el campo eléctrico alcanza un valor crítico —cercano a 3×10^5 V/cm en el caso del silicio—, comienza a circular una corriente inversa muy intensa, porque se genera un elevado número de portadores.

Ejercicio 2.1

Suponiendo que el valor máximo que puede adoptar el dopaje en un semiconductor es de 10^{21} cm^{-3}, estímese el valor máximo del potencial de difusión a 300 K en: a) Si, b) GaAs, c) Ge.

Aplicando la expresión 2.2 y empleando los valores de n_i *del apartado 1.3, resulta*

a) $V_{bi}(300\ K,\ Si) = 25\times10^{-3}\cdot ln(10^{42}/2.25\times10^{20}) = 1.25\ V$

b) $V_{bi}(300\ K,\ GaAs) = 25\times10^{-3}\cdot ln(10^{42}/4\times10^{12}) = 1.69\ V$

c) $V_{bi}(300\ K,\ Ge) = 25\times10^{-3}\cdot ln(10^{42}/6.25\times10^{26}) = 0.87\ V$

Ejercicio 2.2

Estímese el valor máximo de V_{bi} según el diagrama de bandas. Compárense los resultados con los del ejercicio anterior, y justifíquense las diferencias.

Si se supone que para dopajes muy elevados se da que $E_f = E_c$ *en la región N, y* $E_f = E_v$ *en la región P, la barrera de potencial es* E_g, *es decir,* $V_{bi}(300\ K,\ Si) = 1.1\ V$, $V_{bi}(300\ K,\ GaAs) = 1.43\ V$, *y* $V_{bi}(300\ K,\ Ge) = 0.68\ V$. *Los valores obtenidos en el ejercicio anterior son más elevados, y ello exige que el nivel de Fermi en un semiconductor muy dopado se halle dentro de la banda de conducción si es del tipo N, y dentro de la de valencia si es del tipo P. Son referidos con la denominación de semiconductores degenerados.*

Comentario: las concentraciones de mayoritarios y de minoritarios calculadas en el capítulo 1, donde se ha aplicado la aproximación de Boltzmann, no son válidas para los semiconductores degenerados. Las conclusiones de este ejercicio son cualitativamente correctas, pero los valores numéricos no son exactos.

2.1.5 La generación del dipolo de carga en la región de transición

Según la ley de Gauss, la variación del campo eléctrico se debe a la presencia de carga eléctrica distribuida en la región. La estructura de bandas pone de manifiesto que hay un dipolo de carga en la región de transición de P a N. Aparece la cuestión sobre cuál es el origen de esa carga, su procedencia.

Considérese un semiconductor del tipo P homogéneo, que se pone en contacto con uno del tipo N (se trata de un proceso conceptual, no de una técnica de fabricación). Los huecos comenzarán entonces a difundirse desde la región P, donde su concentración es elevada, hacia la región N, donde casi no existen. Como consecuencia de esa difusión, la concentración de huecos de la región P en las cercanías de la interfaz con la región N disminuirá. Antes de realizar la unión, el semiconductor P tiene aproximadamente tantos huecos como impurezas N_A^- ionizadas negativamente. Esa igualdad garantiza la neutralidad de carga en todos los puntos. Después de la unión desaparecen los huecos de esa región porque se desplazan hacia la región N, de manera que N_A^- resulta mayor que la concentración de huecos —positivos— causando que en la región P —en las cercanías de la interfaz— haya una carga neta negativa. Un razonamiento paralelo explica que aparezca una carga neta positiva en la región N, cerca de la interfaz con la región P, a causa de los electrones que han abandonado por difusión la región N, dejando atrás impurezas donadoras positivas no neutralizadas (v. fig. 2.4).

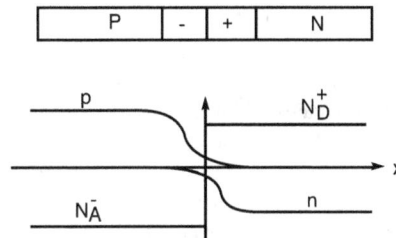

Fig. 2.4   Generación de un dipolo de carga en la región de transición de la unión PN. Los huecos abandonan la región P por difusión, dejando en su lugar iones negativos N_A^- no neutralizados.
De la misma manera, los electrones se desplazan de la región N
dejando iones positivos N_A^+ sin neutralizar.

De esa manera se forma un dipolo de carga que genera un campo eléctrico en sentido de N hacia P. Ese campo eléctrico confina los portadores mayoritarios en las respectivas regiones de origen, porque «se opone» a la difusión, «retornando» huecos a la región P y electrones a la región N por arrastre. Durante el dominio de la difusión disminuyen las concentraciones de mayoritarios en sus respectivas regiones, con lo que se refuerza el dipolo de carga y se aumenta el campo eléctrico. Al cabo de cierto tiempo se llega a un equilibrio entre la difusión y el arrastre, de manera que ambas corrientes se neutralizan exactamente en cada punto, y se alcanza así el equilibrio térmico, representado en el diagrama de bandas del apartado 2.1.1.

2.1.6 Los contactos entre metal y semiconductor

Los terminales de un dispositivo que contiene una unión PN, como es el caso de un diodo, deben ser metálicos, tal como se indica en la figura 2.5. En el contacto entre un metal y un semiconductor también aparece un dipolo de carga espacial, similar al de una unión PN. Esta afirmación se justifica al final de este capítulo. Dicho dipolo da lugar a un potencial de contacto entre el metal y el semiconductor.

Entre el terminal de ánodo (A) y el de cátodo (K) hay, en el equilibrio térmico, tres potenciales de contacto: V_{c1} entre metal y el semiconductor P, V_{bi} en la unión PN, y V_{c2} entre el semiconductor N y el metal. La suma de los tres potenciales debe ser cero, de manera que $V_A = V_K$, dado que de otro modo un diodo en equilibrio térmico se comportaría como una fuente de tensión, lo cual es incompatible con los principios de la termodinámica.

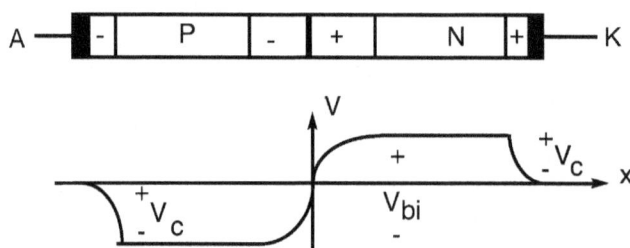

Fig. 2.5   Potencial de contacto entre ánodo y cátodo de una unión PN en equilibrio

En el citado apartado se demuestra que cuando se polariza un dispositivo como el de la figura 2.5 se pueden dar dos situaciones distintas en los terminales: que los potenciales de contacto entre metal y semiconductor se mantengan constantes en su valor de equilibrio, o que, por el contrario, una parte de la tensión $V_A - V_K$ caiga en esos contactos. Únicamente el primer tipo de contacto resulta útil para construir los terminales de una unión PN. En ese caso, toda la tensión aplicada aparece en la ZCE de la unión PN, suponiendo que en las zonas neutras el campo eléctrico sea inapreciable. Para justificar esa hipótesis, se observa que en las zonas neutras no hay carga neta localizada: según la ley de Poisson, no hay campo. Se supone que las posibles caídas de tensión en las zonas neutras asociadas al paso de corriente son pequeñas; este punto, no obstante, se discute en el apartado 2.5, en el que se ve cómo se corrige el modelo de dispositivo en caso de que esta suposición no sea aceptable.

CUESTIONARIO 2.1

1.   *Considérese una unión entre una región de un semiconductor del tipo P y una región intrínseca. Existen cargas localizadas en cada lado del plano de la unión —un dipolo de carga—. Razónese qué cargas —portadores de corriente, impurezas ionizadas, etcétera— constituyen ese dipolo; determínese en consecuencia cuál de las siguientes proposiciones no es correcta.*

    a) Una zona de la región P tiene carga negativa porque ha perdido portadores mayoritarios.

    b) Una zona de la región intrínseca tiene carga positiva porque ha ganado huecos.

c) La densidad de carga de la región P en cada punto es proporcional a la concentración de impurezas ionizadas no neutralizadas por portadores libres.

d) La densidad de carga de la región intrínseca en cada punto es proporcional a la concentración de átomos del semiconductor no neutralizados por portadores libres.

2. *Considérese el diagrama de bandas de la unión de la cuestión anterior. Para simplificar, se supone que en la región P el nivel de Fermi se encuentra en el punto más elevado de la banda de valencia ($E_f - E_v = 0$). ¿Cuanta energía se debe proporcionar a un hueco para hacerlo pasar de la región P a la intrínseca? Dato: la anchura de banda del semiconductor es $E_g = 1.5\ eV$. Nota:* el *signo negativo significa que el hueco cede energía.*

  a) 1.5 eV   *b) 0.75 eV*   *c) –1.5 eV*   *d) –0.75 eV*

3. *¿Qué valor tiene la tensión de difusión —la barrera de potencial— V_{bi} en la unión de las cuestiones anteriores? Supóngase que se pueda introducir impurezas donadoras en la región intrínseca hasta que el nivel de Fermi alcance el fondo de la banda de conducción ($E_c - E_f = 0$). ¿Qué valor adopta V_{bi} en esta ocasión?*

  a) $V_{bi} = 0.75\ V$ en el primer caso y $V_{bi} = 1.5\ V$ en el segundo.

  b) $V_{bi} = 1.5\ V$ en el primer caso y $V_{bi} = 0.75\ V$ en el segundo.

  c) $V_{bi} = 0.75\ V$ en el primer caso y $V_{bi} = -1.5\ V$ en el segundo.

  d) $V_{bi} = 1.5\ V$ en el primer caso y $V_{bi} = -0.75\ V$ en el segundo.

4. *Vuélvase a la unión de la cuestión 2. Sabiendo ya que la energía necesaria para superar la barrera de potencial es igual para los dos tipos de portadores de corriente, la cuestión es sobre el número de portadores que atraviesan el plano de la unión en equilibrio térmico. ¿Cuál de las siguientes proposiciones es falsa?*

  a) El número de huecos que pasan de la región P a la intrínseca es igual al número de los que se desplazan en el sentido opuesto. Lo mismo sucede con el número de electrones.

  b) El número de huecos que pasan de la región P a la intrínseca es mayor que el de electrones que se desplazan en el sentido opuesto.

  c) El número de electrones que van de la región intrínseca a la P es superior al de los que van en sentido opuesto.

  d) El número de huecos y el de electrones que atraviesan el plano de la unión deben ser iguales.

5. *Calcúlese el potencial de difusión de una unión abrupta en los dos casos siguientes:*

  1) $N_A = N_D = N_1 = 10^{15}\ cm^{-3}$

  2) $N_A = N_D = N_3 = 10^{21}\ cm^{-3}$.

Para la respuesta, revísense las hipótesis necesarias para llegar a la fórmula empleada, y decídase qué respuesta es correcta. Datos: $n_i = 1.5 \times 10^{10}\ cm^{-3}$, $k_B T/q = 0.025\ eV$.

a) 0.275 V, 0.622 V. El primer resultado no es válido porque con dopajes muy bajos no se puede aplicar la aproximación de vaciamiento.

b) 0.55 V, 1.25 V. El segundo resultado no es válido porque con dopajes muy elevados no se puede aplicar la aproximación de Boltzmann.

c) 0.275 V, 0.622 V. Ambos resultados son válidos.

d) 0.55 V, 1.25 V. El segundo resultado no es válido porque con dopajes muy elevados el semiconductor degenera y no se puede hacer referencia al nivel de Fermi.

6. *De los siguientes argumentos que justifican que la tensión de difusión V_{bi} no es directamente medible por la aplicación de un voltímetro entre los terminales de un diodo, ¿cuál es correcto?*

a) La corriente que el voltímetro hace pasar por la unión es incompatible con las condiciones de equilibrio térmico.

b) Es un potencial virtual.

c) Las caídas de tensión en los terminales metálicos suman un valor igual a V_{bi} pero con signo contrario, y proporcionan un resultado total de la medición igual a cero.

d) Por el voltímetro circulan electrones pero no huecos.

2.2 Análisis de la zona de carga espacial de la unión PN

En este apartado se presenta un cálculo aproximado de la carga, el campo eléctrico y el potencial en la región de transición de una unión PN en equilibrio térmico y en polarización. Seguidamente se trata el fenómeno de la ruptura de la unión.

Para determinar las relaciones entre distribuciones de cargas, campo eléctrico y potencial se dispone de las siguientes ecuaciones:

1. La densidad de carga eléctrica en función de las concentraciones de partículas cargadas (portadores e impurezas ionizadas):

$$\rho(x) = q[p(x) - n(x) + N_D(x) - N_A(x)] \tag{2.3}$$

2. La relación entre la densidad de carga y el campo eléctrico dada por el teorema de Gauss, que aquí se escribe en su forma integral:

$$E_{el}(x) = \frac{1}{\varepsilon} \int_{x_0}^{x} \rho(x) dx \tag{2.4}$$

donde ε es la constante dieléctrica absoluta del semiconductor, es decir, el producto de la constante relativa (ε_r) por la permitividad en el vacío (ε_0): $\varepsilon = \varepsilon_r \varepsilon_0$. En la expresión anterior se debe considerar como límite inferior de integración un punto x_0 en el que el campo sea nulo.

3. La relación entre campo y potencial:

$$V(x) = -\int E_{el}(x) dx + \text{constante} \tag{2.5}$$

4. La relación existente entre las concentraciones de portadores en dos puntos y la diferencia de potencial entre esos puntos, según se ha visto en el capítulo 1:

$$n(x) = n(x_0) \exp \frac{V(x)}{V_t}$$
$$p(x) = p(x_0) \exp -\frac{V(x)}{V_t} \tag{2.6}$$

donde se considera el origen de potenciales en un punto arbitrario x_0.

Este sistema de cinco ecuaciones contiene cinco incógnitas: $\rho(x)$, $E(x)$, $V(x)$, $p(x)$ y $n(x)$. No tiene una solución analítica exacta conocida, pero se puede resolver por aproximaciones sucesivas empleando métodos iterativos: partiendo de una $\rho(x)$ aproximada se puede hallar el resto de variables en una primera aproximación. El resultado sirve para escribir una segunda aproximación de $\rho(x)$ y reiniciar el proceso. Si la elección de la primera aproximación es lo bastante afortunada, el proceso debe converger. Esa vía de solución conduce a soluciones numéricas muy exactas, útiles para simulaciones por ordenador, pero poco *transparentes*, en el sentido de que no se ve cómo influye cada variable en la solución. En este estudio se halla la solución de primer orden. Tiene la ventaja de que da expresiones analíticas suficientemente simples para su utilización en cálculos manuales.

2.2.1 Electrostática de la unión PN en la aproximación del vaciamiento

Para llevar a cabo el análisis cuantitativo de la ZCE de la unión PN se hace la aproximación denominada *aproximación de vaciamiento*. Consiste en suponer que $|p - n| \ll N_A^-$ en la parte P de la ZCE y que $|p - n| \ll N_D^+$ en la parte N de dicha región. Bajo esa hipótesis,

$$\rho(x) = q \cdot \left[p(x) - n(x) - N_A^- \right] \cong -qN_A^- = -qN_A \qquad \text{en la parte P}$$

$$\rho(x) = q \cdot \left[p(x) - n(x) + N_D^+ \right] \cong +qN_D^+ = +qN_D \qquad \text{en la parte N}$$

$$(2.7)$$

Donde se han supuesto todas las impurezas ionizantes. A partir de estas expresiones se puede calcular el campo eléctrico y el potencial empleando las ecuaciones 2.4 y 2.5. Se denomina w_{dP} la anchura de la ZCE de la región P, w_{dN} la de la región N y w_d la total. Se considera como origen de abscisas el punto de transición entre la región P y la N, tal y como se indica en la figura 2.6. Dado que $\rho(x)$ es constante en la parte P de la ZCE, la ley de Gauss exige que la función *campo eléctrico*, $E_{el}(x)$, sea lineal. La recta que lo representa tiene pendiente negativa y corta al eje de abscisas en el punto $x_P = -w_{dP}$, porque en la zona neutra P el campo eléctrico es nulo y tiene que ser continuo. En la parte N de la ZCE el campo eléctrico es una recta con pendiente positiva que corta a la recta anterior en el eje de ordenadas —debido a la continuidad del campo eléctrico— y corta al eje de abscisas en el punto $x_N = w_{dN}$, por la misma razón. El valor máximo del campo eléctrico se halla, por tanto, en el punto $x = 0$ y su valor es

$$|E_{el\text{máx}}| = \frac{qN_A w_{dP}}{\varepsilon} = \frac{qN_D w_{dN}}{\varepsilon} \qquad (2.8)$$

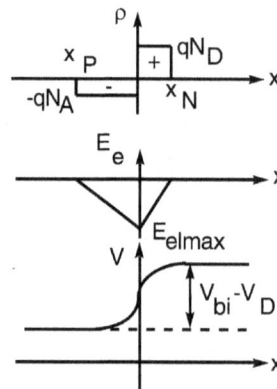

Fig. 2.6   Densidad de carga, campo eléctrico y potencial en la aproximación de vaciamiento

Ejercicio 2.3

Los dopajes de una unión PN son $N_D = 5 \times 10^{16}$ cm^{-3} y $N_A = 10^{15}$ cm^{-3}. Cuando se le aplica una determinada polarización inversa, el campo eléctrico máximo vale 2×10^5 V/cm. ¿Cuáles son los valores de w_{dP}, w_{dN} y de la anchura total de la ZCE, w_d? Dato: para el silicio, $\varepsilon = 10^{-12}$ F/cm.

Aplicando 2.8, $w_{dP} = \varepsilon E_{el\text{max}}/qN_A = 10^{-12} \cdot 2 \times 10^5/(1.6 \times 10^{-19} \cdot 10^{15}) = 1.25 \times 10^{-3}$ cm $= 12.5$ µm

Del mismo modo: $w_{dN} = \varepsilon E_{elmax}/qN_D = 2.5\times10^{-5}\ cm = 0.25\ \mu m$

La anchura total de la ZCE es: $w_d = w_{dP} + w_{dN} = 12.75\ \mu m$

El potencial se puede hallar a partir del campo eléctrico. La diferencia de potencial entre el punto x_N y el punto x_P es la integral, con el signo opuesto, del campo eléctrico entre esos dos puntos, es decir, el área del triángulo definido por el perfil del campo eléctrico.

$$V(x_N) - V(x_P) = \frac{1}{2}(w_{dN} + w_{dP})\left|E_{elmáx}\right| \tag{2.9}$$

Ejercicio 2.4

Hállese la diferencia de potencial entre la parte N y la parte P del ejercicio 2.3.

Aplicando 2.9, $V_N - V_P = (1/2)\cdot w_d E_{elmax} = (1/2)\cdot 12.75\times10^{-4}\cdot 2\times10^5 = 127.5\ V$

La diferencia de potencial entre los puntos x_N y x_P es el potencial de contacto V_{bi} menos la tensión de polarización aplicada al diodo, V_D:

$$V(x_N) - V(x_P) = V_{bi} - V_D \tag{2.10}$$

Para poder hallar el campo eléctrico y la anchura de la ZCE se precisa de una ecuación más; viene proporcionada por la *neutralidad global de carga*. A partir de una estructura eléctricamente neutra el desplazamiento de huecos de la región P a la región N, y de electrones de la N a la P, crea un dipolo de carga sin inyección externa. Por lo tanto, dado que el sistema sigue siendo globalmente —no en cada punto— neutro, la carga positiva debe tener el mismo valor absoluto que la negativa:

$$qN_A w_{dP} = qN_D w_{dN} \tag{2.11}$$

A partir de las ecuaciones 2.8 a 2.11 se puede aislar el campo eléctrico máximo y la anchura de la ZCE:

$$E_{elmáx} = \sqrt{\frac{2q}{\varepsilon}\frac{N_A N_D}{N_A + N_D}(V_{bi} - V_D)} = E_{elmáx0}\sqrt{1 - \frac{V_D}{V_{bi}}} \qquad E_{elmáx0} = \sqrt{\frac{2q}{\varepsilon}\frac{N_A N_D}{N_A + N_D}V_{bi}} \tag{2.12}$$

$$w_d = w_{dP} + w_{dN} = \sqrt{\frac{2\varepsilon}{q}\left[\frac{1}{N_A} + \frac{1}{N_D}\right](V_{bi} - V_D)} =$$

$$= w_{d0}\sqrt{1 - \frac{V_D}{V_{bi}}} \qquad w_{d0} = \sqrt{\frac{2\varepsilon}{q}\left[\frac{1}{N_A} + \frac{1}{N_D}\right]V_{bi}} \tag{2.13.a}$$

A partir de 2.11 se puede calcular w_{dP} y w_{dN}:

$$w_{dP} = w_d \frac{N_D}{N_A + N_D} \qquad w_{dN} = w_d \frac{N_A}{N_A + N_D} \qquad (2.13.b)$$

Ejercicio 2.5

Hállense, para la unión PN del ejercicio 2.3, los valores del campo eléctrico máximo y de la anchura de la ZCE, en equilibrio y con una polarización directa de 0.5 V.

Aplicando la expresión 2.2 resulta $V_{bi} = 0.653 \ V$

Aplicando 2.12, $E_{elmax0} = 14.3 \times 10^3 \ V/cm$, $E_{elmax}(0.5 \ V) = 14.3 \times 10^3 \cdot (1 - 0.5/0.653)^{1/2} = 6.9 \times 10^3 \ V/cm$

Aplicando 2.13, $w_{d0} = 0.91 \ \mu m$, $w_d(0.5 \ V) = 0.91 \times 10^{-4} \cdot (1 - 0.5/0.653)^{1/2} = 0.44 \ \mu m$

2.2.2 La ruptura de la unión

La ecuación 2.13 muestra que w_d disminuye en polarización directa (V_D positiva) y aumenta en inversa. De la misma manera, 2.12 indica que E_{el} disminuye en directa y aumenta en inversa. Cuando E_{el} alcanza el valor de ruptura (v. fig. 2.7), la unión PN entra en la región de ruptura: el diodo ya no bloquea la corriente en el sentido inverso —de N a P— y permite el paso de una corriente muy intensa. Se puede calcular la tensión V_z a la cual se inicia la ruptura partiendo de la ecuación 2.12:

$$E_{rupt} = E_{elmáxo} \cdot \sqrt{1 + \frac{V_z}{V_{bi}}} \quad \Rightarrow \quad V_z = V_{bi} \left[\left(\frac{E_{rupt}}{E_{elmáxo}} \right)^2 - 1 \right] \qquad (2.14)$$

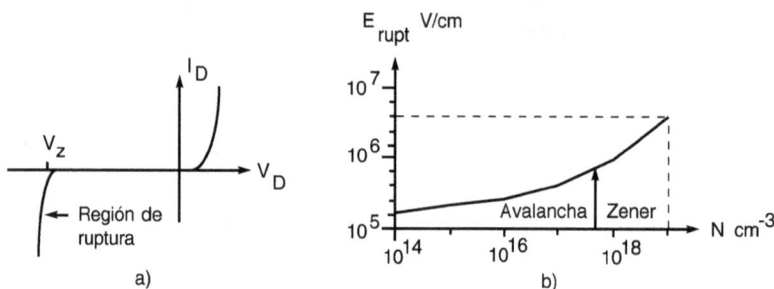

Fig. 2.7   a) Característica I(V) de una unión PN, en la que se muestra la región de ruptura. b) Campo eléctrico de ruptura en función del menor de los dos dopajes de una unión PN abrupta.

Ejercicio 2.6

Hállese la tensión de ruptura de la unión PN del ejercicio 2.3, suponiendo que el campo eléctrico de ruptura en el silicio sea de 3×10^5 V/cm.

Aplicando 2.14, $V_z = 0.653 \cdot [(3 \times 10^5 / 14.3 \times 10^3)^2 - 1] = 287\ V.$

Hay dos mecanismos que permiten explicar la ruptura de la unión. Uno es el *efecto avalancha*, causado por la *ionización por impacto*. El otro se denomina *efecto Zener*. Este último es dominante en el silicio para tensiones V_z inferiores a unos 5 V, mientras que para tensiones superiores domina el efecto avalancha. Alrededor de $V_z = 5$ V se da la superposición de ambos efectos.

a) El efecto avalancha

Un portador arrastrado por un campo eléctrico adquiere energía cinética durante el trayecto libre entre dispersiones. Si el campo eléctrico es suficientemente intenso, el portador puede llegar a tener energía bastante para arrancar en una colisión un electrón de valencia, y cederle suficiente energía como para convertirlo en un electrón de conducción, con lo que se genera un par electrón-hueco. Ese proceso se denomina *generación* o *ionización por impacto*.

Los portadores generados son a su vez acelerados también por el campo eléctrico. Si se dan las condiciones para que esos portadores generen nuevos pares por impacto, tiene lugar entonces una multiplicación del número de portadores —conocida como *multiplicación por impacto*— que produce un rápido incremento de la corriente de arrastre, denominado *efecto avalancha*. En la figura 2.8.a se esquematiza esta idea para uno de los dos tipos de portadores: los electrones. Las condiciones necesarias para que se de ese fenómeno son: que el campo eléctrico sea intenso, y que la anchura de la región en la que hay campo sea grande con relación al recorrido libre medio de los portadores —a fin de que la mayoría de ellos produzcan impactos dentro de la región, antes de abandonarla—.

Si la corriente inversa en la ZCE de una unión PN es I_s cuando no hay ionización por impacto, bajo el efecto de la multiplicación deviene $M \cdot I_s$, donde M es el factor de multiplicación. Su valor depende de la tensión aplicada, y se aproxima con la expresión empírica

$$M = \frac{1}{1 - (V_r / V_z)^n} \tag{2.15}$$

donde V_r es la tensión inversa aplicada al diodo, V_z la tensión de ruptura y el exponente n acostumbra a adoptar un valor entre 3 y 5. Nótese que cuando V_r se acerca a V_z, el factor M tiende a infinito.

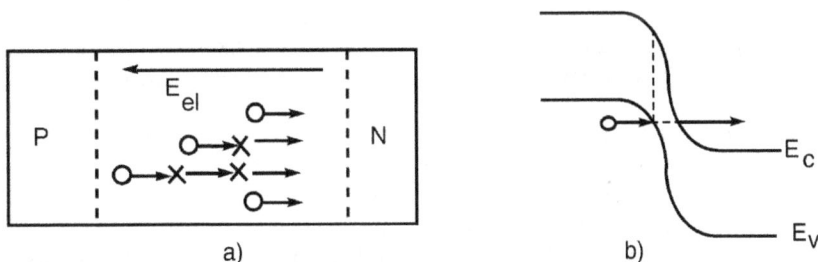

Fig. 2.8   a) Efecto avalancha. b) Efecto túnel; el triángulo punteado indica la barrera de potencial que hallan los electrones.

La ruptura de la unión no es un efecto destructivo, y el diodo bloquea de nuevo el paso de la corriente en el momento en que la polarización inversa vuelve a ser inferior a V_z. En la región de ruptura la corriente que circula puede llegar a ser elevada, y la caída de tensión en la unión también. Como consecuencia puede haber una disipación de potencia importante. El calentamiento sí puede causar daños en el dispositivo, si no se limita adecuadamente el paso de la corriente. Los diodos Zener operan precisamente en la región de ruptura.

Para que se produzca el efecto avalancha es preciso que la ZCE sea relativamente ancha, y ello exige dopajes no muy elevados —al menos en una de las regiones—. En el efecto avalancha, V_z aumenta con la temperatura. En efecto, un incremento de la temperatura provoca la disminución del camino libre medio entre dispersiones, y el portador acelerado precisa acumular en un trayecto más corto la energía necesaria para provocar la ionización por impacto. En consecuencia, es necesario que el campo eléctrico sea más intenso y, por lo tanto, que V_z sea mayor.

b) El efecto Zener

Ese es un efecto ligado a un fenómeno típicamente cuántico: el efecto túnel de los electrones. La explicación de ese efecto se puede resumir como sigue. Para una partícula en movimiento que halla una barrera de potencial, la mecánica clásica prevé dos posibilidades: que la partícula posea una energía E superior a la altura de la barrera U, y entonces pueda franquearla, o que no tenga suficiente ($E < U$) —en tal caso, queda confinada a una región del espacio delimitada por la barrera—.

La mecánica cuántica, en cambio, prevé para las partículas como los electrones un resultado distinto: siempre existe una cierta probabilidad de que la partícula atraviese la región de la barrera, aunque $E < U$. La probabilidad de paso es mayor cuanto más baja es la barrera, y cuanto más estrecha es la región que ocupa (v. anexo 1.2 del cap. 1). En una unión PN en inversa se puede dar el paso de electrones a través de la unión por el efecto túnel, tal como indica la figura 2.8.b. Ese paso representa una corriente inversa. Para que su intensidad sea significativa, es necesario que la anchura de la ZCE sea pequeña, y ello solo ocurre si ambas regiones están muy dopadas.

El efecto túnel se produce sin variación en la energía de los electrones. Para que aparezca una unión PN como la de la figura 2.8.b, es preciso que haya niveles de energía ocupados de la región P —abundantes en la banda de valencia— a la misma altura que niveles desocupados de la región N — abundantes en la banda de conducción—. Ese posicionamiento de niveles es provocado por la polarización inversa. Además, el número de niveles susceptibles de participar en el efecto túnel aumenta muy rápidamente a partir de una cierta tensión inversa, V_z, que proporciona a las bandas la suficiente deformación como para presentar el aspecto de la figura 2.8.b. Se produce así una corriente inversa muy importante, o corriente de ruptura, lo cual se conoce como *efecto Zener*.

La característica corriente-tensión cuando se produce el efecto Zener es parecida a la que se observa cuando se produce la ruptura por avalancha. Análogamente, no es un efecto destructivo, siempre y cuando la disipación de potencia no provoque el aumento de la temperatura de la unión más allá de un cierto límite. El valor de V_z asociado al efecto Zener es inferior al del efecto de avalancha. Un incremento de temperatura provoca la disminución de la tensión a la cual se produce ese fenómeno. Aunque el efecto Zener no debe su origen al arrastre de portadores, sigue teniendo sentido el hablar de un campo eléctrico de ruptura, dado que existe una relación directa entre el valor del campo eléctrico máximo en la ZCE y el de V_z.

EJEMPLO 2.1

En la siguiente figura se muestran las características corriente-tensión de un conjunto de diodos Zener en su región de polarización inversa. Nótese que muchas curvas se separan considerablemente de la vertical.

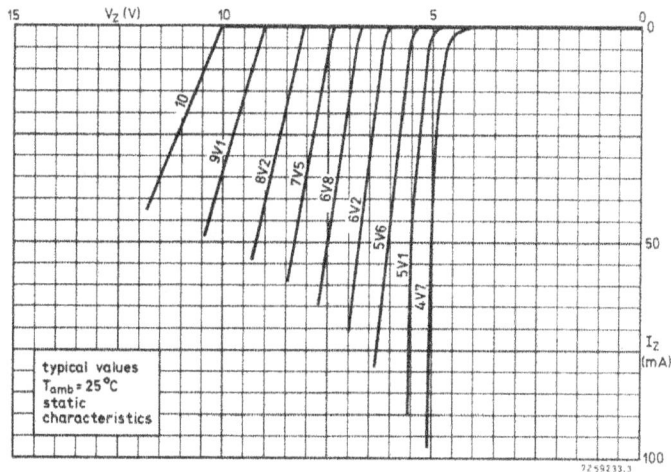

CUESTIONARIO 2.2

1.   Considérese la unión entre un semiconductor P y un semiconductor intrínseco. ¿Es válida la aproximación de vaciamiento en este caso? ¿Cuál de las siguientes proposiciones es correcta?

   a) Es válida en ambas regiones.

   b) Es válida en la región P pero no en la intrínseca.

   c) Es válida en la región intrínseca pero no en la P.

   d) No es válida en ninguna de las regiones.

2.   Se desea comparar la tensión de difusión de un diodo de silicio con la de un diodo de arseniuro de galio, ambos con iguales dopajes. Para ello, elabórese un diagrama de bandas, sabiendo que las respectivas anchuras de banda prohibida son 1.1 eV y 1.43 eV y suponiendo que $(E_c - E_f)_{región\ neutra\ N}$ y $(E_f - E_v)_{región\ neutra\ P}$ son iguales en ambos semiconductores. Como resultado, indíquese cuál de las proposiciones siguientes es falsa.

   a) A las condiciones del problema, la tensión de difusión en el GaAs es mayor que en el Si.

   b) La tensión de difusión en el GaAs es siempre mayor que en el Si.

   c) La tensión de difusión puede ser igual en ambos semiconductores si una de las dos diferencias, $(E_c - E_f)_{región\ neutra\ N}$ o $(E_f - E_v)_{región\ neutra\ P}$, es mayor en el GaAs que en el Si.

   d) Si se modifica el dopaje de una de las regiones en un orden de magnitud, el cambio de V_{bi} es mayor en el GaAs que en el Si.

3. _¿Cómo varía la tensión de difusión_ V_{bi} _al aumentar la temperatura? Razónese la respuesta empleando un diagrama de bandas y el desplazamiento del nivel de Fermi con la temperatura, considerando constante la anchura de la BP. ¿Cuál de las proposiciones siguientes es correcta?_

a) La variación de V_{bi} depende de si el menor dopaje es N o P.

_b) V_{bi} aumenta._

_c) V_{bi} disminuye._

_d) V_{bi} no varía._

4. _En una unión abrupta en silicio con dopajes_ $N_A = 10^{17}\ cm^{-3}$ _y_ $N_D = 10^{15}\ cm^{-3}$ _el campo eléctrico máximo vale 10^4 V/cm, bajo una tensión de polarización de valor desconocido. Calcúlense las anchuras de las dos partes de la zona de carga espacial aplicando directamente la ley de Gauss. Datos: $q = 1.6 \times 10^{-19}$ C, $\varepsilon = 10^{-12}$ F/cm, $k_B T/q = 0.025$ V, $n_i = 1.5 \times 10^{10}\ cm^{-3}$._

_a) $w_{dP} = 6.25$ nm, $w_{dN} = 0.625$ μm_

_b) $w_{dP} = 0.625$ μm, $w_{dN} = 6.25$ nm_

_c) $w_{dP} = 9.06$ nm, $w_{dN} = 0.906$ μm_

_d) $w_{dP} = 0.906$ μm, $w_{dN} = 9.06$ nm_

5. _¿Cuál es la tensión de la región neutra N respecto a la región neutra P en el semiconductor de la cuestión anterior?_

_a) 0.315 V_   _b) 0.355 V_   _c) –0.355 V_   _d) –0.315 V_

6. _Considérese una unión PN de silicio en equilibrio, con_ $N = N_A = N_D = 10^{16}\ cm^{-3}$. _Se desea conocer el incremento de V_{bi} si N adopta un valor de $2 \times 10^{16}\ cm^{-3}$. Repítase el ejercicio si $N = 10^{19}\ cm^{-3}$ y pasa a $2 \times 10^{19}\ cm^{-3}$. Empléense los parámetros de la cuestión 4._

a) $\Delta V_{bi} = 0.67$ V y $\Delta V_{bi} = 0.84$ respectivamente.

b) $\Delta V_{bi} = 0.025$ V en ambos casos.

c) $\Delta V_{bi} = 0.034$ V y $\Delta V_{bi} \cong 0$ respectivamente.

d) $\Delta V_{bi} = 0.034$ V en ambos casos.

7. _Se desea fabricar un diodo P^+N de silicio que pueda soportar una tensión inversa $V_z = 350$ V sin ruptura. Calcúlese el dopaje N_D sabiendo que $N_A = 10^3 \cdot N_D$. Datos: $E_{ruptura} = 3 \times 10^5$ V/cm._

a) $8 \times 10^{17}\ cm^{-3}$

b) $4 \times 10^{17}\ cm^{-3}$

c) $4 \times 10^{14}\ cm^{-3}$

d) $8 \times 10^{14}\ cm^{-3}$

PROBLEMA GUIADO 2.1

Considérese una unión P^+N con las siguientes características:

Región P: $N_A = 5 \times 10^{19}$ cm^{-3}, $\mu_n = 600$ cm^2/Vs, $\mu_p = 200$ cm^2/Vs, $\tau_n = 1$ μs, $w_P = 5$ μm.

Región N: $N_D = 5 \times 10^{16}$ cm^{-3}, $\mu_n = 1500$ cm^2/Vs, $\mu_p = 500$ cm^2/Vs, $\tau_p = 10$ μs, $w_N = 500$ μm.

La sección del dispositivo es de 500 μm $\times$ 1000 μm.

Datos generales: $k_B T/q = 0.025$ V, $q = 1.6 \times 10^{-19}$ C, $\varepsilon = 10^{-12}$ F/cm, $n_i = 1.5 \times 10^{10}$ cm^{-3}.

> *1. Calcúlese el potencial de difusión.*
>
> *2. Calcúlese el campo máximo y la anchura de la ZCE en equilibrio térmico.*
>
> *3. Repítase el cálculo anterior considerando una polarización directa de 0.5 V y una inversa de 5 V.*
>
> *4. Calcúlese la tensión de ruptura, sabiendo que el campo de ruptura vale 35 V/μm.*

2.3 Distribución de portadores y de corrientes en régimen permanente

Para calcular la corriente que circula por un diodo al aplicar una tensión entre sus terminales se debe conocer las distribuciones de portadores a lo largo del dispositivo. El objetivo de este apartado es el cálculo de las concentraciones de huecos y de electrones en función de su posición en el eje perpendicular al plano de la unión y, a partir de ahí, el cálculo de las corrientes. Se considera que el diodo está formado por tres regiones: las regiones neutras P y N y la zona de carga espacial. Se supone que en las regiones neutras P y N el diodo trabaja en *condiciones de baja inyección*, es decir, la concentración de minoritarios es muy inferior a la de mayoritarios, que es aproximadamente igual a la de impurezas. Más adelante se hace necesario añadir una nueva hipótesis: la *condición de cuasiequilibrio* en la ZCE, es decir, que la diferencia entre la corriente de difusión y la de arrastre, que en equilibrio térmico se neutralizan en cada punto, es mucho menor que esas corrientes. En la figura 2.9 se representan esas regiones. Los puntos l_P y l_N corresponden a los contactos óhmicos del ánodo y del cátodo, respectivamente, y x_P y x_N delimitan la ZCE. El origen de las x es arbitrario.

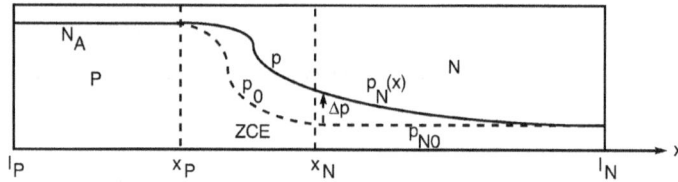

Fig. 2.9   Distribución de huecos a lo largo de la unión PN

2.3.1 Las distribuciones de portadores en régimen permanente

a) Distribución de huecos en la zona neutra P

Se supone neutralidad de carga en la zona neutra P —o, en rigor, cuasineutralidad; véase este concepto en el cap. 1—:

$$\rho(x) = q[p(x) - n(x) - N_A] = q[p_0 + \Delta p(x) - n_0 - \Delta n(x) - N_A] = 0 \qquad (2.16)$$

Puesto que en equilibrio térmico hay neutralidad de carga en esa región, entonces $p_0 - n_0 - N_A = 0$, y por tanto la neutralidad de carga fuera del equilibrio exige que $\Delta p(x) = \Delta n(x)$ en todos los puntos de la región neutra. Si se añade la condición de baja inyección, resulta

$$p(x) = p_0 + \Delta p(x) \cong p_0 + \Delta n(x) \cong p_0 \cong N_A \qquad (2.17)$$

dado que $n(x) = n_0 + \Delta n(x) \ll p_0$ y, por tanto, $\Delta n(x) \ll p_0$. En la fig. 2.9 se muestra esa concentración.

b) Distribución de huecos en la zona de carga espacial (ZCE)

Se supone cuasiequilibrio en la ZCE, es decir, $J_p = J_{dp} - J_{ap} \ll J_{dp}$ y $J_p \ll J_{ap}$. Por lo tanto, $J_{dp} - J_{ap}$ es aproximadamente cero —en el equilibrio es exactamente cero—. Esa condición, que únicamente se puede justificar una vez calculadas las corrientes, permite obtener una relación entre el campo eléctrico y la concentración de portadores (v. 1.56):

$$E_{el} \cong V_t \frac{1}{p}\frac{\mathrm{d}p}{\mathrm{d}x} = \frac{\mathrm{d}}{\mathrm{d}x}[V_t \ln p] = -\frac{\mathrm{d}V}{\mathrm{d}x} \;\Rightarrow\; \ln p = -\frac{V}{V_t} + C \;\Rightarrow\; p(x) = A\mathrm{e}^{-V(x)/V_t} \qquad (2.18)$$

donde se ha empleado la ecuación de Poisson. Por lo tanto, en un punto x dentro de la ZCE,

$$p(x) = p(x_P) \exp\left\{ -\frac{V(x) - V(x_P)}{V_t} \right\}$$ (2.19)

y en la frontera con la zona neutra N, es decir, en el punto x_N, puesto que $V(x_N) - V(x_P) = V_{bi} - V_D$ resulta

$$p(x_N) \cong p(x_P) e^{-(V_{bi} - V_D)/V_t} = N_A e^{-V_{bi}/V_t} e^{V_D/V_t} = \frac{n_i^2}{N_D} e^{V_D/V_t} = p_{N0} e^{V_D/V_t}$$ (2.20)

donde la condición de baja inyección ha permitido sustituir $p(x_P)$ por N_A y se ha utilizado la ecuación 2.2 para escribir el valor de V_{bi}. Nótese que p_{N0} es la concentración de huecos en la región neutra N en el equilibrio térmico.

Ejercicio 2.7

Evalúese, en el diodo del ejercicio 2.3 en equilibrio térmico, para qué valores de x_P no es admisible la aproximación de vaciamiento, empleando la expresión 2.19 con $p(x_P) = N_A$ para calcular la concentración de huecos, y la distribución de potencial calculada a partir de la aproximación de vaciamiento.

La expresión analítica del campo eléctrico en la parte P, según la aproximación de vaciamiento, es

$$E_{el}(x) = -\int_{x_P}^{x} \frac{qN_A}{\varepsilon} dx = -\frac{qN_A}{\varepsilon}(x - x_P) \qquad V(x) - V(x_P) = -\int_{x_P}^{x} E_{el} dx = \frac{qN_A}{2\varepsilon}(x - x_P)^2$$

La concentración de huecos en la región P es:

$$p(x) = N_A exp\left\{ -\frac{V(x) - V(x_P)}{V_t} \right\} = N_A exp\left\{ -\frac{qN_A}{2\varepsilon V_t}(x - x_P)^2 \right\}$$

La aproximación de vaciamiento es aceptable cuando $p(x) << N_A$. Tomando $p(x) = N_A/10$ como límite de validez resulta que para el intervalo de valores de x entre x_P y $(x_P + 0.27\ \mu m)$ la aproximación no es válida.

---

c) Distribución de huecos en la zona neutra N

Cuando se polariza directamente la unión, la región P inyecta huecos en la región neutra N porque en la ZCE la difusión domina sobre el arrastre. Dado que en la región neutra N no hay campo eléctrico, los huecos inyectados se alejan de la región de transición por difusión, porque su concentración en x_N es mayor que en el interior de la región neutra N. A medida que se adentran en la región N van desapareciendo por recombinación con los electrones. En el punto l_N está el *contacto óhmico* entre el semiconductor y el terminal metálico del cátodo. Se suele suponer que en esos contactos las concentraciones de portadores son las de equilibrio, es decir, que los excesos de portadores son nulos. Esa afirmación se basa en el hecho de que la estructura cristalina del semiconductor termina en el contacto, y con ella la distribución de niveles de energía en bandas. Por lo tanto, en la región de contacto se halla un elevado número de niveles permitidos entre las bandas de conducción y de valencia, que producen una recombinación de los portadores muy intensa. El resultado es la desaparición de los excesos de portadores.

Para hallar la distribución de huecos a lo largo de esa región neutra N se debe resolver la ecuación de continuidad, suponiendo que los huecos se mueven únicamente por difusión:

$$0 = -\frac{\Delta p}{\tau_p} - \frac{1}{q}\frac{d}{dx}\left[-qD_p\frac{dp}{dx}\right] = -\frac{\Delta p}{\tau_p} + D_p\frac{d^2\Delta p}{dx^2} \qquad (2.21a)$$

Las condiciones de contorno de esta ecuación diferencial son

$$\Delta p(x_N) = p_{N0}e^{V_D/V_t} - p_{N0} \quad ; \quad \Delta p(l_N) = 0 \qquad (2.21b)$$

La solución es:

$$\Delta p(z) = \Delta p(x_N)\left[\cosh\frac{z}{L_p} - \frac{1}{\tanh(w_N/L_p)}\sinh\frac{z}{L_p}\right] \qquad (2.22)$$

donde $z = x - x_N$ es la distancia medida a partir del punto x_N, w_N es la anchura total de la zona neutra ($w_N = l_N - x_N$) y L_p, denominada *longitud de difusión* de los huecos en la región N, es

$$L_p = \sqrt{D_p\tau_p} \qquad (2.23)$$

Se puede demostrar que la longitud de difusión L_p es la distancia media que recorre un hueco en la zona neutra N antes de desaparecer por recombinación, cuando se desplaza únicamente por difusión.

Cuando la longitud w_N de la región neutra N es muy superior a la longitud de difusión, ninguno de los huecos alcanza el contacto óhmico porque todos se recombinan cuando atraviesan la región N. En ese caso, la expresión general 2.22 se puede aproximar con

$$\Delta p(z) = \Delta p(x_N)e^{-z/L_p} \qquad (2.24)$$

porque $\tanh(w_N/L_p)$ es aproximadamente 1. En ese caso se habla de *región larga*. Del mismo modo, cuando $w_N \ll L_p$ se dice que la región es *corta*, y la expresión 2.22 se aproxima con

$$\Delta p(z) = \Delta p(x_N)\frac{w_N - z}{w_N} \qquad (2.25)$$

que es la ecuación de una recta. En ese caso la corriente de difusión de huecos, que es proporcional a la derivada de $\Delta p(z)$, es constante en toda la región neutra N. Según la ecuación de continuidad, ello significa que no se pierden huecos por recombinación dentro de esa región. Se puede comprender fácilmente ese resultado al considerar que por ser esa región muy corta, los huecos la atraviesan en un tiempo muy inferior a su tiempo de vida.

Ejercicio 2.8

Si se supone que el tiempo de vida de los electrones de la región P del diodo del ejercicio 2.3 es 1 ms, y que la movilidad de los electrones en dicha región es de 1500 cm²/Vs, ¿para qué valores de w_P se puede considerar que la región es larga?

La longitud de difusión de los electrones en la región P es $L_n = (V_t\mu_n\tau_n)^{1/2} = 0.19$ *cm. Por lo tanto, la región P es larga cuando* $w_P \gg 0.19$ *cm.*

---

d) Distribución de electrones

Se puede hallar la distribución de electrones realizando un análisis paralelo al realizado para los huecos. En condiciones de baja inyección, la concentración de electrones en la región neutra N es N_D. En la ZCE n(x) sigue una ley exponencial similar a la de la ecuación 2.18. En el punto $x = x_P$ la concentración de electrones es

$$n(x_P) \cong \frac{n_i^2}{N_A}e^{V_D/V_t} = n_{P0}e^{V_D/V_t} \tag{2.26}$$

y en el contacto óhmico con la metalización del ánodo, $\Delta n(l_P) = n(l_P) - n_0(l_P) = 0$. En la zona neutra P la distribución de electrones sigue una ley como la de la ecuación 2.22, sustituyendo p por n, w_N por w_P y L_p por L_n.

Ejercicio 2.9

¿Para qué valores de la tensión aplicada no es aceptable la aproximación de baja inyección en la región N del diodo del ejercicio 2.3? Considérese como condición límite de baja inyección $p(x_N) = N_D$.

La concentración de minoritarios en el punto x_N *es* $p(x_N) = p_{N0}exp(V_D/V_t) = (n_i^2/N_D)exp(V_D/V_t)$. *El valor de* V_D *para el que* $p(x_N) = N_D$ *es* $V_D = 0.75$ *V. Por lo tanto, cuando* $V_D > 0.75$ *V no hay baja inyección en la región N.*

CUESTIONARIO 2.3.a

1. En las regiones neutras de una unión PN las concentraciones de portadores mayoritarios se aproximan habitualmente con los valores de los dopajes de las respectivas regiones. ¿A qué condiciones es válida esta proposición? Indíquese cuál de las siguientes proposiciones es falsa.

   a) En polarización inversa, la aproximación es correcta.

   b) En polarización directa, la aproximación es correcta.

   c) Es válida en los contactos óhmicos.

   d) Es válida para todos los valores de polarización.

2. Examínese la zona de carga espacial de una unión abrupta simétrica ($N_A = N_D$). Empléese la distribución de potencial V(x) calculada en aproximación de vaciamiento para hallar la expresión de la concentración de huecos en el límite —denomínese x = 0— entre las regiones P y N en equilibrio —ese límite se conoce como unión metalúrgica—. ¿Qué respuesta es falsa?

   a) $p(0) = N_A exp(-V_{bi}/2V_t)$ b) $p(0) = (n_i^2/N_D)exp(V_{bi}/2V_t)$

   c) $p(0) = n_i \cdot (N_A/N_D)^{1/2}$ d) $p(0) = n_i \cdot (N_D/N_A)^{1/2}$

3. *¿Cuál es la máxima tensión que se puede aplicar a una unión PN con unas concentraciones de impurezas $N_A = 10^{15}$ cm^{-3} y $N_D = 10^{17}$ cm^{-3} en baja inyección? Considérese como límite de la baja inyección la polarización a la que la concentración de minoritarios iguala al dopaje en cualquier punto del dispositivo. Datos: $k_B T/q = 0.025$ V, $n_i = 1.5 \times 10^{10}$ cm^{-3}.*

   a) 0.785 V   b) 0.555 V   c) 0.670 V   d) 0.393 V

4. *Escríbase la expresión simplificada de la distribución de huecos en exceso en la región neutra N de un diodo, sabiendo que la profundidad de esa región es $l_n = 50$ μm, su dopaje es de 5×10^{16} donadores/cm^3 y el coeficiente de difusión de minoritarios es $D_p = 10$ cm^2/s. La concentración intrínseca es de 1.5×10^{10} cm^{-3}. Considérense los casos de los dos siguientes tiempos de vida (τ_p) de los minoritarios: 1 ms y 1 ns.*

   a) Para 1 ms: $\Delta p_n(x) = \Delta p_n(0)[1 - x/50$ μm$]$,
   para 1 ns: $\Delta p_n(x) = \Delta p_n(0)exp[-x/1$ mm$]$

   b) Para 1 ms: $\Delta p_n(x) = \Delta p_n(0)exp[-x/1$ μm$]$,
   para 1 ns: $\Delta p_n(x) = \Delta p_n(0)[1 - x/50$ μm$]$

   c) Para 1 ms: $\Delta p_n(x) = \Delta p_n(0)exp[-x/1$ mm$]$,
   para 1 ns: $\Delta p_n(x) = \Delta p_n(0)exp[-x/1$ μm$]$

   d) $\Delta p_n(x) = \Delta p_n(0)[1 - x/50$ μm$]$ en ambos casos.

5. *¿Cuál de las siguientes proposiciones, referida a la corriente de minoritarios en una región neutra corta, es falsa?*

   a) La corriente de difusión de minoritarios es constante en todos los puntos porque al ser neutra la región no hay corriente de arrastre.

   b) La corriente de difusión de minoritarios es constante en todos los puntos porque el perfil de la concentración de esos portadores es lineal.

   c) La corriente de difusión de minoritarios es constante en todos los puntos porque el tiempo que precisan esos portadores para atravesar la región es muy inferior a su tiempo de vida.

   d) La corriente de difusión de minoritarios es constante en todos los puntos porque entran tantos portadores por un extremo como salen por el otro.

6. *Las concentraciones de minoritarios en exceso en los límites de la zona de carga espacial dependen de la temperatura. Hállese para la región N la función que muestra esa dependencia. Como resultado, determínese cuál de las siguientes repuestas es incorrecta.*

   a) $p(0) = (n_i^2/N_D)exp(qV_D/k_BT)$ donde n_i^2 depende de T.

   b) $p(0) = N_A exp(-qV_{bi}/k_BT)exp(qV_D/k_BT)$

   c) $p(0) = N_A exp(-qV_D/k_BT)$

   d) $p(0) = AT^3 exp[(qV_D - E_g)/k_BT]/N_D$

2.3.2 Las corrientes en la unión PN

Para realizar el cálculo de la corriente en una unión PN que se halle en régimen permanente o estacionario, se considera en primer lugar la ley de continuidad de la corriente eléctrica: *la corriente total debe ser la misma en todas las secciones de la unión.*

Una hipótesis básica para ese cálculo es la suposición de que *en las zonas neutras los minoritarios se mueven únicamente por difusión.* Esta aproximación exige que el diodo trabaje en condiciones de baja inyección. Si esta hipótesis no se cumple y la concentración de minoritarios se aproxima a la de mayoritarios, se puede demostrar que el débil campo eléctrico existente en las regiones neutras —cuasineutras, estrictamente hablando— origina una corriente de arrastre comparable a la de difusión, tanto para los mayoritarios como para los minoritarios.

Otra aproximación que se emplea en el cálculo de las corrientes en el diodo es *suponer insignificantes los efectos de la generación y la recombinación de portadores* en la ZCE. Es decir, se supone que el número de huecos que penetran en la ZCE por unidad de tiempo es igual al número de los que la abandonan, y que lo mismo se puede decir de los electrones.

La figura 2.10 representa la distribución de corrientes a lo largo de la unión. La relación entre la corriente y la tensión aplicada que se obtiene empleando las hipótesis anteriores se denomina *ecuación del diodo ideal.* En el apartado 2.4.2 se discute cómo queda modificada esa ecuación si las hipótesis asumidas no se cumplen.

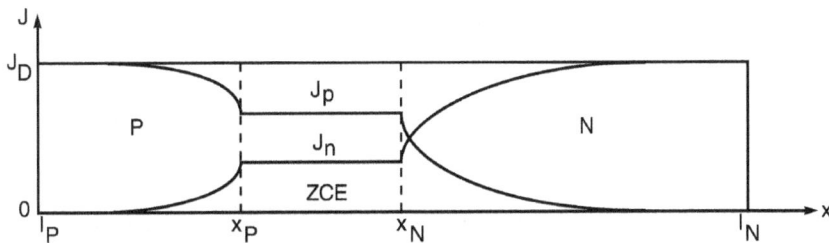

Fig. 2.10   Distribución de las corrientes de huecos, de electrones y total, a lo largo de la unión

La corriente del diodo es, por lo tanto,

$$J_D = (J_p + J_n)\big|_{ZCE} = \mathrm{J_p}(x_N) + \mathrm{J_n}(x_P) \tag{2.27}$$

Para calcularla es necesario conocer la corriente de huecos en la zona N —justo en la frontera con la ZCE—, $\mathrm{J_p}(x_N)$, y la corriente de electrones en la zona neutra P —justo en la frontera con la ZCE—, $\mathrm{J_n}(x_P)$. Dado que esas corrientes son de portadores minoritarios, se dice que la corriente del diodo está determinada por los portadores minoritarios

a) Corrientes de minoritarios en las regiones neutras

Conocida la distribución de huecos en la región neutra N (ecuación 2.22), la corriente $\mathrm{J_{dp}}(z)$ es

$$\mathrm{J_{dp}}(z) = -\mathrm{q}D_p \frac{\mathrm{d}\Delta\mathrm{p}(z)}{\mathrm{d}z} \tag{2.28}$$

Si la región es larga esa corriente disminuye exponencialmente con z y su valor se hace prácticamente igual a cero antes de alcanzar el contacto óhmico. Ello significa que todos los portadores minoritarios se han recombinado antes de llegar al contacto. Si la región es corta, J_p es constante porque el perfil de $\Delta p(z)$ es una recta. Ello indica que todos los huecos que llegan a la región neutra la vuelven a abandonar, sin que se pierda ninguno por recombinación.

La corriente de huecos en el punto $x = x_N$ es

$$J_{dp}(x_N) = J_{dp}\big|_{z=0} = q\frac{D_p}{L_p}\frac{1}{\tanh(w_N/L_p)}p_{N0}(e^{V_D/V_t}-1) = J_{sp}(e^{V_D/V_t}-1) \qquad (2.29)$$

Merece la pena recordar que en una región larga $\tanh(w_N/L_p) \cong 1$, y en una región corta $\tanh(w_N/L_p) \cong w_N/L_p$.

Ejercicio 2.10

Calcúlese la densidad de corriente de huecos de la región N de un diodo caracterizado por los siguientes parámetros: $N_D = 10^{17}$ cm^{-3}, $w_N = 100$ µm, $\tau_p = 100$ ns, $\mu_p = 100$ cm^2/Vs, polarizado con $V_D = 0.5$ V.

La corriente $J_p = J_{dp} = 0.873exp(-z/5\times10^{-4})$ mA/cm^2, donde $z = x - x_N$ es la distancia desde la ZCE. Se observa que cuando z está por encima de 20 µm, la corriente se anula: todos los minoritarios se recombinan antes de alcanzar el contacto óhmico.

Una expresión similar es válida para los electrones de la región P. En la frontera de esa región con la ZCE, la corriente de electrones es

$$J_{dn}(x_P) = J_{dn}\big|_{z'=0} = q\frac{D_n}{L_n}\frac{1}{\tanh(w_P/L_n)}n_{P0}(e^{V_D/V_t}-1) = J_{sn}(e^{V_D/V_t}-1) \qquad (2.30)$$

donde $z' = x_P - x$ es la distancia desde la ZCE. Conociendo los parámetros físicos de la unión —dopajes, tiempos de vida de los portadores, movilidades, espesores de las distintas regiones, etcétera— y la tensión aplicada, se puede conocer J_{sp}, J_{sn}, $J_{dp}(x_P)$, $J_{dn}(x_N)$ y la corriente del diodo, J_D.

Ejercicio 2.11

Calcúlese la densidad de corriente de electrones en la región neutra P del diodo descrito en los ejercicios 2.3 y 2.8, polarizado con $V_D = 0.5$ V, si la anchura de esa región neutra es de 200 µm.

Según el ejercicio 2.8, la región neutra es corta porque $w_P = 200$ µm $<< 0.19$ cm $= L_n$. Por lo tanto, la distribución de electrones sigue un perfil rectilíneo y, en consecuencia, la corriente de difusión de electrones es constante: $J_n = J_{dn} = qD_n(dn/dx) = q(D_n/w_P)n_{P0}[exp(V_D/V_t) - 1] = 32.7$ mA/cm^2. Todos los electrones que penetran en esa región alcanzan el contacto óhmico antes de recombinarse.

---

b) Corrientes de mayoritarios en las regiones neutras

Tal y como se ha visto, la corriente en el diodo, J_D, está determinada por los portadores minoritarios. Dado que la corriente total es constante a lo largo del diodo, la corriente generada por portadores mayoritarios *se adapta* en cada punto a la generada por los minoritarios. Así pues, en un punto x de la región neutra N,

$$J_D = J_p(x) + J_n(x) \qquad \Rightarrow \qquad J_n(x) = J_D - J_p(x) \tag{2.31}$$

donde $J_p(x)$ viene dada por 2.28. Análogamente, en la región neutra P la corriente de los mayoritarios —huecos— en cada punto es la corriente total menos la de los electrones —minoritarios—.

Para que se cumpla la condición de neutralidad de carga en las regiones neutras debe haber en las mismas una corriente de difusión de portadores mayoritarios. Efectivamente, tómese como ejemplo la región neutra N en la que la neutralidad exige $\Delta n(x) = \Delta p(x)$. Por lo tanto,

$$J_{dn}(x) = qD_n \frac{dn}{dx} = qD_n \frac{d\Delta n}{dx} = qD_n \frac{d\Delta p}{dx} = -\frac{D_n}{D_p}\left[-qD_p \frac{d\Delta p}{dx} \right] = -\frac{D_n}{D_p} J_{dp} \tag{2.32}$$

La corriente de difusión de los electrones mayoritarios tiene el sentido contrario a la de los huecos minoritarios. En el silicio, $D_n/D_p > 1 \Rightarrow J_{dn} + J_{dp} < 0$, ya que J_{dp} es positivo. Dado que la corriente total, que es $J_D = J_{ap} + J_{dn} + J_{dp}$, es positiva, debe haber una corriente de arrastre de mayoritarios, J_{an}, positiva. Esta cantidad se calcula en los ejercicios 2.12 y 2.13.

Ejercicio 2.12

Calcúlese la corriente de huecos en la región P del ejercicio 2.11, suponiendo que en la región N la movilidad de los huecos es de 200 cm^2/Vs, su tiempo de vida es de 5 µs, su espesor de 500 µm y $V_D = 0.5$ V.

Para hallar la corriente de huecos en la región P se debe calcular primero la corriente que circula por el diodo, J_D. Para ello se debe conocer $J_p(x_N)$. La longitud de difusión de huecos en la región N es $L_p = \sqrt{(V_t \mu_p \tau_p)} = 50$ µm. La región N es, por tanto, larga. La corriente de los huecos minoritarios en el punto x_N es: $J_p(x_N) = q(D_p/L_p)p_{N0}\cdot[exp(V_D/V_t) - 1] = = 0.35$ mA/cm^2. La corriente del diodo (v. ejercicio 2.11) es : $J_D = J_n(x_P) + J_p(x_N) = = (32.7 + 0.35)$ mA/cm$^2 = 33.05$ mA/cm^2. Por lo tanto, la corriente de huecos en la región P es $J_P = J_D - J_n(x) = (33.05 - 32.7)$ mA/cm$^2 = = 0.35$ mA/cm^2, que es constante porque la región P es corta.

Ejercicio 2.13

Evalúese el campo eléctrico en la región neutra P del ejercicio anterior. En P: $\mu_p = 500$ cm^2/Vs.

La corriente de arrastre de huecos es $J_{ap} = J_p - J_{dp} = 0.35 - (-D_p/D_n)J_{dn} = 0.35 + 33.05\cdot(500/1500) = = 11.35$ mA/cm^2. El campo eléctrico es: $E_{el} = J_{ap}/(q\mu_p N_A) = 11.35\times10^{-3}/(1.6\times10^{-19}\cdot500\times10^{15}) = = 0.14$ V/cm. Se trata, pues, de un campo muy débil. La caída de tensión en la región neutra P es $\Delta V_P = E_{el}\cdot w_P = 0.14\cdot200\times10^{-4} = 2.8$ mV.

Estrictamente hablando, esta conclusión contradice la hipótesis de la neutralidad. Lo que realmente sucede es que se trata de una región cuasineutra si se mantiene la baja inyección. Este concepto, presentado en el capítulo 1, significa que con los valores de dopaje habituales basta un campo eléctrico muy débil para causar la corriente de arrastre de mayoritarios que se ha calculado. La densidad de carga asociada a ese campo equivale, según la ley de Gauss, a un número de portadores muy bajo —comparado con la concentración de mayoritarios en equilibrio— y por ello la condición de neutralidad se cumple de manera aproximada.

CUESTIONARIO 2.3.b

1. Las distribuciones de portadores en las zonas neutras se calculan resolviendo la ecuación de continuidad de los portadores minoritarios. ¿Cuál de las proposiciones siguientes resulta innecesaria?

      a) Condiciones estacionarias   *b) Neutralidad de carga*

      c) Baja inyección   *d) Polarización directa*

2. Hállese la expresión de la corriente de huecos en una región N muy larga. Si la longitud de difusión de esos portadores vale 50 μm, determínese en qué punto el valor de la corriente de minoritarios se reduce a la mitad del valor que tiene en el límite de la ZCE.

      a) 34.6 μm   *b) 50 μm*   *c) 72.5 μm*   *d) 100 μm*

3. Las corrientes de minoritarios en el inicio de cada región neutra son proporcionales a $exp(V_D/V_t)$. ¿Cuál de las siguientes hipótesis es necesaria para llegar a este resultado?

      a) Vaciamiento de portadores en la zona de carga espacial.

      b) Polarización directa del diodo.

      c) No hay generación ni recombinación en las zonas neutras.

      d) Los portadores minoritarios se desplazan únicamente por difusión.

4. ¿Cómo es la distribución de electrones en una región neutra N, suponiendo que en el límite entre esa región y la ZCE, x_N, la concentración de minoritarios es $p_n(x_N) = N_D$, y la región es larga? Escríbase considerando el origen de coordenadas x = 0 en x_N.

      a) $n_n(x) = N_D exp(-x/L_n)$

      b) $n_n(x) = N_D \cdot [1 + exp(-x/L_n)]$

      c) $n_n(x) = N_D \cdot [1 - exp(-x/L_n)]$

      d) $n_n(x) = N_D + (n_i^2/N_D) exp(-x/L_n)$

5. En la cuestión 4 se ha hallado que $n_n(x_N) \geq N_D$. Si se considera que la región N inyecta electrones en la P, aparentemente $n_n(x_N)$ debe ser inferior a su valor en equilibrio, N_D. Para comprender esta aparente anomalía se formulan las siguientes consideraciones. Indíquese cuál de ellas es incorrecta.

a) La neutralidad implica que un incremento de p_n *comporte un incremento de* n_n.

b) La hipótesis de baja inyección provoca que n_n *se mantenga casi constante.*

c) Fuera del equilibrio, un incremento de p_n *no comporta una disminución de* n_n.

d) Los electrones en exceso en las proximidades de x_N *provienen del contacto óhmico de la región N.*

6.   *Partiendo de los resultados de las cuestiones 4 y5, se desea conocer el signo de las distintas corrientes de la región N. Considerando el signo de una corriente que va de la región P a la N como positivo, indíquese cuál de las siguientes proposiciones es incorrecta.*

a) La corriente de difusión de huecos J_p *es positiva.*

b) La corriente de difusión de electrones J_{dn} *es negativa.*

c) La corriente de arrastre de mayoritarios J_{an} *es positiva.*

d) El signo de la corriente total de mayoritarios depende de los valores de J_{an} *y* J_{dn}.

PROBLEMA GUIADO 2.2

Considérese el diodo del problema guiado 2.1. Hállese:

1. El valor máximo de la tensión de polarización para que el dispositivo opere en baja inyección.

2. Las distribuciones de electrones y de huecos en las regiones neutras, correspondientes a la tensión calculada en el apartado anterior.

3. Las corrientes inversas de saturación de huecos I_{sp}, *de electrones* I_{sn} *y total* I_s, *y la relación* I_{sp}/I_{sn}.

4. Las expresiones de las corrientes de portadores minoritarios en las regiones neutras, correspondientes a la polarización calculada en el apartado 2.

5. La corriente total en el mismo punto de polarización, suponiendo que no haya recombinación en la zona de carga espacial.

6. Las corrientes de mayoritarios en las regiones neutras.

7. El campo eléctrico en la región neutra P.

8. Una estimación de la caída de tensión en las región neutra P y, a partir de ahí, una justificación de que casi toda la tensión aplicada cae en la ZCE.

2.4   Característica corriente-tensión del diodo

Con las ecuaciones 2.27, 2.29 y 2.30 se puede calcular la corriente que circula por el diodo en régimen permanente y con baja inyección, suponiendo que no haya recombinación y generación netas en la ZCE. Se habla entonces del *diodo ideal*. La característica o ecuación del diodo ideal es la relación entre la tensión aplicada y la corriente que atraviesa el dispositivo. Los diodos reales presentan algunas desviaciones respecto a la ley ideal, que se discuten más adelante.

2.4.1 La ecuación del diodo ideal

Se obtiene la ecuación del diodo ideal sustituyendo las ecuaciones 2.29 y 2.30 en la ecuación 2.27:

$$I_D = AJ_D = AJ_p(x_N) + AJ_n(x_P) =$$

$$= A(J_{sp} + J_{sn})\left[e^{V_D/V_t} - 1\right] = I_s\left[e^{V_D/V_t} - 1\right] \tag{2.33}$$

donde $I_s = A(J_{sp} + J_{sn})$ se denomina *corriente inversa de saturación del diodo*.

Esta ecuación muestra que en polarización directa la corriente crece exponencialmente con la tensión aplicada, V_D, porque en la ecuación 2.33 $\exp\{V_D/V_t\} \gg 1$. Cuando V_D es negativa, el término exponencial de 2.23 se puede ignorar ante la unidad, por lo que $I_D \cong -I_s$. La corriente inversa se satura al valor $-I_s$. Para los efectos prácticos, no obstante, el valor de I_s es tan bajo —para un diodo de silicio se halla frecuentemente en valores de 10^{-15} A— que se considera que en inversa la corriente es nula, mientras que en directa crece exponencialmente. Ésta es la formulación matemática del efecto rectificador.

El valor de la corriente inversa de saturación I_s es

$$I_s = qA\left[\frac{D_p}{L_p}\frac{1}{\tanh(w_N/L_p)}p_{N0} + \frac{D_n}{L_n}\frac{1}{\tanh(w_P/L_n)}n_{P0}\right] =$$

$$= qA\left[\frac{D_p}{L_p}\frac{1}{\tanh(w_N/L_p)}\frac{1}{N_D} + \frac{D_n}{L_n}\frac{1}{\tanh(w_P/L_n)}\frac{1}{N_A}\right]n_i^2 \tag{2.34}$$

Esta expresión permite conocer la relación de I_s con los dopajes N_D y N_A, con la geometría w/L, con los parámetros físicos D y L, y, a través de n_i, con la naturaleza del material.

La corriente I_s es proporcional a n_i^2, y por tanto a $\exp\{-E_g/k_BT\}$. Los semiconductores con la banda prohibida más ancha dan lugar a uniones PN con corrientes inversas de saturación menores. Por otro lado, los dopajes más elevados implican valores de I_s menores. Además, si los factores que multiplican a los términos $1/N_A$ y $1/N_D$ son aproximadamente iguales, entonces *el menor de los dos dopajes determina* I_s.

Ejercicio 2.14

Calcúlese la corriente inversa de saturación del diodo del ejercicio 2.3, incorporando los datos de los ejercicios 2.8, 2.10 y 2.12, y sabiendo que su sección es de 10^{-3} cm^2. Calcúlese la corriente que circula por el diodo con $V_D = 0.5$ V.

Como se ha visto en los ejemplos anteriores, la región N es larga, mientras que la región P es corta. A partir de 2.29 y 2.30 se obtiene: $J_{sn} = 6.75 \times 10^{-11}$ *A/cm^2,* $J_{sp} = 7.2 \times 10^{-13}$ *A/cm^2,* $J_s = 6.822 \times 10^{-11}$ *A/cm^2,* $I_s = A \cdot J_s = 6.82 \times 10^{-14}$ *A/cm^2.*

Con $V_D = 0.5$ *V resulta* $I_D = I_s exp(V_D/V_t) = 33$ *μA.*

La relación entre la corriente de electrones y la corriente de huecos a través de la ZCE es una relación importante en muchos dispositivos. Esa relación es

$$\left. \frac{I_p}{I_n} \right|_{ZCE} = \frac{J_{sp}}{J_{sn}} = C\frac{N_A}{N_D} \tag{2.35}$$

donde el factor C depende de la geometría y de los parámetros físicos de las regiones neutras. Se puede controlar la relación entre esas corrientes con una adecuada selección de los dopajes de las regiones P y N. Si la región P está más dopada que la región N, la corriente dominante en la ZCE es la de huecos, y viceversa. El funcionamiento del transistor bipolar, que se presenta en el capítulo 5, depende esencialmente de esta propiedad.

Ejercicio 2.15

Calcúlese la relación entre la corriente de electrones y la de huecos que atraviesan la ZCE del diodo del ejercicio 2.3.

A partir de 2.35, $I_n/I_p = J_{sn}/J_{sp} = 6.75 \times 10^{-11}/7.2 \times 10^{-13} = 93.75$

La tensión umbral del diodo, Vγ

Cuando se utiliza el diodo en un circuito, un parámetro muy utilizado es la *tensión de codo* o *tensión umbral del diodo*, V_γ. Más allá de ese valor la corriente aumenta exponencialmente con la tensión, mientras que por debajo es prácticamente nula. Esa tensión depende de la escala de corrientes de trabajo del diodo. Si I_{Dref} es un valor representativo de la corriente que circula por el dispositivo, entonces la tensión umbral vale

$$V_\gamma \cong V_t \ln\frac{I_{Dref}}{I_s} \tag{2.36}$$

que se obtiene invirtiendo la ecuación del diodo ideal y aproximando $I_{Dref}/I_s + 1 \cong I_{Dref}/I_s$. La ecuación 2.36 relaciona la tensión umbral con I_s. En diodos de silicio, con I_{Dref} del orden de mA se obtiene una tensión umbral próxima a 0.7V —con un valor de I_s del orden de 10^{-15} A—. Los diodos de GaAs tienen una I_s unas 10^8 veces menor —porque lo es n_i^2—, y dan lugar a valores de V_γ mayores, del orden de 1.2 V, mientras que en el germanio, al ser I_s unas 10^6 veces mayor que en el silicio, los diodos presentan una tensión umbral de tan solo 0.2 V.

La dependencia de V_γ con E_g se puede explicitar sustituyendo 2.34 y 1.1 en la ecuación 2.36:

$$V_\gamma \cong V_t \ln \frac{I_{Dref}}{BT^3 e^{-E_g/k_B T}} = \frac{E_g}{q} + V_t \ln \frac{I_{Dref}}{BT^3} \tag{2.37}$$

Derivando 2.36 y suponiendo I_{Dref} constante se puede hallar la dependencia de V_γ con T:

$$\frac{dV_\gamma}{dT} \cong \frac{V_\gamma}{T} - V_t \frac{dI_s/dT}{I_s} \cong \frac{V_\gamma}{T} - \frac{3k_B}{q} - \frac{E_g}{qT} \tag{2.38}$$

En los diodos de silicio, a temperatura cercana a la ambiente ese coeficiente vale cerca de -2 mV/°C.

Ejercicio 2.16

Calcúlese la tensión umbral del diodo del ejercicio 2.14 para corrientes del orden de miliamperios. ¿Cuál es la tensión umbral si el diodo opera con corrientes del orden de amperios? Igualmente, para corrientes del orden de microamperios.

a) Utilizando 2.36 con $I_{Dref} = 10^{-3}$ A, resulta $V_\gamma = V_t \cdot ln(10^{-3}/6.82 \times 10^{-14}) = = 0.58$ V.

b) Para $I_{Dref} = 1$ A, $V_\gamma = 0.76$ V.

c) $V_\gamma = 0.41$ V.

Ejercicio 2.17

¿Cuál es la tensión umbral de un diodo de GaAs, suponiendo que los dopajes, la geometría, las movilidades y los tiempos de vida sean idénticos que los del diodo del ejercicio 2.14, para corrientes del orden de mA?

$I_s(GaAs) = I_s(Si) \cdot [n_i^2(GaAs)/n_i^2(Si)] = 1.21 \times 10^{-21}$ A, $V_\gamma = 1.03$ V.

CUESTIONARIO 2.4.a

1. *Calcúlese la corriente inversa de saturación de un diodo N^+P, conociendo los siguientes datos: $N_A = 2 \times 10^{16}$ cm^{-3}, $w_P = 50$ μm, $L_n = 500$ μm, $D_n = 15$ cm^2/s, $n_i = 1.5 \times 10^{10}$ cm^{-3}, sección $= 10^{-3}$ cm^2, $q = 1.6 \times 10^{-19}$ C.*

      a) 5.4×10^{-12} A   b) 5.4×10^{-13} A   c) 5.4×10^{-15} A   d) 5.4×10^{-16} A

2. *Considérese un diodo de unión PN con los siguientes parámetros:*

Región P: $N_A = 10^{15}$ cm^{-3}, $w_P = 250$ μm, $\mu_n = 800$ cm^2/Vs, $\tau_n = 100$ ns

Región N: $w_N = 100$ μm, $\mu_p = 400$ cm^2/Vs, $\tau_p = 1$ μs

¿Cuál debe ser el valor de N_D para conseguir que la corriente de electrones que atraviesan la ZCE sea 100 veces mayor que la de huecos?

a) $2.25 \times 10^{16} \ cm^{-3}$ b) $4.65 \times 10^{15} \ cm^{-3}$

c) $1.15 \times 10^{15} \ cm^{-3}$ d) $2.25 \times 10^{14} \ cm^{-3}$

3. *Un diodo ideal de silicio posee una ley corriente-tensión que se expresa por la ecuación* $I_D = 10^{-15}[exp(V_D/V_t) - 1]$. *Hállese el valor de la corriente inversa de saturación de un diodo de GaAs que tenga los mismos perfiles de dopaje y los mismos parámetros de transporte —movilidad y tiempo de vida de los portadores— que el de silicio. Considérense los valores de las concentraciones intrínsecas de portadores que han aparecido en los capítulos anteriores.*

a) 1.3×10^{-19} b) 1.8×10^{-23} c) 7.5×10^{-12} d) 5.6×10^{-8}

4. *Un diodo con una corriente inversa de saturación* $I_s = 10^{-15}$ A *presenta una tensión de codo* $V_v = 0.69$ V *cuando opera a un cierto nivel de corriente* I_D. *Determínese* I_D.

a) $1 \ nA$ b) $1 \ \mu A$ c) $1 \ mA$ d) $1 \ A$

5. *Evalúese el coeficiente de temperatura de la tensión de codo de un diodo de silicio alrededor de la temperatura ambiente (300 K), suponiendo que* $(dI_s/dT)/I_s$ *se puede aproximar con* $E_g/k_B T^2$. *Esta aproximación resulta de suponer que* I_s *es proporcional a* n_i^2. *Datos:* $E_g = 1.1 \ eV$, $k_B = 8.62 \times 10^{-5} \ eV/K$. *Indíquese el resultado en mV/°C.*

a) -1.3 b) 2.3 c) -3.5 d) 1.3

6. *Supóngase un circuito formado únicamente por un diodo ideal polarizado en directa a 0.8 V proveniente de una fuente de tensión ideal. Empleando la ecuación del diodo a temperatura ambiente se halla que la corriente que circula es de 50 mA. ¿Cuál de las siguientes proposiciones es incorrecta?*

a) El diodo disipa potencia, y ello provoca el aumento de su corriente inversa de saturación.

b) La corriente que circula por el diodo aumenta como consecuencia de su calentamiento.

c) La disipación de potencia no provoca el aumento de la corriente, porque la variación de I_s *queda compensada por la de* $exp(qV_D/k_B T)$.

d) La resistencia que habitualmente se incluye en el circuito de polarización sirve para limitar el nivel de corriente cuando el diodo se calienta.

2.4.2 El diodo real

La ecuación del diodo ideal se ha deducido empleando una serie de hipótesis que no siempre se cumplen en los diodos reales. En este apartado se ven las principales desviaciones respecto a la ley del diodo ideal.

En la figura 2.11.a se muestran, en escala lineal, las características corriente-tensión de un diodo ideal y de un diodo real, mientras que en la figura 2.11.b se muestran las mismas curvas para la polarización directa, con el eje de la corriente en escala logarítmica. Las principales diferencias entre el dispositivo ideal y el real son:

- Para tensiones $V_D > V_\gamma$, el crecimiento de la curva $I_D(V_D)$ es más lento en el diodo real que en el ideal.

- Para tensiones $V_D < 0$, la corriente del diodo real es mayor que la del ideal. Además, no satura en polarización inversa. Con todo, su valor sigue siendo muy bajo.

- El efecto de ruptura se puede ver como un efecto no ideal, porque no está incluido en la ley obtenida en el apartado 2.4.1.

La representación del logaritmo de I_D en función de V_D permite visualizar el comportamiento del diodo dentro un margen de corrientes de varios órdenes de magnitud. En un diodo ideal en polarización directa, $\log(I_D)$ en función de V_D es una recta con pendiente $\log(e)/V_t$.

$$\log(I_D) \cong \log(I_s e^{V_D/V_t}) = \left[\frac{\log(e)}{V_t}\right] V_D + \log(I_s) \tag{2.39}$$

Según se puede observar en la figura 2.11.b, la característica real solo coincide con la ideal dentro de un margen intermedio de tensiones.

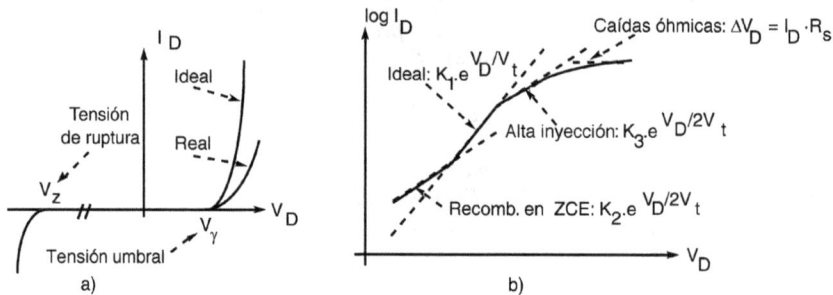

Fig. 2.11 Característica I(V) del diodo. a) En escala lineal.
b) En escala logarítmica para el eje de corrientes.

Cuando V_D es pequeña, la corriente del diodo real es mayor que lo previsto por el modelo ideal, y tiene una pendiente igual a la mitad. La causa es que en ese margen de tensiones la recombinación en la ZCE no se puede ignorar, sino que es la corriente dominante. Un estudio más profundo de la unión PN conduce a la conclusión de que debe añadirse un término de corriente de recombinación a la ley $I_D(V_D)$ ideal (v. fig. 2.12):

$$I_D = I_s(e^{V_D/V_t} - 1) + I_{ro}(e^{V_D/2V_t} - 1) \tag{2.40}$$

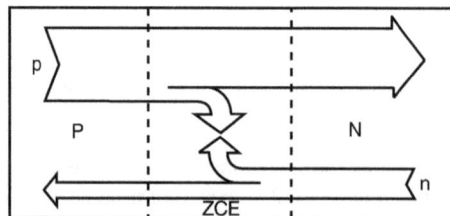

Fig. 2.12 Corrientes en la unión PN, considerando la corriente de recombinación en la ZCE

En muchos diodos reales $I_{r0} >> I_s$, y debido a ello el término de recombinación en la ZCE es dominante a tensiones bajas. Cuando la tensión aumenta, este término crece más lentamente a causa del factor 1/2 del exponente, y pierde influencia ante el término de diodo ideal, que puede pasar a ser dominante.

Ejercicio 2.18

Evalúese I_{r0} para el diodo del ejercicio 2.14, sabiendo que se ha medido una corriente de 10^{-7} A para $V_D = 0.3$ V.

La corriente del diodo ideal sería $I_{Dideal} = I_s exp(V_D/V_t) = 1.1{\times}10^{-8}$ *A. Dado que* $I_{Dreal} >> I_{Dideal}$ *se debe suponer que* $I_{Dreal} = I_{r0} exp(V_D/2V_t)$. *De aquí se deduce que* $I_{r0} = 2.5{\times}10^{-10}$ *A.*

Ejercicio 2.19

En el diodo anterior, ¿para qué valores de V_D es irrelevante la corriente de recombinación en la ZCE?

Para $V_D > 0.41$ *V.*

Con tensiones de polarización suficientemente elevadas se deja de cumplir la hipótesis de baja inyección, y las concentraciones de minoritarios son comparables a las de mayoritarios. Se dice entonces que el diodo trabaja en régimen de *alta inyección*. La resolución de las ecuaciones de continuidad en esas condiciones se hace muy complicada. Se demuestra que la ecuación del diodo en esa región es de la forma:

$$I_D = I_{HI} e^{V_D / 2V_t} \tag{2.41}$$

o, lo que es lo mismo, que la curva de $\log(I_D)$ en función de V_D presenta una pendiente que vale la mitad que en el caso de un diodo ideal. La causa del cambio de ley es que en este caso la corriente de arrastre de minoritarios en las zonas neutras ya no se puede ignorar, sino que da lugar a un término semejante al de arrastre de mayoritarios.

Los dos efectos presentados —recombinación en la ZCE y alta inyección— dan lugar a la misma pendiente de la curva $\log(I_D)$ respecto a V_D, pero si bien el primero implica una corriente adicional que se suma a la del diodo ideal, el segundo implica una reducción de la corriente que correspondería a la unión ideal.

Con niveles de corriente elevados, la caída de potencial en las resistencias parásitas —resistencias de las zonas neutras y otras— puede resultar significativa al compararse con V_D. Esos efectos se pueden considerar mediante una resistencia en serie R_s. De ese modo, la tensión de polarización del diodo se escribe como un término que corresponde a la caída de potencial en la unión, V_j, más otro que responde a la caída en la resistencia parásita R_s:

$$V_D = V_j + I_D R_s \tag{2.42}$$

Los efectos resistivos y los de alta inyección se suelen presentar en la misma región de la curva característica. Frecuentemente, resulta difícil diferenciar el uno del otro.

Ejercicio 2.20

¿Cuál es el valor de I_{HI} si la corriente del diodo del ejercicio 2.14 con $V_D = 0.6$ V vale 100 μA?

La corriente del diodo ideal seria $\mathrm{I_{Dideal}} = \mathrm{I_s} exp(\mathrm{V_D/V_t}) = 1.8$ mA. Dado que $\mathrm{I_{Dreal}} << \mathrm{I_{Dideal}}$, se supone que $\mathrm{I_{Dreal}} = \mathrm{I_{HI}} exp(\mathrm{V_D}/2\mathrm{V_t})$. De ahí resulta $\mathrm{I_{HI}} = 6.1 \times 10^{-10}$ A.*

Ejercicio 2.21

¿Cuál es la caída de tensión en la resistencia parásita con una corriente de 10 mA, si $R_s = 2$ Ω? ¿Y cuando $I_D = 1$ A?

a) $\mathrm{I_D \cdot R_s} = 0.02$ V; b) $\mathrm{I_D \cdot R_s} = 2$ V. En este segundo caso los efectos resistivos dominan la característica del dispositivo, que presenta en esa región una relación I(V) cuasilineal. La tensión de polarización debe ser mucho mayor que $\mathrm{V_\gamma}$, si se trata de un diodo de silicio.

Para valores bajos de la corriente, $V_D \cong V_j$, mientras que si I_D aumenta puede suceder que $V_D >> V_j$. En el primer caso, V_D no puede nunca ser mayor que V_{bi}, porque en caso contrario el escalón de potencial V_{bi} desaparece y la corriente en la unión se hace tan elevada que puede comportar la destrucción del dispositivo. En cambio, cuando los efectos resistivos son importantes, puede darse que $V_D > V_{bi}$, manteniéndose $V_j < V_{bi}$. La resistencia serie actúa en ese caso como protección del diodo.

En polarización inversa hay generación neta en la ZCE, porque $R = k(np - n_0p_0)$ se hace negativo al ser np inferior a su valor en el equilibrio, n_0p_0. Cuando se polariza más inversamente, aumenta la anchura de la ZCE —que es donde se produce dicha generación— y da lugar a un término de corriente que aumenta con la tensión; por lo tanto, la corriente no alcanza la saturación. Cabe mencionar que el aumento de anchura de la ZCE depende de la tensión inversa como $V^{1/2}$, por lo cual el aumento de corriente es muy lento en comparación con su comportamiento —exponencial— en directa.

Ejercicio 2.22

Suponiendo que $np << n_0p_0$ en toda la ZCE, calcúlese la corriente generada en la ZCE en función de su anchura w_d.

Integrando la ecuación de continuidad para los huecos en régimen permanente, entre $\mathrm{x_P}$ *y* $\mathrm{x_N}$,

$$0 = \int_{\mathrm{x_P}}^{\mathrm{x_N}} (-q\mathrm{R}) dx - \int_{\mathrm{x_P}}^{\mathrm{x_N}} d\mathrm{Jp} \Rightarrow J_p(\mathrm{x_N}) - J_P(\mathrm{x_P}) \cong -q\mathrm{Rw_d} = -q\left[\frac{-n_i^2}{\tau_p}\right]\mathrm{w_d} = q\frac{n_i^2 \mathrm{w_d}}{\tau_p}$$

que es la corriente generada en la ZCE, que circula de N a P, y que debe sumarse a $\mathrm{J_s}$.

Ejercicio 2.23

Empleando el resultado del ejemplo anterior, hállese la corriente inversa del diodo en función de la tensión inversa.

$J_D = -J_s - J_{ZCE} = -J_s - (qn_i^2 w_{d0}/\tau_p)[1 - V_D/V_{bi}]^{1/2},$
suponiendo que $exp(V_D/V_t) << 1.$

EJEMPLO 2.2

En la siguiente tabla se muestran algunos valores límite del diodo rectificador de bajas fugas BAS116, fabricado por Philips Semiconductors. En la figura que le sigue se presentan las características corriente-tensión de ese diodo a diversas temperaturas de operación.

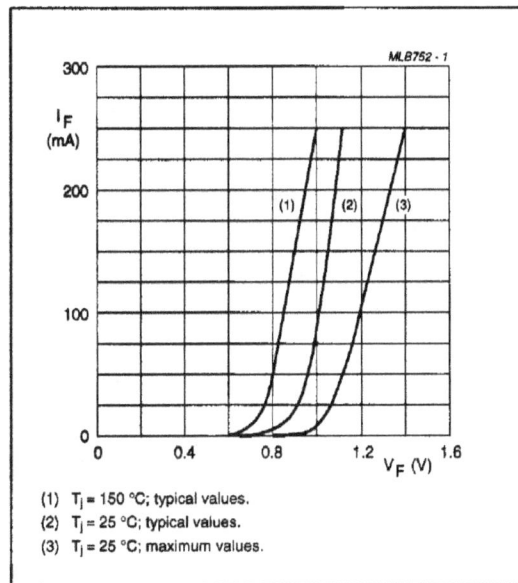

(1) T_j = 150 °C; typical values.
(2) T_j = 25 °C; typical values.
(3) T_j = 25 °C; maximum values.

LIMITING VALUES
In accordance with the Absolute Maximum Rating System (IEC 134).

SYMBOL	PARAMETER	CONDITIONS	MIN.	MAX.	UNIT
V_{RRM}	repetitive peak reverse voltage		–	85	V
V_R	continuous reverse voltage		–	75	V
I_F	continuous forward current	see Fig.2; note 1	–	215	mA
I_{FRM}	repetitive peak forward current		–	500	mA
I_{FSM}	non-repetitive peak forward current	square wave; T_j = 25 °C prior to surge; see Fig.4			
		t_p = 1 µs	–	4	A
		t_p = 1 ms	–	1	A
		t_p = 1 s	–	0.5	A
P_{tot}	total power dissipation	T_{amb} = 25 °C; note 1	–	250	mW
T_{stg}	storage temperature		–65	+150	°C
T_j	junction temperature		–	150	°C

CUESTIONARIO 2.4.b

1. *La ecuación que describe el tramo ideal de la característica corriente-tensión en directa de un diodo de silicio es $I_D = 10^{-15}exp(V_D/V_t)$ A. La corriente generada por la recombinación en la zona de carga espacial vale $3\times10^{-12}exp(V_D/V_t)$ A. Hállese la tensión V_D del extremo inferior del tramo ideal de la curva.*

     a) 0.4 V   *b) 0.28 V*   *c) 0.2 V*   *d) 0.1 V*

2. *Como se ha visto en la teoría, la corriente inversa de saturación I_s es proporcional a n_i^2. Se puede demostrar que I_{r0} de la ecuación 2.40 es proporcional a n_i. Partiendo de estos datos, indíquese cuál de las siguientes proposiciones es falsa.*

     a) Cuando la temperatura aumenta, la tensión límite se desplaza hacia valores inferiores.

     b) Cuanto mayor es la BP del semiconductor, mayor es la tensión límite.

     c) En un diodo en el que las dos regiones son cortas, cuanto más estrechas son esas regiones, menor es la tensión límite.

     d) En un diodo en el que las dos regiones son largas, cuanto más profundas son esas regiones, mayor es la tensión límite.

3. *Un diodo con una corriente inversa de saturación de 10^{-15} A entra en alta inyección cuando la tensión de polarización alcanza los 0.8 V. Calcúlese la corriente que circula por el dispositivo cuando la polarización es de 0.85 V.*

     a) 24 mA   *b) 78.9 mA*   *c) 214 mA*   *d) 583 mA*

4. *Supóngase que la resistencia parásita en serie del diodo de la cuestión 1 vale 10 Ω. Determínese el valor de V_D a partir del cual ya no se puede ignorar el efecto de esa resistencia. Considérese como criterio que la caída óhmica de tensión valga 100 mV.*

     a) 0.58 V   *b) 0.7 V*   *c) 0.75 V*   *d) 0.92 V*

5. *En un diodo PN^+ las características de la región P son: $N_A = 10^{15}$ cm^{-3}, $w_P = 250$ μm, $\mu_n = 800$ cm^2/Vs y $\tau_n = 100$ ns. El dopaje de la región N vale $N_D = 10^{19}$ cm^{-3}. La contribución de la generación en la ZCE a la densidad de corriente sigue la ley $J_{gen} = qn_iw_d/\tau$ con $\tau = 10$ ns. Calcúlese la densidad de corriente, en A/cm^2, que circula por el diodo bajo una polarización inversa de 5 V. Dato: $n_i = 1.5\times10^{10}$ cm^{-3} a 300 K.*

     a) -5×10^{-10}   *b) -6.5×10^{-5}*   *c) -1.5×10^{-9}*   *d) -6.5×10^{-9}*

PROBLEMA GUIADO 2.3

Considérese el diodo de los problemas guiados 2.1 y 2.2. Supóngase que la corriente inversa de saturación a 300 K vale 10^{-14} A. Hállese:

     1. La corriente en el diodo correspondiente a una tensión de polarización $V_D = 0.5$ V, a 300 K y a 450 K.

2. La tensión de codo del diodo correspondiente a corrientes del orden de 1 A, a las mismas temperaturas.

3. La tensión por debajo de la cual la corriente dominante es la de recombinación en la ZCE. Considérese 10^{-10} A como coeficiente preexponencial en la expresión de esa corriente.

4. Estímese la corriente máxima en la región de baja inyección.

5. La caída de tensión V_D entre los terminales del diodo, correspondiente a una corriente de 500 mA, si hay una resistencia parásita en serie de 15 Ω.

Calcúlese:

a) La densidad de corriente en una polarización inversa de 5 V, suponiendo un comportamiento ideal.

b) La densidad de corriente considerando la contribución de la generación en la ZCE, suponiendo que ésta obedezca a la ley $J_{gen} = q n_i w_d / \tau$ con $\tau = 10$ ns. Dato: $n_i = 1.5 \times 10^{10}$ cm^{-3} a 300 K.

2.5 Modelo dinámico del diodo

Cuando se aplica un incremento de la tensión de polarización a una unión PN, se produce una acumulación de portadores en el semiconductor, y se presentan, por tanto, efectos capacitivos. El primero de los efectos está relacionado con la carga almacenada en la ZCE, y se denomina *capacidad de transición*. El otro efecto capacitivo tiene como causa la acumulación de portadores en las regiones neutras, y da lugar al concepto de *capacidad de difusión*.

2.5.1 Las capacidades en el diodo

La capacidad de transición

Cuando la tensión de polarización V_D aumenta, la anchura de la ZCE disminuye según la ecuación 2.13. Para que se pueda producir esa disminución, es necesario que penetren huecos por el terminal de contacto de la región P que neutralicen impurezas aceptoras ionizadas en el lado P de la ZCE, con lo que se reduce la anchura de la región de carga negativa del dipolo. Se puede hacer una afirmación paralela en relación con la penetración de electrones por el terminal de la región N (v. fig. 2.13).

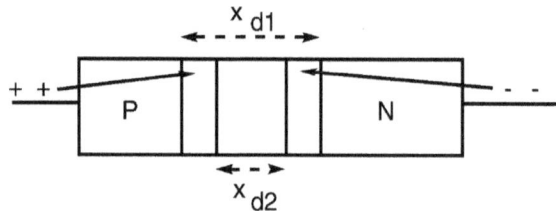

Fig. 2.13   Acumulación de cargas en la ZCE al variar la tensión aplicada. Por efecto del incremento de la tensión de polarización, la anchura de la ZCE pasa de w_{d1} a w_{d2}.

Los huecos y los electrones inyectados desde los contactos quedan así almacenados en la ZCE. El valor de la capacidad que corresponde a esa acumulación de carga es

$$C_j \equiv \frac{dQ_j}{dV_D} = -\frac{qAN_A dw_{dP}}{dV_D} = -qAN_A \frac{N_D}{N_A+N_D} \frac{dw_d}{dV_D} = \frac{\varepsilon A}{w_o \sqrt{1-V_D/V_{bi}}} = \frac{\varepsilon A}{w_d} \tag{2.43}$$

La expresión obtenida para la capacidad de transición es la misma que presenta un condensador plano de área A, con una separación entre placas w_d y con silicio como dieléctrico (cuya constante dieléctrica es ε).

La capacidad C_j se puede expresar también como

$$C_j = \frac{C_{jo}}{(1-V_D/V_{bi})^m} \tag{2.44}$$

siendo $C_{jo} = \varepsilon A/w_{d0}$, y $m = 0.5$. Cuando el perfil del dopaje no es el de la unión abrupta, el valor de m es distinto. Así, es fácil demostrar que en una unión gradual lineal $m = 0.33$. En los diodos reales es fácil encontrar valores de m entre 0.33 y 0.5.

Puede resultar sorprendente que en la capacidad de transición el terminal que actúa como placa positiva —la región P— es la que contiene la carga negativa de la ZCE —los aceptores ionizados—.

Ahora bien, la capacidad es un concepto relacionado con la variación de carga y no con su valor absoluto. Y, efectivamente, cuando la tensión de polarización se hace más positiva, la carga de la parte P de la ZCE aumenta —disminuye la carga negativa acumulada— porque se inyecta carga positiva —huecos—. El mismo razonamiento se puede hacer para la región N.

Ejercicio 2.24

Calcúlese la capacidad de transición del diodo del ejercicio 2.3 con $V_D = 0.5$ V. Repítase el cálculo con $V_D = -10$ V. Datos: $A = 10^{-3}$ cm^2, $\varepsilon = 10^{-12}$ F/cm.

Teniendo en cuenta que para ese diodo $w_{d0} = 0.91$ *μm y* $V_{bi} = 0.653$ V *(v. ejemplo 2.4), resulta* $C_{j0} = 11$ *pF. Por lo tanto, aplicando 2.44:* $C_j(0.5$ V$) = 22.7$ *pF,* $C_j(-10$ V$) = 2.72$ *pF.*

La capacidad de difusión

Cuando la tensión de polarización aumenta, se produce un incremento de la carga de portadores minoritarios en exceso en las zonas neutras (véanse las distribuciones de minoritarios en la fig. 2.14). La relación entre el incremento de carga y el aumento de la tensión se denomina *capacidad de difusión*.

Si se define Q_{sp} como la carga de los huecos acumulados en la zona neutra N, Q_{sn} como la de los electrones acumulados en la P, y Q_s como la suma $Q_{sp} + Q_{sn}$, entonces

$$C_s \equiv \frac{\mathrm{d}Q_s}{\mathrm{d}V_D} = \frac{\mathrm{d}\left(Q_{sp} + Q_{sn}\right)}{\mathrm{d}V_D} \tag{2.45}$$

En régimen estacionario, se puede calcular fácilmente Q_{sp} y Q_{sn} si se conoce la corriente del diodo. Efectivamente,

$$Q_{sp} = qA \int_{x_N}^{l_N} \Delta p(x)\mathrm{d}x =$$

$$= qA(e^{V_D/V_t} - 1) \int_0^{w_N} p_{No}\left[\cosh\frac{z}{L_p} - \frac{1}{\tanh(w_N/L_p)}\sinh\frac{z}{L_p} \right]\mathrm{d}z = K_p(e^{V_D/V_t} - 1) \tag{2.46}$$

y de modo análogo:

$$Q_{sn} = K_n(e^{V_D/V_t} - 1) \tag{2.47}$$

Conocidos los coeficientes K_p y K_n, se puede escribir

$$Q_s = Q_{sp} + Q_{sn} = \left[K_p + K_n\right]\!\left(e^{V_D/V_t} - 1\right) = K(e^{V_D/V_t} - 1) = \tau_t I_D \tag{2.48}$$

puesto que I_D también es proporcional a $[\exp\{V_D/V_t\} - 1]$. El factor de proporcionalidad τ_t —denominado *tiempo de tránsito del diodo*—, no depende de la tensión. Su expresión es

$$\tau_t = \frac{Q_s}{I_D} = \frac{Q_{sp} + Q_{sn}}{I_D} = \frac{K}{I_s} \tag{2.49}$$

Su significado físico se comprende más fácilmente si se escribe la expresión 2.49 como $I_D = Q_s/\tau_t$: si una carga Q_s se inyecta cada tiempo τ_t al dispositivo, la corriente resultante es I_D. O, incluso, escrita como $Q_s = I_D\tau_t$, permite afirmar que, para mantener una carga de minoritarios en exceso Q_s de manera permanente en las zonas neutras, se precisa una corriente I_D, sin la cual Q_s acaba por desaparecer.

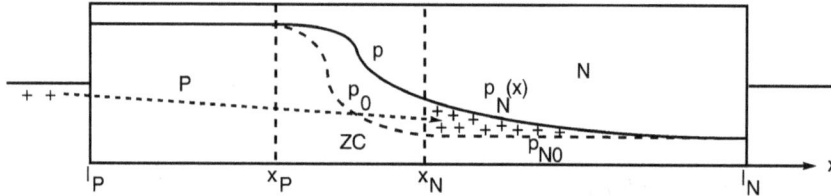

Fig. 2.14   Acumulación de huecos en la región neutra N

Si los dopajes de las dos regiones son muy distintos —situación muy frecuente en la práctica—, de los dos valores de Q_{sp} y Q_{sn} normalmente solo importa el de la región menos dopada. Cabe recordar que esta asimetría se indica utilizando el superíndice «+» para señalar la región más dopada: P^+N si es la P, y PN^+ en el caso contrario. La carga Q_s es apreciable cuando lo es la corriente del diodo, es decir, más allá de la tensión de codo, V_γ. En polarización inversa es, evidentemente, inapreciable.

Considerando la variación de las cargas calculadas al cambiar la tensión de polarización, se obtiene la capacidad de difusión; ésta se halla sustituyendo 2.48 en 2.45:

$$C_S = \frac{d\left(\tau_t I_D\right)}{dV_D} = \frac{d}{dV_D}\left[\tau_t I_s\left(\exp\frac{V_D}{V_t} - 1\right)\right] = \frac{\tau_t}{V_t}I_s\exp\frac{V_D}{V_t} \cong \frac{\tau_t I_D}{V_t} \tag{2.50}$$

que permite calcular la capacidad de difusión en un punto de trabajo dado.

Ejercicio 2.25

Calcúlese la capacidad de difusión del diodo del ejercicio 2.3 con $V_D = 0.5$ V. Repítase el cálculo con $V_D = -0.1$ V. Considérese $\tau_t = 5.3$ μs.

Aplicando 2.50, $C_S(0.5\ V) = (5.3\times10^{-6}/0.025)\cdot6.82\times10^{-14}exp(0.5/0.025) = 1.45\times10^{-17}exp(0.5/0.025) = 7\ nF$.   Con $V_D = -0.1\ V$: $C_S(-0.1\ V) = 1.45\times10^{-17}exp(-0.1/0.025) = 2.6\times10^{-19}$ F;   por   lo   tanto, $C_S(-0.1\ V) \cong 0$.

Ejercicio 2.26

Demuéstrese que el tiempo de tránsito de un diodo N^+P con una región P corta es $\tau_t = w_P^2/(2D_n)$. Aplíquese el resultado para calcular τ_t en el caso del diodo del ejercicio 2.3.

Al tratarse de un diodo N^+P, $p_{N0} \ll n_{P0} \Rightarrow Q_{sp} \ll Q_{sn}$. Dado que la región P es corta, $\Delta n(z)$ es una recta y $Q_{sn} = qA\cdot[\Delta n(0)w_P]/2$ (área del triángulo); $I_D = qAD_n[\Delta n(0)/w_P]$ porque en la ZCE $I_p \ll I_n$. Por lo tanto, $\tau_t = Q_{sn}/I_D = w_P^2/2D_n$.

El tiempo que el electrón tarda en atravesar la zona neutra P coincide con τ_t. *Efectivamente, ese tiempo es:*

$$\tau_t = \int_0^{w_P} \frac{dz}{v_n} = \int_0^{w_P} \frac{dz}{J_n/(qn(z))} = \int_0^{w_P} \frac{qn(z)dz}{qD_n n(0)/w_P} = \int_0^{w_P} \frac{w_P n(0)[1-z/w_P]dz}{D_n n(0)} = \frac{w_P}{D_n} \int_0^{w_P} (1 - \frac{z}{w_P})dz = \frac{w_P^2}{2D_n}$$

donde se ha empleado la definición de la corriente, $J_n = qnv_n$, *y la de la distribución lineal de* $n(z)$ *en la región P.*

Con los parámetros del diodo del ejercicio 2.3, $\tau_t = (200{\times}10^{-4})^2/(2{\cdot}0.025{\cdot}1500) = 5.3\ \mu s.$

Ejercicio 2.27

Demuéstrese que en una región larga de un diodo N^+P τ_t es el tiempo de vida de los minoritarios en la región menos dopada: $\tau_t = \tau_n$.

$\tau_t \cong Q_{sn}/I_n = [qAL_n n_{P0} exp(V_D/V_t)]/[qAn_{P0} exp(V_D/V_t)D_n/L_n] = L_n^2/D_n = \tau_n.$

El concepto de capacidad de difusión es sutil. Efectivamente, se ha considerado la carga de los minoritarios en zonas neutras. Esa carga se halla neutralizada por la de los mayoritarios y la carga neta es, por lo tanto, nula. En ese sentido, no se trata de un condensador ni de una capacidad de transición, donde hay dos regiones en las que se localizan cargas netas con signos opuestos. No obstante, sí tiene sentido hablar de capacidad porque cualquier cambio en el número de portadores minoritarios almacenados exige una corriente que atraviese la unión, y dado que esa corriente es finita, el proceso de cambio tiene una cierta duración. Ése es el hecho realmente importante en los dispositivos, como se ve en el apartado siguiente. Visto el concepto de esta manera, queda justificado el porqué de la suma de las cantidades Q_{sp} y Q_{sn} con el mismo signo, aun cuando las cargas de los electrones y de los huecos tengan signos opuestos.

EJEMPLO 2.3

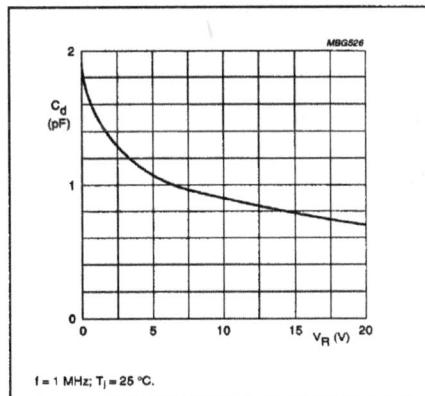

En la figura siguiente se muestra la capacidad del diodo BAS116 de Philips Semiconductors en función de la polarización inversa. Básicamente, esa capacidad es C_j.

CUESTIONARIO 2.5.a

1. _Calcúlese la capacidad de transición de una unión_ PN^+ _en equilibrio térmico con_ $N_A = 10^{15}\ cm^{-3}$ _y sección_ $10^{-3}\ cm^2$. _Datos:_ $V_{bi} = 0.785\ V$, $\varepsilon = 10^{-12}\ F/cm$ _y_ $q = 1.6 \times 10^{-19}\ C$.

   _a) 100 nF_   _b) 10 nF_   _c) 10 pF_   _d) 1 pF_

2. _Razónese, en términos físicos, cómo varía la capacidad de transición calculada en la cuestión 1 si se multiplica el valor de_ N_A _por 10 y_ N_D _se mantiene constante. Indíquese como resultado cuál de las proposiciones siguientes es falsa._

   a) El cambio de dopaje provoca la disminución de w_{d0} _y por lo tanto_ C_{j0} _aumenta._

   b) El cambio de dopaje provoca el aumento de V_{bi} _y por lo tanto_ w_{d0} _aumenta. El resultado es una disminución de_ C_{j0}.

   c) Se producen los dos efectos anteriores, pero el resultado neto es un aumento de C_{j0}.

   d) Para mantener el valor de C_j _se debe variar la sección en la misma proporción en que varía_ w_d.

3. _La capacidad de difusión está relacionada con las cargas de minoritarios en exceso acumuladas en las regiones neutras. Examínese qué significa poseer carga acumulada en una región neutra, e indíquese en consecuencia cuál de las siguientes proposiciones es falsa._

   a) La carga de minoritarios en exceso en una región neutra está neutralizada por una carga de mayoritarios en exceso, del mismo valor pero con signo contrario.

   b) Dado que la neutralidad no es estricta en la región neutra, no se puede calcular la C_D _a partir de la carga de mayoritarios en exceso._

   c) La carga de minoritarios se relaciona con una capacidad porque su variación en el tiempo implica un término adicional en la corriente que atraviesa el diodo, al igual que sucede en un condensador.

   d) Los electrones en exceso de la región P y los huecos en exceso de la región N no son las cargas iguales con signos opuestos de las dos placas de un condensador, sino que contribuyen a la capacidad de difusión con términos independientes que se suman.

4. _Calcúlese la capacidad de difusión del diodo de la cuestión 1 considerando una tensión de polarización de +0.5 V. Datos: espesor de la región P_ $w_P = 250\ \mu m$, _longitud de difusión de los electrones en la región P_ $L = 14\ \mu m$, _tiempo de tránsito_ $\tau_t = 100\ ns$, $n_i = 1.5 \times 10^{10}\ cm^{-3}$.

   _a)_ $9.7 \times 10^{-10}\ F$ _b)_ $5.4 \times 10^{-11}\ F$ _c)_ $2 \times 10^{-18}\ F$ _d)_ $1.2 \times 10^{-19}\ F$

5. _La región P de un diodo tiene un dopaje_ N_A, _un espesor_ w_P, _un coeficiente de difusión de minoritarios_ D_n, _un tiempo de vida_ τ_n _y una longitud de difusión_ L_n. _En la región N esos parámetros son, respectivamente,_ N_D, w_N, D_p, τ_p _y_ L_p. _Uno de los siguientes cálculos del tiempo de tránsito_ τ_t _es incorrecto. ¿Cuál?_

   _a)_ $\tau_t = w_P^2/2D_n\ si\ N_A \ll N_D\ y\ L_n \gg w_P$ _b)_ $\tau_t = w_N^2/2D_p\ si\ N_A \gg N_D\ y\ L_p \gg w_N$

   _c)_ $\tau_t = \tau_n\ \ si\ N_A \ll N_D\ y\ L_n \ll w_P$ _d)_ $\tau_t = \tau_n\ \ si\ N_A \gg N_D\ y\ L_n \ll w_P$

PROBLEMA GUIADO 2.4

Considérese el diodo de los problemas guiados 2.1 a 2.3.

> *1. Calcúlese la capacidad de transición* C_j *del dispositivo sin polarizar.*

> *2. Dibújese la gráfica de* $1/C_j^2$ *en función de* V_D*. ¿En qué punto corta al eje de abscisas (tensiones)? ¿Qué influencia tiene el menor dopaje (*N_D*) sobre la curva?*

> *3. Hállese el tiempo de tránsito.*

> *4. Determínese el valor de la capacidad de difusión correspondiente a una polarización* $V_D = 0.5\ V$*.*

> *5. ¿A qué valor de la tensión de polarización son iguales las capacidades de transición y de difusión?*

2.5.2 El modelo dinámico del diodo

En el modelo de diodo presentado en el apartado 2.4 se supone un régimen estacionario. Cuando la tensión de polarización varía con el tiempo, se producen efectos ligados a los cambios de las cargas acumuladas, es decir, efectos capacitivos, que dicho modelo no incluye. Para tomarlos en consideración se desarrolla un modelo dinámico de la unión PN. La corriente en el diodo en régimen dinámico es la suma de los diferentes términos: por un lado, la corriente continua ya conocida, y por otro, las corrientes necesarias para producir las variaciones de carga en la ZCE y de los minoritarios en las zonas neutras (v. fig. 2.15). Se puede hablar de los dos últimos términos como de corrientes de carga o descarga de las capacidades de transición y de difusión, respectivamente.

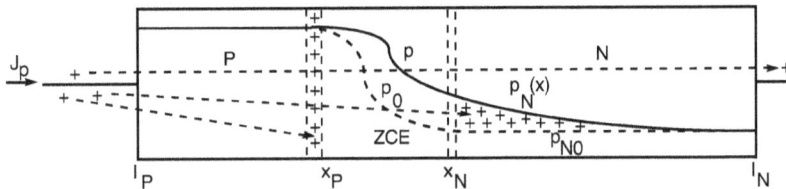

Fig. 2.15   Componentes de la corriente de huecos, en régimen dinámico

Por lo tanto, la corriente en el diodo es

$$i_D(t) = \frac{Q_s}{\tau_t} + \frac{dQ_j}{dt} + \frac{dQ_s}{dt} = I_D + \frac{dQ_j}{dV_D}\frac{dV_D}{dt} + \frac{dQ_s}{dV_D}\frac{dV_D}{dt} = I_D + C_j\frac{dV_D}{dt} + C_s\frac{dV_D}{dt} \qquad (2.51)$$

donde C_j y C_S son las capacidades de transición y de difusión respectivamente, e I_D es la corriente del diodo calculada en condiciones de régimen estacionario. La ecuación 2.51 se puede representar mediante el circuito de la figura 2.16.

Las principales aplicaciones del modelo dinámico se sitúan en dos escenarios: por una parte, cambios grandes en la tensión de polarización, incluyendo cambios del signo de V_D; y, por otra, pequeños cambios del punto de trabajo alrededor de un punto de reposo, causados por un término de la tensión aplicada que depende del tiempo. En el primer caso se habla de funcionamiento _en conmutación_, y en el segundo de _señal de pequeña amplitud_ —o simplemente _pequeña señal_—.

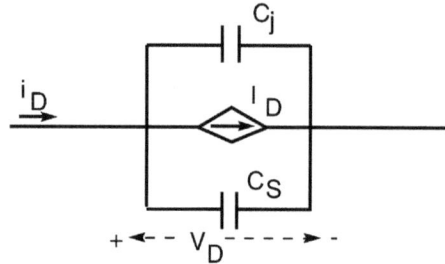

Fig. 2.16   _Circuito equivalente del diodo en régimen dinámico_

Ejercicio 2.28

Un diodo que conduce una corriente continua I_F pasa a estar en circuito abierto en el instante $t = 0$. Calcúlese la carga de portadores minoritarios en exceso almacenada en las regiones neutras del diodo en régimen estacionario ($t < 0$). ¿Cuánto tardan esas regiones en vaciarse de minoritarios en exceso, si dichos portadores desaparecen exclusivamente por recombinación?

A partir de la ecuación 2.48, $Q_s = \tau_t \cdot I_F$.

Según la ecuación 2.51, incorporando la relación 2.48 e ignorando la variación de Q_j,

$$i_D(t) = \frac{Q_s}{\tau_t} + \frac{dQ_s}{dt}$$

Dado que para $t > 0$ _la corriente_ i_D _es nula, la solución de la ecuación diferencial anterior es_ $Q_s(t) = A exp(-t/\tau_t)$. _Se determina la constante A aplicando la condición inicial_ $Q_s(0^+) = Q_s(0^-) = \tau_t I_F$. _Resulta de este modo la solución_ $Q_s(t) = \tau_t I_F exp(-t/\tau_t)$. _El vaciamiento de las regiones neutras de minoritarios en exceso tomará un tiempo de_ $3\tau_t$ _aproximadamente._

Ejercicio 2.29

Repítase el ejercicio anterior considerando que las cargas se extraen mediante una corriente inversa constante $-I_R$. Ignórese la eliminación de cargas por recombinación.

Resolviendo $-I_R = dQ_s/dt$ _se obtiene_ $Q_s(t) = \tau_t I_F - I_R t$. _El tiempo de descarga es_ $\tau_t I_F / I_R$.

2.5.3 El modelo SPICE del diodo

El programa de simulación de circuitos electrónicos SPICE modeliza el diodo de tal manera que reproduce con una gran aproximación las características medidas en los diodos reales. Al mismo tiempo, permite distintos grados de simplificación, hasta llegar a la ecuación del diodo ideal.

La corriente del diodo en polarización directa se modeliza sumando la expresión de la corriente del diodo ideal más la corriente de recombinación en la ZCE:

$$I_{dl} = I_s(\mathrm{e}^{V_d/V_t} - 1) + I_{ro}(\mathrm{e}^{V_d/2V_t} - 1) \tag{2.52}$$

Para modelizar el efecto de alta inyección se utiliza la expresión

$$I_d = \frac{I_{dl}}{\sqrt{1 + I_{dl}/I_{kf}}} \tag{2.53}$$

donde I_{dl} es la corriente en baja inyección e I_{kf} es la corriente que corresponde al punto límite entre la baja y la alta inyección. Para corrientes inferiores a I_{kf}, 2.53 se aproxima a $I_d \cong I_{dl}$, mientras que para corrientes mayores, $I_d \cong (I_{kf}I_{dl})^{1/2}$; de esta manera resulta una proporcionalidad $I_d \propto \exp(V_D/2V_t)$.

Los efectos de la resistencia en serie se toman en consideración escribiendo la caída de tensión entre los terminales del diodo V_D como

$$V_D = V_d + I_d R_s \tag{2.54}$$

V_d es la tensión que caería en el diodo sin los efectos resistivos y R_s la resistencia parásita en serie.

En polarización inversa y antes de alcanzar la tensión de ruptura, el diodo se modeliza por la ecuación del diodo ideal con una conductancia G_{min} en paralelo. Esa conductancia responde a los efectos no ideales del aumento de corriente con la polarización inversa. Denominando I_r esa corriente inversa, el efecto de ruptura se modeliza mediante una exponencial:

$$I_d = I_r - I_{bv}\mathrm{e}^{\frac{-V_d - BV}{\eta_{bv}V_t}} \tag{2.55}$$

donde $BV = |V_Z|$. Cuando V_d se hace más negativa que $-BV$, el exponente de 2.55 es positivo y elevado, lo cual hace aumentar rápidamente el valor —negativo— de I_d. El factor de idealidad del exponente de esta expresión, η_{bv}, se puede ajustar para aproximarse mejor a la característica real.

Las capacidades de los diodos se modelizan con expresiones que obedecen a las ecuaciones vistas en el apartado 2.6. Finalmente, SPICE permite tomar en consideración la influencia de la temperatura sobre los distintos parámetros del dispositivo. Si el usuario no especifica el valor de algún parámetro, SPICE le asigna un valor por defecto. Los más importantes son: $I_s = 10^{-14}$ A, $I_{bv} = 10^{-10}$ A, $\eta_{bv} = 1$, $V_{bi} = 1$ V y $m = 0.5$. El resto de parámetros adopta valores de infinito (I_{kf}, BV) o nulos. El diodo «por defecto» responde a la ecuación del diodo ideal sin efectos capacitivos ni resistivos.

CUESTIONARIO 2.5.b

1. *Un diodo P⁺N con la región N larga conduce en directa una corriente* $\mathrm{I_F}$. *En el instante t = 0 se anula esa corriente. ¿Cuánto tiempo es necesario para que desaparezcan las cargas en exceso en las regiones neutras? Ignórese el efecto de la variación de la zona de carga espacial, y tómese como criterio para indicar que la carga ha desaparecido la disminución de su valor hasta el 10 % de su valor inicial. Dato: tiempo de tránsito* $\tau_t = 0.1$ *ns.*

    a) 0.1 ns   *b) 0.23 ns*   *c) 0.46 ns*   *d) 1 ns*

2. *Repítase el ejercicio anterior suponiendo que la carga almacenada se extrae del diodo mediante una corriente inversa* $-I_R$ *y que se puede ignorar la recombinación de minoritarios en las zonas neutras. Datos:* $I_F = 10$ *mA,* $I_R = 40$ *mA.*

   a) 0.025 ns   b) 0.23 ns   c) 0.4 ns   d) 1 ns

3. *¿Cómo cambiaría el resultado de la cuestión 2 si no se pudiese ignorar la recombinación de minoritarios?*

   a) 5 ns   b) 1.6 ns   c) 0.125 ns   d) 0.022 ns

4. *Por un diodo, inicialmente polarizado en inversa con una tensión* $V_D = -V_R$, *se hace pasar a partir del instante t = 0 una corriente positiva* I_F. *¿Cómo varía la carga de la ZCE* Q_i *en función del tiempo, a partir de t = 0 y hasta que la tensión* V_D *alcance el valor cero?*

   a) $Q_j(t) = Q_j(0)exp(t/\tau_t)$ b) $Q_j(t) = Q_j(0)exp(-t/\tau_t)$

   c) $Q_j(t) = Q_j(0) + I_F t$ d) $Q_j(t) = Q_j(0) - I_F t$

5. *Se desea construir el modelo SPICE para simular un diodo que presenta una corriente inversa de saturación de* 10^{-15} *A; el tramo correspondiente a la ecuación ideal comienza con* $I_D = 10$ *nA; la alta inyección se inicia cuando* $I_D = 20$ *mA; con* $I_D = 1$ *A la tensión entre terminales del diodo es de 2 V; y la tensión de ruptura es de 12 V. ¿Cuál de los siguientes conjuntos de parámetros es correcto?*

   a) $I_{r0} = 3.3 \times 10^{-12}$ *A,* $I_{kf} = 2 \times 10^{-2}$ *A,* $R_s = 1.04$ Ω

   b) $I_{r0} = 3.3 \times 10^{-12}$ *A,* $I_{kf} = 2 \times 10^{-2}$ *A,* $R_s = 1.34$ Ω

   c) $I_{r0} = 1 \times 10^{-8}$ *A,* $I_{kf} = 1 \times 10^{-8}$ *A,* $R_s = 1.04$ Ω

   d) $I_{r0} = 1 \times 10^{-8}$ *A,* $I_{kf} = 1$ *A,* $R_s = 1.04$ Ω

EJEMPLO 2.4

```
Model of ▦ BAS116 (date: 23-2-00)                              ▲

Simulation Values
 *DEVICE=BAS116,D                                      ▲
 * BAS116 D model
 * created using Parts release 7.1 on 09/09/97 at 1
 * Parts is a MicroSim product.
 .MODEL BAS116 D
 + IS=805.84E-18
 + N=1.0246
 + RS=50.000E-3
 + IKF=362.16E-6
 + CJO=1.9002E-12
 + M=.35193
 + VJ=1.2722
 + ISR=298.95E-15
 + BV=113.30
 + IBV=10
 + TT=1.0230E-6
 *$
                                                      ▼

◄|                                              |    |►|  ▼

▦ View this model
```

En el listado que sigue se muestran los parámetros SPICE del diodo BAS116 de Philips Semiconductors, proporcionados por el mismo fabricante.

2.6   El diodo en conmutación y en pequeña señal

En este apartado se exponen los dos escenarios de aplicación del modelo dinámico del diodo, presentados en el apartado 2.5: el funcionamiento en conmutación, y en pequeña señal. El primero es particularmente importante en los circuitos digitales, mientras que el segundo es un concepto ligado a los circuitos analógicos.

2.6.1 Los transitorios de conmutación

Considérese ahora el circuito de la figura 2.17, donde se muestra una señal cuadrada que se aplica a un diodo a través de una resistencia. La señal e(t) conmuta desde un valor inicial A a un valor $-A$. Si antes del cambio, e(t) vale A durante un periodo suficientemente largo, el diodo opera en régimen permanente, y la corriente I_D vale $I_F \cong (A - V_\gamma)/R$. Las capacidades C_S y C_j están cargadas a la tensión de polarización V_γ, y no circula corriente por los condensadores que las simulan. Esa situación se mantiene hasta el instante $t = 0^-$ de la figura 2.17.

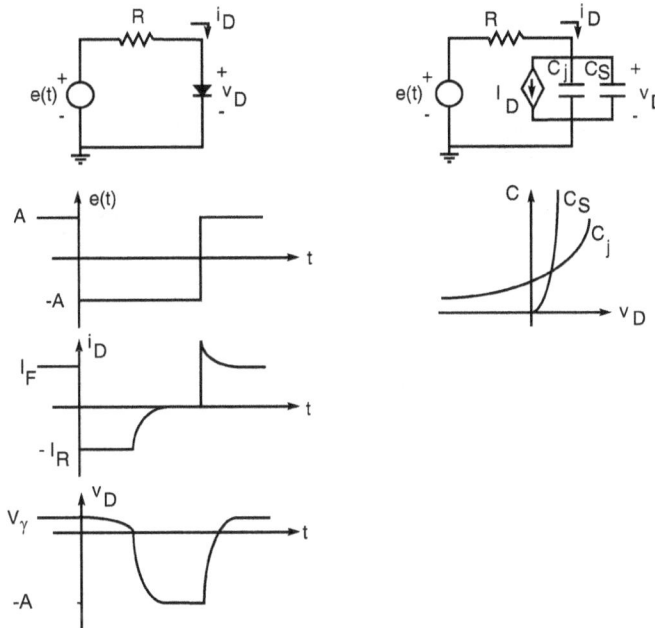

Fig. 2.17   Transitorios de conmutación en el diodo

En $t = 0^+$ la tensión e(t) conmuta a $-A$. En ese instante, la tensión en bornes del diodo es V_γ porque los condensadores la mantienen. Por lo tanto, en $t = 0^+$ la corriente en el diodo es $I_R = (-A - V_\gamma)/R \cong -I_F$ si $A \gg V_\gamma$. El diodo está polarizado en inversa pero no bloquea el paso de la corriente. A medida que C_S y C_j se descargan, la tensión entre los terminales disminuye. Si esos condensadores tuviesen un valor de capacidad constante, la curva de caída de la tensión tendría un perfil exponencial con una constante de tiempo RC. La capacidad del diodo, sin embargo, varía con la tensión entre terminales, y con ella la constante de tiempo. Inicialmente, cuando V_D es positiva y elevada, la capacidad dominante es C_S, que es elevada, lo cual provoca que la caída de tensión sea lenta. Cuando la tensión se hace inferior a la la tensión umbral del diodo, la capacidad de difusión disminuye rápidamente, y con ella la constante de tiempo, lo cual implica que la corriente se acerque rápidamente al valor de régimen permanente. Cabe indicar que a partir de cierto punto la capacidad de transición domina a la de difusión, y determina el valor de la constante de tiempo. C_j también disminuye, pero no tan rápido como C_S. En régimen permanente la corriente es casi nula y, por tanto, no hay caída en R; la tensión en bornes de los condensadores es $-A$.

El tiempo transcurrido desde la conmutación de e(*t*) hasta que el diodo bloquea la corriente se denomina *transitorio de bloqueo*.

Si la señal e(*t*) vuelve a conmutar a +*A* tiene lugar el *transitorio de conducción*. Inicialmente la corriente es mayor que la que corresponde al régimen estacionario, porque los condensadores mantienen la tensión en inversa $-A$ en bornes del diodo. A medida que la carga de los condensadores varía, la tensión en sus terminales aumenta hasta el valor V_γ, que es el valor final en régimen permanente directo.

Ejercicio 2.30

Calcúlese el tiempo t_s durante el cual, en el transitorio de bloqueo, la corriente inversa del diodo se mantiene aproximadamente en el valor $-I_R$ (v. fig. 2.17).

Para mantener el valor $-I_R$ *constante, la tensión en bornes del diodo debe estar próxima a cero. Por lo tanto,* t_s *es aproximadamente el tiempo que se tarda en eliminar la carga* Q_s *del diodo. Se resuelve la ecuación*

$$-I_R = \frac{Q_s}{\tau_t} + \frac{dQ_s}{dt}$$

y se obtiene $Q_s(t) = C exp(-t/\tau_t) - I_R \tau_t$. *Se determina* C *con la condición inicial* $Q_s(0) = I_F \tau_t$ *y resulta* $Q_s(t) = (I_F + I_R)\, \tau_t exp(-t/\tau_t) - IR \cdot \tau_t$. *El tiempo* t_s *necesario para anular* $Q_s(0)$ *es* $t_s = \tau_t \cdot ln[1 + I_F/I_R]$.

Ejercicio 2.31

Calcúlese el tiempo necesario para «adaptar» la ZCE desde una polarización nula hasta una tensión $-V_R$, si la corriente inversa que circula por el diodo tiene el valor constante $-I_V$.

$\Delta Q_j = I_V t$, $\Delta Q_j = qAN_A[w_{dP}(-V_R) - w_{dP}(0)]$, $t_V = qAN_A w_{dp0}[(1 + V_R/V_{bi})^{1/2} - 1]/I_V$

2.6.2 El modelo del diodo en pequeña señal

Cuando el diodo opera en determinados circuitos (por ejemplo, un amplificador) se le aplica una señal de pequeña amplitud $\Delta v_D(t)$ superpuesta a un valor continuo de polarización V_{DQ}. Como consecuencia de esa polarización, la corriente que circula por el diodo se puede descomponer en un valor continuo —la polarización— I_{DQ} más un valor incremental o señal $\Delta i_D(t)$. Interesa a menudo conocer en esos circuitos qué relación hay entre los incrementos de tensión y los de la corriente del diodo. El circuito que permite calcular esa relación se denomina *circuito equivalente del diodo en pequeña señal*.

La figura 2.18.a representa la tensión y la corriente totales en el diodo, que se ha sustituido por su modelo dinámico. El circuito equivalente en pequeña señal es como se muestra en la figura 2.18.b. Se obtiene del modelo dinámico, tomando para los condensadores C_s y C_j los valores fijos que adoptan en el punto de reposo, $C_s(V_{DQ})$ y $C_j(V_{DQ})$. La poca amplitud de la señal justifica esa aproximación. Por otro lado, la corriente Δi_D que circula por la fuente dependiente como consecuencia de la tensión Δv_D es

$$\Delta i_D = \frac{dI_D}{dV_D}\bigg|_{V_{DQ}} \Delta v_D = \frac{I_s e^{V_{DQ}/V_t}}{V_t} \Delta v_D = \frac{I_{DQ}+I_s}{V_t} \Delta v_D = \frac{\Delta v_D}{r_d}; \quad r_d = \frac{V_t}{I_{DQ}+I_s} \tag{2.56}$$

que equivale a una resistencia de valor r_d, denominada *resistencia dinámica*.

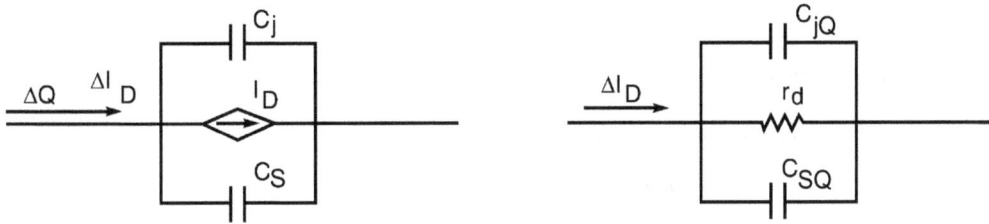

Fig. 2.18   a) Tensión y corriente totales del diodo. b) Circuito equivalente del diodo en pequeña señal.

En polarización directa, el modelo del diodo en pequeña señal es un circuito RC, en el que la capacidad dominante suele ser C_S. En cambio, en inversa la resistencia dinámica tiende a infinito, y la capacidad de difusión es inapreciable, por lo cual el dispositivo queda reducido a una capacidad de valor C_j, función de la tensión aplicada, V_{DQ}. Existen diodos diseñados para su utilización como condensadores de capacidad controlable por tensión, denominados *varicaps* (diodo de capacidad variable).

Ejercicio 2.32

Constrúyase el circuito equivalente del diodo del ejercicio 2.3, considerando una polarización directa de 0.5 V, una inversa de –2 V, y otra inversa de –10 V.

Con $V_D = 0.5\ V$, $r_d = 0.025/33{\times}10^{-6} = 757\ \Omega$, $C_s = 7\ nF$, $C_j = 22.7\ pF$ *(v. ejercicios 2.13, 2.24 y 2.25).*

Con $V_D = –2\ V$, $r_d = \infty$; $C_S = 0$, $C_j = 5.5\ pF$.

Con $V_D = –10$ V, $r_d = \infty$; $C_S = 0$, $C_j = 2.7$ pF.

CUESTIONARIO 2.6

1. *Analícese físicamente de qué parámetros internos depende el tiempo de retardo por almacenamiento* t_s, *que aparece cuando el diodo conmuta de directa a inversa. ¿Cuál de las proposiciones siguientes es falsa?*

a) *El tiempo* t_s *disminuye cuando el dopaje de la región menos dopada aumenta.*

b) *El tiempo* t_s *disminuye cuando el tiempo de vida de los portadores disminuye.*

c) *El tiempo* t_s *disminuye cuando la longitud del diodo disminuye.*

d) *El tiempo* t_s *no varía con los anteriores parámetros.*

2. *Considérese la influencia de los distintos parámetros del circuito de polarización sobre el tiempo de retardo por almacenamiento en la conmutación* ON-OFF *(de conducción a corte): todos los siguientes cambios menos uno provocan la disminución de* t_s. *¿Cuál es ese uno?*

a) *Aumento de la tensión de polarización inversa.*

b) *Disminución de la corriente* I_F.

c) *Aumento de la resistencia* R.

d) *Aumento de la corriente* I_R.

3. *Estúdiense los cambios de tensiones y corrientes en la conmutación de inversa a directa, e indíquese cuál de las siguientes proposiciones no es correcta.*

a) *El pico inicial de* I_D *se debe a las cargas proporcionadas por* C_S.

b) *La capacidad del diodo aumenta con* t *después de la conmutación.*

c) *La carga acumulada en las capacidades parásitas cambia de signo durante el transitorio.*

d) *Cuando se alcanza el régimen permanente, la capacidad dominante es* C_S.

4. *Un diodo ideal con una corriente inversa de saturación de* 10^{-15} *A presenta una resistencia dinámica de 2.5 kΩ. Hállese su punto de reposo.*

a) $I_D = 10 \, nA$, $V_D = 0.4 \, V$

b) $I_D = 10 \, \mu A$, $V_D = 0.58 \, V$

c) $I_D = 10 \, mA$, $V_D = 0.75 \, V$

d) $I_D = 1 \, A$, $V_D = 0.86 \, V$

5. *Considérese el caso de un diodo que tiene una corriente inversa de saturación de* 10^{-14} *A y su punto de reposo en una tensión directa de 0.7 V. Supónganse irrelevantes los efectos capacitivos.*

Calcúlese el error que se comete al utilizar la aproximación lineal —resistencia dinámica— como aproximación a la característica I(V) del diodo en pequeña señal, cuando se aplica a los terminales del diodo un incremento de tensión de 10 mV.

  a) 100 %   b) 20 %   c) 10 %   d) 5 %

6. *Calcúlese la capacidad total* C_+ *de un diodo por el que circula una corriente de 10 mA. Datos:* $I_s = 2 \times 10^{-14} A$, $\tau_t = 0.2$ ns, $C_{j0} = 0.2$ pF *y* $V_{bi} = 0.8$ V. *Repítase el cálculo para hallar* C_-, *que corresponde al diodo polarizado a 10 V en inversa.*

  a) $C_+ = 80.5$ pF, $C_- = 54$ fF

  b) $C_+ = 80.19$ pF, $C_- = 0.5$ pF

  c) $C_+ = 80$ pF, $C_- = 0.5$ pF

  d) $C_+ = 79.5$ pF, $C_- = 54$ fF

PROBLEMA GUIADO 2.5

Considérese el diodo de los problemas guiados 2.1 a 2.4.

  1. ¿Qué corriente circula por el diodo cuando se conecta en serie con una resistencia de 200 Ω y una pila de 10 V?

  2. Estímese el tiempo que tarda el diodo en eliminar las cargas de minoritarios de las regiones neutras si en el instante t *= 0 se conmuta la tensión de alimentación a –5 V.*

  3. Calcúlese la duración del transitorio ON-OFF.

  4. Determínense los parámetros del circuito equivalente en pequeña señal del diodo si el punto de trabajo corresponde a una corriente de 1 mA.

  5. Repítase el cálculo anterior considerando una tensión de polarización inversa de 5 V.

2.7 Contactos metal-semiconductor

Los dispositivos semiconductores se conectan entre ellos mediante pistas o hilos metálicos. En algún punto se debe realizar el contacto entre el semiconductor y el metal. Las propiedades eléctricas de esos contactos son importantes para el funcionamiento del dispositivo. Hay dos tipos de contactos: rectificadores y óhmicos. Los primeros se comportan como diodos, de manera semejante a una unión PN. Los segundos permiten el paso de la corriente por igual en ambos sentidos, con una baja caída de tensión en el contacto. Los distintos tipos de comportamiento se pueden explicar mediante un modelo simple, que parte del diagrama de bandas.

2.7.1 Los diagramas de bandas en equilibrio

Conceptos básicos

a) El diagrama de bandas de un metal

En un conductor, el nivel de Fermi queda dentro de una banda permitida, y por lo tanto los electrones pueden ocupar niveles contiguos al nivel de Fermi. No cabe hablar de banda prohibida ni, por tanto, de huecos. El diagrama de bandas se reduce a la posición del nivel de Fermi.

A 0 K, todos los niveles por debajo de E_f están ocupados, y los que se hallan por encima de E_f vacíos. A $T > 0$ K algunos electrones han abandonado niveles $E < E_f$ para pasar a niveles $E > E_f$. Sin embargo, el número de esos electrones es relativamente pequeño, de modo que la imagen de un metal como un sólido con niveles $E < E_f$ llenos y niveles $E > E_f$ vacío es esencialmente correcta.

b) El nivel de vacío (E_0)

Para representar en un mismo diagrama las bandas de un semiconductor y las de un metal, se debe disponer de algún procedimiento para posicionar las unas con respecto a las otras. Este problema aparece en el contacto de dos materiales de distintas naturalezas. Para resolverlo se emplea el concepto del nivel de vacío y el de la función de trabajo. Este problema no se halla al reunir las bandas de un semiconductor del tipo P con las de uno del tipo N. Efectivamente, el nivel de Fermi de uno y otro se hallan en lugares distintos de la banda prohibida, pero los bordes de esa banda E_c y E_v son idénticos en ambas regiones.

El nivel de vacío, que se identifica como E_0, es el nivel de energía de un electrón en reposo fuera del material, o sea, en el exterior del metal o del semiconductor. Ese nivel de referencia es útil si se conoce la posición respecto a E_0 de los niveles de los diagramas de bandas de los materiales objeto del problema. Para ello sirven los conceptos siguientes.

a) Afinidad electrónica de un semiconductor ($q\chi$). Es la energía necesaria para transferir un electrón desde el fondo de la banda de conducción, E_c, al nivel de vacío, E_0:

$$q\chi \equiv E_c - E_0 \qquad (2.57)$$

Es un parámetro con un valor fijo para cada semiconductor, mejor conocido en unos que en otros. En el silicio vale 4.15 eV.

b) La función trabajo ($q\Phi$)

Es la diferencia de energía entre el nivel de vacío, E_0, y el nivel de Fermi, E_f:

$$q\Phi \equiv E_0 - E_f \qquad (2.58)$$

Este concepto se define tanto para semiconductores ($q\Phi_s$) como para metales ($q\Phi_m$). La función de trabajo de un semiconductor depende de su dopaje:

$$q\Phi_s \equiv E_0 - E_f = E_0 - E_c + E_c - E_f = q\chi + (E_c - E_f) \tag{2.59}$$

donde el último paréntesis depende de la concentración de impurezas. En cambio, la de un metal constituye una propiedad del material. Por ejemplo, $q\Phi_m = 4.1$ eV en el caso del aluminio.

Construcción del diagrama de bandas

Con los conceptos anteriores se puede proceder con la construcción del diagrama de bandas de un contacto metal-semiconductor. Sin embargo, resulta más sencillo si previamente revisamos un resultado ya conocido, el diagrama de bandas de la unión PN, desde un punto de vista distinto. Considérense los diagramas de bandas de un semiconductor del tipo P y de uno del tipo N, como los indicados en la figura 2.19. En esa figura se representa también el nivel de vacío.

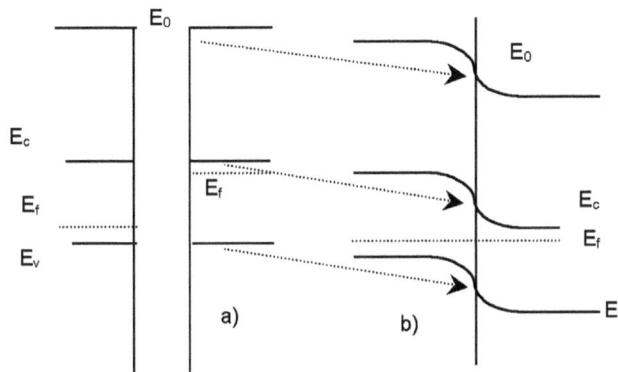

Fig. 2.19   a) Diagramas de bandas de un semiconductor P y de un semiconductor N aislados.
b) Diagrama de bandas de los mismos semiconductores formando una unión PN.

Se construye el diagrama de bandas de la unión en equilibrio (figura 2.19.b) de la forma siguiente. Los niveles de Fermi, en equilibrio, tienen que estar a la misma altura, y por lo tanto el del material P se debe desplazar hacia arriba a la vez que el del semiconductor N lo hace hacia abajo. Respecto a las bandas, hay tres puntos comunes a ambas partes de la unión: E_c y E_v en el punto de contacto, a fin de garantizar la continuidad de las bandas, y E_0 en el punto de contacto que debe mantener una distancia constante, $q\chi$, con E_c. Las tres flechas de la figura 2.19 señalan esos tres puntos de referencia.

Por otro lado, lejos del plano de la unión, el diagrama de bandas —y concretamente los valores $E_f - E_v$ y $E_c - E_f$— deben ser iguales que los del semiconductor aislado, tal como indica la figura 2.19.b. El resultado de todo ello es la curvatura de las bandas, ya conocida, pero obtenida ahora mediante un procedimiento distinto.

Se sabe que la anchura de la zona de carga espacial en cada región varía de forma inversa a su dopaje. En términos de desplazamiento del nivel de Fermi, se afirma que cuando la unión no es simétrica, el desplazamiento es mayor en la región menos dopada.

El ejercicio que se acaba de realizar para la unión PN es inmediatamente aplicable a un contacto metal-semiconductor. Para construir el diagrama de bandas sólo es necesario considerar los siguientes criterios:

1. En el equilibrio, el nivel de Fermi debe ser constante en todo el sistema. La alineación de los niveles de Fermi de los dos materiales exige, en general, que las bandas se curven. La anchura de esa curvatura es mayor en el material menos dopado. En el caso del contacto metal-semiconductor, la asimetría de la concentración de portadores es extrema, y toda la deformación de las bandas se desarrolla en el semiconductor.

2. El nivel de vacío debe ser continuo en todos los puntos. Dado que la afinidad electrónica del semiconductor es constante, resulta que el nivel de vacío sigue la deformación de las bandas del semiconductor. La continuidad de E_0 permite posicionar las bandas de un material con relación a las del otro. La figura 2.20 representa un ejemplo de construcción del diagrama de bandas. A partir de esa construcción se pueden deducir algunas propiedades del contacto.

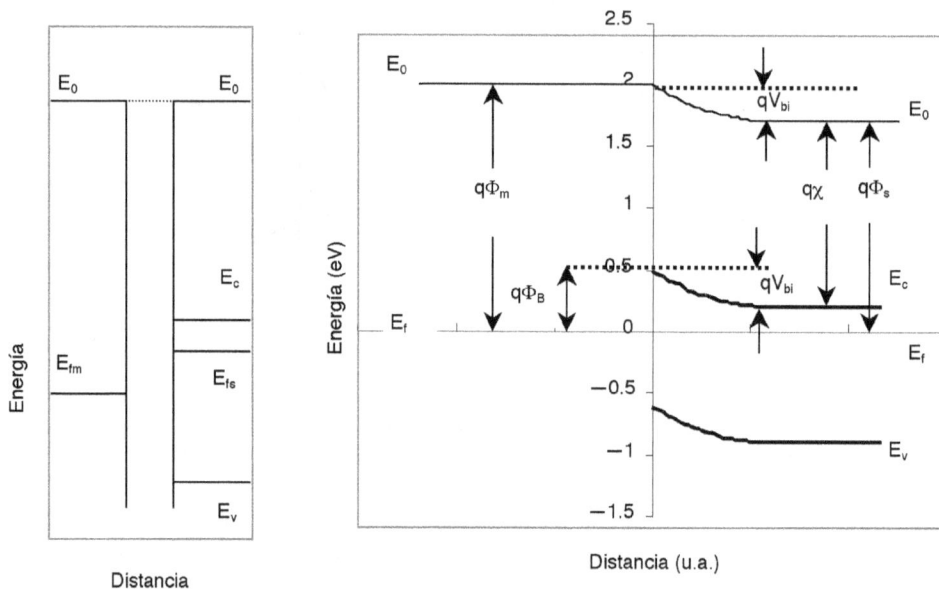

Fig. 2.20 Construcción del diagrama de bandas de un contacto metal-semiconductor. Se representa el caso de un semiconductor del tipo N, en el que $q\Phi_s < q\Phi_m$.

Contactos óhmicos y contactos rectificadores

La construcción de los diagramas de bandas da lugar a la consideración de cuatro casos, esquematizados en la figura 2.21. En los casos a) y b), el semiconductor es del tipo N, con $q\Phi_m > q\Phi_s$ y $q\Phi_m < q\Phi_s$ respectivamente. Las figuras c) y d) repiten el ejercicio para un semiconductor del tipo P, con $q\Phi_m < q\Phi_s$ y $q\Phi_m > q\Phi_s$ respectivamente. El procedimiento para crear todos esos diagramas es el mismo que se ha expuesto para el primero de los cuatro casos.

Nótese que en los casos a) y c) el nivel de Fermi del semiconductor en la zona próxima al plano de la unión «se ha alejado» de la banda de los portadores mayoritarios en relación al volumen (en inglés, *bulk*) del semiconductor; aparece, por lo tanto, una zona de vaciamiento —o zona de carga espacial—. El semiconductor queda como carga positiva si es del tipo N, y con carga negativa si es del tipo P. El metal tiene una carga igual en magnitud a la del semiconductor pero con signo opuesto, localizada en su superficie.

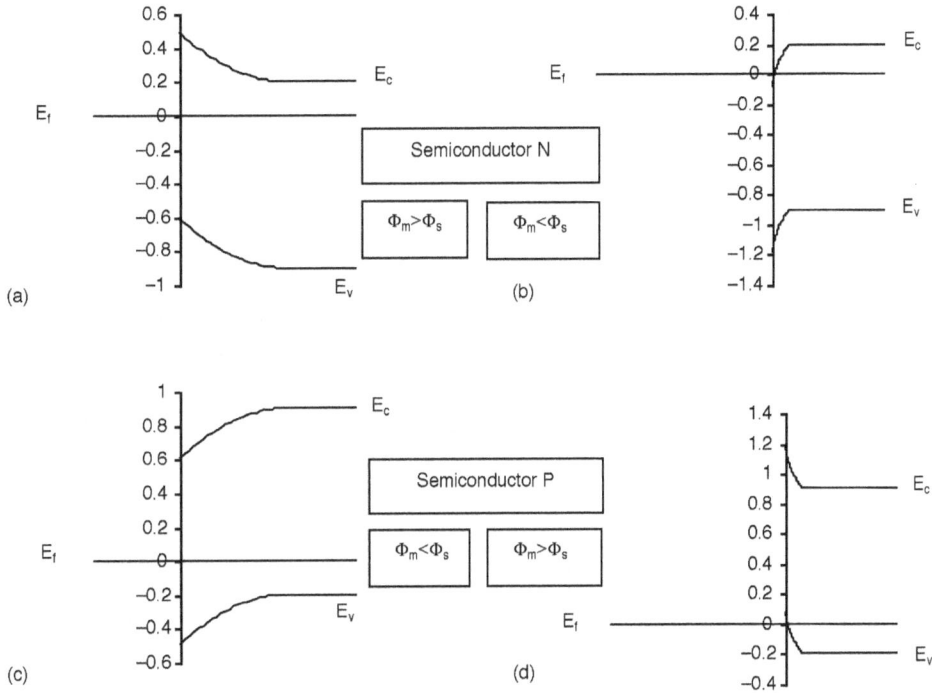

Fig. 2.21 Diagrama de bandas de un contacto metal-semiconductor: los cuatro casos posibles

Se ve seguidamente qué consecuencias comporta la aparición de esa configuración de las bandas. Se considera la figura 2.22, que representa un contacto del tipo a) polarizado. El mismo análisis es válido para uno del tipo c).

En equilibrio, la corriente de electrones del semiconductor hacia el metal, I_{SM}, se equilibra con un flujo igual y de sentido contrario, I_{MS}, del que resulta una corriente neta $I_{SM} - I_{MS} = 0$. Al polarizar negativamente el semiconductor respecto al metal, la curvatura de las bandas disminuye (v. fig. 2.22.a) porque el campo que se aplica tiene el sentido contrario al del campo en el equilibrio. Entonces la barrera de potencial que los electrones hallan para pasar del semiconductor al metal es menor que en equilibrio, mientras que la que hallan para desplazarse en el sentido contrario no ha variado. El resultado es un paso neto de electrones desde el semiconductor al metal. Esa corriente puede convertirse en muy elevada con la polarización, como por la misma razón sucede en la unión PN polarizada directamente.

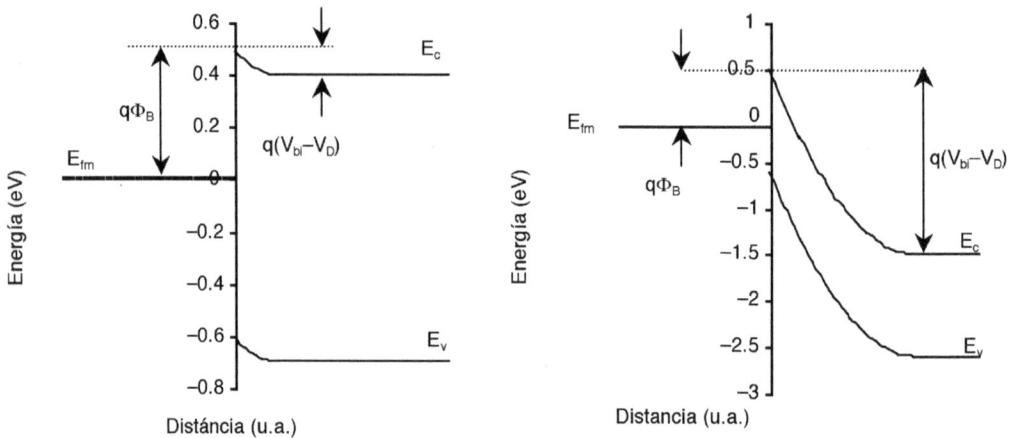

Fig. 2.22 Diagrama de bandas del contacto metal-semiconductor de la fig. 2.20, polarizado: a) directamente, b) inversamente.

Si se polariza el semiconductor positivamente respecto al metal, se incrementa la curvatura de las bandas. Los portadores mayoritarios hallan una barrera mucho mayor que en el equilibrio para pasar del semiconductor al metal. El flujo de electrones en ese sentido puede llegar a ser insignificante. Los electrones que se mueven en el sentido opuesto hallan la misma barrera que en equilibrio. El resultado es un flujo neto de electrones desde el metal al semiconductor. Esa corriente alcanza un valor máximo, igual a I_{MS}, que es muy reducida —cero a efectos prácticos—.

La conclusión de estos razonamientos es que las estructuras que corresponden a los diagramas a) y c) son rectificadoras. Si el semiconductor es del tipo N, la polarización es directa cuando el metal es positivo respecto al semiconductor. El criterio es a la inversa en el caso de los semiconductores del tipo P. Ese dispositivo rectificador se conoce como *diodo Schottky*.

En los otros dos casos, b) y d), la región del semiconductor cercana al metal presenta una acumulación de mayoritarios. Los portadores mayoritarios pueden pasar del semiconductor al metal y viceversa sin hallar ninguna barrera de potencial creada por una ZCE. El contacto no presenta ningún efecto rectificador, y se denomina *óhmico*.

2.7.2 El diodo Schottky

Electrostática

Análogamente a lo que se hace para la unión PN, se define el potencial de contacto V_{bi} como la caída de tensión en el semiconductor en equilibrio. En el caso a) (véase el nivel E_0 en la fig. 2.20) tiene como valor

$$q V_{bi} = q\Phi_{\mathrm{m}} - q\Phi_{\mathrm{s}} = q\Phi_{\mathrm{m}} - q\chi - \left(E_c - E_f\right)_{volumen} \qquad (2.60)$$

En el caso c) la expresión es

$$q V_{bi} = q\Phi_{\mathrm{s}} - q\Phi_{\mathrm{m}} = q\chi + \left(E_c - E_f\right)_{volumen} - q\Phi_{\mathrm{m}} = q\chi + E_g - \left(E_f - E_v\right)_{volumen} - q\Phi_{\mathrm{m}} \qquad (2.61)$$

En polarización, la caída de tensión en el semiconductor vale $V_{bi} - V_D$. A partir de aquí, son válidas las mismas ecuaciones de la unión PN para calcular la anchura de la ZCE, el campo eléctrico máximo, la capacidad de transición, etcétera. En el caso de un semiconductor del tipo N,

$$E_{el} = \sqrt{\frac{2q}{\varepsilon} N_D (V_{bi} - V_D)} \qquad w_{dN} = \sqrt{\frac{2\varepsilon}{q} \frac{1}{N_D} (V_{bi} - V_D)} \qquad (2.62)$$

Toda la ZCE se halla dentro del semiconductor. Las ecuaciones 2.62 son como las de una unión PN, considerando al metal como a una región con un nivel de dopaje infinito. El punto de máximo campo eléctrico es el plano de la unión.

Corriente

Se puede demostrar, mediante una sencilla evaluación del paso de los portadores por encima de una barrera de potencial —denominado *efecto termoiónico*—, que el paso de la corriente en un contacto rectificador metal-semiconductor ideal, con una tensión de polarización V_D, vale

$$I_D = I_0 \left[e^{V_D / \eta V_t} - 1 \right] \qquad I_0 \propto e^{-q\Phi_B / k_B T} \qquad (2.63)$$

donde I_0 es la corriente inversa de saturación y η el factor de idealidad, el cual —a diferencia del diodo de unión PN— puede ser mayor que 2.

Los diodos Schottky presentan dos diferencias importantes respecto a los de unión PN:

a)   Una mayor corriente inversa de saturación, lo cual implica una menor tensión de codo del diodo —entre 0.3 V y 0.4 V—. Consecuentemente, fijada una corriente en directa, la tensión que cae en el diodo es menor en un Schottky. Ello los hace útiles como rectificadores de potencia. Puestos en paralelo con una unión PN, actúan como limitadores de tensión para ésta; tal propiedad se utiliza en la tecnología TTL, para acelerar los circuitos digitales que emplean esa tecnología bipolar.

b)   La corriente no depende de la inyección de minoritarios, es decir, no existe capacidad de difusión. El reducido valor de capacidad hace que sean dispositivos rápidos.

Los diodos Schottky ocupan su lugar entre los dispositivos más antiguos obtenidos con semiconductores. Los primeros se hacían por contacto de una punta metálica sobre un semiconductor. Actualmente se fabrican depositando una delgada capa metálica en la superficie del semiconductor.

Ejercicio 2.33

Hállese el potencial de contacto entre el metal y un semiconductor N dopado con $N_D = 10^{16}$ cm^{-3}. Datos: la función de trabajo del metal es $q\Phi_m = 4.75$ eV y la afinidad electrónica del silicio es $q\chi = 4.15$ eV.

La función de trabajo del semiconductor es $q\Phi_s = q\chi + (E_c - E_f) = q\chi + E_g/2 - kT ln(N_D/n_i) =$
$= 4.15 + 0.55 - 0.33 = 4.36$ eV. Según 2.60, $V_{bi} = 4.75 - 4.36 = 0.39$ V.

EJEMPLO 2.5

En la siguiente figura se muestra la característica corriente-tensión del diodo Schottky PBYL1025 de Philips Semiconductors. Nótese que la tensión de codo para una corriente de 10 A es inferior a 0.4 V.

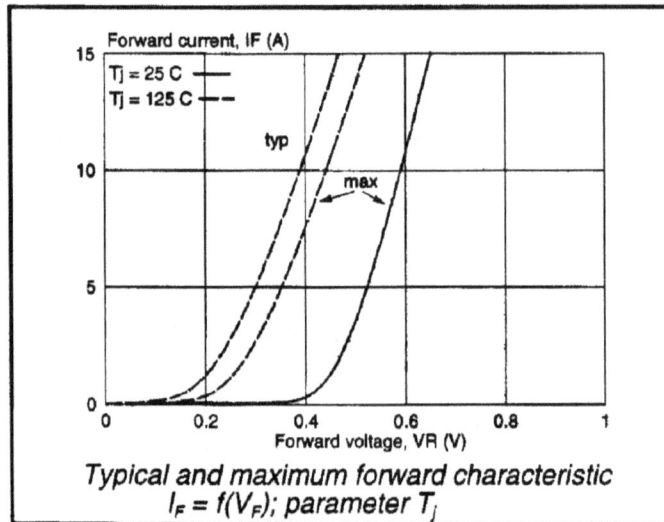

Typical and maximum forward characteristic
$I_F = f(V_F)$; *parameter* T_j

Ejercicio 2.34

Dibújese la estructura de bandas del ejercicio anterior con el dopaje del semiconductor $N_A = 10^{16}$ cm^{-3}.

$q\Phi_s = 5.03\ eV$. Los huecos, mayoritarios, encuentran una barrera que les impide el paso del semiconductor al metal.

Ejercicio 2.35

Calcúlense las corrientes inversas de saturación de un diodo Schottky que presenta una tensión umbral de 0.4 V y un factor de idealidad igual a la unidad.

Suponiendo corrientes de referencia del orden del mA, resulta $I_0 = I_{Dref}/exp(V_\gamma/V_t) = 1.1 \times 10^{-10}$, unos cinco órdenes de magnitud mayor que en los diodos de unión PN.

Ejercicio 2.36

Considérese un diodo de unión PN en paralelo con un diodo Schottky, ambos alimentados por una fuente de corriente de 1 mA. Calcúlese la corriente que conduce cada diodo, sabiendo que las respectivas tensiones umbral son 0.7 V y 0.4 V.

Por el diodo de unión PN pasan 6.1×10^{-9} A y por el Schottky prácticamente 10^{-3} A, ya que la tensión aplicada a ambos diodos es de aproximadamente 0.4 V.

2.7.3 Los contactos óhmicos reales

La aplicación directa del modelo de contacto presentado para la realización de contactos óhmicos en dispositivos semiconductores exigiría el uso de metales distintos, dependiendo del dopaje del semiconductor. Esa exigencia es tecnológicamente complicada. Ello sin contar con la influencia de los efectos no ideales, que no se ha discutido.

La manera práctica de realizar contactos óhmicos es valerse del hecho de que, cuando el semiconductor está muy dopado, las zonas de carga espacial de las figuras 2.21a y 2.21c son muy estrechas, y consecuentemente hay un paso de corriente por el efecto túnel entre el metal y el semiconductor. El efecto túnel es igual en ambos sentidos; por tanto, la corriente no muestra ningún efecto rectificador: el contacto es óhmico. Se dice que la barrera es permeable por efecto túnel, lo cual sucede si w_d es igual o menor que 100 Å (aproximadamente).

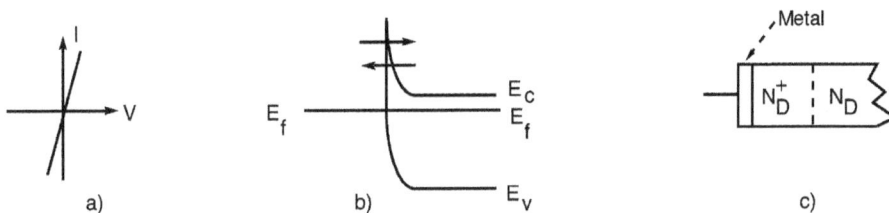

Fig. 2.23   a) Característica I(V) de un contacto óhmico. b) Diagrama de bandas que muestra la permeabilidad de una barrera muy estrecha. c) Realización tecnológica del contacto óhmico.

Cuando se debe realizar un contacto metálico sobre un semiconductor poco dopado, se introducen impurezas del mismo tipo en altas concentraciones en las cercanías de la zona que se metaliza; resulta así una estructura metal/N$^+$/N, o bien metal/P$^+$/P. Los contactos N$^+$N y P$^+$P son siempre óhmicos. La figura 2.23 representa un contacto óhmico real entre un metal y un semiconductor del tipo N.

Ejercicio 2.37

Calcúlese la anchura de la barrera de potencial de un contacto entre un metal y un semiconductor, si éste está dopado con $N_D = 10^{19}$ cm^{-3}.

Según la expresión 2.62, en equilibrio térmico $w_{dN} = 112 \cdot (V_{bi})^{1/2}$ Å. Procediendo como en el ejercicio 2.33, resulta $q\Phi_s = 4.19$ eV, y por tanto $V_{bi} = 4.75 - 4.19 = 0.56$ V. Sustituyendo este valor en la expresión anterior, resulta $w_{dN} = 83.8$ Å, que permite que la barrera sea permeable por efecto túnel.

Ejercicio 2.38

¿Cuánto debe valer la función trabajo del metal, para que el contacto con silicio dopado con $N_D = 10^{18}$ cm^{-3} sea óhmico?

Para una barrera de 100 Å, $q\Phi_m$ debe ser superior o igual a 4.33 eV.

CUESTIONARIO 2.7

1. *¿Qué longitud de onda debe tener una radiación que pueda arrancar electrones de una muestra de oro —efecto fotoeléctrico— a 0 K? Datos: la función trabajo del oro es 5.1 eV, hc = 1.24 eV·μm.*

    a) 0.24 μm   b) 1.12 μm   c) 4.11 μm   d) 6.32 μm

2. *Partiendo de los conocimientos que se tienen sobre los contactos metal-semiconductor, se estudia un contacto entre dos metales con funciones de trabajo distintas: $q\Phi_1$ el de la izquierda y $q\Phi_2$ el de la derecha, siendo $\Phi_1 > \Phi_2$. ¿Cuál de los siguientes diagramas es correcto, si con V_{21} se designa el potencial de la región a la derecha del contacto menos el de la región a la izquierda?*

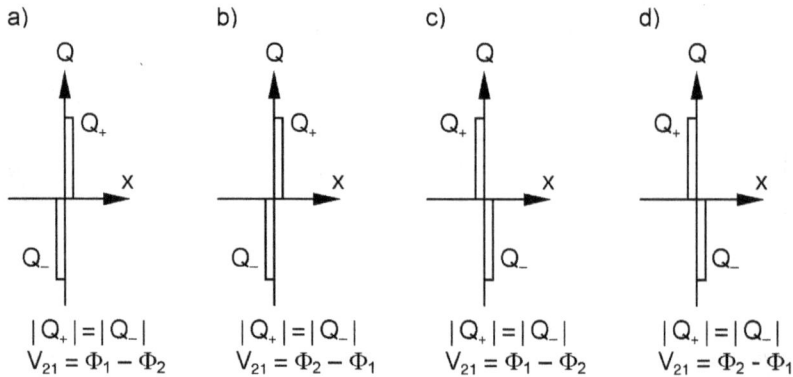

a) $|Q_+| = |Q_-|$ $V_{21} = \Phi_1 - \Phi_2$

b) $|Q_+| = |Q_-|$ $V_{21} = \Phi_2 - \Phi_1$

c) $|Q_+| = |Q_-|$ $V_{21} = \Phi_1 - \Phi_2$

d) $|Q_+| = |Q_-|$ $V_{21} = \Phi_2 - \Phi_1$

3. *Hállese el potencial de contacto entre un metal que tiene una función trabajo de 4.2 eV y el silicio, sabiendo que tiene una afinidad electrónica de 4.15 eV y un dopaje de 10^{16} donadores/cm³.*
    a) −0.82 eV   b) 0.82 eV   c) −0.16 eV   d) 0.16 eV

4. *Dibújese el diagrama de bandas en equilibrio de un sistema formado por una unión PN, con la región P tal que $E_f - E_v = E_g/4$ y la región N tal que $E_c - E_f = E_g/4$, y con contactos en los extremos con un metal en el que $q\Phi_m = q\chi + E_g/2$. ¿Cuál de los cuatro esquemas es correcto? Empléese el resultado para demostrar que no se puede medir la tensión de difusión en los terminales metálicos.*

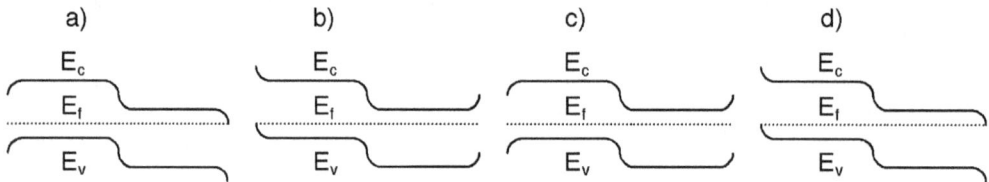

a)   b)   c)   d)

5. *¿Es óhmico el contacto entre un metal que tiene una función de trabajo de 4.75 eV y silicio dopado con 10^{17} donadores/cm³? ¿Y si el dopaje es de 10^{19} aceptores/cm³? Se puede considerar que la corriente túnel en el contacto es significativa cuando la anchura de la barrera es inferior a 100 Å. Datos: $q\chi = 4.15$ eV.*

    a) Ambos contactos son rectificadores.

    b) El primer contacto es rectificador y el segundo óhmico.

c) *El primer contacto es óhmico y el segundo rectificador.*

d) *Ambos contactos son óhmicos.*

6.   *La tensión de codo de un diodo Schottky es de 0.4 V cuando se trabaja con corrientes del orden de 50 mA. Se desea modelizar la ecuación I(V) utilizando una corriente inversa de saturación I_s y un factor de idealidad η. ¿Cuál de los siguientes conjuntos de valores no es admisible?*

a)) $I_s = 5.6{\times}10^{-9}\ A$, $\eta = 1$

b)) $I_s = 1.2{\times}10^{-6}\ A$, $\eta = 1.5$

c)) $I_s = 1.7{\times}10^{-6}\ A$, $\eta = 2$

d)) $I_s = 8.3{\times}10^{-5}\ A$, $\eta = 2.5$

2.8   El diodo de heterounión

La unión PN que se ha presentado se denomina en ocasiones *homounión*, para enfatizar el hecho de que ambas regiones pertenecen al mismo semiconductor. Una unión formada por dos materiales distintos se conoce como una *heterounión*. Para realizar un dispositivo electrónico es necesario que entre los dos materiales exista continuidad de la estructura cristalina. Si no es así, aparece en el plano de la heterounión un gran número de estados permitidos dentro de la banda prohibida que actúan como centros de recombinación, e impiden el funcionamiento del dispositivo. Este requisito sólo se ve satisfecho en determinados casos en los que las redes cristalinas de los dos materiales son lo suficientemente semejantes, y se dispone de una tecnología de crecimiento cristalino adecuada que permita obtener una interfaz con una densidad de defectos y de centros de recombinación moderada. Si se pueden superar estos problemas, la combinación de materiales con estructuras de bandas distintas abre la posibilidad de fabricar una gama muy extensa de dispositivos. El estudio de esas combinaciones es a menudo conocido como *la ingeniería de la banda prohibida* (o *del bandgap*). En las heterouniones que se han logrado conseguir se utiliza casi siempre *semiconductores compuestos*. Cabe mencionar entre éstos el caso de las estructuras basadas en el sistema $Al_xGa_{1-x}As$, en el que el contenido de aluminio puede variar desde 0 (GaAs) hasta 1 (AlAs), así como el de otros compuestos, como el InP y el InGaAs, que presentan también un buen acoplamiento cristalino.

En la figura. 2.24 se representa el diagrama de bandas de energía de una heterounión. En 2.24.a se hallan los niveles de energía de los dos semiconductores aislados. Las afinidades electrónicas, las anchuras de las bandas prohibidas y las respectivas posiciones de los niveles de Fermi de los dos materiales difieren. Cuando se ponen en contacto (éste es un proceso conceptual, no tecnológico) se produce un intercambio mutuo de cargas hasta que se alcanza una situación de equilibrio térmico, en la que el nivel de Fermi es constante en toda la estructura. Como consecuencia del movimiento de cargas, se forma un dipolo en la región de transición, semejante al que aparece en las homouniones —y en los contactos Schottky—; este dipolo da lugar a una variación del potencial en dicha región. El potencial de contacto es

$$qV_{bil} = \{q\chi_2 + (E_{c2} - E_f)\} - \{q\chi_1 + (E_{c1} - E_f)\} \tag{2.64}$$

Esta caída de potencial se compone de dos partes: V_{bil} y V_{bi2}, que corresponden a los semiconductores 1 y 2 respectivamente. Estas cantidades se pueden determinar por la aproximación de vaciamiento, imponiendo las condiciones de neutralidad global de carga del dipolo, y el hecho de que en la interfaz se debe mantener la continuidad del vector del desplazamiento eléctrico, εE_{el}, en lugar de la continuidad del campo E_{el}. El resultado es

$$V_{bil} = \frac{\varepsilon_2 N_A}{\varepsilon_1 N_D + \varepsilon_2 N_A} V_{bi} \qquad V_{bi2} = \frac{\varepsilon_1 N_D}{\varepsilon_1 N_D + \varepsilon_2 N_A} V_{bi} \tag{2.65}$$

y las anchuras de las zonas de vaciamiento son

$$w_{dP2} = \sqrt{\frac{2\varepsilon_2}{q} \frac{1}{N_A} V_{bi2}} \qquad w_{dN1} = \sqrt{\frac{2\varepsilon_1}{q} \frac{1}{N_D} V_{bil}} \tag{2.66}$$

Para construir el diagrama de bandas 2.24.b se procede de la siguiente manera: en primer lugar, se dibuja el nivel de Fermi, constante a lo largo de toda la estructura. Después se fijan los niveles E_0, E_c y E_v lejos de la ZCE. Finalmente se dibuja el nivel E_0, que debe ser continuo, uniendo las posiciones de E_0 en los extremos a través de la región de transición. La variación total de ese nivel en la ZCE es

qV_{bi}. Esta caída se divide en dos partes: qV_{bi1} y qV_{bi2}. Conociendo estas cantidades se puede fijar la posición de E_0 en la interfaz. Dado que en cada semiconductor $q\chi$ y E_g deben ser constantes, aparecen en la unión una discontinuidad en el nivel E_c, ΔE_c, y una en el nivel E_v, ΔE_v. Inspeccionando el diagrama, resulta

$$\Delta E_c = q\chi_2 - q\chi_1 \qquad \Delta E_v = (E_{g1} - E_{g2}) - \Delta E_c \qquad (2.67)$$

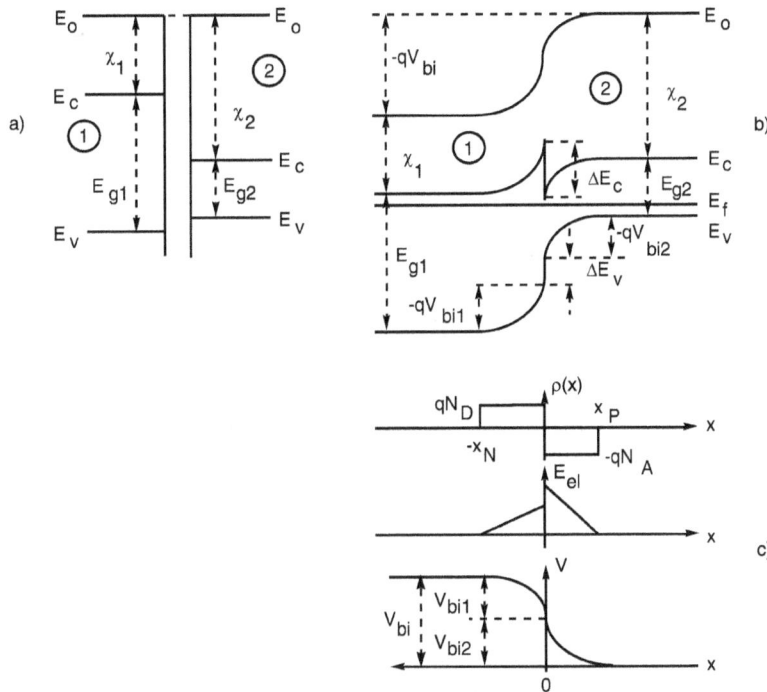

Fig. 2.24   a) Diagrama de bandas de una heterounión.
b) Densidad de carga, campo eléctrico y potencial.

Ejercicio 2.39

Demuéstrense las expresiones 2.65 y 2.66.

Por la neutralidad del dipolo, $w_{dP}N_A = w_{dN}N_D$. *Por la continuidad de la carga eléctrica,* $\varepsilon_1 E_{el}(0^-) = \varepsilon_2 E_{el}(0^+)$. *Integrando el campo eléctrico,* $V_{bi1} = w_{dN}E_{el}(0^-)/2$, $V_{bi2} = w_{dP}E_{el}(0^+)/2$. *Entonces* $V_{bi} = V_{bi1} + V_{bi2} = V_{bi1} + (w_{dN}N_D/N_A)(\varepsilon_1 E_{el}(0^-)/2\varepsilon_2) = V_{bi1} + [w_{dN}E_{el}(0^-)/2](N_D\varepsilon_1/N_A\varepsilon_2) =$ $= V_{bi1}(1 + N_D\varepsilon_1/N_A\varepsilon_2)$. *Aislando* $V_{bi1} = V_{bi}[\varepsilon_2 N_A/(\varepsilon_1 N_D + \varepsilon_2 N_A)]$. *Finalmente,* $V_{bi2} = V_{bi} - V_{bi1} =$ $= V_{bi}[\varepsilon_1 N_D/(\varepsilon_1 N_D + \varepsilon_2 N_A)]$.

Por Gauss: $E_{el}(0^-) = qw_{dN}N_D/\varepsilon_1$. *De aquí:* $V_{bi1} = w_{dN}E_{el}(0^-)/2 = w_{dN}qw_{dN}N_D/2\varepsilon_1 = w_{dN}^2 qN_D/2\varepsilon_1$. *Por lo tanto,* $w_{dN} = [(2\varepsilon_1/qN_D)V_{bi1}]^{1/2}$. *Análogamente,* $E_{el}(0^+) = qw_{dP}N_A/\varepsilon_2$ *y* $V_{bi2} = w_{dP}E_{el}(0^+)/2$. *Y de aquí:* $w_{dP} = [(2\varepsilon_2/qN_A)V_{bi2}]^{1/2}$.

Ejercicio 2.40

Calcúlese ΔE_c y ΔE_v para un diodo de heterounión de InP/In$_{0.53}$Ga$_{0.47}$As dopado con $N_D = 10^{17}$ cm^{-3} (InP) y $N_A = 10^{19}$ cm^{-3} (InGaAs). Datos: Eg(InP) = 1.35 eV, Eg(InGaAs) = 0.75 eV, qχ(InP) = 4.4 eV, qχ(InGaAs) = 4.61 eV, ε_r(InP) = 12.4, ε_r(InGaAs) = 13.5, $\varepsilon_0 = 8.85 \times 10^{-14}$ F/cm, N_c(InP) = 5.68$\times 10^{17}$ cm^{-3}, N_c(InGaAs) = 2.8$\times 10^{17}$ cm^{-3}, N_v(InP) = 6.36$\times 10^{18}$ cm^{-3}, N_v(InGaAs) = 6$\times 10^{18}$ cm^{-3}, n_i(InP) = 10^7 cm^{-3}, n_i(InGaAs) = 4$\times 10^{11}$ cm^{-3}.

Solución: $\Delta E_c = 0.21$ eV, $\Delta E_v = 0.39$ eV.

La estructura de bandas representada en la figura 2.24 presenta dos características notables. Una es que la barrera que los huecos deben remontar para pasar de la región P a la región N es mayor que la que deben superar los electrones para pasar de N a P. Esta heterounión confina a los huecos en la región P, al tiempo que permite el paso de los electrones. Esta propiedad se utiliza en diversos dispositivos como los diodos láser y los transistores bipolares de heterounión, como se ve en los capítulos 4 y 5, respectivamente.

La otra característica es la discontinuidad en forma de pico que presenta el nivel E_c. Los electrones de la región 1 tienen que superar ese pico para pasar a la región 2. Cuando ese pico sobresale por encima del nivel E_c de la región 2, la barrera de energía que encuentran los electrones de la región 1 para alcanzar la 2 es mayor que la diferencia entre los niveles E_c de las regiones neutras 1 y 2. El efecto del pico es hacer más difícil el paso de los electrones en el sentido del material 1 al material 2.

El perfil de la banda de conducción que se ha obtenido muestra la formación de un valle hondo y estrecho, como una grieta, en el lado 2 de la interfaz, en el que se hallan electrones atrapados. La poca anchura de ese pozo de potencial hace que el comportamiento de esos electrones sea distinto al del resto que se halla en la banda de conducción, porque manifiestan efectos cuánticos, tales como su distribución en niveles de energía discretos, según se ha presentado en el anexo 1.2 del capítulo 1. La movilidad de estos electrones confinados es mucho mayor que la de los otros. Este efecto se emplea en algunos dispositivos como los transistores de electrones de alta velocidad HEMT (*High Electron Mobility Transistors*).

En otras aplicaciones conviene evitar la formación del pico en la banda de conducción, lo cual se consigue con un cambio de composición gradual entre los materiales 1 y 2. Se habla entonces de heterouniones graduales, y la curvatura de las bandas de la ZCE ofrece un aspecto similar a la del caso de las homouniones. La ley corriente-tensión del diodo es como la ecuación 2.31, pero en lugar de la corriente inversa de saturación dada por 2.32, se obtiene la expresión

$$I_s = I_{sp} + I_{sn} \qquad I_{sp} = qA \frac{D_p}{L_p \tanh(w_N / L_p)} \frac{n_{iN}^2}{N_D} \qquad I_{sn} = qA \frac{D_n}{L_n \tanh(w_P / L_n)} \frac{n_{iP}^2}{N_A} \qquad (2.68)$$

Las concentraciones intrínsecas de portadores de los dos materiales no son iguales: n_{iN} puede ser distinta de n_{iP} en varios órdenes de magnitud, a causa de la diferencia de anchura de la banda prohibida. En el caso de la figura 2.24, n_{iN} es aproximadamente igual a $n_{iP}\exp(-\Delta E_g/k_B T)$. La relación entre I_p e I_n en la ZCE es por tanto:

$$\left.\frac{I_p}{I_n}\right|_{ZCE} = \frac{I_{sp}}{I_{sn}} = C\frac{N_A}{N_D}\frac{n_{iN}^2}{n_{iP}^2} \cong C\frac{N_A}{N_D}e^{-\Delta E_g/k_BT} \tag{2.69}$$

Esta expresión cuantifica el efecto de confinamiento de los huecos en la región 2, que se ha mencionado anteriormente a propósito de la heterounión de la figura 2.21. La relación de corrientes en una heterounión se puede controlar mediante la relación de dopajes y también a través de la diferencia entre las bandas prohibidas de los dos materiales. En una homounión solo se puede actuar sobre los dopajes. Este incremento de grados de libertad tiene una gran importancia en la tecnología de los transistores bipolares, como se ve en el capítulo 5.

CUESTIONARIO 2.8

1. *¿Cuál de las siguientes condiciones se debe cumplir entre un par de semiconductores para que pueda constituir un diodo de heterounión?*

> *a) Que las dos anchuras de banda prohibida sean similares.*

> *b) Que las dos estructuras cristalinas sean casi idénticas.*

> *c) Que las dos afinidades electrónicas sean iguales.*

> *d) Que uno sea del tipo P y el otro del tipo N.*

2. *Calcúlese la tensión de difusión V_{bi} en un diodo de heterounión InP/In$_{0.53}$Ga$_{0.47}$As dopado con $N_D = 10^{17}\ cm^{-3}$ (InP) y $N_A = 10^{19}\ cm^{-3}$ (In$_{0.53}$Ga$_{0.47}$As). Datos: $E_g(InP) = 1.35\ eV$, $E_g(In_{0.53}Ga_{0.47}As) = 0.75\ eV$, $q\chi(InP) = 4.4\ eV$, $q\chi(In_{0.53}Ga_{0.47}As) = 4.61\ eV$, $n_i(InP) = 1.1 \times 10^7\ cm^{-3}$, $n_i(In_{0.53}Ga_{0.47}As) = 6.5 \times 10^{11}\ cm^{-3}$.*

> *a) 0.225 V   b) 0.6 V   c) 0.9 V   d) 1.275 V*

3. *Hállese en el diodo de la cuestión anterior qué fracción de V_{bi} cae en cada uno de los dos materiales. Datos: $\varepsilon_r(InP) = 12.4$, $\varepsilon_r(In_{0.53}Ga_{0.47}As) = 13.5$, $\varepsilon_0 = 8.85 \times 10^{-14}\ F/cm$.*

> *a) $V_{bi1} = 0.99\ V_{bi}$, $V_{bi2} = 0.01\ V_{bi}$*

> *b) $V_{bi1} = 0.01\ V_{bi}$, $V_{bi2} = 0.99\ V_{bi}$*

> *c) $V_{bi1} = 0.9\ V_{bi}$, $V_{bi2} = 0.1\ V_{bi}$*

> *d) $V_{bi1} = 0.1\ V_{bi}$, $V_{bi2} = 0.9\ V_{bi}$*

APÉNDICE 2.1 Condiciones de contorno: la velocidad de recombinación superficial.

En la superficie del cristal hay una discontinuidad de la estructura cristalina. Los enlaces covalentes incompletos dan lugar a densidades de niveles permitidos dentro de la banda prohibida que pueden actuar como centros de recombinación. Como consecuencia, la recombinación en la superficie supera a la del interior. Para modelizar el comportamiento del semiconductor en la superficie se define una *velocidad de recombinación neta en la superficie*, S, mediante la expresión

$$R_S = r_s - g_{th} = S \cdot \Delta minoritarios \qquad (2.70)$$

donde R_s es la recombinación neta en la superficie por unidad de área. Las unidades de S son cm/s.

Considérese el caso de un semiconductor en el que, en condiciones estacionarias, hay un exceso de minoritarios como consecuencia de una generación uniforme por todo el volumen. Al haber más recombinación en la superficie, hay una concentración de minoritarios inferior a la del interior. En consecuencia, hay un flujo de portadores desde el interior hacia la superficie. Se puede decir que esa corriente es necesaria para *alimentar* la recombinación superficial.

$$J_{minoritarios} = qS \cdot \Delta minoritarios \qquad (2.71)$$

Cuando hay un contacto óhmico en la superficie, el valor de S es muy elevado, superior a 10^7 cm/s, y como resultado, la concentración de minoritarios en exceso en la superficie es muy pequeña. Frecuentemente se aproxima a cero, lo cual es equivalente a considerar $S \to \infty$. Ésta es la aproximación que se ha empleado a lo largo del presente capítulo. No obstante, en el estudio de algunos dispositivos, en particular de aquellos en los que hay partes de la superficie del semiconductor no recubiertas por un contacto metálico, puede resultar necesario prescindir de esta hipótesis.

Cuando en un sistema como una unión PN polarizada se considera una velocidad de recombinación superficial finita, en lugar de un exceso de minoritarios nulo, se considera 2.71 como condición de contorno de la ecuación de continuidad. Matemáticamente, resulta algo más incómoda, porque es una expresión que incluye la derivada de la concentración, contenida en la expresión de la corriente de minoritarios. La concentración de mayoritarios se determina a partir de la de minoritarios, imponiendo la condición de neutralidad.

Ejercicio 2.41

Calcúlese la densidad de la corriente inversa de saturación J_{sp}, suponiendo que en el contacto óhmico de la región N hay una velocidad de recombinación superficial S en lugar de un contacto ideal. Considérese la región neutra N corta.

Dado que la región N es corta, $J_{sp} = J_p(x_N) = qD_p[\Delta p(x_N) - \Delta p(l_N)]/w_N$.

Se debe obtener el valor de $\Delta p(l_N)$ aplicando la condición de contorno en el contacto: $J_p(l_N) = qS\Delta p(l_N)$. Dado que se puede aproximar $J_p(l_N)$ con $J_p(x_N)$ al ser lineal la distribución de huecos, resulta que $\Delta p(l_N) = \Delta p(x_N)/[1 + Sw_N/D_p]$. Sustituyendo este valor en la expresión de $J_p(x_N)$, resulta $J_{sp} = q(D_p/w_N) \cdot [1/(1 + D_p/Sw_N)] \cdot p_{N0}[exp(V_D/V_t) - 1]$. Nótese que cuando S tiende a infinito —el contacto ideal— J_{sp} tiende a la expresión habitual.

PROBLEMAS PROPUESTOS

Si no se indica lo contrario, utilícense los siguientes datos referidos al silicio: $E_g = 1.1\ eV$, $k_B =$
$= 8.62{\times}10^{-5}\ eV/K$, $n_i(300\ K) = 1.5{\times}10^{10}\ cm^{-3}$, $hc = 1.24\ eV{\cdot}\mu m$, $q = 1.6{\times}10^{-19}\ C$, $\varepsilon = 10^{-12}\ F/cm$.

P2.1 *Se desea fabricar un diodo $N^{+}P$ que tenga una tensión de ruptura de 12 V.*

a) Considerando como campo de ruptura el valor de $3{\times}10^5$ V/cm, ¿cuál debe ser el dopaje del substrato P, suponiendo que el dopaje de la parte N sea 100 veces superior al de la parte P?

b) Dibújese el diagrama de bandas en el equilibrio.

c) Calcúlese la corriente inversa de saturación de ese diodo, suponiendo un área de 10^{-4} cm^2.

d) Calcúlese la tensión de codo de ese diodo para corrientes del orden de 10 A.

Datos: para la región N, $\mu_n = 300\ cm^2/Vs$, $\mu_p = 100\ cm^2/Vs$, $\tau_p = 1\ ns$, espesor de la región N, $w_N = 5\ \mu m$; para la región P, $\mu_n = 1200\ cm^2/Vs$, $\mu_p = 400\ cm^2/Vs$, $\tau_n = 1\ ms$, espesor de la región P, $w_P = 200\ \mu m$. Sugerencia para el apartado a): comiéncese suponiendo un valor de 1 V para V_{bi}, y calcúlense los dopajes. Con esos valores de N_A y N_D, calcúlese V_{bi}, y repítase el procedimiento anterior con ese nuevo valor. El procedimiento converge en un par de iteraciones.

P2.2 *Calcúlese la capacidad de transición de una unión gradual, en la que el dopaje neto en la región de transición de P a N varia según $N = N_D - N_A = ax$. Supóngase válida la aproximación de vaciamiento, es decir, que el dipolo de carga está formado por dos triángulos iguales, definidos por el dopaje. A partir de esa $\rho(x)$, calcúlese $E_{el}(x)$ por integración de la densidad de carga, y después $V(x)$ integrando $E_{el}(x)$.*

P2.3

a) Considérense dos diodos idénticos, conectados en paralelo en sentidos opuestos. Hállese la expresión de la capacidad del conjunto en función de la tensión V aplicada entre los terminales, y hállese el valor mínimo de esa capacidad efectuando un razonamiento cualitativo.

b) Considérese la conexión en serie de los dos diodos, también en sentidos opuestos. Hállese la capacidad del conjunto y represéntese gráficamente la función C(V), siendo V la tensión aplicada al conjunto de los dos diodos. Hállese el valor máximo de esa capacidad, de manera similar al ejercicio anterior. Datos: $C_{jo} = 4{\times}10^{-13}$ F, $C_{D0} = \tau_i{\cdot}I_s/V_t = 4{\times}10^{-21}$ F, $V_{bi} = 0.75$ V.

P2.4 *Considérese un diodo de unión PN con una corriente inversa de saturación de 10^{-14} A, y un tiempo de tránsito de 0.5 ns. Ese diodo está conectado a un generador de tensión de 24 V a través de una resistencia de 1 kΩ. En el instante t = 0 se cambia esa resistencia por una de 2 kΩ.*

a) Escríbase la ecuación diferencial que se tiene que resolver para hallar la carga de los portadores minoritarios almacenados en las regiones neutras del diodo.

b) ¿Qué condición inicial se debe cumplir?

c) Resuélvase la ecuación diferencial y hállese la solución.

d) Hállese la expresión de la tensión entre los terminales del diodo en función del tiempo, y el intervalo de valores entre los cuales varia esa tensión. e) Determínese cuánto tiempo debe transcurrir para que la tensión hallada en el apartado anterior varíe exactamente la mitad del intervalo total de variación.

FORMULARIO DEL CAPÍTULO 2

- Potencial de contacto:
$$V_{bi} = V_t \ln \frac{N_A N_D}{n_i^2}$$

- Anchura de la ZCE:
$$w_d = \sqrt{\frac{2\varepsilon}{q} \left[\frac{1}{N_A} + \frac{1}{N_D} \right] (V_{bi} - V_D)} = w_{d0} \sqrt{1 - \frac{V_D}{V_{bi}}}$$

- Campo eléctrico máximo:
$$E_{elmáx} = \sqrt{\frac{2q}{\varepsilon} \left[\frac{N_A N_D}{N_A + N_D} \right] (V_{bi} - V_D)} = E_{elmáx 0} \sqrt{1 - \frac{V_D}{V_{bi}}}$$

- Concentración de minoritarios en xN:
$$p_N(x_N) = p_{No} e^{V_D / V_t} = \frac{n_i^2}{N_D} e^{V_D / V_t}$$

- Distribución de minoritarios en N:
$$\Delta p_N(z) = \Delta p_N(0) \left[\cosh \frac{z}{L_p} - \frac{1}{\tanh(w_N / L_p)} \sinh \frac{z}{L_p} \right]; z = x - x_N$$

- Aproximación de la región «larga» (wN >> Lp):
$$\Delta p_N(z) = \Delta p_N(0) \; e^{-z/L_p}$$

- Aproximación de la región «corta» (wN << Lp):
$$\Delta p_N(z) = \Delta p_N(0) \; \frac{w_N - z}{w_N}$$

- Densidad de la corriente inversa de saturación:
$$J_s = J_{sp} + J_{sn} = q \frac{D_p}{L_p} \frac{1}{\tanh \frac{w_N}{L_p}} p_{No} + q \frac{D_n}{L_n} \frac{1}{\tanh \frac{w_P}{L_n}} n_{Po}$$

- Capacidad de transición:
$$C_j = \frac{A\varepsilon}{w_d} = \frac{C_{jo}}{\sqrt{1 - V_D / V_{bi}}} \qquad C_{jo} = \frac{A\varepsilon}{w_{d0}}$$

- Capacidad de difusión:
$$C_S = \tau_t \frac{dI_D}{dV_D} \bigg|_Q = \tau_t \frac{I_{DQ} + I_s}{V_t} = \tau_t \frac{I_s}{V_t} e^{V_D / V_t}$$

- Modelo dinámico del diodo:
$$I_D(t) = \frac{Q_s}{\tau_t} + \frac{dQ_S}{dt} + \frac{dQ_j}{dt} \qquad I_D = \frac{Q_s}{\tau_t}$$

- Resistencia dinámica:
$$r_d = \frac{V_t}{I_{DQ} + I_s}$$

- Velocidad de recombinación superficial:
$$S = \frac{J_{min\,oritarios}}{q\Delta min\,oritarios}\bigg|_{Superficie}$$

- Potencial del contacto metal-semiconductor:
$$qV_{bi} = q\Phi_m - q\Phi_s = q\Phi_m - \left[q\chi + \frac{E_g}{2} - k_B T \ln \frac{N_D}{n_i} \right]$$

- Distribución de potenciales en la heterounión:
$$V_{bi1} = \frac{\varepsilon_2 N_A}{\varepsilon_1 N_D + \varepsilon_2 N_A} V_{bi}; \qquad V_{bi2} = \frac{\varepsilon_1 N_D}{\varepsilon_1 N_D + \varepsilon_2 N_A} V_{bi}$$

- Discontinuidad de bandas en la heterounión:
$$\Delta E_c = q\chi_2 - q\chi_1; \qquad \Delta E_v = (E_{g1} - E_{g2}) - \Delta E_c$$

3   Tecnología de fabricación

3.1   Integración de un circuito en silicio

3.1.1 Introducción

Este capítulo presenta una introducción a las técnicas empleadas en la fabricación de dispositivos semiconductores y de circuitos integrados. La finalidad del presente estudio es doble: por una parte, mostrar el proceso de producción como un posible campo de actividad propio de la ingeniería electrónica; por otra, mostrar la estructura real de los dispositivos, que se debe tomar en cuenta en un estudio de su funcionamiento que vaya más allá de los modelos simples que se exponen en este curso.

La extensión disponible para tratar este tema impone algunas limitaciones. La primera es que se trata casi exclusivamente la tecnología del silicio, y solo ocasionalmente se hace referencia a la de los semiconductores III-V. La segunda es que se hace mayor hincapié en aquellos puntos más necesarios para la comprensión del funcionamiento del dispositivo —por ejemplo, los perfiles de dopaje que se obtienen— en detrimento de otros que son importantes en el ámbito de la producción, como el encapsulado o la verificación de los dispositivos, pero que no lo son tanto en el contexto del presente estudio.

Se empieza examinando la estructura real de algunos dispositivos que ponen en evidencia la necesidad de disponer de determinadas operaciones —que se denominan etapas— en el proceso de fabricación. Se continúa examinando las características de cada una de esas etapas, dando más importancia a los aspectos conceptuales que a los desarrollos matemáticos o a los problemas prácticos. Finalmente, se presentan las etapas en forma de una secuencia que integra el ciclo completo de fabricación. Cabe mencionar aquí que se trata de procesos genéricos, con aspectos comunes a casi todos los fabricantes. Los detalles difieren en cada línea de producción.

3.1.2 La estructura de un dispositivo y las técnicas de fabricación

Caso 1: un diodo discreto

Considérese uno de los dispositivos más simples que se puede imaginar: un diodo de unión PN con los terminales unidos a hilos de conexión (dispositivo discreto). La figura 3.1.a representa un posible corte esquemático de este dispositivo. En este caso se consideran las regiones P y N con niveles de dopaje moderados, de manera que para obtener contactos óhmicos con el metal de los terminales se debe disponer de las respectivas regiones P^+ y N^+. Las capas del metal y los hilos conductores soldados completan el dispositivo. El encapsulado se pasa por alto. Para fabricar este dispositivo se necesita como mínimo dos grupos de técnicas:

- Técnicas para dopar los semiconductores: partiendo de un material con un único tipo de dopaje, por ejemplo del tipo P, se tiene que crear la región N introduciéndole átomos donadores hasta una cierta profundidad, en la concentración suficiente como para compensar el dopaje P y crear una región N. Las regiones P^+ y N^+ se obtienen de manera similar, mediante una aportación adicional de aceptores y donadores respectivamente. Hay dos técnicas principales para dopar: la difusión térmica de impurezas, y la implantación anódica. Ambas se describen en los próximos apartados.

- Técnicas para metalizar las superficies de contacto: más adelante se presentan las técnicas de evaporación térmica y de pulverización catódica (en inglés, *sputtering*) para realizar esa operación. No se contempla la soldadura de los hilos de contacto.

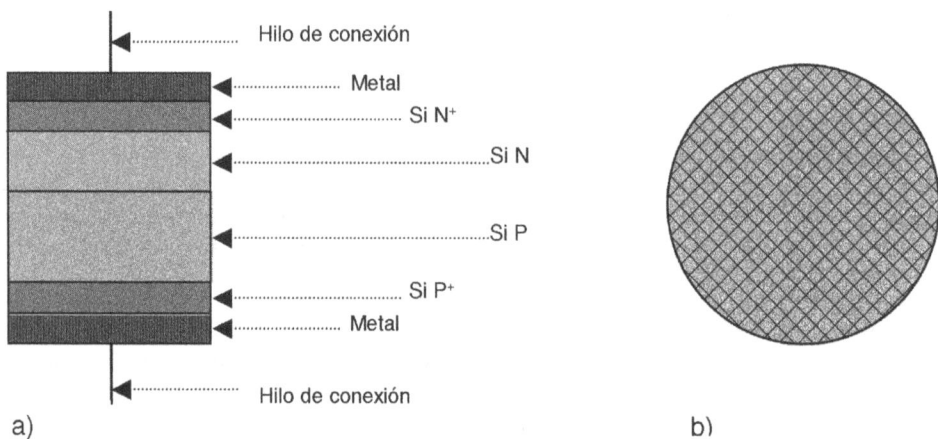

Fig. 3.1   a) Sección esquemática de un diodo de unión PN discreto. Por simplicidad, no se representan
los recubrimientos de protección ni el encapsulado. b) Superficie de la oblea. Cada
cuadrado (un dado) se convierte en un diodo, una vez cortado y montado.

Todas esas operaciones no se realizan para cada unidad que se vaya a fabricar, sino para una cantidad grande en una sola vez; se separan cortando el bloque de material, denominado *oblea*. La figura 3.1.b representa la superficie de la oblea, en la que se ha fabricado un elevado número de diodos. Los planos de las figuras 3.1.a y 3.1.b son perpendiculares entre ellos.

EJEMPLO 3.1

Una célula solar de silicio monocristalino es un diodo PN^+, en el que se puede hallar la región P constituida por la oblea de silicio, de espesor entre 300 y 500 µm y dopaje moderado (10^{16} cm^{-3}, por ejemplo). La región N^+, muy dopada, puede tener una profundidad del orden de 0.5 µm.

EJEMPLO 3.2

Un diodo rectificador de potencia tiene las dos regiones poco dopadas, para reducir el campo eléctrico máximo de la unión a una tensión dada; asimismo, ambas regiones deben tener un espesor considerable (hasta decenas de micrómetros) para que puedan contener una ZCE muy extensa.

Ejercicio 3.1

En el caso de un diodo rectificador en el que los dopajes de las regiones P y N son respectivamente 10^{15} aceptores/cm^3 y 10^{16} donadores/cm^3, determínese qué espesor ocupa la ZCE cuando el dispositivo soporta una tensión inversa de 200 V.

Solución: 16.6 μm.

Caso 2: un diodo integrado

Supóngase ahora que el diodo debe formar parte de un circuito integrado. En ese caso, los dos terminales de contacto deben hallarse en una misma cara, la superficie del chip (u oblea). La estructura representada en la figura 3.2 constituye una alternativa a la de la figura 3.1. Para simplificar el dibujo, se considera la región N como muy dopada (N$^+$), de manera que no es necesario un dopaje adicional para realizar el contacto óhmico sobre la región N.

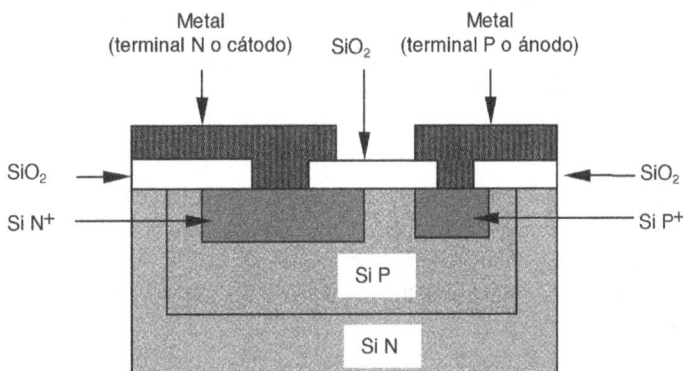

Fig. 3.2   Sección esquemática de un diodo de unión PN$^+$ integrado

Nótese que se ha situado la región P "incrustada" dentro de un sustrato N. La finalidad es que dispositivos adyacentes (dos diodos en este caso) no tengan las respectivas regiones P en común, es decir, en cortocircuito. De este modo, para ir desde la región P de un diodo hasta la región P de otro es necesario atravesar dos uniones PN con polaridades opuestas. Es una técnica habitual el aislar un dispositivo de otro perteneciente al mismo circuito integrado.

Los elementos que aparecen como nuevos en la figura 3.2 con respecto a la 3.1 son los siguientes:

a) Los dopajes que se introducen ya no afectan toda la anchura del dispositivo, sino únicamente ciertas regiones. La consecuencia es que se deben hallar técnicas para definir las áreas seleccionadas para dopar. Se realizará mediante dos operaciones encadenadas:

 - La oxidación térmica del silicio, que crea una capa protectora contra la entrada de impurezas.

 - La fotolitografía —fotograbado, más precisamente—, para eliminar esa capa protectora de las regiones en las que se desea introducir los dopantes.

Estas operaciones se describen en los correspondientes apartados.

Obsérvese al mismo tiempo que se ha creado una región P, la del ánodo, dentro de un bloque N —el sustrato—, y que se ha vuelto a invertir el tipo de conductividad de una parte de esa región P para crear la región N^+ del cátodo. Estos procesos de doble dopaje son habituales, pero establecen restricciones sobre la gama de valores de las concentraciones de impurezas que se pueden obtener.

b) La creación de pistas conductoras para las conexiones entre los dispositivos del mismo circuito, en sustitución de los hilos soldados a los terminales. Para que esas pistas no provoquen cortocircuitos entre las regiones subyacentes del semiconductor, es necesario que se pueda crear capas aislantes, constituidas en este caso por dióxido de silicio (SiO_2). Esa capa aislante tiene unas perforaciones denominadas *aberturas de contacto*, que permiten que la pista metálica llegue a la superficie del silicio. Para crear esas regiones de conductores y aislantes se debe disponer de más etapas de proceso:

- Obtención de capas de dieléctricos. Se consideran dos grupos de operaciones: la oxidación térmica del silicio, ya mencionada, y el depósito de materiales, mediante técnicas denominadas *de CVD* (del inglés *chemical vapor deposition*: depósito químico en fase vapor).

- Apertura de contactos a través de esas capas por la fotolitografía ya mencionada.

- Definición de la forma de las pistas en una capa metálica depositada, mediante una técnica de fotograbado similar a la utilizada para los dieléctricos.

EJEMPLO 3.3

Supóngase que el dispositivo de la figura 3.2 es un diodo rectificador. En el proceso de diseño se decide la separación de las regiones N^+ y P^+ sobre la base de una serie de criterios; entre ellos, que sea lo suficientemente grande como para permitir la extensión de la ZCE en polarización inversa, y lo suficientemente pequeña como para no desperdiciar superficie de silicio ni introducir una resistencia en serie innecesaria.

Ejercicio 3.2

La región N^+ de la figura 3.2 tiene una sección de 25 μm × 25 μm, y una profundidad de 2 μm. Propóngase un valor para asignar a la sección del diodo, si se desea estudiar este dispositivo con el modelo unidimensional de unión PN presentado en el capítulo 2.

$A = 25\ \mu m·25\ \mu m + 4·(2\ \mu m·25\ \mu m) = 825\ \mu m^2 = 8.25 \times 10^{-6}\ cm^2.$

Una vez se ha llegado a este punto, se observa que la representación de una sección es insuficiente para conocer la geometría del dispositivo, y que se debe completar con una imagen de la superficie a la manera de un plano: se denomina *composición en planta* (en inglés, *layout*). Esta representación recoge los perímetros de las distintas regiones que componen la estructura. La figura 3.3 presenta una de las posibles composiciones en planta compatibles con el corte de la figura 3.2.

Se puede observar que las aberturas de contacto a través del óxido de silicio no ocupan la totalidad de las respectivas regiones N^+ y P^+, sino que se deja un margen de tolerancia para que no se produzca un cortocircuito en el caso de que haya un cierto error en el proceso de apertura. Por la misma razón, la pista metálica recubre «generosamente» la abertura de contacto. Esas tolerancias son esenciales para garantizar el éxito del proceso de fabricación.

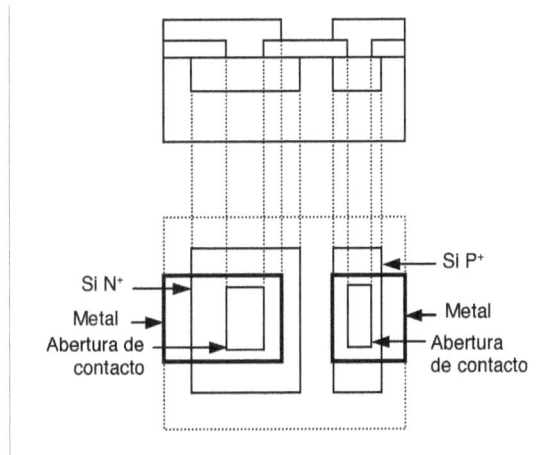

Fig. 3.3   Composición en planta del diodo de la figura 3.2

Si la estructura de la figura 3.2 se halla incrustada en un bloque de silicio del tipo N, se obtiene un transistor bipolar NPN, como se muestra en la figura 3.4. Este dispositivo es discreto porque requiere un contacto por la cara posterior. Se estudia en el capítulo 5 del presente volumen.

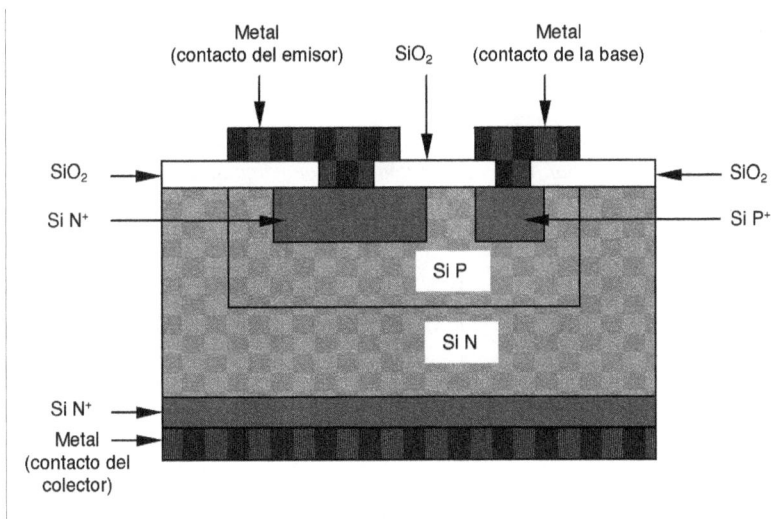

Fig. 3.4   Sección esquemática de un transistor bipolar NPN discreto

Un circuito integrado constituido por dispositivos como el de la figura 3.2 tiene un solo nivel de conectividad, es decir, todas las pistas metálicas se hallan en el mismo plano, y no pueden por tanto cruzarse entre ellas. Evidentemente, esta es una limitación demasiado rígida para el diseñador de un circuito complejo.

Lo que sucede en la práctica es que hay diversos pisos o niveles de pistas de conductores separados entre ellos por capas de dieléctricos. Cada capa de aislamiento tiene aberturas en los puntos en los que es necesario realizar contactos entre pistas alojadas en distintos niveles. En los circuitos integrados avanzados, el número de capas necesarias para las conexiones es mayor que el de las contenidas en el interior del cristal semiconductor.

Dado que el funcionamiento de los dispositivos depende esencialmente de los elementos del interior del semiconductor, se dedica la mayor parte de este estudio a las operaciones necesarias para crearlos, dejando de lado los problemas de la interconectividad.

CUESTIONARIO 3.1.a

1. Se consideran dos dispositivos, que por simplicidad son resistencias que forman parte de un circuito integrado realizado sobre una oblea del tipo P, tal y como se indica en la figura. ¿Cuál será la corriente parásita entre los dos dispositivos?

a) Cero.

b) Proporcional a la diferencia de tensión entre las regiones N^+.

c) La corriente inversa de saturación del diodo N^+P.

d) La que circula por el diodo N^+P polarizado directamente con la diferencia de las tensiones aplicadas a las dos regiones N^+.

2. Considérense los dos diodos discretos de la figura, donde D, el espesor de la oblea, vale 500 μm en este caso. No se representan las metalizaciones por simplicidad. ¿Cuál de las siguientes afirmaciones no es correcta?

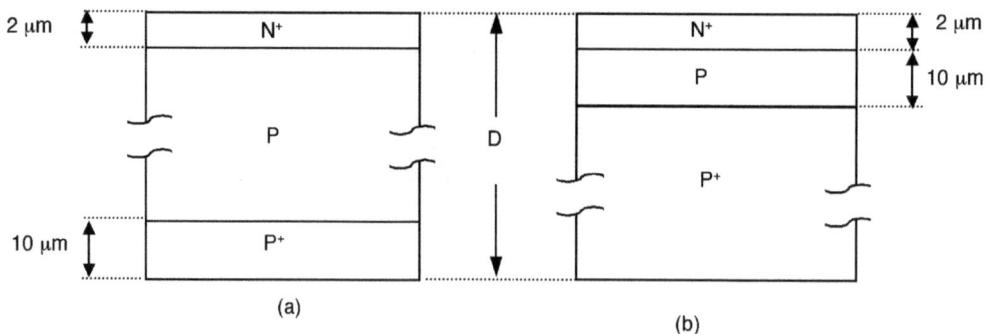

a) El diseño a) tiene una resistencia serie muy elevada.

b) La resistencia parásita de la región P de b) es unas 50 veces inferior a la de a).

c) El diseño b) es más complicado de fabricar, ya que requiere disponer de una capa P poco dopada sobre un sustrato P^+.

d) El diseño a) es preferible al b), ya que tiene menos capacidad parásita.

3. *En la figura adjunta se representa la composición en planta de un circuito integrado y la correspondiente sección en profundidad. ¿Cuál de las siguientes afirmaciones es falsa?*

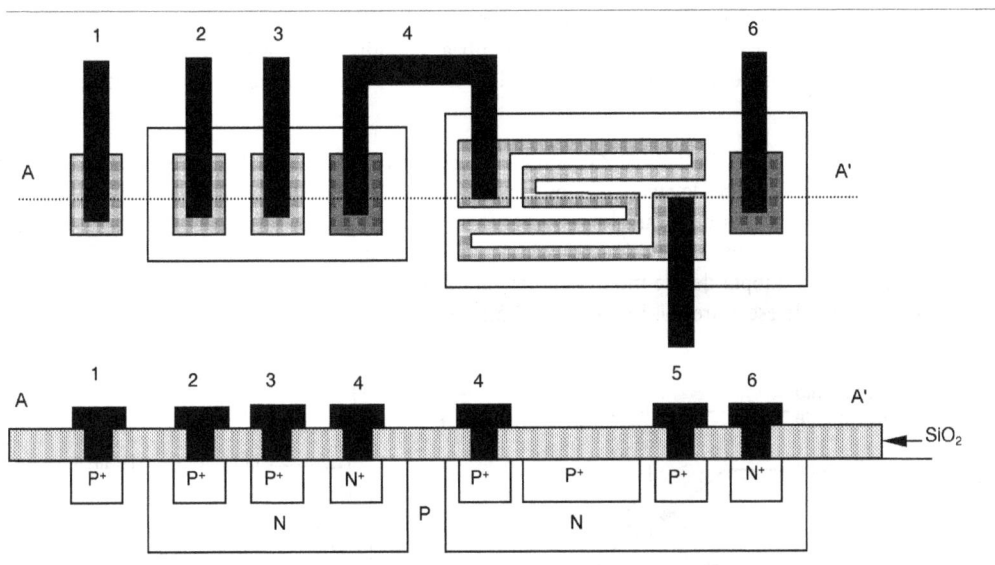

a) Se trata de dos diodos en paralelo de entradas 2 y 3, en serie con una resistencia con salida al terminal 5.

b) Conectando 5 a 0 V se obtiene una puerta OR de entradas 2 y 3 y salida 4.

c) Para aislar los dispositivos el uno del otro es preciso aplicar 0 V al terminal 1 y 5 V al terminal 6.

d) Para conseguir un correcto funcionamiento del circuito es necesario conectar el terminal 4 a la tensión más negativa disponible.

3.1.3 La obtención del material semiconductor

La obtención de semiconductores es una rama especializada de la industria metalúrgica, cuyos clientes son los fabricantes de dispositivos semiconductores y circuitos integrados. La producción del silicio monocristalino comprende tres grupos de etapas: la purificación química del silicio, el crecimiento del cristal y la presentación en forma de oblea. Habitualmente, el material inicial es el cuarzo (SiO_2), tal y como se halla en la naturaleza. La reducción en horno por carbono proporciona Si de calidad metalúrgica, muy impuro. Para poder purificarlo por destilación se transforma en un compuesto líquido, habitualmente el triclorosilano ($SiHCl_3$). Finalmente, dicha sustancia se descompone y se obtiene Si muy puro, pero sin estructura cristalina.

La cristalización se puede conseguir por distintos procedimientos que tienen un principio común: la fusión del silicio seguida de una solidificación. Esa solidificación se realiza de manera que comience en un punto de contacto con una muestra de material monocristalino, denominada *germen* (en inglés, *seed*). De este modo, el material que se incorpora al sólido prolonga la ordenación cristalina de los átomos del germen. Existen dos variantes para provocar el crecimiento del cristal:

- El método Czochralski (CZ): el Si líquido se halla en un recipiente (un crisol) con el germen suspendido en la superficie. Un desplazamiento lento del germen hacia arriba, acompañado de una rotación, arrastra el Si fundido, que se enfría y solidifica. De este modo se genera un lingote cilíndrico de material monocristalino. La figura 3.5.a representa esquemáticamente este procedimiento.

- El método de zona flotante (FZ): el material no cristalino en forma de lingote está en contacto con un germen en uno de sus extremos. Se provoca la fusión local del lingote —fusión de zona— mediante una bobina de inducción envolvente, comenzando por el extremo que está en contacto con el germen. Cuando la bobina se aleja de ese extremo, el material fundido solidifica alrededor del germen, y adopta de ese modo la estructura cristalina, al mismo tiempo que se funde material más alejado de ese extremo. En la figura 3.5.b se esquematiza el método.

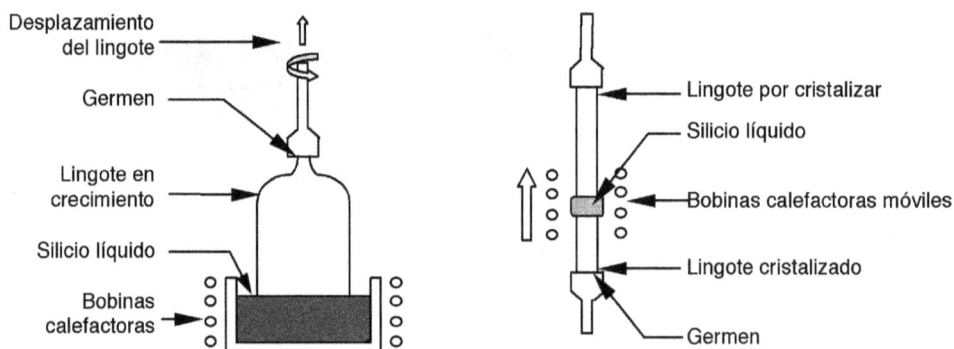

Fig. 3.5   Técnicas para el crecimiento del cristal de silicio. a) Método de Czochralski.
b) Método de zona flotante.

El método FZ proporciona un material más puro porque el material no está en contacto con el crisol, y además la fusión local arrastra las impurezas. El método CZ permite obtener lingotes de mayor diámetro. Este último es el más ampliamente utilizado.

En ambas técnicas se puede incorporar impurezas al silicio de partida, para obtener material dopado. Conviene saber que la mayoría de los dopantes son más solubles en el silicio líquido que en el sólido. Así, en el método CZ, a medida que el lingote crece aumenta la concentración del dopante en la masa fundida, y ello causa una variación de la concentración de impurezas a lo largo del lingote. En el caso del método FZ, es la zona fundida la que al desplazarse arrastra impurezas; este hecho, que es bueno para eliminar impurezas no deseadas (la fusión de zona es también una técnica de purificación), afecta a las impurezas utilizadas como dopantes, y provoca una variación de la concentración a lo largo del lingote. En todos los casos se halla una dispersión apreciable de los valores de conductividad del material, que el fabricante del silicio especifica.

EJEMPLO 3.4

La tabla 3.1 muestra datos de catálogo de un fabricante de silicio (TOPSIL), relativos a las tolerancias para la resistividad de obleas de silicio FZ:

Tabla 3.1   Datos de obleas de silicio comerciales

Resistividad (Ω·cm)	Tolerancia a lo largo del lingote		Variación radial típica (%)	Tiempo de vida (μs)
	Estándar (%)	Radial (%)		
8 a 100	±15	±12	20	> 500
100 a 1000	±20	±15	25	> 1000

Ejercicio 3.3

Estímense las concentraciones de impurezas en silicio de 20 Ω·cm de resistividad. Tómese como valor de movilidad de los portadores 1000 cm^2/(Vs) en el caso de los electrones, y 400 cm^2/(Vs) en el caso de los huecos.

Aproximadamente 3.1×10^{14} donadores/cm^3 en material N, y 7.8×10^{14} aceptores/cm^3 en material P.

El semiconductor se presenta en forma de discos, denominados *obleas* (en inglés, *wafers*). Para conseguirlos existen una serie de procesos mecánicos de corte y pulimento de la superficie. Las operaciones que tienen lugar en la fabricación de dispositivos exigen que la superficie tenga un pulimento óptico (aspecto especular). Los discos tienen unos pequeños cortes en la periferia (en inglés, *flats*) que indican la orientación de los planos cristalinos y el tipo de dopaje (v. fig. 3.6). El diámetro más frecuente de las obleas utilizadas industrialmente es de 200 mm, con tendencia hacia formatos mayores. Las obleas más pequeñas son útiles en el laboratorio.

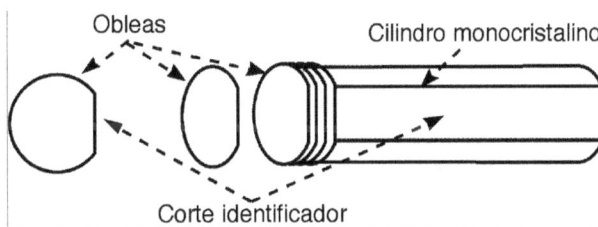

Fig. 3.6   Lingote de silicio y producción de obleas

Las técnicas de obtención de semiconductores III-V son algo distintas, pero los principios son los mismos. La principal dificultad proviene del hecho de que para fundir un compuesto se debe controlar muy bien la atmósfera que lo rodea, si se quiere evitar que el material se empobrezca en el componente más volátil. Las obleas de semiconductores III-V son generalmente de tamaño menor que las de silicio.

EJEMPLO 3.5

La tabla 3.2 presenta las posiciones de los cortes de la oblea más utilizadas. En cada uno de los cuatro casos se indica la posición del corte mayor, denominado *primario* (P), y del menor o *secundario* (S).

Tabla 3.2   Posiciones de los cortes en las obleas de silicio

	Orientación 100	Orientación 111
Silicio P	S / P	P
Silicio N	S / P	S / P

CUESTIONARIO 3.1.b

1.   Supóngase un lingote de silicio obtenido por el método de Czochralski. Para doparlo se ha añadido fósforo a la masa de material líquido. Sabiendo que la impureza es más soluble en la fase líquida que en la sólida, ¿qué extremo del lingote queda más dopado?

   a) El extremo superior.

   b) El extremo inferior.

   c) El dopaje es uniforme.

   d) Depende del tipo de impureza.

2.   La fusión local del lingote (fusión de zona) es una técnica empleada no solo para transformar material no cristalino en un monocristal, sino también para eliminar impurezas no deseadas. Indíquese qué afirmación no es correcta.

   a) La zona fundida tiene mayor densidad de impurezas que la cristalizada.

   b) La zona fundida tiene igual densidad de impurezas que la recién cristalizada.

   c) El extremo superior tiene más impurezas que el extremo inferior.

   d) La zona fundida en el extremo superior tiene la mayor densidad de impurezas del lingote.

3   El proveedor de silicio no especifica la concentración de impurezas que ha introducido en sus obleas, sino su resistividad. Si la precisión de los datos es de ±10 %, ¿con cuántas cifras significativas se expresa la concentración de impurezas?

   a) Una cifra.   b) Dos cifras.   c) Tres cifras.   d) Cuatro cifras.

3.2 Etapas de los procesos de fabricación

3.2.1 Las técnicas del dopaje

La difusión térmica de las impurezas

La introducción de impurezas por difusión consiste en la disolución de un soluto (dopante) en un disolvente (silicio). Dado que la solubilidad de un sólido dentro de otro es muy reducida, es necesario facilitar la operación trabajando a temperaturas muy elevadas, típicamente entre 850 ºC y 1150 ºC. Hay dos grupos de procesos de difusión. Se considera, en primer lugar, que se calienta la oblea de silicio en una atmósfera que contiene átomos dopantes con una concentración constante. Éstos penetran hacia el interior del cristal, mientras la temperatura sea elevada, y dan lugar a un perfil de distribución de dopante que tiene un máximo en la superficie. Cuando la temperatura desciende, la distribución de dopante conseguida se mantiene. La profundidad de penetración es mayor cuanto más elevada es la temperatura de difusión y mayor duración tiene el proceso. La concentración en la superficie —suponiendo que no haya limitación en la disponibilidad de átomos del dopante (fuente infinita)— depende únicamente de la temperatura: es la solubilidad —denominada *solubilidad límite*— de la impureza en el silicio a esa temperatura. La figura 3.7.a representa esquemáticamente unos perfiles de dopaje obtenidos en esas condiciones.

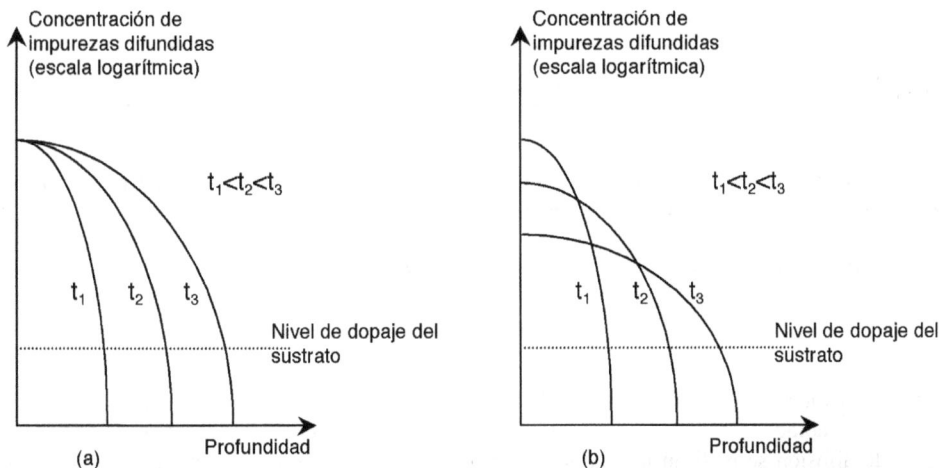

Fig. 3.7 Perfiles de impurezas obtenidos por difusión térmica con diferentes duraciones del proceso:
a) con fuente infinita, b) con fuente finita. Cuando el sustrato tiene el tipo de conductividad
contrario al de la región en la que se ha realizado la difusión, entonces se halla una
unión PN localizada en el corte entre la línea continua y la de puntos.

En el otro grupo de procesos se considera que una región del semiconductor tiene ya una determinada concentración de impurezas, y se lleva el silicio a temperaturas elevadas sin aportación de nuevos átomos dopantes. Entonces las impurezas presentan un proceso de difusión desde las regiones más dopadas hacia las menos dopadas. Se habla de *difusión con fuente finita* o de *redistribución de impurezas* (en inglés, *drive-in*). El dopaje se incrementa en unas regiones a costa de otras en las que disminuye. La figura 3.7.b representa ese tipo de perfil.

En la práctica se utilizan ambos tipos de proceso, dependiendo del perfil de dopaje deseado. Es frecuente que se utilice el segundo a continuación del primero. Tal es el caso de la difusión en capas relativamente profundas, con un dopaje moderado en la superficie: la primera etapa, denominada *predeposición*, con fuente infinita, sirve para introducir la dosis de impurezas deseada. La segunda, sin aportación externa de impurezas —es decir, con fuente finita— sirve para incrementar su penetración y para disminuir la concentración superficial. Si se intentase con solo el proceso de fuente infinita, se debería trabajar a baja temperatura para conseguir una concentración reducida en la superficie, lo que significaría una difusión tan lenta que el tiempo necesario para conseguir una penetración elevada resultaría prohibitivamente largo.

EJEMPLO 3.6

Con una predeposición de boro a 900 °C durante 15 minutos en un sustrato del tipo N, con 10^{16} donadores/cm^3, se obtiene una concentración superficial de 3.7×10^{20} aceptores/cm^3 y una unión situada a 0.21 μm de la superficie. Si se realiza una redistribución de esas impurezas durante 60 minutos a 1100 °C, la profundidad de la unión pasa a ser de 1.7 μm, mientras que la concentración superficial disminuye hasta 6.2×10^{18} aceptores/cm^3. Estas cifras se han obtenido con el simulador de proceso SUPREM II.

Ejercicio 3.4

El perfil de boro obtenido en el último proceso se puede aproximar con una función de tipo gausiano $C(x) = C_S \exp\{-(x/x_0)^2\}$, donde C_S es la concentración superficial (6.2×10^{18} cm^{-3}), y x es la distancia a la superficie. Determínese el valor del parámetro x_0.

$C(\text{x} = 1.7 \ \mu m) = N_{\text{Dsustrato}} \quad \Rightarrow \quad 6.2 \times 10^{18} \ exp\{-(1.7 \ \mu m/\text{x}_0)^2\} = 10^{16} \quad \Rightarrow \quad \text{x}_0 = 0.067 \ \mu m.$

Para las difusiones de donadores se utiliza habitualmente el fósforo, porque es un difusivo relativamente rápido —más que el arsénico y el antimonio, y también más que el boro—. Los procesos de difusión se realizan normalmente en un horno formado por un tubo de cuarzo envuelto por unas resistencias calefactoras. El horno puede contener un elevado número de obleas —hasta un centenar— sujetas en una naveta, también de cuarzo. La figura 3.8 esquematiza uno de esos sistemas. Para una etapa de predeposición se acostumbra a trabajar en atmósfera oxidante, de modo que se forma una capa de SiO$_2$ con dopante en la superficie del silicio. Ese óxido es la fuente —infinita en la práctica— de impurezas para el silicio.

Si se desea dopar solo una parte de la oblea se debe proteger el resto con una capa protectora. La más utilizada es el óxido de silicio no dopado, porque soporta bien la temperatura de proceso, y porque la penetración de los dopantes habituales en ese material es muy lenta. Si en el ejemplo de predeposición anterior la capa superficial fuese de 0.5 μm de espesor, la cantidad de boro que llegaría al silicio sería inapreciable. El modo de producir la capa de óxido y de delimitar su perímetro se describe más adelante en el texto.

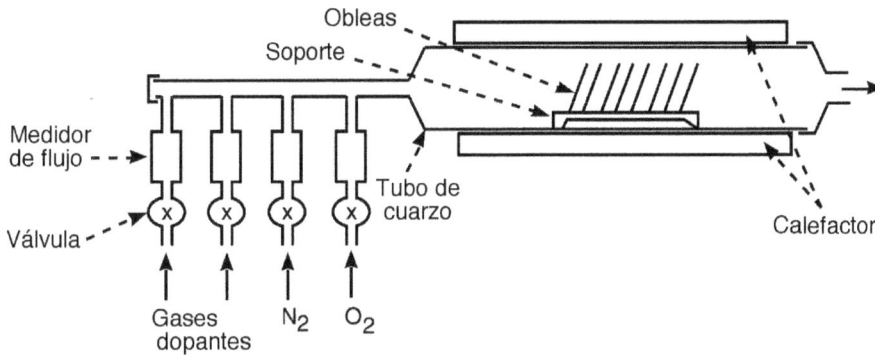

Fig. 3.8 Diagrama esquemático de un sistema de difusión

La implantación iónica

Es una técnica de dopaje, más reciente y más sofisticada que la de difusión. Consiste en enviar sobre la superficie del semiconductor un flujo de átomos de dopante, a una velocidad lo suficientemente elevada como para que se «claven» en el sólido como un proyectil lo haría sobre su blanco. Para poder comunicar esa velocidad a los átomos, éstos se deben ionizar y acelerar con un potencial eléctrico.

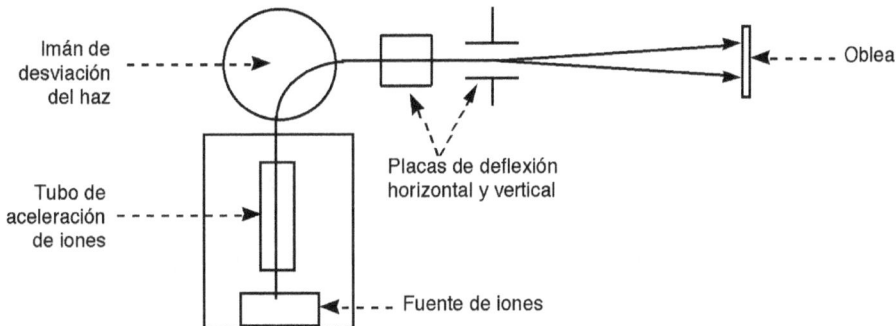

Fig. 3.9 Diagrama esquemático de un proceso de implantación iónica

La figura 3.9 presenta esquemáticamente la estructura de un implantador iónico. Los iones tienen siempre carga positiva, tanto si son donadores como si son aceptores. Una vez dentro del silicio, se neutralizan mediante una corriente de electrones. Posteriormente, cuando ocupan posiciones sustitutivas de los átomos de silicio, las impurezas se ionizan con carga positiva o negativa, según sean donadores o aceptores. Los perfiles de impurezas obtenidos por la implantación tienen el aspecto representado en la figura 3.10. Se observa que en este caso el máximo no se halla en la superficie, sino a una cierta profundidad R_p, conocida como *alcance* (en inglés, *range*) o *penetración*. Este valor depende del potencial acelerador, y aumenta al aumentar la energía de los iones implantados. Los potenciales empleados van habitualmente desde los 10 kV a los 500 kV. El número total de impurezas implantadas depende de la intensidad del flujo de iones —*corriente del implantador*, habitualmente del orden de nA o mA— y de la duración del proceso —generalmente, minutos—. Se denomina *dosis* el número de impurezas implantadas en cada cm^2 de superficie de la oblea, es decir, la concentración de dopante integrada a lo largo de la profundidad.

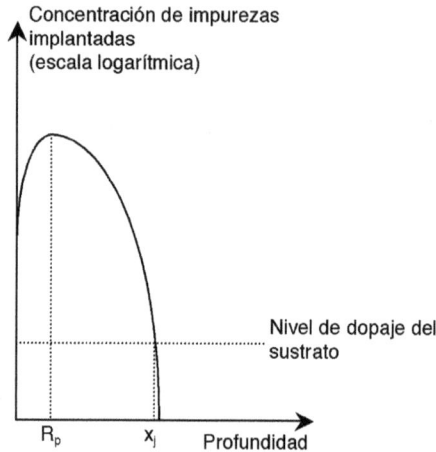

Fig. 3.10   Perfil de impurezas implantadas por iones de una determinada energía.
Al aumentar la energía de los iones, aumentan los valores de R_p y x_j.

EJEMPLO 3.7

Una implantación de boro con un potencial de 50 keV y una dosis de 10^{13} átomos/cm^2 en un sustrato del tipo N con un dopaje de 10^{16} donadores/cm^3 proporciona una profundidad de unión $x_i = 0.4$ μm. La penetración es de 0.15 μm; el valor del dopaje en el pico es de 7.1×10^{17} cm^{-3}, y la concentración de aceptores en la superficie de 1.5×10^{16} cm^{-3}.

Ejercicio 3.5

Determínese cual es la concentración de impurezas en la implantación del ejemplo anterior, si el perfil obtenido fuera uniforme.

10^{13} átomos·cm^{-2}/0.4 μm = 10^{13} átomos·cm^{-2}/4×10^{-5} cm = 2.5×10^{17} cm^{-3}.

Las principales características del proceso de implantación son las siguientes:

- Permite un control muy preciso de la dosis implantada mediante la corriente de neutralización de las impurezas implantadas. El proceso se puede detener cuando se alcanza el valor deseado. Por esta razón sustituye en muchas ocasiones a la predeposición térmica.

- Es difícil obtener elevadas penetraciones por implantación. Cuando se necesitan uniones profundas se debe recurrir a una implantación seguida de una redistribución térmica.

- No es preciso trabajar a alta temperatura. El resultado es que se puede utilizar una gama más variada de materiales como barrera para proteger las zonas que no se desea dopar. Se utiliza —como en la difusión— el óxido de silicio, pero también se puede emplear otros materiales, como por ejemplo las fotorresinas, que se presentan más adelante.

- El impacto de los iones implantados en el semiconductor provoca la aparición de defectos en la estructura cristalina. A menudo es necesario un recocido posterior a la implantación para resolver tal inconveniente.

- La implantación iónica se realiza oblea por oblea.

Las impurezas utilizadas habitualmente son el boro como aceptor, y el fósforo, el arsénico y el antimonio como donadores. Entres estos últimos, el arsénico es especialmente preferido.

3.2.2 La definición de las áreas

El problema que se examina ahora es cómo crear una capa protectora de óxido en la superficie del silicio utilizando un proceso denominado *oxidación térmica*. Seguidamente se expone cómo se puede delimitar un contorno determinado de esa capa utilizando la técnica del fotograbado.

Oxidación térmica del silicio

El dióxido de silicio, SiO_2, —en adelante *óxido*, salvo que se pueda producir confusión— es un material con un conjunto de propiedades excepcionales:

- Mecánicas: es un recubrimiento duro y que se adhiere bien a la superficie del silicio.

- Eléctricas: es un excelente dieléctrico.

- Ópticas: es totalmente transparente.

- Químicas: se puede obtener en forma de capa muy uniforme, por oxidación de la superficie del silicio; es muy estable, pero cuando conviene se puede atacar con un producto como el ácido fluorhídrico, el cual no afecta al silicio. Además, los dopantes habituales se difunden muy lentamente a través del SiO_2.

El papel central del silicio en la tecnología de los semiconductores se debe, en parte, a esas propiedades de su óxido. Otros materiales como el GaAs no presentan tales ventajas. La oxidación térmica del silicio es una reacción química entre el silicio superficial de la oblea y una sustancia oxidante, normalmente el oxígeno —se habla entonces de *oxidación seca*— o el vapor de agua —referida como oxidación húmeda—. Para facilitar esa reacción se debe trabajar a temperaturas elevadas, del mismo orden que las de difusión de impurezas.

Excepto en el momento de iniciar el proceso, la especie oxidante alcanza la superficie del silicio atravesando la capa de óxido que ya se ha formado por un proceso de difusión similar al de la difusión térmica de dopantes. Cuanto más gruesa sea la capa ya formada, más lento es ese transporte. El resultado es que la velocidad de crecimiento del óxido disminuye según la capa crece. La figura 3.11 representa ese proceso.

EJEMPLO 3.8

Una oxidación húmeda de 60 minutos de duración permite obtener un espesor de óxido de 0.58 μm si se trabaja a 1100 °C, y de 0.12 μm si se trabaja a 900 °C. En el caso de la oxidación seca, los respectivos valores son 0.11 μm y 0.027 μm. La oxidación húmeda es más rápida, indicada para crear barreras al dopaje, mientras que la oxidación seca permite conseguir óxidos con una gran calidad como dieléctricos.

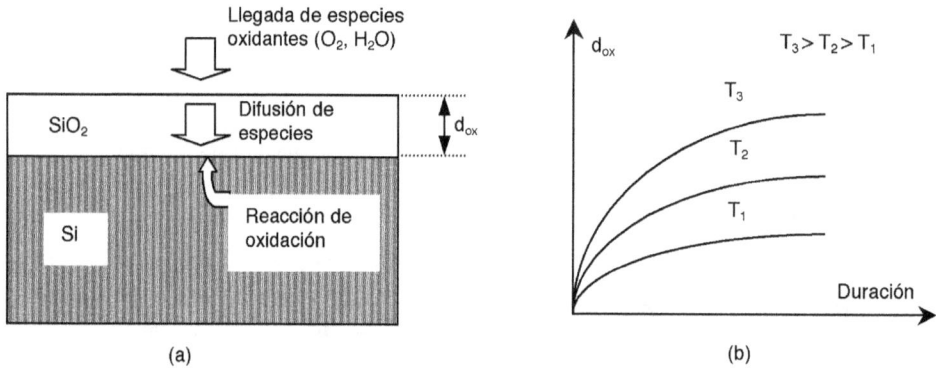

Fig. 3.11   a) Representación esquemática del proceso de oxidación del silicio. b) Espesor de óxido obtenido en función del tiempo, a distintas temperaturas de proceso.

Ejercicio 3.6

En la figura 3.11.b se observa que para capas de óxido muy delgadas, la ley de crecimiento $d_{ox}(t)$ se puede aproximar con una relación lineal. Suponiendo que las oxidaciones a 900 °C del ejemplo anterior se hallan dentro de esa aproximación, determínese la velocidad de crecimiento del óxido.

0.12 μm/60 min = 2 nm/min, en el caso del proceso húmedo; 0.027 μm/60 min = 0.45 nm/min, en el caso de la oxidación seca.

La realización práctica de los procesos de oxidación se produce en hornos muy parecidos a los empleados para la difusión. Es un proceso que también se realiza sobre un lote de obleas a la vez. Entre las características del proceso que se deben tener en cuenta cabe considerar:

- Es un proceso a alta temperatura. Si en el silicio que se oxida se ha realizado previamente una difusión o una implantación de impurezas, éstas cambiarán de perfil por redistribución.

- El óxido térmico no sólo sirve como barrera ante las impurezas: entre otras aplicaciones se incluye la protección de la superficie del silicio; una pista de conexión puede quedar aislada del sustrato mediante esa capa.

- No se puede utilizar la oxidación térmica para aplicaciones como el aislamiento de niveles de conexión. Será necesario entonces disponer de otros métodos para crear capas de SiO_2 (las técnicas de depósito).

Fotograbado

El fotograbado es el conjunto de operaciones que transfieren a la superficie de la oblea la forma de uno de los niveles de la composición en planta que se ha diseñado. Se inicia su estudio considerando un caso simple: supóngase que sobre la superficie de una oblea de silicio se desea dopar unas regiones determinadas, correspondientes a cada uno de los dispositivos que se desean fabricar. Para ello se ha comenzado oxidando el silicio, y ahora se desea eliminar la capa protectora resultante de las regiones que se deben dopar.

El fotograbado comprende dos conjuntos de operaciones: la fotolitografía y el grabado. La fotolitografía consiste en el recubrimiento del óxido de una capa protectora en las regiones que se deseen conservar. Hay tres conceptos que se deben considerar: las máscaras, las fotorresinas y la exposición de las fotorresinas. El grabado consiste en eliminar el óxido de las regiones no protegidas. Se trata de un ataque químico específico.

- Una máscara es una lámina de vidrio con partes transparentes y partes opacas, que contiene el dibujo que se desea transferir a la superficie del óxido. Más adelante se hace una breve referencia al método de obtención de la máscara.

- Una fotorresina —en adelante resina, salvo que se pueda producir confusión— es una sustancia cuyas propiedades fisicoquímicas cambian al recibir radiación ultravioleta. Después de ser sometida al efecto de la luz UV, una capa de fotorresina depositada sobre la superficie del silicio se convierte en soluble en un producto denominado *revelador*.

- La exposición de la resina a la radiación UV se realiza a través de la máscara. De este modo, sólo las zonas situadas debajo de las regiones transparentes de la máscara se convierten en solubles en el revelador.

Estos conceptos se esquematizan en la figura 3.12. Seguidamente se resumen los principales detalles del proceso que es conveniente conocer. Se ha descrito la técnica de fotograbado de una capa de óxido formada encima del sustrato del silicio, pero el mismo proceso se aplica también a otros niveles del material, especialmente a las distintas capas de conductores, para definir las pistas, y a la de los dieléctricos que las separan, para definir las aberturas de los contactos entre los niveles.

Un proceso de fabricación incluye siempre diversos pasos de fotograbado. Su número depende de la complejidad del diseño, pero raramente es inferior a 6 o 7. Cuando se realiza un paso de fotolitografía en una oblea en la que ya hay dibujos definidos —diseños (en inglés, *patterns*)—, el nuevo dibujo se debe posicionar —se dice *alinear*— con relación a los anteriores. Esa tarea es delicada y es uno de los factores que más limita la capacidad para miniaturizar las dimensiones del diseño que se transfiere.

La fotorresina que se ha mencionado es del tipo denominado *positivo*, porque durante el revelado se elimina la parte expuesta. Existen también las *negativas*, en las cuales la parte que se disuelve es la no expuesta. El primer tipo es el más utilizado en la microelectrónica.

El sistema de exposición esquematizado en la figura 3.12 se conoce como *fotolitografía de contacto* —o simplemente, *litografía de contacto*—. La máscara, que durante la exposición está en contacto con la resina, contiene todos los dibujos que se deben transferir. En la figura 3.13 se esquematiza la vista en planta de una de esas máscaras.

La tecnología actual tiende al trabajo con obleas cada vez mayores, para optimizar la productividad, al tiempo que los dispositivos contenidos en los circuitos integrados son cada vez menores —los procesos avanzados incorporan detalles con dimensiones inferiores al micrómetro—. Ambos factores conjugados dificultan el proceso de alineación en la litografía de contacto. El resultado es la aparición de técnicas de litografía, denominadas *de proyección*, que se emplean en circuitos con una elevada escala de integración.

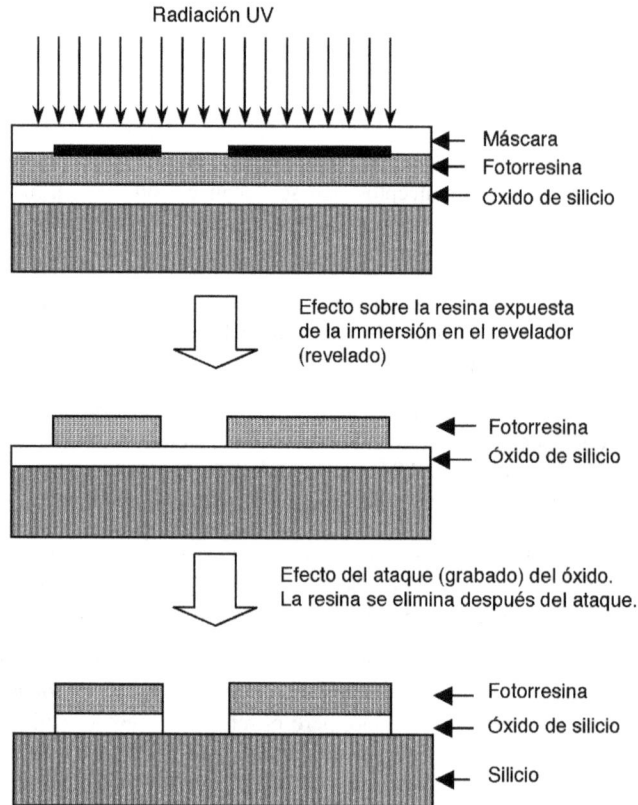

Fig. 3.12   Esquematización de la exposición de la fotorresina, su revelado y el grabado del óxido

En la litografía de proyección no se expone toda la oblea al mismo tiempo, sino que la exposición se realiza por regiones, a menudo un chip —un dado— cada vez. Para ello, la máscara no está en contacto con la resina, sino que la herramienta de exposición dispone de una óptica que enfoca sobre las distintas regiones a las que se debe transferir el diseño. No es necesario que las máscaras que se utilizan en la proyección contengan tantas réplicas del diseño como la de la figura 3.13. A menudo es suficiente con una, denominada *retícula*. Además, la retícula puede tener dimensiones mayores que la figura final, típicamente 5 o 10 veces, y entonces la óptica realiza la reducción entre el objeto —la retícula— y la imagen —el área de resina expuesta—.

La fabricación de las máscaras o de las retículas es una tarea especializada, generalmente externa a la fábrica de semiconductores. La técnica más utilizada en la actualidad se puede resumir de la siguiente manera. Se parte de una lámina de vidrio recubierta con una capa opaca —el recubrimiento más utilizado es el cromo—, encima de la cual se aplica una capa de resina sensible a la incidencia de electrones, en lugar de a la radiación UV. Esa resina se sensibiliza mediante un haz de electrones en el interior de un tubo de rayos catódicos. El haz describe la forma del diseño que se va a transferir porque su deflexión, controlada por las placas del tubo, queda determinada a partir de un archivo numérico que contiene el diseño en forma digitalizada. La resina sensibilizada se revela, y la capa del recubrimiento opaco queda grabada de modo similar al que se ha descrito en el proceso sobre oblea.

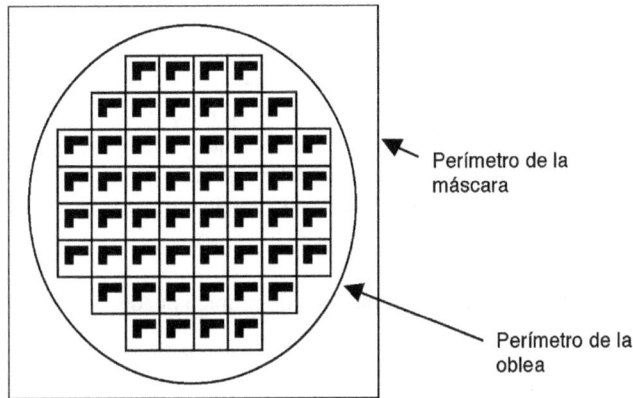

*Fig. 3.13   Representación de una máscara diseñada para fabricar 52 dados —dispositivos o
circuitos integrados— en cada oblea. Con esta máscara se define un diseño en forma
de L invertida en la resina, en cada uno de los chips. La superficie exterior
a este diseño queda expuesta por el ataque —el grabado—.*

Esta manera de generar diseños se puede utilizar también directamente sobre la oblea, sin pasar por la máscara (*escritura directa*). Si no se hace así habitualmente en la producción es por motivos de productividad, dado que el proceso con electrones es lento en comparación con la litografía con UV empleando la máscara. En cambio, puede resultar rentable su aplicación en tareas de investigación y desarrollo, en las cuales se procesa un número reducido de obleas.

Se presenta seguidamente unas consideraciones acerca del proceso de grabado. Ya se ha indicado anteriormente que el óxido de silicio se puede eliminar por ataque con ácido fluorhídrico (HF), que no afecta prácticamente al silicio. Las fotorresinas que se utilizan están preparadas para resistir el efecto de ese producto. Para otros ataques, por ejemplo para definir pistas de conductores, son necesarios reactivos específicos, que deben ser lo suficientemente respetuosos con los materiales subyacentes y con la resina empleada. Cuando se utilizan ataques con reactivos líquidos como el descrito, se habla de *ataque húmedo*. La tecnología de los ataques húmedos está muy desarrollada y se utiliza ampliamente, pero presenta un problema de socavación (en inglés, *undercutting*), consistente en la falta de verticalidad de las paredes laterales del material grabado. Se esquematiza en la figura 3.14.

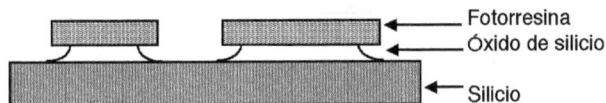

Fig. 3.14   Perfil real del ataque en el grabado húmedo

La causa de ese fenómeno es que los reactivos atacan en todas las direcciones, de manera que penetran horizontalmente por debajo de la resina a medida que el ataque progresa verticalmente. Cuando las dimensiones horizontales del diseño que se va a grabar son reducidas, el fenómeno limita seriamente la miniaturización. La alternativa hallada es el *grabado seco*.

En el grabado seco se trabaja con reactivos que son gases ionizantes, conocidos como *plasmas*. El proceso de ataque no consiste solamente en una reacción química, sino también en un efecto físico de impacto de los iones encima del material que se graba. El resultado es un ataque muy direccional, que genera perfiles laterales más verticales y, por tanto, más parecidos al ideal de la figura 3.12. El grabado seco exige un utillaje más sofisticado que el húmedo, y es menos selectivo respecto a los materiales que debe atacar y a los que debe respetar. En los procesos complejos se utilizan ambos métodos de ataque, dependiendo de las características de cada etapa.

EJEMPLO 3.9

Un proceso típico utilizado para grabar óxido térmico puede tener las siguientes características:

- Resina de la serie HPR de Hunt. Espesor de la capa: un micrómetro.

- Fuente de radiación: lámpara de vapor de mercurio, con picos discretos de emisión (los más importantes para sensibilizar la resina son los de 305, 365 y 400 nm).

- Exposición a la radiación: inferior a 20 s, dependiendo del instrumento utilizado.

- Ataque del óxido: con ácido fluorhídrico tamponado (HF/NH_4F), a una velocidad de 80 nm/min a temperatura ambiente.

Con esta técnica y empleando la litografía de contacto se pueden obtener diseños de unos pocos micrómetros de tamaño en una capa de óxido de un micrómetro de espesor.

3.2.3 Los niveles de conectividad

Un circuito integrado puede tener conexiones en distintos niveles, dado que existen técnicas que permiten depositar capas de conductores y definir pistas sobre ellas, así como depositar capas de dieléctricos entre las mismas; en éstas se definen aberturas en determinados puntos, con las que se van a interconectar distintos niveles de conductores. La figura 3.15 presenta una estructura multinivel.

Esta parte de la tecnología es tan importante en un proceso de producción como las operaciones que se han visto anteriormente, pero es de mucho menor interés desde el punto de vista de la comprensión del funcionamiento interno del dispositivo; por esa razón, se le dedica menos atención.

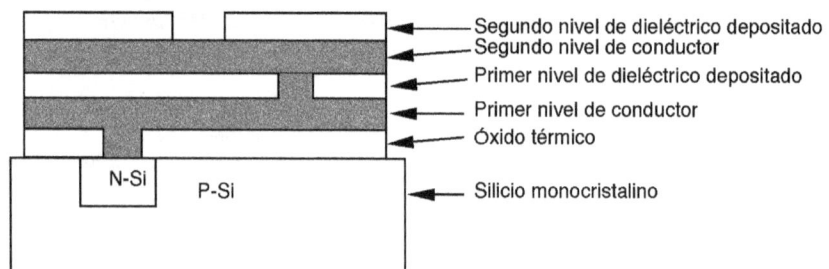

Fig. 3.15   Representación esquemática de dos niveles de conexión en un circuito integrado. Los espesores de las capas conductoras y aislantes son habitualmente del orden de un micrómetro, mientras que las anchuras de las pistas y de las aberturas de contacto pueden variar desde menos de un micrómetro hasta decenas de micrómetros, dependiendo de la tecnología y del diseño del circuito.

El depósito de conductores

Los conductores más utilizados son los metales, y entre ellos el más frecuente es el aluminio, porque tiene una buena conductividad, es fácil de depositar, permite una fácil definición de las pistas en la capa depositada, y no crea especiales problemas de contaminación. Las técnicas más utilizadas para depositar metales son la evaporación térmica y la pulverización catódica, que pertenecen al grupo denominado PVD (del inglés *Physical Vapor Deposition*, depósito físico de vapor).

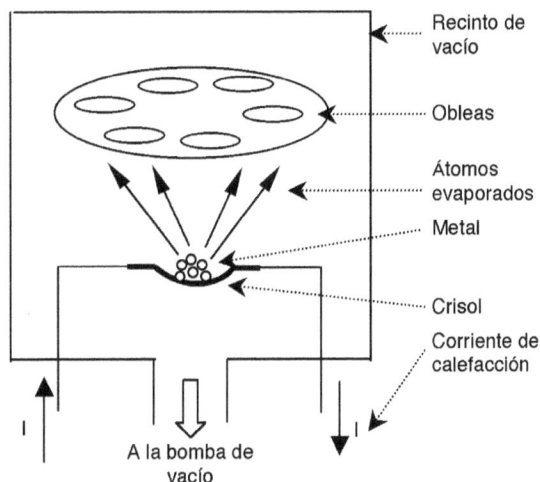

Fig. 3.16   La metalización de obleas por evaporación

La técnica más antigua para depositar una capa de aluminio es la evaporación térmica. Consiste en el calentamiento del material en un recipiente —un crisol o una naveta— hasta que se funde o se evapora. El vapor se condensa sobre la superficie de la oblea y la recubre de una película metálica. Esta técnica, que se representa esquemáticamente en la figura 3.16, se debe realizar en condiciones de vacío para no alterar el movimiento de los átomos desde el crisol hasta la oblea.

Actualmente se utiliza muy poco el aluminio puro. Sus propiedades se mejoran incorporándole aditivos como el silicio y el cobre. En ese caso, la técnica de la evaporación es poco indicada, porque en la masa fundida el componente más volátil se evapora más rápidamente, y se hace difícil controlar la composición de la capa. La alternativa más utilizada es la técnica de la pulverización catódica (en inglés, *cathodic sputtering*).

En el procedimiento del *sputtering*, el material que se deposita no pasa por la fase líquida, sino que se arranca de un bloque —la diana (en inglés, *target*)— por el impacto de iones de un gas inerte —generalmente Ar—, que se aceleran mediante un potencial eléctrico. El potencial acelerador debe ser inferior —del orden de pocos kV— que el de un implantador iónico, para que el proyectil impacte pero no se incruste. La figura 3.17 representa esquemáticamente este proceso, que se debe realizar también en condiciones de vacío.

La principal limitación de las metalizaciones con aluminio ha sido, históricamente, el hecho de que no resisten temperaturas elevadas —por encima de los 500 °C—, lo cual es una grave limitación a la hora de superponer capas aislantes utilizando determinadas técnicas de depósito. Una de las alternativas clásicas consiste en emplear silicio policristalino, denominado también *polisilicio*.

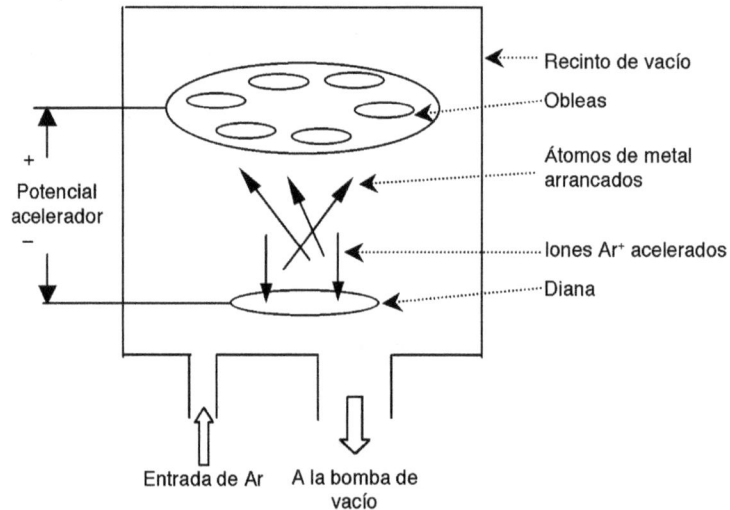

Fig. 3.17   Depósito de una capa delgada por pulverización catódica

El polisilicio es silicio que no constituye un único cristal —monocristal— en todo su volumen, sino que está formado por una agregación de cristales, denominados *granos*, generalmente de una fracción de micrómetro de diámetro. El polisilicio muy dopado es conductor. Su conductividad es inferior a la del aluminio, pero en cambio puede soportar temperaturas de proceso elevadas. Es, por tanto, un material adecuado para realizar pistas cortas en los niveles de conexión más profundos.

La técnica que se emplea habitualmente para obtener una capa de polisilicio es un proceso de la familia CVD (*Chemical Vapor Deposition*, depósito químico en fase vapor). Esas técnicas tienen en común que unos compuestos en fase gaseosa reaccionan en la superficie de la oblea, dejando un depósito sólido del material que se desea obtener. En este caso, el silicio se obtiene por descomposición del silano, SiH_4, a una temperatura superior a los 600 °C, en el interior de un horno parecido a los descritos para las difusiones. El material que se obtiene en esas condiciones no es monocristalino. Si lo fuera, sería más conductor, pero las condiciones para obtenerlo no se dan en este caso. El polisilicio se dopa durante el proceso de depósito o, más frecuentemente, una vez depositado.

El uso del polisilicio tuvo su origen en el contexto de la tecnología MOS. Actualmente también tiene aplicaciones específicas en la fabricación de contactos en los transistores bipolares.

Como alternativa, se han buscado materiales más conductores que el polisilicio y que aguanten temperaturas elevadas, tales como los metales refractarios (W, Mo, Ta,...) y sus compuestos binarios con el silicio, denominados *siliciuros* (W_2Si, Mo_2Si,...). Su tecnología es complicada. Se ha iniciado recientemente la fabricación de pistas de cobre (Cu) con la finalidad de reducir los retardos en la propagación. Es una tecnología emergente con un futuro prometedor.

Como ya se ha dicho, las pistas de las películas conductoras depositadas se definen utilizando alguna de las técnicas de fotograbado estudiadas. Los ataques empleados son específicos de cada material.

EJEMPLO 3.10

Cuando se utiliza el aluminio para fabricar los contactos óhmicos en silicio, después del depósito del material y de la definición de las pistas es necesario realizar un recocido para garantizar un buen contacto entre ambos materiales. El aluminio tiende a disolver silicio, lo cual puede ocasionar problemas, especialmente si las uniones son poco profundas. Para ello se emplea aluminio que ya contenga silicio hasta la saturación (es suficiente con menos de 1.5 %). Esta mezcla es difícil de depositar por evaporación, porque el aluminio se evapora mucho más rápido que el silicio; se acostumbra a recurrir a la técnica del *sputtering*.

EJEMPLO 3.11

Cuando una pista metálica debe transportar una elevada densidad de corriente, se presenta un problema conocido como la *electromigración*: los granos de la película metálica se ven arrastrados, lo cual puede causar la destrucción de la pista. Entre las técnicas empleadas para reducir ese efecto está la adición de cobre (un 4 %) o de titanio (hasta un 0.5 %) en el aluminio de la pista.

Ejercicio 3.7

Para evitar el fenómeno de la electromigración, se establece que la densidad de corriente que circule por una pista de un circuito integrado no supere el valor de 10^4 A/cm^2. Si se trabaja con capas de metal de 1 μm de espesor, ¿qué anchura debe tener una pista que deba transportar una corriente de 10 mA?

10 mA $\leq 10^4$ A/cm^2 $\times$ sección $\Rightarrow$ sección = 1 μm $\times$ ancho $\geq 10^{-6}$ cm^2 $\Rightarrow$ ancho $\geq 10^{-2}$ cm = 100 μm.

El depósito de dieléctricos

El material aislante entre los niveles de conexión no puede ser el óxido obtenido por la oxidación térmica del silicio. No obstante, existe una gama de técnicas que permiten depositar capas de SiO$_2$, que es el material más utilizado para esta aplicación.

Esas técnicas son de la familia CVD, pero la reacción química es más complicada que en el caso del polisilicio. Si se emplean SiH$_4$ y N$_2$O como gases de partida —denominados *precursores*—, el sólido que se deposita es óxido de silicio, SiO$_2$. Existen procesos a alta temperatura, HTO (*High Temperatura Oxide*, óxido de alta temperatura), por encima de los 600 ºC, y a baja temperatura, LTO (*Low Temperature Oxide*, óxido de baja temperatura). Generalmente, las propiedades del proceso HTO son superiores, pero el LTO permite depositar encima del aluminio. El óxido se dopa frecuentemente con P y B durante el depósito, para mejorar sus propiedades mecánicas. El óxido dopado, denominado *vidrio*, sigue siendo aislante.

Otro dieléctrico que se utiliza es el nitruro de silicio (Si$_3$N$_4$), que se obtiene cuando en lugar del N$_2$O se emplea NH$_3$ como precursor.

En cualquiera de los procesos de fabricación, la última etapa en la oblea es el depósito de una capa de protección, en la que solo se dejan aberturas en los puntos en los que se han de soldar los hilos de conexión con los terminales de las pistas metálicas.

El depósito de semiconductores: procesos de epitaxia

La epitaxia es una técnica para el crecimiento cristalino que consiste en el depósito de una capa de material semiconductor sobre la superficie de la oblea, de manera que los átomos del material depositado queden ordenados continuando la estructura cristalina del sustrato. Las técnicas de depósito más habituales en la tecnología del silicio son del grupo CVD, trabajando en las condiciones apropiadas (muy alta temperatura, baja presión, etc.) para que los nuevos átomos del sólido encuentren la posición adecuada en la red cristalina, y la prolonguen.

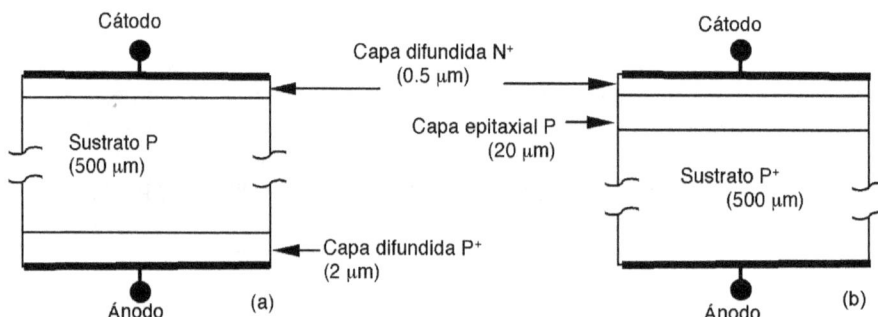

Fig. 3.18   Comparación de dos diodos: a) Obtenido por la difusión de una capa N^+ en un sustrato P de 500 micrómetros de espesor. b) Obtenido por la difusión de una capa N^+ en una capa epitaxial P de 20 micrómetros de espesor, que se ha hecho crecer en un sustrato P^+ de 500 micrómetros. La contribución de las regiones neutras a la resistencia parásita del dispositivo es muy inferior en el caso b).

Una capa epitaxial puede tener un dopaje independiente del sustrato. Si se desea obtener una región con un nivel de dopaje inferior al del sustrato, se debe recurrir forzosamente a un proceso de epitaxia, porque ni la implantación iónica ni la difusión térmica de impurezas proporcionan tal prestación. En la figura 3.18 se puede hallar un ejemplo elemental de la aplicación de esta técnica; en ese caso se emplea para mejorar las características de un diodo como el de la figura 3.1, reduciendo la resistencia en serie de la región neutra P. La epitaxia se hace indispensable en la tecnología de los circuitos integrados basados en transistores bipolares. Ello se expone en el capítulo 5, que está dedicado a dichos dispositivos.

El crecimiento epitaxial tiene una importancia extraordinaria en la tecnología de los semiconductores III-V, particularmente en la obtención de dispositivos optoelectrónicos. Existen muchas parejas de semiconductores de ese conjunto con redes cristalinas lo suficientemente semejantes entre ellas como para que se pueda epitaxiar un material sobre el otro. Se habla entonces de heteroepitaxia. La mayoría de heterouniones se obtienen de ese modo.

3.2.4 Las etapas finales: las pruebas y el encapsulado

Una vez se ha terminado el proceso de fabricación en la oblea, se procede con las etapas finales.

- La comprobación de las características eléctricas de los circuitos integrados obtenidos en la oblea. Son mediciones que se realizan con un conjunto de puntas entre los puntos de conexión (en inglés, *pads*), zonas terminales más anchas de las pistas que posteriormente servirán para soldar los hilos de contacto. Las mediciones que se deben realizar dependen del DUT (*Device Under Test*, dispositivo o circuito en estudio) y normalmente constituyen una tarea automática programada. La definición de una estrategia de pruebas es un trabajo complementario del diseño de un circuito integrado. Los dados defectuosos se marcan, y no se encapsulan.

- La separación de los dados, mediante un proceso de corte, generalmente con sierra de diamante.

- El montaje y el encapsulado. Comprenden las siguientes tareas: la adherencia del dado a la cápsula, la soldadura de los hilos entre los puntos de conexión y los terminales de la cápsula, denominados patillas —en inglés, *pins*— (v. fig. 3.19), y la inmersión del conjunto en una masa de material plástico (epoxi) de la que solo sobresalen las patillas. Existe una gran variedad de tipos de cápsula, que no se describen en este texto. Uno de los principales aspectos que se debe considerar en el momento de seleccionar el tipo de cápsula que se va a emplear es la disipación de calor necesaria para el funcionamiento del C.I. Debido a ello hay encapsulados que incluyen contactos térmicos —no eléctricos— metálicos, que pueden unirse a radiadores cuando la disipación prevista es muy intensa.

Cabe ahora exponer algunas consideraciones acerca de la miniaturización. Los progresos de la tecnología de fabricación, muy particularmente en la fotolitografía, se han desarrollado en el sentido de fabricar dispositivos cada vez más pequeños. Existen diversas razones para ello. En primer lugar, en lo que concierne al diseño, un circuito rápido requiere que las capacidades, parásitas o no, sean bajas, lo cual exige la reducción de las dimensiones de los dispositivos. Una segunda razón es la productividad: la obtención, con las mismas etapas de proceso, de un mayor número de dispositivos en una oblea. Finalmente, la mejora del rendimiento del proceso (en inglés, *yield*). Para comprender este argumento considérese la figura 3.20, en la que se esquematiza el número de dados que se deben descartar si el proceso de fabricación presenta un número fijo de defectos.

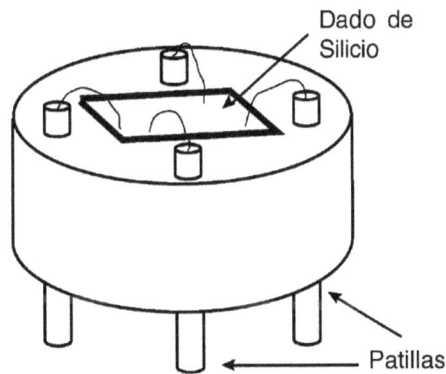

Fig. 3.19   *Representación del montaje de un dado en una cápsula, con los hilos soldados, antes de cerrarla*

EJEMPLO 3.12

En una tecnología emergente el rendimiento del proceso puede ser de unas pocas unidades por ciento. En una primera fase esta cifra aumenta muy lentamente. Después experimenta un rápido crecimiento que la sitúa en valores del orden del 80 % o más, los cuales tienden a saturarse en la etapa de madurez de la tecnología. Se trata de la curva en forma de "S" de la función $\eta(t)$, importante en la evaluación del coste de la producción.

EJEMPLO 3.13

Los circuitos integrados contienen un número cada vez mayor de componentes, y por ello los dispositivos deben ser cada vez más reducidos. No obstante, los dados con circuitos complejos, como los microprocesadores, tienen una superficie relativamente grande, de más de un centímetro cuadrado. Para mantener el rendimiento del proceso, el número absoluto de defectos tiene que disminuir según las dimensiones del dado aumentan. Ello conduce a trabajar en condiciones —por ejemplo, la limpieza del ambiente— cada vez más severas.

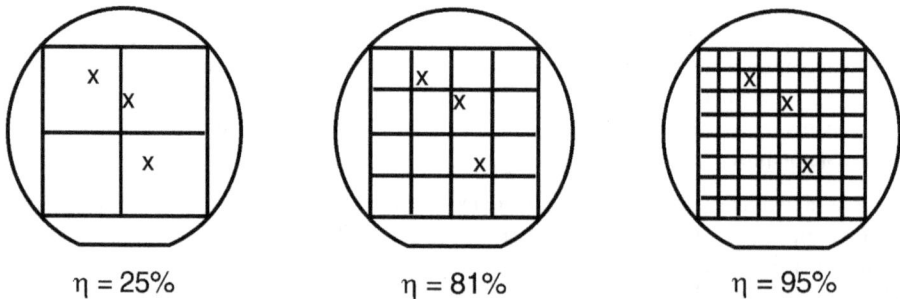

$$\eta = 25\% \qquad \eta = 81\% \qquad \eta = 95\%$$

Fig. 3.20   Las consecuencias de tres defectos sobre el rendimiento del proceso en dados de diferentes dimensiones

Ejercicio 3.8

Supóngase que en los tres ejemplos de la figura 3.20 se duplican las dimensiones de los dados —se cuadruplica la superficie—. Determínese el valor del rendimiento del proceso obtenido en cada caso.

En el primer caso se obtiene un solo dado y el rendimiento es nulo. En el segundo caso se obtienen 4 dados, de los cuales 3 son defectuosos, con lo que el rendimiento es del 25 %. En el tercer caso se obtienen 16 dados, 3 de los cuales son defectuosos, lo que sitúa el rendimiento en el 81 %.

CUESTIONARIO 3.2

1.   *En una oblea de silicio del tipo P, con una concentración de aceptores de 10^{16} cm^{-3}, se realiza una difusión de arsénico que da como resultado un perfil de impurezas definido por la expresión*

$$N_D(x) = 10^{19} e^{-(x/0.1\mu m)^2} cm^{-3}$$

donde la variable x es la profundidad referida a la superficie. Determínese la profundidad de la unión obtenida.

> *a) 0.026 µm   b) 0.26 µm   c) 2.6 µm   d) 26 µm*

2. *En el mismo silicio de la cuestión anterior se realiza el dopaje por implantación iónica. En esta ocasión, el perfil de dopaje es:*

$$N_D(x) = 10^{18} e^{-[(x-0.2\mu m)/0.1\mu m]^2} \, cm^{-3}$$

Calcúlese la profundidad de la unión.

> a) 0.041 μm   b) 0.41 μm   c) 4.1 μm   d) 41 μm

3. *En un determinado proceso de oxidación el espesor del óxido,* x_0, *crece con el tiempo según la ecuación*

$$x_o(t) = -2.475 + \sqrt{6.126 + 2.245 \cdot t} \ \mu m$$

donde t *son horas. Calcúlese qué espesor tiene el óxido después de 1 hora de oxidación. Si se aplica de nuevo el proceso a la oblea que ya se ha oxidado durante 3 horas, ¿qué espesor final de la capa de óxido resulta?*

> a) $x_o(1h) = 0.42$ μm, $x_o(4h) = 1.41$ μm
>
> b) $x_o(1h) = 0.42$ μm, $x_o(4h) = 1.68$ μm
>
> c) $x_o(1h) = 4.2$ μm, $x_o(4h) = 16.8$ μm
>
> d) $x_o(1h) = 4.2$ μm, $x_o(4h) = 8.4$ μm

4. *Supóngase que una máscara de fotolitografía contiene un cuadrado que se debe situar —alinear— dentro de un diseño previamente grabado en la oblea, también cuadrado de 5 μm × 5 μm. El perímetro de éste está definido con una precisión de ±0.4 μm. La capacidad que se tiene de situar la máscara es con una precisión de ±0.3 μm. ¿Qué dimensiones máximas debe tener el cuadrado de la máscara?*

> a) 4.6 μm   b) 4.3 μm   c) 4.2 μm   d) 3.6 μm

5 *En un proceso de grabado húmedo el fenómeno de socavación* (undercutting) *produce un perfil de los bordes que se puede suponer como un cuadrante de circunferencia, tal y como representa la figura adjunta. Supóngase que se desea aplicar esa operación para definir una pista en una capa de 0.8 μm de espesor. ¿Cuál es el valor mínimo de anchura de la pista, impuesto por dicho fenómeno?*

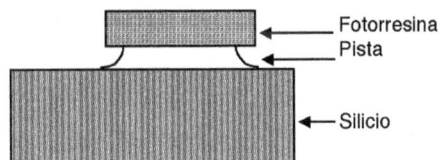

> a) 0.8 μm   b) 1.6 μm   c) 2.4 μm   d) 3.2 μm

6. *En un proceso que se compone de dos etapas se obtiene un rendimiento de proceso (porcentaje de dados correctos) del 90 % en cada etapa. Suponiendo que los defectos de una etapa son independientes de los de la otra, ¿qué valor tendrá el rendimiento del proceso completo?*

> a) 0.90   b) 0.10   c) 0.81   d) 0.18

3.3   Secuencia de las etapas de fabricación de un circuito integrado

Un circuito integrado está formado por un elevado número de dispositivos fabricados en un mismo dado de silicio. Cuando se diseña el circuito se debe prever una secuencia de operaciones que, a través del conjunto de las máscaras adecuadas, generen todos los dispositivos del circuito y las conexiones entre los mismos. Este problema puede ser muy complejo, y para solucionarlo es necesaria una organización estricta del trabajo.

Por un lado, un proceso de fabricación incluye una secuencia bien definida de etapas compatibles entre ellas, que constituyen la tecnología. Esa secuencia permite generar un abanico de dispositivos —diodos, transistores, resistencia, condensadores, etc.— de características bien conocidas. Una alteración en alguna de las etapas obliga generalmente al tecnólogo a replantear todo el conjunto. Por otro lado, el diseñador del circuito dibuja las máscaras que se utilizan en una secuencia de etapas definida, y decide qué dispositivos utilizar —entre los que la tecnología ofrece— y cómo conectarlos.

Entre las previsiones importantes que un proceso debe incluir está el aislamiento entre los dispositivos. La técnica más utilizada con el silicio es el aislamiento por uniones PN en inversa, de modo que para realizar una conexión no deseada entre dos dispositivos adyacentes sea necesario cruzar dos diodos con polaridad opuesta: siempre se halla uno en inversa, como ya se ha mencionado al hablar de la integración de un diodo. En el capítulo dedicado al transistor bipolar se vuelve a incidir sobre este punto. Existe una alternativa conocida como *SOI* (*Silicon On Insulator*, silicio sobre el aislante), en la que el silicio forma islas sobre un material dieléctrico. Es una tecnología sofisticada, utilizada solamente en aplicaciones muy específicas.

Un ejemplo de integración de dispositivos

Para ilustrar la idea de la integración de dispositivos se analiza un circuito particularmente simple: un filtro de paso bajo de primer orden. Se representa se esquema eléctrico en la figura 3.21

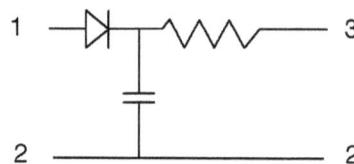

Fig. 3.21   Circuito para integrar monolíticamente en silicio

Se construyen los tres dispositivos en un sustrato de silicio del tipo P, empleando estas estructuras:

- El diodo es una unión constituida por una región P^+ (ánodo) —el terminal 1— envuelta por una región N (cátodo). El contacto entre el diodo y el sustrato es la unión del cátodo del diodo (N) con el sustrato (P), que nunca se debe polarizar directamente, para garantizar el aislamiento del dispositivo. Para asegurar un contacto óhmico entre la región del cátodo y la pista metálica de conexión (nodo interno común a los tres dispositivos, sin numerar en la figura 3.21) es necesario crear una región muy dopada N^+ entre la N y el metal.

- El condensador tiene como electrodo superior la pista metálica mencionada. El otro es una región P^+ con un dopaje igual al del ánodo del diodo, creada en el sustrato P. Esa segunda placa no está aislada del sustrato sino que es el nodo 2 de la figura 3.21. El dieléctrico del condensador es una capa de óxido térmico que se ha hecho crecer en la superficie del silicio.

- La resistencia es una región N^+ con dopaje igual al de la región N^+ del diodo, creada en el sustrato P. Sus extremos son el nodo interno y el terminal 3. El aislamiento de ese dispositivo exige que la tensión del sustrato no supere la de ningún punto de la resistencia.

La figura 3.22 presenta esquemáticamente una sección del conjunto. El terminal 2 debe ir unido a la menor tensión disponible en el circuito para cumplir las condiciones de aislamiento. La misma figura muestra una composición en planta del circuito, en la que se indica la posición XY de la sección dibujada. En la composición se indica sólo el contorno de las máscaras que se deben utilizar, sin precisar si son diseños opacos sobre un campo transparente o viceversa. La máscara metálica de conexión se indica con línea gruesa. La pista que constituye el nodo interno tiene una región ancha para actuar como electrodo del condensador. Por otro lado, se da forma de serpentín a la resistencia para aumentar el cociente entre longitud y sección y obtener así un valor de resistencia más elevado.

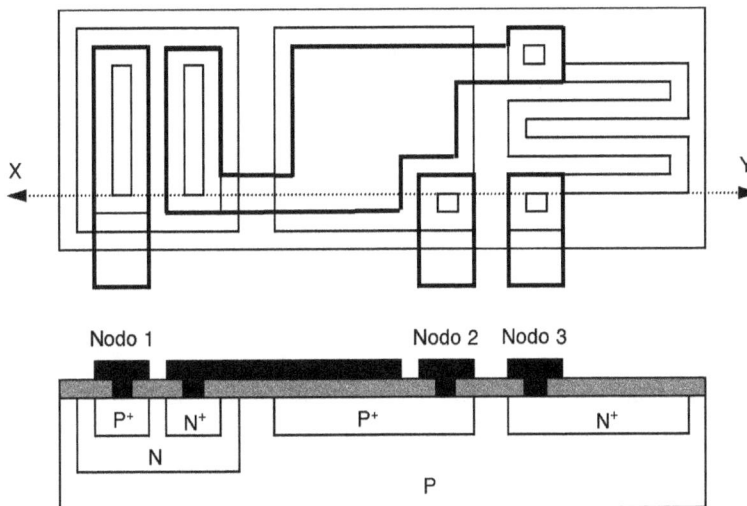

Fig. 3.22   Composición en planta y sección esquemática del circuito integrado correspondiente al diagrama eléctrico de la figura 3.21

EJEMPLO 3.14

En el condensador de la figura 3.22 se utiliza como dieléctrico el óxido térmico que recubre la superficie libre del silicio, conocido como *óxido de campo*. Habitualmente, este óxido tiene un espesor de aproximadamente un micrómetro. Entonces, el valor de la capacidad por unidad de superficie que se obtiene es $\varepsilon_{\text{óxido}}/1\ \mu m \cong (3.45 \times 10^{-13}\ F/cm)/1\ \mu m = 3.45 \times 10^{-17}\ F/cm^2$. Para obtener un condensador de 1 pF es necesaria una superficie de $3.45 \times 10^{-5}\ cm^2$, que puede suponer un cuadrado de aproximadamente 60 $\mu m \times$ 60 μm. Esto representa mucha superficie en un circuito integrado. Se puede reducir en dos órdenes de magnitud utilizando una capa de óxido cien veces más delgada. Tal es el orden de magnitud de los óxidos de puerta empleados en la tecnología MOS.

EJEMPLO 3.15

La resistencia obtenida por difusión es una pista de longitud L, anchura W y profundidad t. Si la resistividad de la región N^+ vale ρ, entonces el valor de la resistencia es $R = \rho L/(Wt)$. El factor ρ/t, que tiene unidad de resistencia, depende del proceso de difusión y se denomina *resistencia de cuadro* —es el valor de R cuando $L = W$—, mientras que el cociente L/W, adimensional, queda determinado por el diseño de las máscaras, y se denomina *relación de aspecto*. Con una técnica de difusión se puede obtener fácilmente valores del orden de $\rho \cong 1$ mΩ·cm, $t \cong 1$ µm $\Rightarrow$ resistencia de cuadro $\cong 10\ \Omega$.

Ejercicio 3.9

Se ha fabricado una resistencia integrada por difusión que presenta una resistencia de cuadro de 15 Ω. Determínese la relación de aspecto para obtener un valor de resistencia de 1 kΩ. Calcúlese la superficie que ocupa si la anchura de la pista es de 2 µm.

$R = 10^3\ \Omega = 15\ \Omega \times L/W \Rightarrow L/W \cong 66$. *Si* $W = 2$ µm $\Rightarrow L \cong 132$ µm. *Un serpentín como el de la figura 3.22 podría estar formado por 6 pistas de 22 µm de longitud. Si el espacio entre las pistas es de 2 µm, entonces las dimensiones del serpentín son aproximadamente 22 µm·(6 × 2 µm + 5 × 2 µm) = 22 µm × 22 µm. Las resistencias ocupan mucha superficie en el circuito integrado.*

Seguidamente se describen las etapas necesarias para la fabricación de este circuito, haciendo uso de la figura 3.23 en la que se representa la aparición de cada etapa de la estructura al lado de la máscara necesaria para definir el nivel correspondiente.

Se parte de una oblea de silicio P, con bajo dopaje, que se recubre de una capa de protección mediante un proceso de oxidación térmica.

1. Creación de la región del cátodo del diodo. Para realizarlo, se abre una ventana en el óxido que se ha hecho crecer anteriormente; por ella se introducen impurezas donadoras empleando, por ejemplo, la técnica de la difusión térmica. La apertura de la ventana requiere los pasos habituales en el fotograbado: el depósito de la fotorresina, la exposición a través de la máscara representada, el ataque del óxido no recubierto y la eliminación de la resina. Empleando resina positiva —al igual que en todo el proceso—, la máscara consiste para cada chip en un rectángulo transparente sobre un campo opaco —máscara de campo oscuro—. La concentración de impurezas donadoras que se ha introducido debe compensar las aceptoras de la región del sustrato correspondiente, y debe llegar a invertirla. Para ello se debe partir de una oblea con bajo dopaje.

2. A continuación se introduce el dopaje P^+. Se comienza reoxidando la superficie del silicio para eliminar la ventana de la etapa anterior —opcionalmente, se puede eliminar previamente el óxido de la primera etapa—. Seguidamente se abren las ventanas correspondientes empleando una secuencia de operaciones de fotograbado, parecida a la anterior. El dopaje se puede realizar por implantación, por ejemplo. La concentración de aceptores debe ser superior a la de los donadores introducidos en la difusión anterior. En esta etapa, la máscara también es de campo oscuro.

3. Después de una nueva oxidación se abren ventanas y se crean las regiones N^+, de manera análoga a como se han realizado las P^+.

4. Mediante una nueva oxidación se recubre toda la superficie del silicio con una capa aislante. A través de esa capa se abren ventanas de contacto mediante un proceso de litografía, usando una máscara de campo oscuro.

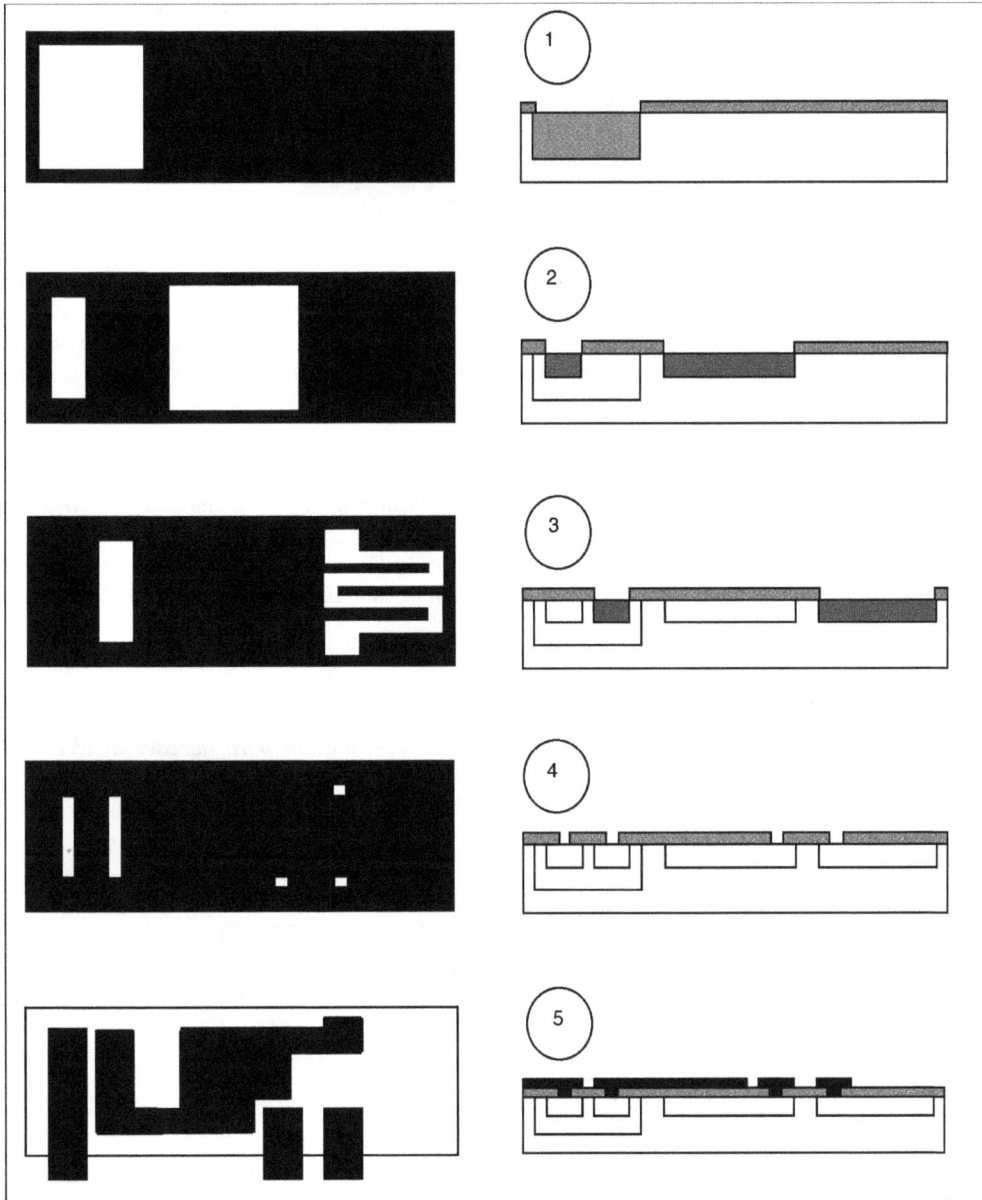

Fig. 3.23 Resumen de las etapas del proceso de fabricación del circuito integrado de la fig. 3.22, indicando en cada caso la máscara empleada

5. Finalmente se recubre toda la cara de la oblea con una película metálica, en la que se definen las pistas de conexión empleando un proceso de fotograbado con una máscara de campo claro.

Entre las simplificaciones que se han empleado para no complicar exageradamente el ejemplo la más importante es que se ha utilizado como dieléctrico del condensador una capa del óxido empleado para proteger el silicio, conocido como *óxido de campo*. Estas capas son relativamente gruesas, típicamente de más de 0.5 µm, lo cual hace que la capacidad por unidad de superficie del condensador sea muy pequeña. En la realidad se emplean dieléctricos más delgados, lo cual exige una etapa más en el proceso descrito.

CUESTIONARIO 3.3

1. Para la integración de una resistencia de 10 kΩ en un circuito integrado se emplea una región dopada N por difusión en un sustrato P. La profundidad de la difusión es de 1 micrómetro, el dopaje medio de 10^{18} impurezas por cm^3 y la movilidad media de los mayoritarios de 200 cm^2/Vs. Si la pista tiene una anchura de 2 µm, calcúlese el área que debe ocupar la resistencia sobre la superficie del circuito integrado.

a) 12.5 μm^2 b) 125 μm^2 c) 1250 μm^2 d) 12500 μm^2

2. Se realiza un condensador en un circuito integrado utilizando una pista metálica y el sustrato de silicio como electrodos, y como dieléctrico una capa de óxido térmico de 0.75 micrómetros de espesor. ¿Qué superficie debe tener un condensador de 1 pF de capacidad? Datos: la constante dieléctrica relativa del óxido de silicio es ε_r = 3.9 y la permitividad del vacío es ε_0 = 8.85×10^{-14} F/cm.

a) 2.17×10^4 μm^2 b) 2.17×10^{-4} μm^2

c) 2.17×10^2 μm^2 d) 2.17×10^{-2} μm^2

3. En el condensador de la cuestión anterior, la pista de conexión para acceder al electrodo superior del mismo tiene una longitud de 100 µm y una anchura de 10 µm. Toda ella se encuentra sobre el óxido térmico. Calcúlese el valor de la capacidad parásita que supone esa pista, y compárese con la del condensador.

a) 4.6 %   b) 0.46 %   c) 2.3 %   d) 0.23 %

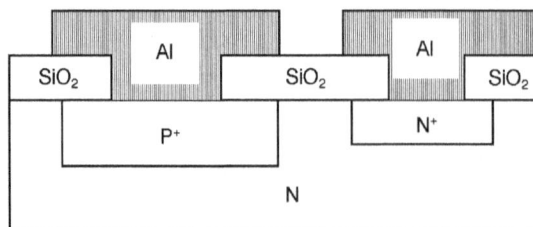

4. Un diodo posee la estructura que se esquematiza en la sección de la figura adjunta. Los dopajes se han obtenido por difusión. Indíquese cuál de las etapas de proceso mencionadas no es correcta para la realización de este dispositivo.

a) Oxidación de la oblea.

b) Fotolitografía para la apertura de la ventana para la difusión P.

c) Fotolitografía para la apertura de la ventana para la difusión N.

d) Epitaxia para la creación de la capa de aluminio.

5.   *Considérese el dispositivo de la figura anterior. Razónese qué parte de la máscara queda transparente y cuál opaca, sabiendo que se trabaja con fotorresina positiva. Indíquese cuál de las siguientes afirmaciones es falsa.*

a) La máscara de la ventana P es un cuadrado transparente sobre fondo opaco.

b) La máscara de la ventana N es un rectángulo transparente sobre fondo opaco.

c) La máscara de la abertura de contactos consiste en dos rectángulos transparentes sobre fondo opaco.

d) La máscara de definición de pistas consiste en dos rectángulos opacos sobre fondo transparente.

6.   *¿Cómo se debe modificar el diodo de las cuestiones anteriores para transformarlo en un diodo Schottky?*

a) Se debe eliminar la región P^+.

b) Se debe eliminar la región N^+.

c) Se debe utilizar un sustrato P.

d) Se debe utilizar oro en lugar de aluminio.

NOTAS PARA UNA PERSPECTIVA HISTÓRICA

Desde el nacimiento del circuito integrado en la década de los cincuenta, la tecnología de los semiconductores, y en particular la del silicio, ha mostrado una evolución ininterrumpida que ha permitido fabricar chips con mejores prestaciones a precios cada vez inferiores. Entre las principales causas que han determinados esa evolución cabe señalar las siguientes:

- Incremento del diámetro de las obleas empleadas, como consecuencia de los progresos de la tecnología para el crecimiento de los cristales así como en los equipos utilizados en las distintas etapas de fabricación presentadas en este capítulo, muy particularmente en la litografía. El hecho de trabajar con obleas mayores ha permitido un aumento de la productividad que ha conducido a una reducción de precios espectacular. La figura 3.24 recoge esos cambios a lo largo de las tres últimas décadas, y una previsión para el futuro inmediato.

- Reducción de las dimensiones de los diseños que se pueden delimitar en el semiconductor para definir los dispositivos. Los progresos de la litografía también han resultado claves en este punto. El resultado ha sido un incremento del número de dispositivos que puede contener un chip (v. fig. 3.24); ello significa la posibilidad de realizar circuitos más complejos sobre la misma superficie de silicio, así como obtener más dispositivos por oblea, con lo que se reducen los costes de producción. Ese aumento de la densidad de integración se ha cuantificado en la denominada *ley de Moore*, según la cual el número de transistores contenidos en un chip se multiplica por dos cada dieciocho meses.

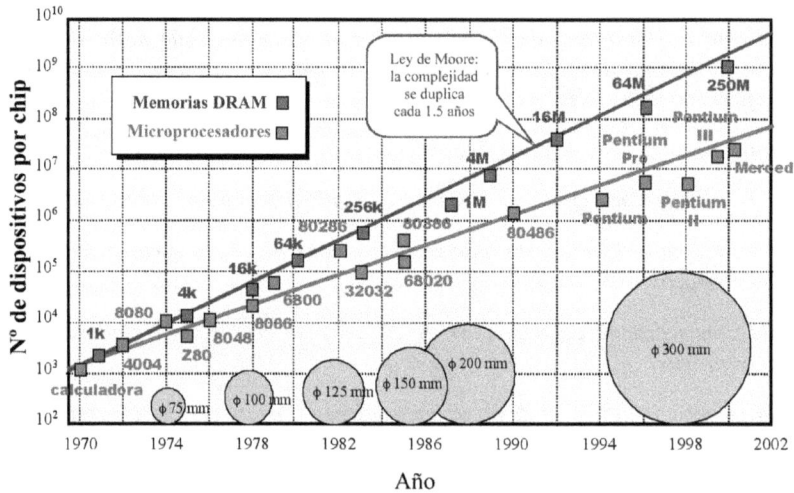

Fig. 3.24   Evolución en el tiempo de la integración de dispositivos en silicio

- Entre las prestaciones que más se han beneficiado de la reducción de las dimensiones está el incremento de la velocidad de funcionamiento de los dispositivos, especialmente perceptible en la frecuencia de reloj que utilizan los sistemas digitales. La tabla 3.3 resume algunos datos relevantes de la evolución tecnológica de los últimos años, así como una previsión de futuro.

Tabla 3.3   Algunas características específicas del estado actual de la tecnología de los circuitos integrados, y las previsiones de futuro (International Technology Roadmap for Semiconductors, revisión del 1998)

Año	1997	1999	2002	2005	2008
Anchura de línea (μm)	0.25	0.18	0.13	0.10	0.07
DRAM: bits/chip	267M	1.07G	4.29G	17.2G	68.7G
μp: transistores/chip	11M	21M	76M	200M	520M
Frecuencia chip (MHz)	750	1250	2100	3500	6000
Tamaño μP (mm^2)	300	400	560	790	1120
Nº de niveles de metalización	6	6 - 7	7	7 - 8	8 - 9
Diámetro de la oblea (cm)	20	30	30	30	45
Tensión de alimentación (V)	1.8 - 2.5	1.5 - 1.8	1.2 - 1.5	0.9 - 1.2	0.6 - 0.9
Coste por transistor μP (10^{-8} $)	3000	1735	580	255	110

4 Dispositivos optoelectrónicos

El objetivo de este capítulo es el estudio de los dispositivos receptores de luz que se pueden construir a partir de un semiconductor —los fotoconductores— o a partir de un diodo —los fotodiodos y las células fotovoltaicas—, así como los dispositivos emisores de luz —diodos electroluminiscentes y el diodo láser—. Es requisito previo el conocimiento de los fenómenos de interacción entre la radiación electromagnética y los semiconductores, y por ello se resumen brevemente sus aspectos principales antes de pasar a presentar los dispositivos en cuestión. Algunos dispositivos, tales como los fototransistores, se analizan más adelante, una vez expuestos los conceptos necesarios para su estudio.

4.1 Radiación electromagnética y semiconductores

4.1.1 Radiación electromagnética

La radiación luminosa se manifiesta como una onda continua —radiación electromagnética clásica— en algunos fenómenos, y como un haz de corpúsculos —cuantos de energía— en otros. En tanto que onda, presenta fenómenos de interferencia, difracción, etcétera, y sus parámetros característicos son la frecuencia (f) y la longitud de onda (λ). En el vacío, la relación entre esas dos cantidades viene dada por la ecuación $\lambda = c/f$, donde c es una constante universal: la velocidad de la luz en el vacío (2.998×10^8 m/s aproximadamente). La relación entre c y las constantes electromagnéticas del vacío —permitividad eléctrica, ε_0, y permeabilidad magnética, μ_0— es

$$c = \frac{1}{\sqrt{\varepsilon_0 \mu_0}}$$

(4.1)

En un medio material, la velocidad de la luz, v, queda determinada por el índice de refracción del material, n, definido como

$$n \equiv \frac{c}{v}$$

(4.2)

El índice de refracción es una función de la longitud de onda, $n(\lambda)$. En un material caracterizado por una constante dieléctrica relativa ε_r y por una permeabilidad magnética relativa μ_r se cumple que

$$n = \sqrt{\varepsilon_r \mu_r}$$

(4.3)

EJEMPLO 4.1

Algunos índices de refracción de interés para la optoelectrónica en los extremos del espectro visible:

Material	$\lambda = 0.4$ μm	$\lambda = 0.7$ μm	Material	$\lambda = 0.4$ μm	$\lambda = 0.7$ μm
GaAs	4.373	3.755	SiO_2	1.470	1.455
Si	5.570	3.787	Si_3N_4	2.072	2.013

Ejercicio 4.1

Calcúlense las velocidades de las radiaciones de los dos extremos del espectro visible en el dióxido de silicio.

2.060×10^8 m/s en el rojo, 2.039×10^8 m/s en el violeta.

Ejercicio 4.2

Considérese una fibra óptica fabricada con dióxido de silicio. Calcúlese la diferencia entre el tiempo que necesita una radiación de 0.4 μm de longitud de onda para recorrer 1 km de fibra, y el que necesita una radiación de 0.7 μm.

50 ns.

Cuando un rayo de luz incide sobre la superficie que separa dos medios con distintos índices de refracción formando un ángulo θ_i —ángulo de incidencia— con respecto a la perpendicular al plano de separación, en el caso más general una parte de la luz se transmite al otro medio —constituye el denominado *rayo refractado*—, mientras que otra parte se reenvía al mismo medio —constituye el denominado *rayo reflejado*—; ello se ilustra en la figura 4.1.

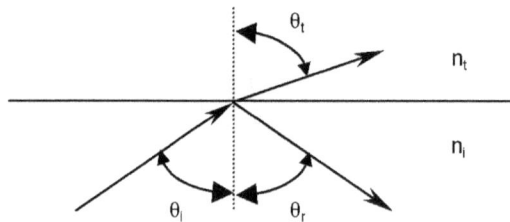

Fig. 4.1 Reflexión y refracción de un rayo de luz

Las relaciones entre las direcciones de esos rayos obedecen a las siguientes leyes:

- Ley de la reflexión: el ángulo de incidencia es igual al de reflexión, $\theta_i = \theta_r$; el rayo incidente, el reflejado y la normal se encuentran en el mismo plano.
- Ley de la refracción (o de Snell): entre el ángulo de incidencia y el de refracción existe la relación

$$\frac{\sin\theta_i}{\sin\theta_t} = \frac{n_t}{n_i} \tag{4.4}$$

donde n_t y n_i son, respectivamente, el índice de refracción del medio desde donde incide el rayo y el del medio al que se transmite.

Si se da el caso que $(n_i/n_t)\sin\theta_i > 1$, entonces no existe ningún ángulo θ_t que cumpla la ecuación 4.4, y no hay refracción del rayo, sino que toda la luz se refleja. Es el fenómeno conocido como reflexión total, y es particularmente importante para comprender el funcionamiento de las fibras ópticas, como se ve más adelante. El ángulo de incidencia máximo que permite la transmisión de la luz al segundo medio es

$$\theta_i = \arcsin\frac{n_t}{n_i} \qquad (4.5)$$

En el fenómeno de la reflexión y refracción, una parte de la potencia incidente se transmite al segundo medio y el resto se refleja al primero. La fracción R de la potencia reflejada es:

$$R = \left(\frac{n_i - n_t}{n_i + n_t}\right)^2 \qquad (4.6)$$

El flujo P de energía que se propaga se mide en $J/cm^2 s = W/cm^2$. En el caso más general, la radiación es la superposición en proporciones variables de radiaciones de distintas longitudes de onda. La contribución de cada una de ellas a la potencia del flujo radiante viene dada por la función distribución espectral $dP/d\lambda$, expresada en $W/(cm^2 \cdot \mu m)$.

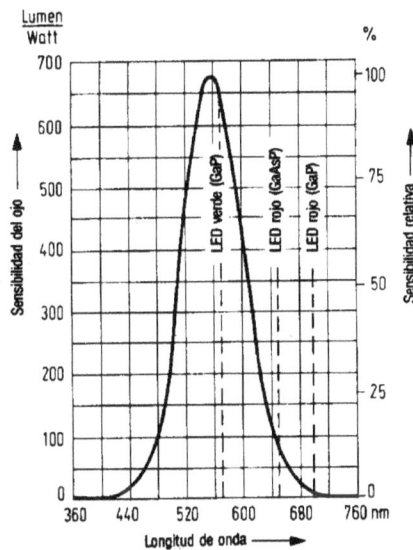

Fig. 4.2 Curva normal de sensibilidad del ojo humano

Cuando el interés se centra en el efecto de la luz sobre la visión humana, entonces esa distribución se pondera según la sensibilidad del ojo humano, de acuerdo con una curva normal estándar que se representa en la figura 4.2. La unidad de potencia luminosa —la iluminación— es el *lumen*. Un vatio de luz de 555 nm de longitud de onda —máximo de la curva estándar— equivale a 680 lúmenes. Para otras longitudes de onda esta cantidad se debe multiplicar por el valor indicado en la curva normal. Un lumen por metro cuadrado proporciona una densidad de iluminación —denominada *luminancia*— conocida como *lux*.

EJEMPLO 4.2

Valores típicos de luminancia :

Fuente	Luminancia (lux)
A pleno sol	10^5
Día nublado	10^3
Estancia iluminada	10^2
Luna llena	1

Tabla 4.1   El espectro electromagnético

Nombre		Longitud de onda (µm)	Energía del fotón (eV)
Rayos cósmicos		$< 3 \times 10^{-7}$	$> 4.1 \times 10^6$
Rayos gamma		10^{-8} a 8×10^{-3}	1.24×10^8 a 155
Rayos X		2×10^{-6} a 0.2	6.2×10^{-5} a 6.2
Ultravioleta	Extremo	0.01 a 0.2	124 a 6.2
	Lejano	0.2 a 0.3	6.2 a 4.13
	Próximo	0.3 a 0.39	4.13 a 3.18
Visible	Violeta	0.39 a 0.455	3.18 a 2.73
	Azul	0.455 a 0.492	2.73 a 2.52
	Verde	0.492 a 0.577	2.52 a 2.15
	Amarillo	0.577 a 0.597	2.15 a 2.08
	Anaranjado	0.597 a 0.622	2.08 a 1.99
	Rojo	0.622 a 0.77	1.99 a 1.61
Infrarrojo	Próximo	0.77 a 1.5	1.61 a 0.827
	Medio	1.5 a 6	0.827 a 0.207
	Lejano	6 a 40	0.207 a 0.031
	Extremo	40 a 10^3	0.031 a 0.00124
Ondas milimétricas		10^3 a 10^4	1.24×10^{-3} a 1.24×10^{-4}
Microondas		10^4 a 3×10^6	1.24×10^{-4} a 4.13×10^{-7}
Ondas de radio		3×10^6 a 2×10^{11}	4.13×10^{-7} a 6.2×10^{-12}
Oscilaciones eléctricas		$> 2 \times 10^{11}$	$< 6.2 \times 10^{-12}$

Ejercicio 4.3

La curva normal de respuesta del ojo humano da los valores del 30 % para una luz de 500 nm de longitud de onda, y del 60 % para una de 600 nm. Calcúlense los vatios de luz necesarios para iluminar una superficie de 100 m^2 con 100 lux.

49 W y 24.5 W, respectivamente.

Ejercicio 4.4

La curva adjunta representa una aproximación por tramos a la distribución espectral de la luz solar que llega a la superficie de la tierra en incidencia perpendicular, después de cruzar la atmósfera en condiciones óptimas; se conoce como *espectro estándar AM1*. Calcúlese la potencia de la radiación por unidad de superficie.

Densidad espectral de potencia
($mW/cm^2 \cdot \mu m$)

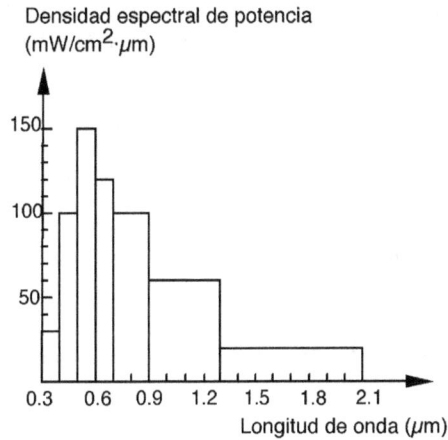

Longitud de onda (μm)

100 mW/cm².

El carácter corpuscular se manifiesta en los fenómenos de emisión y de absorción de la luz por la materia. La radiación se compone de unidades indivisibles de energía —los cuantos—, denominados *fotones*. El valor de la energía de un fotón de una radiación de frecuencia *f* es

$$E = hf = h\frac{c}{\lambda} = \frac{1.24 \text{ eV} \cdot \mu m}{\lambda} \qquad (4.7)$$

donde h es la constante de Planck. En tanto que partícula, el fotón también tiene cantidad de movimiento (o momento). Su valor es h/λ. La tabla 4.1 presenta las regiones del espectro electromagnético.

EJEMPLO 4.3

Los fotones de la radiación para la cual la curva normal de sensibilidad presenta un máximo tienen una energía 1.24/0.555 = 2.23 eV.

Ejercicio 4.5

Calcúlese la energía de los fotones de los extremos del espectro visible (v. tabla 4.1).

1.61 eV en el extremo rojo, y 3.18 eV en el extremo azul.

CUESTIONARIO 4.1.a

1.   *Los valores límite de longitud de onda del espectro visible son 0.4 μm y 0.7 μm. Determínense los límites de la frecuencia. Datos: velocidad de la luz en el vacío: c = 3×10^{10} cm/s.*

   a) 7.5×10^{14}, 4.3×10^{14}   *b) 7.5×10^{12}, 4.3×10^{12}*

   c) 7.5×10^{12}, 4.3×10^{14}   *d) 4.3×10^{12}, 7.5×10^{14}*

2.   *¿Cuántos fotones por centímetro cuadrado y por segundo inciden sobre una superficie que recibe una radiación de 1 mW/cm² de luz de 0.65 μm de longitud de onda? Datos: hc = 1.24 eV·μm.*

   a) 3.3×10^{18}   *b) 3.3×10^{12}*   *c) 3.3×10^{15}*   *d) 3.3×10^{21}*

3.   *Determínese la velocidad de la luz en el óxido de silicio. Datos: la constante dieléctrica relativa del óxido de silicio es ε_r = 3.9, la permitividad del vacío es ε_0 = 8.85×10^{-14} F/cm, la permeabilidad magnética relativa es μ_r = 0.55 y la permeabilidad magnética del vacío μ_0 = 4π×10^{-7} Vs²C^{-1}.*

   a) c/1.46   *b) c·1.46*   *c) c/2.13*   *d) c·2.13*

4.1.2 Interacción entre la radiación electromagnética y los semiconductores

La absorción de la luz

El proceso más importante de absorción de luz en un semiconductor es la creación de pares electrón-hueco. Cada fotón absorbido provoca una transición desde la banda de valencia a la de conducción. Para que un semiconductor absorba un fotón es preciso que la energía de éste sea mayor que la de la banda prohibida del material:

$$E > E_g \Leftrightarrow \lambda \leq \lambda_{máx} = \frac{1.24\,\text{eV}\cdot\mu m}{E_g} \tag{4.8}$$

Es necesario escoger en cada aplicación el semiconductor con la banda prohibida más adaptada a la radiación del problema. La tabla 4.2 presenta una lista de semiconductores y su margen de aplicación en la detección de la luz.

EJEMPLO 4.4

Las longitudes de onda de 1.3 μm y 1.5 μm se utilizan en comunicaciones por fibra óptica. Los semiconductores empleados para detectar las señales deben tener anchuras de banda prohibida no superiores a 0.95 eV y 0.83 eV, respectivamente.

Ejercicio 4.6

La fibra óptica también transmite bien la radiación de 0.8 μm de longitud de onda. Empleando un dispositivo de GaAs, ¿se pueden detectar señales transmitidas con esa luz?

Sí.

Tabla 4.2   Semiconductores para la detección de luz. Los semiconductores con banda prohibida muy estrecha, como el InAs, el InSb o el HgCdTe, deben trabajar a temperaturas bajas para reducir la concentración intrínseca de portadores, que enmascararía las concentraciones de portadores fotogenerados. La temperatura de 77 K es aproximadamente la del nitrógeno líquido a presión atmosférica.

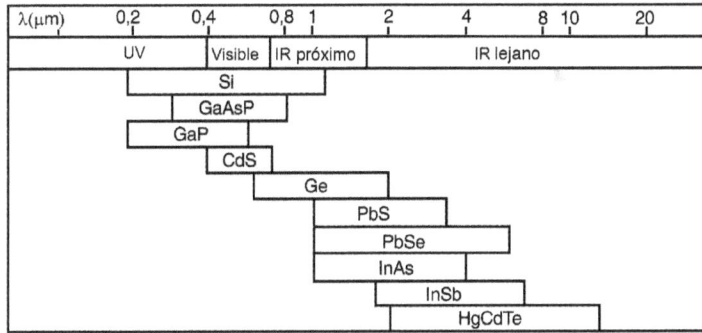

La relación entre el flujo de fotones Φ_0 ($\text{cm}^{-2}\text{s}^{-1}$) y la densidad de potencia P (W/cm^2) de la radiación incidente es

$$\Phi_0 = \frac{P}{E_{fotón}} = \frac{P}{hf} = \frac{P\lambda}{hc} \tag{4.9}$$

La reflexión que se produce en la superficie hace que solo una fracción η de los fotones incidentes penetre en el interior del semiconductor. La relación entre la velocidad de generación de pares $g(x)$, expresada en $\text{cm}^{-3}\text{s}^{-1}$, y el flujo $\Phi(x)$ que alcanza una profundidad x es

$$g(x) = -\frac{d\Phi}{dx} = \alpha(\lambda)\Phi(\lambda) \tag{4.10}$$

donde $\alpha(\lambda)$ es el coeficiente de absorción de la luz, característico de cada semiconductor. Nótese que en la superficie se cumple la relación $\Phi(0) = \eta\Phi_0$.

La integración de la expresión anterior conduce a

$$\Phi(x) = \eta\Phi_0 e^{-\alpha x} \qquad g(x) = \eta\alpha\Phi_0 e^{-\alpha x} \tag{4.11}$$

Esta función de generación de portadores se debe incluir en las ecuaciones de continuidad para analizar los dispositivos. La fig. 4.3 presenta el coeficiente de absorción de algunos semiconductores.

La cantidad $1/\alpha$ se conoce como *profundidad de penetración de la radiación en el semiconductor*, porque es igual a la distancia media que recorren los fotones antes de ser absorbidos.

EJEMPLO 4.5

Considérense dos radiaciones en los dos extremos del espectro visible, con una intensidad de $1\ \text{mW/cm}^2$. Los flujos de fotones son respectivamente:

$$\Phi_0 = \frac{1\,\text{mW}/\text{cm}^2}{1.61\,\text{eV}} = \frac{10^{-3}\ \text{J}/\text{cm}^2\text{s}}{1.61\cdot 1.6\times 10^{-19}\,\text{J}} = 3.9\times 10^{15}\,\text{cm}^{-2}\text{s}^{-1} \quad \text{en el extremo rojo;}$$

$\Phi_0 = 2.0\times 10^{15}\ \text{cm}^{-2}\text{s}^{-1}$ en el extremo azul.

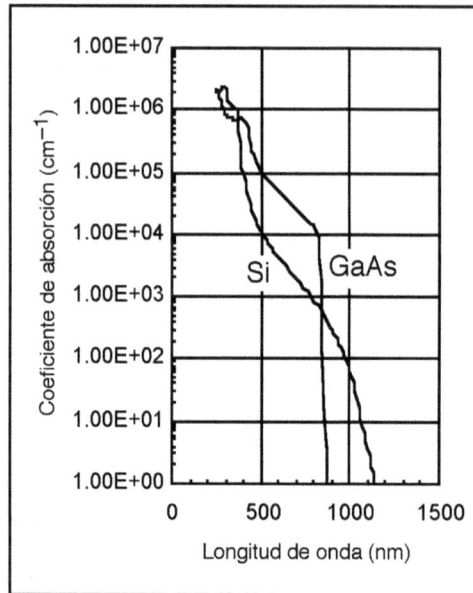

Fig. 4.3   Coeficiente de absorción de la luz en el silicio y en el arseniuro de galio

EJEMPLO 4.6

Cuando una radiación de 0.5 μm de longitud de onda se absorbe en el silicio, la intensidad del haz de fotones se atenúa en un factor e, es decir, en un 67 %, a una profundidad de $1/\alpha = 9 \times 10^{-5}$ cm $= 0.9$ μm ($\lambda = 500$ nm). La profundidad necesaria en el GaAs para esa misma absorción es de solo 0.1 μm.

Ejercicio 4.7

Si se considera una radiación de 0.78 μm, calcúlese la profundidad necesaria en el silicio para absorber el 63 % de los fotones.

$1/\alpha = 10^{-3}$ cm $= 10$ μm ($\lambda = 780$ nm).

4.1.3 Semiconductores de BP directa y de BP indirecta

Un fotón, como partícula, no solo tiene energía sino también momento. En un proceso de absorción o de emisión de luz, ésta se comporta como un haz de partículas: los fotones. Estos, por tanto, intercambian energía y momento con el semiconductor, ateniéndose a las respectivas leyes de conservación. En una partícula material, la relación entre la energía cinética $E = 1/2 \cdot mv^2$ y el momento lineal $p = mv$ es $E = p^2/2m$. Para un fotón, la relación entre $E = hf$ y $p = h/\lambda$ es $E = pc$.

EJEMPLO 4.7

Un fotón con una energía de 2 eV, correspondiente a 0.6 μm de longitud de onda —color rojo— tiene un momento $p = E/c = 2 \cdot 1.6 \times 10^{-19}$ J$/(3 \times 10^8$ m/s$) \cong 1.1 \times 10^{-26}$ kg·m/s.

Ejercicio 4.8

Compárese el momento calculado en el ejemplo anterior con el de un electrón de igual energía en el vacío. Asígnese a la masa del electrón su valor en reposo, $m_0 = 9.1 \times 10^{-31}$ kg.

$$p = \sqrt{2Em_0} = \sqrt{2 \cdot 2 \cdot 1.6 \times 10^{-19} J \cdot 9.1 \times 10^{-31} kg} \cong 7.63 \times 10^{-25} \ kg \ m/s$$

Un fotón puede ser absorbido por un semiconductor si su energía es suficiente para provocar el paso de un electrón desde la banda de valencia a la de conducción, generando de este modo un par electrón-hueco. En este proceso se conserva la energía y también el momento. Cabe preguntarse, entonces, qué momento tienen los electrones.

Los electrones de un cristal no son partículas libres; por lo tanto, no vale la relación $E = p^2/2m$, sino una relación más compleja. Efectivamente, dentro de un sólido el electrón está sometido a los potenciales creados por los átomos de la red —y por los demás portadores—. La determinación de la energía y el momento de la partícula en esas condiciones es un problema que va más allá del presente estudio, y pertenece a la física del estado sólido, que aplica la mecánica cuántica al análisis de la dinámica de los electrones. Uno de sus resultados es la relación energía-momento $E(\vec{p})$, expresada habitualmente mediante una función $E(\vec{k})$, donde $\vec{k} = \vec{p}/\hbar$. De este modo, aparecen relaciones como las de la figura 4.4, en las que para simplificar se ha tomado un solo eje para el vector $\vec{k}$, reduciéndolo a un escalar. Estos diagramas de bandas sustituyen a los del capítulo 1, en los que solo se considera el eje de las energías. Nótese que aquellas distribuciones de los niveles de energía son la proyección de estos diagramas sobre el eje vertical.

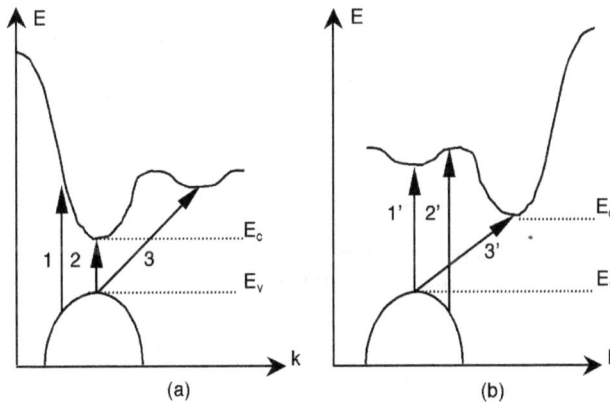

Fig. 4.4   *Diagramas de bandas en semiconductores. Transiciones directas (1, 1', 2 y 2')*
e indirectas (3 y 3') entre la banda de valencia y la de conducción.

Hay semiconductores que presentan un diagrama de bandas como el de la figura 4.4.a, en el que el mínimo absoluto de la banda de conducción y el máximo de la banda de valencia se producen para el mismo valor de k. En esos semiconductores un electrón puede pasar del nivel E_V al nivel E_C sin variación en su momento. Se denominan *semiconductores de BP directa*; el GaAs es un ejemplo. Cuando la estructura de bandas es como la de la figura 4.4.b, entonces el paso de un electrón de E_V a E_C exige que el momento cambie. También son posibles las transiciones de banda a banda sin variación del momento, pero con incrementos de energía superiores a $E_c - E_v$. En ese caso se habla de *semiconductores de BP indirecta*, siendo el silicio el más común en ese grupo.

EJEMPLO 4.8

En los diagramas de la figura 4.4 el dominio de definición de la variable k se extiende desde 0 a π/a, donde a es la distancia entre átomos. El orden de magnitud del momento de los electrones es entonces de

$$p = \hbar k \cong \frac{\text{h}}{2\pi}\frac{\pi}{a} = \frac{\text{h}}{2a} \cong \frac{6.6\times10^{-34}\,\text{J s}}{4\times10^{-10}\,\text{m}} = 1.65\times10^{-24}\,\text{kg m/s}$$

Este valor, muy inferior al obtenido en el ejercicio 4.8, es muy superior al de los fotones, estimado en el ejemplo 4.7.

La red cristalina puede también intercambiar la energía y el momento de las vibraciones de sus átomos con los electrones y los fotones. Dado que se trata de vibraciones acopladas entre ellas, el sistema tiene unos modos del conjunto del sólido que dependen de la estructura cristalina. Estos modos son los fonones. Un fonón se comporta como una partícula capaz de intercambiar energía y momento con otras partículas, entre ellas los electrones. Así, las vibraciones de la red se perciben como un conjunto de partículas confinadas dentro del sólido. En un cristal dado, el número y el espectro energético de sus fonones depende de la temperatura. La relación entre la energía y el momento E(p) para los fonones, expresada también por una función E(k) con $k = p/\hbar$, es similar a la de los fotones: $p = \hbar k = E/v_{ai}$, donde v_{ai} es la velocidad del sonido en el sólido, habitualmente del orden de 10^5 cm/s.

EJEMPLO 4.9

La energía de los fonones es del orden de kT. El momento correspondiente, a temperatura ambiente, es

$p = \hbar k = E/v_{ac} = 0.026\,\text{eV}/10^3\,\text{m/s} = 0.026 \cdot 1.6\times10^{-19}\,\text{J}/10^3\,\text{m/s} = 4.16\times10^{-24}\,\text{kg} \cdot \text{m/s}$

Obsérvese que esta cantidad es del mismo orden que la que se ha hallado en el ejemplo 4.8. Este hecho tiene importantes consecuencias, como se ve seguidamente. Nótese también que el fonón tiene una energía baja comparada con la necesaria para una transición entre bandas en semiconductores.

Cuando interviene un fonón en un proceso en el que un electrón es excitado por la absorción de un fotón, entonces la ley de la conservación de la energía y del momento se escriben como

$$\Delta E_{electrón} = E_{fotón} \pm E_{fonón}$$
$$\Delta k_{electrón} = k_{fotón} \pm k_{fonón}$$

$$(4.12)$$

donde los dos signos $\pm$ corresponden a la absorción o emisión de un fonón. De acuerdo con los cálculos numéricos de los ejemplos 4.8 y 4.9, las ecuaciones 4.12 admiten las aproximaciones siguientes:

$$\Delta E_{electrón} \cong E_{fotón}$$
$$\Delta k_{electrón} \cong \pm k_{fonón}$$

$$(4.13)$$

Tal y como se ha visto, los fonones pueden aportar suficiente momento como para posibilitar las transiciones indirectas.

Considérese ahora la absorción de fotones en un semiconductor. Se puede tener dos tipos de procesos: la absorción por excitación de un electrón que efectúa una transición directa, o bien por un electrón que realiza una transición indirecta. En el primer caso sólo participan dos partículas, el fotón y el electrón, y la condición para que se pueda realizar es que el fotón posea una energía igual a la diferencia entre el nivel final y el inicial del electrón. En el caso de una transición indirecta es además necesaria la presencia de una tercera partícula, el fonón.

En los semiconductores de BP directa, como el GaAs, para que haya transición solo es necesario que la energía del fotón sea mayor o igual que la de la banda prohibida, E_g; entonces se pueden generar pares electrón-hueco mediante transiciones como la 2 de la figura 4.4.a. Fotones más energéticos pueden producir más tipos de transiciones, como la 1 (con un excedente de energía $E_{fotón} - E_g$ que acaba siendo transferida a la red cristalina), o como la 3 si interviene un fonón. Los fotones más energéticos tienen pues más posibilidades de ser absorbidos, y ello significa un valor más elevado del coeficiente de absorción, como se puede observar en la figura 4.3.

En semiconductores de BP indirecta, como el silicio (v. fig. 4.4.b), los fotones con energía igual o poco mayor que la de la anchura de la banda prohibida solo pueden provocar transiciones indirectas, como la 3', las cuales son más improbables porque requieren un fonón. El resultado es que el coeficiente de absorción para valores de energía próximos al umbral de absorción es inferior, como lo muestra la figura 4.3. Fotones más energéticos pueden producir transiciones como la 1' y la 2', que son directas y por lo tanto más probables. Su coeficiente de absorción es en ese caso mucho mayor que en el caso $E_{fotón} \cong E_g$.

Después de una transición como la 1 o la 2', el electrón puede tener una energía muy superior a la que corresponde a los electrones de la banda de conducción en equilibrio térmico, de acuerdo con la distribución estudiada en el capítulo 1. Se habla entonces de *portadores calientes*. Después de una serie de colisiones con los átomos del cristal, el electrón acaba por ceder su exceso de energía a la red en forma de calor, y pasa a ocupar los niveles cercanos en el fondo de la banda de conducción. Se dice que el electrón se ha *termalizado*.

Emisión de luz

Los semiconductores pueden emitir luz por un proceso inverso al de absorción: la energía cedida por un electrón que pasa de la banda de conducción a la de valencia (dicho de otro modo, por un proceso de recombinación electrón-hueco) se transforma en la energía de un fotón emitido. Se trata de un fenómeno cuántico al igual que la absorción: la transición de un electrón genera un único fotón.

En el capítulo 1 se presenta la relación entre la velocidad de recombinación y las concentraciones de portadores. Se muestra también que los niveles de energía de los electrones de conducción son cercanos a E_c, y los de los huecos a E_v. Por esa razón no se puede esperar hallar transiciones como la 1 o la 1' de la fig. 4.4 en sentido inverso, sino que se hallan las inversas de la 2 o la 3'. En el caso de un semiconductor de BP indirecta siempre es necesaria la presencia de fonones, lo cual implica un proceso poco probable. El material es poco eficaz como emisor de luz; tal es el caso del silicio. En estos materiales la energía procedente de la recombinación de portadores se transfiere a la red cristalina en forma de calor. Las recombinaciones radiantes son mucho más probables en semiconductores de BP directa.

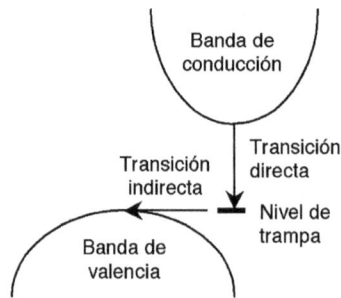

Fig. 4.5   Transición radiante en un semiconductor de BP indirecta a través de un nivel de trampa

No todas las transiciones radiantes se producen entre la banda de conducción y la de valencia. También existen entre bandas y niveles dentro de la banda prohibida creados normalmente por impurezas. Por ejemplo, el GaP es un semiconductor de BP indirecta que presenta transiciones directas radiantes entre la banda de conducción y el nivel creado por el nitrógeno cuando ocupa una posición sustitutiva del fósforo (nótese que ambos elementos tienen la misma valencia, y por lo tanto el nivel no es donador ni aceptor). La transición entre el nivel de la impureza y la banda de valencia es, obviamente, indirecta. Este proceso, representado en la figura 4.5, es importante para comprender el funcionamiento de algunos diodos emisores de luz (apartado 4.3.2).

CUESTIONARIO 4.1.b

1.   *Indíquese qué afirmación referida a la gráfica de la figura 4.3 es falsa.*

   a) Los fotones de $\lambda = 1000$ nm no son absorbidos por el GaAs debido a su carencia de suficiente energía para la ruptura de un enlace covalente de ese material.

   b) Los fotones de $\lambda = 1000$ nm son absorbidos por el Si debido a que poseen suficiente energía para la ruptura de un enlace de ese material.

   c) Los fotones de $\lambda = 800$ nm tienen un mayor coeficiente de absorción en el GaAs que en el Si, debido a que el GaAs es de BP directa y el Si es de BP indirecta.

   d) Los fotones de $\lambda = 800$ nm se absorben más cerca de la superficie en el Si que en el GaAs.

2.   *Empleando la curva anterior, determínese qué profundidad de silicio es necesaria para que la potencia de un flujo de fotones de 0.5 μm de longitud de onda que penetran por la superficie quede reducido en un 90 %.*

   a) 230 μm   *b) 23 μm*   *c) 2.3 μm*   *d) 0.23 μm*

3.   *¿Puede afirmarse taxativamente que el silicio no puede emitir radiación electromagnética como consecuencia de su mecanismo de recombinación de portadores?*

   a) No puede emitir fotones.   *b) Sólo emite fotones.*

   c) La radiación emitida es insignificante.   *d) Por cada fonón, emite también un fotón.*

4.2 Dispositivos receptores de radiación

4.2.1 Fotoconductores

Un fotoconductor es un material cuya conductividad aumenta por efecto del aumento de las concentraciones de portadores como consecuencia de la fotogeneración. Cuando en la superficie de una lámina de espesor d incide luz, el número de pares generados por unidad de superficie y tiempo es

$$G_t = \int_0^d g(x)dx = \int_0^d \eta\alpha\Phi_0 e^{-\alpha x}dx = \eta\Phi_0(1 - e^{-\alpha d}) \tag{4.14}$$

Para tener una absorción completa de la luz es necesario un espesor de material $d \gg 1/\alpha$. Los estudios de ruido en dispositivos receptores de luz desaconsejan esa opción, y se ha señalado como valor óptimo $d = 1.25/\alpha$. A efectos de simplificar los cálculos, se considera una generación por unidad de volumen y tiempo g_L, uniforme en todo el volumen, con valor

$$g_L = \frac{G_t}{d} \tag{4.15}$$

Se supone que existen unas concentraciones en exceso de portadores mayoritarios y minoritarios iguales entre ellas, $\Delta n = \Delta p$. Si la generación comienza en el instante $t = 0$, entonces

$$\Delta n(t) = g_L\tau\left(1 - e^{-t/\tau}\right) \tag{4.16}$$

donde τ es el tiempo de vida de los minoritarios. Cuando se alcanzan las condiciones estacionarias

$$\Delta n = g_L\tau \tag{4.17}$$

Esta ecuación presupone que se está en baja inyección. Frecuentemente esta hipótesis no se cumple con exactitud, pero por simplicidad se suponen válidas las igualdades anteriores (4.16 y 4.17).

Considérese ahora un dispositivo constituido por una lámina de semiconductor sobre la que puede incidir la luz (v. fig. 4.6). Los terminales de contacto, de anchura W, están separados a una distancia L.

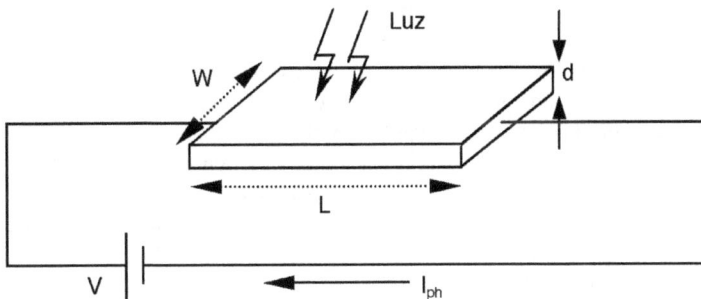

Fig. 4.6   Esquema de una célula fotoconductora

La incidencia de la luz hace disminuir la resistencia entre los electrodos a causa del aumento de la conductividad. Si se aplica una tensión V entre los terminales, se registran unas corrientes:

$$I_{oscuridad} = \frac{V}{R_{oscuridad}} \qquad R_{oscuridad} = \frac{1}{q\mu_n N_D}\frac{L}{Wd} \qquad \text{(suponiendo material del tipo N)}$$

$$(4.18)$$

$$I_{iluminación} = I_{ph} = \frac{V}{R_{iluminación}} \qquad R_{iluminación} = \frac{1}{q\{\mu_n(N_D + \Delta n) + \mu_p \Delta p\}}\frac{L}{Wd}$$

Si se desea que la resistencia bajo iluminación sea muy inferior a la resistencia en la oscuridad, es necesario que

$$\Delta n \gg N_D$$

$$(4.19)$$

Se define la ganancia de un fotoconductor G como el cociente entre el número de portadores de la fotocorriente I_{ph} que pasan por los contactos y el número de pares fotogenerados por unidad de tiempo. La expresión de esa cantidad es

$$G \equiv \frac{I_{ph}/q}{g_L WLd} = \frac{[V(\mu_p + \mu_n)\Delta n Wd]/L}{g_L WLd} = \frac{V\mu g_L \tau}{g_L L^2} = \frac{\mu\tau}{L^2}V \qquad \text{con} \qquad \mu \equiv \mu_p + \mu_n \qquad (4.20)$$

Expresión que justifica que la fotoconductividad es proporcional al producto $\mu\tau$.

La ganancia se puede expresar también empleando el concepto de tiempo de tránsito de los portadores entre los contactos. Considérese, para fijar las ideas, que el semiconductor es del tipo N. Entonces se puede escribir para los electrones:

$$t_d = \frac{L}{v_n} = \frac{L}{\mu_n E} = \frac{L^2}{\mu_n V}$$

$$(4.21)$$

Si en la expresión 4.20 se puede aproximar $\mu \cong \mu_n$ entonces la relación entre ganancia y tiempo de tránsito da

$$G = \frac{\tau}{t_d}$$

$$(4.22)$$

Este resultado tiene la siguiente interpretación física. En los anteriores cálculos se ha supuesto que la concentración Δn es el resultado del balance entre la generación y la recombinación, y que la captación de portadores en los electrodos no altera esa cantidad. Esa suposición puede resultar exagerada en muchos casos. Considérese ahora el caso de un fotoconductor en el que uno de los tipos de portadores, por ejemplo los huecos, tengan la movilidad muy inferior a la de los otros portadores, los electrones en ese caso. Tómese el caso límite: los huecos tienen una movilidad casi nula y por lo tanto no desaparecen en los electrodos. Entonces 4.22 es exacta y la corriente está formada por electrones. Los electrones captados por los electrodos son repuestos por el circuito, ya que el semiconductor se tiene que mantener neutro: ese es el origen físico de la ganancia de corriente. Esa situación se presenta en materiales en los que $\mu_n \gg \mu_p$, como el GaAs, o en otros en los que los huecos quedan retenidos por niveles trampa. En la tecnología de los materiales fotoconductores se utiliza frecuentemente impurezas que crean esos niveles trampa en el semiconductor. De ese modo $\tau \gg t_d$ y G resulta elevada.

Cuanto mayor es τ, más elevada es la ganancia, porque durante ese tiempo pueden circular más electrones por el circuito; tal es el significado de la ecuación 4.22. Toda estrategia encaminada a la obtención de una ganancia elevada por el incremento de τ tiene un precio, que es la velocidad de respuesta. Efectivamente, de acuerdo con la ecuación 4.16, la duración del transitorio depende de τ; el mismo resultado vale para la desaparición de la excitación. La velocidad de respuesta es particularmente importante si lo que se detecta son impulsos de luz en lugar de un flujo continuo.

Los fotoconductores se encuentran en el mercado como LDR (*Light Dependant Resistor*, resistencias dependientes de la luz), con una configuración yuxtapuesta de los electrodos de contacto para conseguir una relación *W/L* elevada. Son dispositivos simples y baratos, pero lentos generalmente.

Para detectar luz del espectro visible se utilizan fotoconductores fabricados con CdS o CdSe, con impurezas como el Cu que crean niveles de trampas e incrementan el valor de τ. De ese modo se obtienen valores típicos de ganancia de 10^3. El GaAs es un material atractivo para fotoconductores porque la diferencia de movilidades entre los dos tipos de portadores hace innecesaria la introducción de niveles de trampa; con ello se consiguen dispositivos más rápidos, aunque con una ganancia moderada. Para la detección de infrarrojos se utilizan semiconductores de banda prohibida estrecha, como InSb, $Pb_xSn_{1-x}Te$ y $Hg_xCd_{1-x}Te$, que deben trabajar a temperaturas bajas para reducir la concentración intrínseca de portadores. Una alternativa para trabajar en esta región es la utilización de otros semiconductores en los que las transiciones se producen entre bandas y niveles de impurezas. Es el caso del Ge dopado con Au, para trabajar con longitudes de onda entre 2 µm y 10 µm. El mismo Ge dopado con Cu permite trabajar entre 10 µm y 30 µm.

EJEMPLO 4.10

En una célula fotoconductora de CdS dopada con Cu el tiempo promedio durante el cual los portadores están atrapados es de 100 µs, mientras que los minoritarios pueden alcanzar velocidades de 10^6 cm/s. Con una separación entre electrodos de 100 µm se obtiene una ganancia de 10^4.

Ejercicio 4.9

Determínese la movilidad de los portadores mayoritarios del fotoconductor del ejercicio anterior, suponiendo que esté polarizado a 10 V.

1000 cm²/Vs

CUESTIONARIO 4.2.a

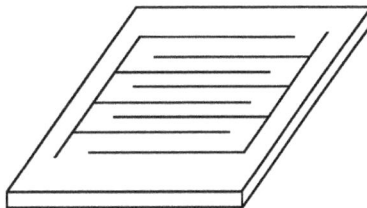

1. Los electrodos de una célula fotoconductora tiene habitualmente una geometría similar a dos peines yuxtapuestos sobre la superficie de una lámina de material semiconductor, según se muestra en la figura adjunta.

Determínese de qué parámetro geométrico depende el tiempo de tránsito de los portadores fotogenerados en esa estructura, e indíquese como queda modificada la ganancia del dispositivo si, manteniendo su superficie constante, se dobla el número de «púas» y se hacen más finas.

        a) Se multiplica por 2.   *b) Se divide por 2.*

        c) Se multiplica por 4.   *d) Se divide por 4.*

2. *¿Qué dopaje es preciso emplear para aumentar la sensibilidad a la luz de un fotoconductor?*

        a) Bajo.   *b) Alto.*

        c) Es independiente del dopaje.   *d) Depende de si es P o N.*

3. *¿Se puede aumentar la ganancia de un fotoconductor aumentando la tensión de polarización?*

        a) Siempre.   *b) Nunca.*

        c) Es independiente de la tensión.   *d) Depende del valor de V.*

4.2.2 La unión PN iluminada

Un importante grupo de dispositivos que incluye los fotodiodos y las células fotovoltaicas tiene su funcionamiento basado en el cambio de características del diodo de unión PN cuando la luz alcanza el interior del semiconductor y genera pares electrón-hueco. El análisis de los dispositivos es el mismo que el realizado en los anteriores capítulos, modificándose como sigue:

a) En las zonas neutras, la ecuación de difusión que se debe resolver debe incluir el término de generación de portadores. Escribiéndola para la región N es

$$\frac{d^2\Delta p}{dx^2} = \frac{\Delta p}{L_p^2} - \frac{g(x)}{D_p} \quad \text{con} \quad g(x) = g(0)e^{-\alpha x} \tag{4.23}$$

donde la distancia x se debe considerar desde la superficie del dispositivo. Para la región P se debe aplicar una ecuación parecida. Las condiciones de contorno son las mismas que con el diodo en la oscuridad. Una vez conocidos los perfiles de portadores se calculan las corrientes de minoritarios y la corriente total que atraviesa la unión, siguiendo el procedimiento habitual. Estos cálculos no se presentan en detalle, pero se discute seguidamente la física del fenómeno.

Los minoritarios generados en las regiones neutras pueden llegar por difusión al límite con la ZCE o recombinarse —en el volumen o en el terminal metálico— antes de alcanzarlo. En el primer caso dan lugar a una corriente que atraviesa la unión, porque son arrastrados por el campo eléctrico de la ZCE. Se habla entonces de *corriente fotogenerada* o *fotocorriente*. Esa fotocorriente, que se superpone —es decir, se suma— a la corriente del diodo en la oscuridad, tiene el sentido de la corriente inversa porque los electrones, minoritarios en la región P, van de P a N, mientras que los huecos se desplazan en sentido contrario.

Los portadores que se recombinan no contribuyen a la fotocorriente. Cuanto mayor es el tiempo de vida de los minoritarios (o su longitud de difusión), mayor es la fotocorriente con el mismo número de pares generados.

La solución de la ecuación de difusión no es difícil pero es laboriosa. El lector la puede encontrar fácilmente en la bibliografía. Se propone una simplificación consistente en la aproximación de la función $g(x)$ con una constante g_L. El resultado es que el término de fotocorriente generada en la región neutra P vale

$$qAL_n g_L \tag{4.24}$$

donde A es el área del dispositivo. Para la región neutra N se obtiene una expresión dual, $qAL_p g_L$. En términos intuitivos: los pares generados a una distancia de la ZCE inferior a L_n (o L_p en su caso) son captados por la unión, mientras que los otros se pierden por recombinación (v. fig. 4.7).

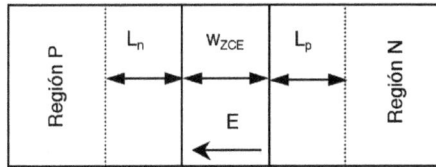

Fig. 4.7 Contribución de las distintas regiones a la fotocorriente en una unión PN bajo iluminación uniforme en todo el volumen

b) El análisis de la respuesta de la zona de carga espacial es más complicado porque el campo eléctrico es muy intenso. La suposición de que todos los portadores generados por la luz en esa región son arrastrados por el campo eléctrico —los electrones hacia la región N y los huecos hacia la P— sin tiempo para la recombinación proporciona una simplificación aceptable.

De este modo, conociendo el número total de portadores generados se puede calcular la contribución de esa región a la corriente fotogenerada. Dentro de la aproximación de generación uniforme anteriormente considerada se obtiene

$$qAw_{ZCE} g_L \tag{4.25}$$

donde w_{ZCE} es la anchura de la zona de carga espacial, que es función de la tensión de polarización. Nótese que la contribución de los pares fotogenerados en la ZCE a la corriente tiene el mismo signo que la de los que proceden de las zonas neutras: es una corriente de N a P.

Reuniendo las distintas regiones se obtiene la expresión de la fotocorriente:

$$I_L = qAg_L \left(L_n + L_p + w_{ZCE} \right) \tag{4.26}$$

y la característica corriente-tensión del dispositivo queda como

$$I = I_s \left(\exp \frac{qV}{k_B T} - 1 \right) - I_L \tag{4.27}$$

Esta función da lugar a la curva de la figura 4.8.

EJEMPLO 4.11

En una unión PN$^+$ en silicio se pueden encontrar los siguientes órdenes de magnitud: $L_n \cong 0.1$ μm, $w_{ZCE} \cong 1$ μm. En un ejemplo del apartado 4.1.2 se ha observado que cuando luz de 0.78 μm de longitud de onda incide sobre la superficie, un 67 % (factor $1/e$) de los fotones son absorbidos en los primeros 10 µm. Por lo tanto, la fracción de fotones absorbidos en 40 µm es de $1 - 1/e^4 = 98$ %. En ese caso se puede considerar que la totalidad de los portadores se generan a una profundidad inferior a $L_n + L_p + w_{ZCE}$; debe reformularse la aproximación de generación uniforme, considerando solo la región en la que se produce absorción de fotones.

Ejercicio 4.10

Supóngase que en el ejemplo anterior la incidencia es de 4×10^{15} fotones/cm^{2}s, lo cual corresponde aproximadamente a 1 mW/cm^2 de radiación de color azul. Asígnese un valor a la generación media g_L.

10^{18} *pares/cm^{3}s*

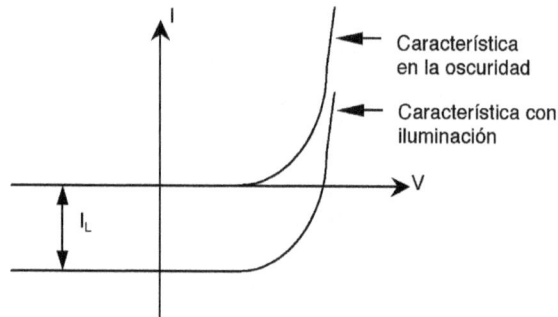

Fig. 4.8   Característica corriente-tensión de una unión PN iluminada

CUESTIONARIO 4.2.b

1.   *Considérese una unión PN iluminada. Se simplifica el problema suponiendo una generación de pares de portadores uniforme, y que se produce solamente en la región N, que se considera larga. Supóngase que la unión está en cortocircuito. ¿Cuál de las siguientes afirmaciones es falsa?*

   a) En el límite con la ZCE, p vale p_{N0}

   b) En el interior de la región N, p vale $p_{N0} + g_L \cdot \tau_p$

   c) La región N inyecta una corriente de huecos a la ZCE de valor $qAg_L L_p$

   d) La concentración en el contacto metálico es $p_{N0} + g_L \cdot \tau_p$

2.   *Repítase la cuestión anterior, suponiendo la unión en circuito abierto.*

   a) En el límite con la ZCE, p vale $p_{N0} + g_L \cdot \tau_p$

   b) En el interior de la región N, p vale $p_{N0} + g_L \cdot \tau_p$

   c) La región N inyecta una corriente de huecos a la ZCE de valor $qAg_L L_p$

   d) La concentración en el contacto metálico es p_{N0}

3. *Repítase la cuestión anterior suponiendo la unión en polarización inversa elevada.*

    a) En el límite con la ZCE, p vale 0.

    b) En el interior de la región N, p vale $p_{N0} + g_L \cdot \tau_p$

    c) La región N inyecta una corriente de huecos a la ZCE de valor $qAg_L L_p$

    d) La concentración en el contacto metálico es $p_{N0} + g_L \cdot \tau_p$

4. *Escríbase la ecuación de difusión que se debe resolver (no es necesario hacerlo) para analizar el dispositivo de las cuestiones anteriores si, en lugar de generación uniforme, se considera una atenuación del haz de fotones según una ley exponencial.*

$$a) \quad \frac{dJ_p}{dx} = qg_L e^{-\alpha x} - \frac{q\Delta p}{\tau_p} \qquad\qquad b) \quad \frac{dJ_p}{dx} = q\left(N_{fi}\alpha e^{-\alpha x}\right) - \frac{q\Delta p}{\tau_p}$$

$$c) \quad \frac{dJ_p}{dx} = qg_L e^{\alpha x} - \frac{q\Delta p}{\tau_p} \qquad\qquad d) \quad \frac{dJ_p}{dx} = q\left(N_{fi}\alpha e^{\alpha x}\right) - \frac{q\Delta p}{\tau_p}$$

5. *En el análisis de la unión PN iluminada se suele suponer que todos los portadores generados dentro de la zona de carga espacial son captados y contribuyen a la fotocorriente. Justifíquese esa hipótesis.*

    a) Es debido a que la ZCE es muy delgada.

    b) Es debido al fuerte campo eléctrico de la ZCE.

    c) Es una hipótesis muy inexacta.

    d) Los portadores fotogenerados en la ZCE no se pueden recombinar.

6. *Se desea saber cómo varían la corriente inversa de saturación y la fotocorriente en una unión PN iluminada, si el tiempo de vida de los portadores minoritarios disminuye. ¿Se puede prever la variación de la tensión en circuito abierto?*

    a) Ambos disminuyen.

    b) Ambos aumentan.

    c) I_s disminuye e I_L aumenta.

    d) I_L disminuye e I_s aumenta.

4.2.3 Fotodiodos

Imagínese un diodo de unión PN construido de tal manera que el encapsulado y los contactos metálicos permiten a la luz llegar al interior del semiconductor. El dispositivo presenta una característica similar a la de la figura 4.8. Si el diodo trabaja en polarización inversa, circula entonces una corriente $I \cong -I_L$, proporcional al número de fotones incidentes. Este dispositivo, que puede actuar como transductor convirtiendo señales ópticas en señales eléctricas, se denomina *fotodiodo*. En la figura 4.9 se presenta el circuito equivalente y el circuito de polarización del fotodiodo.

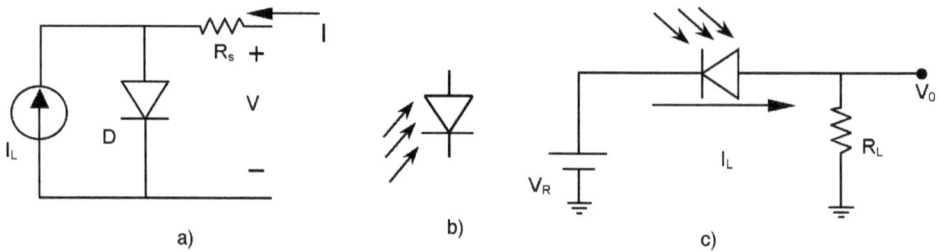

Fig. 4.9   Fotodiodo. a) Circuito equivalente. b) Símbolo circuital del fotodiodo.
c) Circuito de polarización del fotodiodo.

Nótese que, de acuerdo con el circuito de polarización, $V_0 = I_L R_L$. Para obtener una tensión de salida alta es necesario utilizar una resistencia de carga elevada. No obstante, es frecuente que el fotodiodo trabaje en régimen dinámico como transductor de señales modulantes. Es entonces importante calcular el tiempo de retardo de su respuesta. El retardo está relacionado con la capacidad de transición del diodo. Dado que la unión se ha polarizado en inversa, la capacidad dominante es la de transición, C_j. La constante de tiempo que determina la velocidad de respuesta del circuito es el producto $R_L \cdot C_j$. Para decidir el valor de R_L se debe buscar un compromiso entre el nivel de la señal de salida y la velocidad.

Una estrategia que se emplea para mejorar este compromiso es la utilización de un diodo con una C_j reducida. Tal es el caso del dispositivo conocido como *diodo PIN*, en el que entre la región P y la N existe una zona de muy bajo dopaje, conocida como *región intrínseca*; se representa en la fig. 4.10.a.

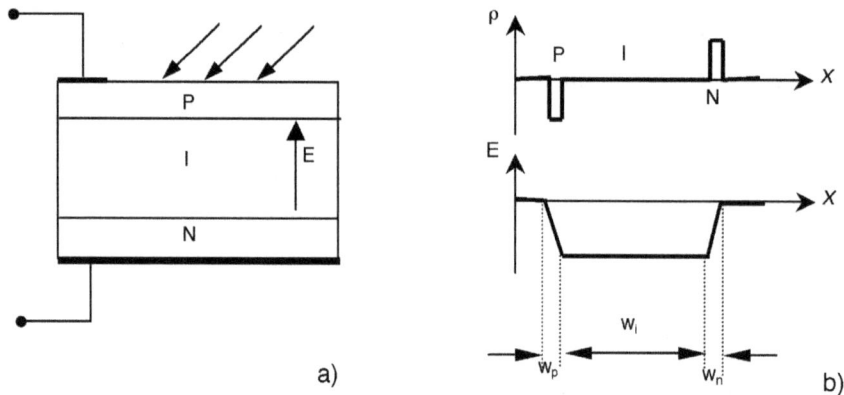

Fig. 4.10   a) Estructura física del fotodiodo PIN. b) Distribución de la carga y del campo eléctrico
en un diodo PIN polarizado inversamente.

En un diodo PIN en polarización inversa la zona de vaciamiento ocupa toda la región intrínseca, según el esquema de la figura 4.10.b. Si además la región intrínseca es la más gruesa del dispositivo, sucede que la mayor parte de la fotogeneración se produce en la ZCE, y por tanto los minoritarios son arrastrados por el campo eléctrico —los electrones hacia la derecha y los huecos hacia la izquierda— sin necesidad de tener que alcanzar la ZCE por difusión. Empleando la misma aproximación que en el diodo de unión PN para calcular la corriente fotogenerada se obtiene

$$I_L = qAg_L \left(L_n + L_p + w_i \right) \tag{4.28}$$

donde w_i es la anchura de la región intrínseca. Este dispositivo es más eficiente que el fotodiodo PN porque se reducen las pérdidas por recombinación, y es también más rápido porque su capacidad de transición es más pequeña:

$$C_j = \frac{\varepsilon A}{w_{ZCE}} = \frac{\varepsilon A}{w_p + w_n + w_i} \qquad (4.29)$$

donde w_P y w_N son las anchuras de la zona de carga espacial en las regiones N y P, respectivamente. Los fotodiodos no ofrecen ganancia de corriente como los fotoconductores, pero son superiores en velocidad. En la tabla 4.3 se presentan las características de un fotodiodo comercial.

Otra de las variantes del fotodiodo es el fotodiodo de avalancha (en inglés, *avalanche photodiode*, APD). En este caso el dispositivo trabaja en la región de ruptura, de manera que el factor *M*, que multiplica la corriente inversa, afecta también a la corriente fotogenerada:

$$I = M \cdot (I_s + I_L) \cong M \cdot I_L \qquad (4.30)$$

La principal desventaja de los APD es su elevado nivel de ruido.

EJEMPLO 4.12

En la tabla 4.3 se presentan las características de un fotodiodo comercial.

Tabla 4.3 Características del foto-PIN Motorola MRD500

Tensión inversa máxima	100 V	
Corriente de fuga	2 nA	(a –20 V y 25 ºC)
Capacidad interna	4 pF	"
Resistencia interna	10 Ω	"
Sensibilidad	6.6 μA/(mW·cm^{-2})	(a λ = 0.8 mm)
	1.8 μA/(mW·cm^{-2})	(en el espectro del cuerpo negro)

EJEMPLO 4.13

Una estructura de fotodiodo PIN con iluminación perpendicular a la unión se compone de una capa epitaxial intrínseca de silicio de 3.3 μm de espesor, que se ha hecho crecer en un sustrato N$^+$. La unión se forma realizando una difusión del tipo P$^+$ de 0.3 μm de profundidad sobre la capa intrínseca. El conjunto se termina con el contacto metálico y un recubrimiento antirreflectante en la superficie, que consiste en una capa de SiO$_2$ de 1000 Å.

Ejercicio 4.11

Hágase una estimación del valor de g_L en el dispositivo anterior, suponiendo que llega al semiconductor un flujo de 10^{18} fotones/cm^{2}s. La longitud de onda de esta luz es de 5000 Å, a la que corresponde $\alpha = 10^4$ cm^{-1}.

Fotones absorbidos: 10^{18} cm^{-2}s^{-1}·$[1 - exp(-10^4 \cdot 3.3 \times 10^{-4})] = 9.6 \times 10^{17}$ cm^{-2}s^{-1}

Valor medio de la generación: 9.6×10^{17} cm^{-2}s^{-1}/3.3×10^{-4} cm = 2.9×10^{21} cm^{-3}s^{-1}

Ejercicio 4.12

Hágase una estimación del valor de la capacidad de transición del dispositivo anterior, y compárese con la de un diodo de unión PN de silicio que tenga una anchura de la ZCE igual a un micrómetro.

$C_j(PIN) \cong \varepsilon/w_{ZCE} = 3 \times 10^{-15}$ F/cm^2, $C_j(PN) = 3 \cdot C_j(PIN)$

CUESTIONARIO 4.2.c

1. *Se desea saber si los fotodiodos suministran potencia eléctrica al circuito de polarización o si la disipan, al convertir una señal óptica en eléctrica.*

    a) Suministran potencia al circuito.   *b) Absorben potencia del circuito.*

    c) Disipan potencia.   *d) Depende del punto de trabajo del fotodiodo.*

2. *Considérese un circuito formado por una batería V_R, un fotodiodo y una resistencia, según se muestra en la figura adjunta. ¿Cuál de las siguientes afirmaciones es falsa?*

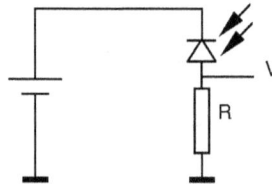

    a) La tensión de la señal aumenta con R_L.

    b) La corriente de la señal disminuye con R_L.

    c) Al aumentar R_L, el circuito pierde velocidad de respuesta.

    d) V_R no influye sobre la velocidad de respuesta del circuito.

3. *Compárese el valor de la fotocorriente captada en una estructura PIN con el de la de un diodo PN de idéntico dopaje en las regiones P y N. Supónganse regiones neutras largas, y que el espesor total es el mismo en ambos dispositivos.*

    a) La fotocorriente I_L es mayor en el PIN.

    b) La fotocorriente I_L es menor en el PIN.

    c) La estructura PIN y PN no influyen sobre I_L.

    d) La corriente I_L depende en mayor medida de las longitudes de difusión que de la estructura.

4. *Compárese la capacidad de transición de los dos dispositivos de la cuestión anterior.*

    a) Son iguales.   *b) Mayor en el PIN.*

c) *Menor en el PIN.*   d) *Depende de los dopajes.*

5. *¿En qué condiciones de polarización del dispositivo existe campo eléctrico en toda la región intrínseca de un diodo PIN? ¿Se puede cumplir esta condición en el equilibrio térmico? Razónense las respuestas. Ayuda: recuérdese el resultado del cuestionario 2.2 sobre la unión PN.*

a) *Para cualquier polarización.*   b) *En inversa.*

c) *En directa.*   d) *Cerca de la región de ruptura.*

6. *Cítese una ventaja y un inconveniente del fotodiodo de avalancha en relación a un fotodiodo de unión PN.*

a) *Mayor sensibilidad y menor ruido.*   b) *Mayor sensibilidad y mayor rapidez.*

c) *Mayor rapidez y menor ruido.*   d) *Mayor ruido y mayor rapidez.*

4.2.4 Células fotovoltaicas

Cuando un fotodiodo trabaja en el cuarto cuadrante ($V > 0$, $I < 0$) se convierte entonces en un dispositivo que proporciona potencia al circuito ($IV < 0$) en lugar de consumirla ($IV > 0$). Dicho de otro modo, la relación entre los signos de la corriente y de la tensión son los mismos que en una batería. La transformación de la energía de la luz en energía eléctrica mediante este fenómeno se conoce como *efecto fotovoltaico*, y el dispositivo que la realiza como *célula fotovoltaica*. También se conoce con los nombres de *célula solar*, porque el origen más frecuente de la potencia luminosa que se convierte es la radiación solar, y *fotopila*.

El diseño de una célula fotovoltaica responde a la necesidad de conseguir un máximo de conversión de energía. Otros parámetros, como la velocidad de respuesta, son irrelevantes. Entre las variables de diseño se encuentran los dopajes, la profundidad de la unión, el diseño del contacto metálico de la cara iluminada —en forma de reja a fin de permitir la llegada del máximo número de fotones al semiconductor— y los tratamientos superficiales encaminados a reducir las pérdidas por reflexión. La figura 4.11 representa la estructura de una célula.

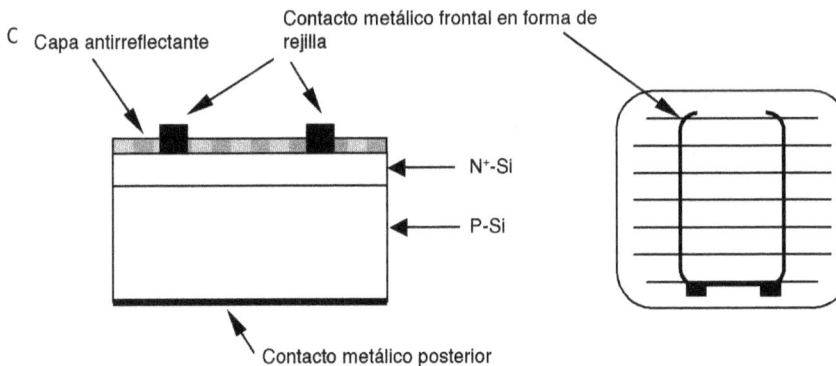

Fig. 4.11   La célula fotovoltaica: sección y vista frontal

La figura 4.12.a representa esquemáticamente un circuito en el cual opera una célula. La resistencia de carga R_L es la impedancia del circuito que recibe la potencia generada por la célula. La potencia que la célula proporciona depende del punto de trabajo determinado por la resistencia de carga. En la figura 4.12.b se representa el análisis gráfico del circuito, empleando la característica I(V) de la célula y la recta de carga. Partiendo de ese análisis se pueden definir los denominados *puntos característicos* de la curva I(V) del dispositivo.

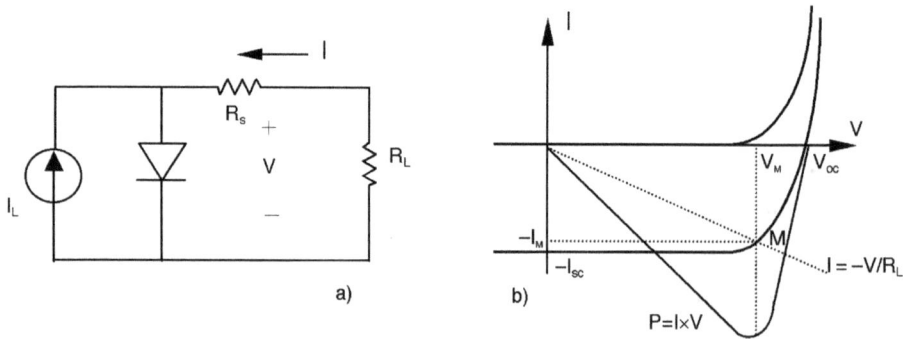

Fig. 4.12   Célula fotovoltaica. a) Circuito equivalente. b) Análisis gráfico.

a) En cortocircuito ($V = 0$):

$I = -I_{sc}$ (corriente de cortocircuito, igual a la corriente fotogenerada I_L)

b) En circuito abierto ($I = 0$):

$V = V_{oc}$ (tensión de circuito abierto)

Relación entre estos dos parámetros:

$$I = I_s\left(\exp\frac{qV}{k_B T} - 1\right) - I_{sc} = 0 \Rightarrow V = V_{oc} = \frac{k_B T}{q}\ln\left(1 + \frac{I_{sc}}{I_s}\right) \cong \frac{k_B T}{q}\ln\frac{I_{sc}}{I_s} \qquad (4.31)$$

c) Punto de máxima potencia M:

$$\left.\begin{array}{l} V = V_M \\ I = -I_M \end{array}\right\} \Rightarrow P = P_{máx} = V_M I_M \qquad \frac{V_M}{I_M} = R_M \qquad (4.32)$$

donde R_M es la resistencia de carga R_L necesaria para trabajar en el punto de máxima potencia.

La eficiencia —o rendimiento— η de una célula fotovoltaica se define como el cociente entre la potencia máxima que proporciona la célula y la potencia luminosa incidente:

$$\eta \equiv \frac{P_{máx}}{P_L} \qquad (4.33)$$

Todas esas cantidades dependen de la intensidad y de la distribución espectral de la luz incidente.

Uno de los parámetros que se utiliza con frecuencia es el factor de forma (en inglés, *fill factor, FF*), que se define como

$$FF = \frac{I_M V_M}{I_{sc} V_{oc}} \qquad (4.34)$$

Este parámetro siempre es < 1. Todos los efectos no ideales, particularmente la resistencia en serie R_S y el factor de idealidad del diodo mayor que 1, provocan la disminución del valor de *FF*.

Dado que la potencia obtenida de la célula se puede expresar como

$$P_{\max} = FF \cdot I_{sc} \cdot V_{oc} \qquad (4.35)$$

la estrategia para conseguir un dispositivo eficiente pasa por:

a) Que el diodo sea lo más ideal posible (*FF* elevada).

b) Que la corriente inversa de saturación I_s sea reducida (V_{oc} elevada).

c) Que la fotocorriente $I_L = I_{sc}$ sea elevada. De acuerdo con el cálculo aproximado de la corriente fotogenerada en la unión PN iluminada, esta I_L es elevada cuando lo son las longitudes de difusión de los portadores minoritarios y cuando las pérdidas por reflexión son mínimas (g_L elevada).

La aplicación más importante de las células fotovoltaicas es la conversión de la energía luminosa procedente del sol en energía eléctrica. El diseño del dispositivo se debe optimizar para esa aplicación, lo cual exige la introducción de conceptos relativos al comportamiento de la célula frente a las distintas longitudes de onda de la luz incidente.

La radiación incidente es una superposición de radiaciones de diferentes longitudes de onda λ, cada una de las cuales contribuye a la corriente fotogenerada. La distribución espectral de la potencia luminosa incidente se expresa mediante la función irradiancia espectral, $dP_{incidente}/d\lambda$ (Wm^{-2}/μm). La figura 4.13 representa un ejemplo de ello. De esta curva se puede deducir la distribución espectral del número de fotones incidentes, definida como $F(\lambda) \equiv d\Phi(\lambda)/d\lambda$ (cm^{-2}s^{-1}/μm).

El número de fotones incidentes con longitud de onda comprendida entre λ y $\lambda + d\lambda$ es $d\Phi(\lambda) = F(\lambda)d\lambda$. Si se descuentan las pérdidas por reflexión R entonces el número de fotones que penetran en el semiconductor tiene como valor $d\Phi(\lambda) = F(\lambda)[1 - R(\lambda)]d\lambda$ (cm^{-2}s^{-1}). La fotogeneración causada por esos fotones contribuye a la densidad de corriente de cortocircuito en un valor $dJ_{sc}(\lambda)$.

Se define la *respuesta espectral* SR(λ) de la célula como el cociente entre el flujo de portadores fotogenerados que el dispositivo capta, $dJ_{sc}(\lambda)/q$ (cm^{-2}s^{-1}) y el flujo de fotones que llega al interior de la célula:

$$\text{SR}(\lambda) \equiv \frac{1}{q} \frac{dJ_{sc}}{d\Phi(\lambda)} = \frac{1}{q} \frac{dJ_{sc}}{F(\lambda)[1 - R(\lambda)]d\lambda} \qquad \text{(adimensional)} \qquad (4.36)$$

La función SR(λ) adopta valores entre 0 y 1. Su forma depende de la geometría y de los dopajes de la célula. Por poner un ejemplo: para las longitudes de onda menores, el coeficiente de absorción α del silicio es mayor que para las longitudes mayores. Como consecuencia, una radiación azul genera portadores más cerca de la superficie que una radiación roja. Según la posición de la unión PN, el dispositivo capta más eficientemente los portadores generados por una luz o por otra. Por ello es importante que la célula se adapte al espectro de la luz que debe captar.

Conociendo la distribución espectral de la luz incidente F(λ) y la respuesta espectral SR(λ) de la célula se puede hallar su corriente de cortocircuito:

$$I_{sc} = AJ_{sc}$$

$$J_{sc} = \int dJ_{sc} = q\int SR(\lambda)F(\lambda)[1 - R(\lambda)]d\lambda$$

(4.37)

La integración se extiende a todo el espectro de la luz incidente. La célula está bien adaptada al espectro F(λ) cuando la función SR(λ) es tal que la integral de la expresión 4.37 es máxima.

La función SR(λ) también se conoce con el nombre de *eficiencia cuántica de la célula*, porque representa un cociente entre el número de portadores generados y el de portadores captados. Se debe prestar atención a no confundirla con la distribución espectral de la corriente de cortocircuito $I_{sc}(\lambda)$, que en ocasiones recibe también el nombre de *respuesta espectral*.

La luz solar tiene un espectro bien definido, pero se ve alterada por la absorción atmosférica. Ello ha provocado la definición de una serie de patrones para poder comparar las respuestas obtenidas en células en distintas circunstancias. Los más importantes (v. fig. 4.13) son los siguientes:

- AM0 (*Air Mass zero*, masa de aire cero); corresponde a la radiación solar con incidencia perpendicular, en el espacio exterior, sin perturbaciones atmosféricas. La potencia total es de 136 mW/cm^2. Representa la radiación que reciben las células solares que alimentan a los satélites en el espacio.

- AM1 (*Air Mass 1*, masa de aire uno); incluye la absorción del aire de la atmósfera terrestre, con incidencia normal. La potencia total es de 100 mW/cm2. Representa la irradiación que llega a la superficie terrestre en condiciones atmosféricas óptimas. Dado que éstas raramente se presentan, se recurre con frecuencia a patrones más realistas, como el AM1.5 o el AM2.

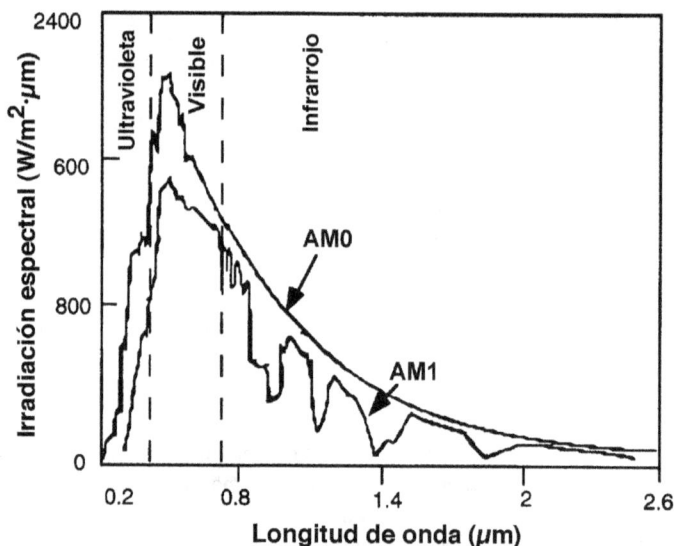

Fig. 4.13   Distribución espectral de la radiación solar

Las células solares se presentan para su utilización en forma de paneles que contienen un número variable de dispositivos conectados en serie —cuando se desea sumar tensiones— o en paralelo —cuando se desea sumar corrientes—. Una instalación fotovoltaica incluye normalmente varios conjuntos de células en serie, conectados entre ellos en paralelo. La dependencia de la iluminación solar hace que frecuentemente el empleo del sistema fotovoltaico no sea directo. Una de las posibles alternativas es la carga de acumuladores; otra es la producción de corriente alterna a través de un ondulador. En el diseño del sistema se debe considerar la radiación total prevista, así como los requisitos del consumo, tanto en tensión y potencia como en tipo de tensión —continua o alterna—.

EJEMPLO 4.14

Una célula fotovoltaica de 25 cm^2 de superficie presenta una corriente inversa de saturación de 4×10^{-12} A·cm^2. En condiciones de iluminación AM1 (100 mW/cm^2) presenta una corriente de cortocircuito de 750 mA. Se desea determinar la tensión en circuito abierto, el punto de máxima potencia, la carga necesaria para que la célula trabaje en ese punto, la eficiencia de conversión y el factor de forma.

a) $$V_{oc} = \frac{k_B T}{q} \ln \frac{I_{sc}}{I_s} = 0.568 \text{ V}$$

b) $$P = I \times V \cong I \cdot \frac{k_B T}{q} \ln \frac{I + I_{sc}}{I_s}$$

$$\frac{dP}{dI} = \frac{k_B T}{q} \ln \frac{I + I_{sc}}{I_s} + IV \frac{1}{I + I_{sc}} = 0 \Rightarrow I = \frac{I_{sc}}{\dfrac{1}{\ln \dfrac{I_s}{I + I_{sc}}} - 1} = \frac{0.75}{\dfrac{1}{\ln \dfrac{10^{-10}}{I + 0.75}} - 1}$$

Esta ecuación se puede resolver fácilmente por aproximaciones sucesivas. El resultado es:

$$I = -I_M = -0.714 \text{A} \qquad \Rightarrow \qquad V_M = \frac{k_B T}{q} \ln \frac{-I_M + I_{sc}}{I_s} = 0.49 \text{ V}$$

c) $$R_M = \frac{V_M}{I_M} = 0.69 \ \Omega$$

d) $$P = I_M \cdot V_M = 0.35 \text{ W} \qquad \eta = \frac{0.35 \text{ W}}{100 \dfrac{\text{mW}}{\text{cm}^2} \cdot 25 \ cm^2} = 0.14 = 14\%$$

e) $$FF = \frac{I_M V_M}{I_{sc} V_{oc}} = 0.82$$

EJEMPLO 4.15

Un panel fotovoltaico está formado por un conjunto de células conectadas en serie. Uno de los casos representativos es el de un panel formado por 32 células, de forma circular y 10 cm de diámetro. El conjunto tiene unas dimensiones de 1 m × 50 cm. La tensión en circuito abierto que proporciona es de 32·0.6 V = 19.2 V, y la corriente de cortocircuito de πr^2·30 mA = 2.35 A. Suponiendo un factor de forma de 0.8, el sistema proporciona bajo iluminación AM1 una potencia de 36 W.

Ejercicio 4.13

En la célula del ejemplo anterior la resistencia de carga vale $2R_M$. Determínese el punto de reposo y la potencia que proporciona la célula.

$$
\left.
\begin{array}{l}
V \cong \dfrac{k_B T}{q} \ln \dfrac{I + I_{sc}}{I_s} \\[3mm]
V = -2R_M \cdot I
\end{array}
\right\}
\Rightarrow I = -\dfrac{1}{2R_M}\dfrac{k_B T}{q}\ln\dfrac{I+I_{sc}}{I_s} = -\dfrac{0.025}{1.38}\ln\dfrac{I+0.75}{10^{-10}}
\Rightarrow
\begin{cases}
I = -0.4\ A \\
V = 550\ mV \\
P = 0.22\ W
\end{cases}
$$

Ejercicio 4.14

Un panel fotovoltaico está formado por 36 células como las del ejercicio 4.13.
> a) ¿Qué tensión proporciona cuando trabaja en el punto de potencia máxima?
> b) ¿Cuántos paneles se deben conectar en paralelo para obtener una corriente de 2 A?
> c) ¿Qué valor tiene la carga necesaria para trabajar en ese punto?

a) 20 V, b) 5 paneles, c) 10 Ω

CUESTIONARIO 4.2.d

1.   ¿Cuál de las siguientes proposiciones, relativas a las diferencias entre una célula fotovoltaica y un fotodiodo, es falsa?

a) El fotodiodo trabaja en el tercer cuadrante, y la célula en el cuarto.

b) La célula suministra potencia eléctrica al circuito, y el fotodiodo la absorbe.

c) La estructura PIN aumenta la eficiencia de la célula al causar el aumento de I_L.

d) La velocidad de respuesta no es un parámetro importante en la célula solar.

2.   Una célula solar en forma de disco de 10 cm de diámetro tiene una eficiencia de conversión del 15 % bajo iluminación AM1 (100 mW/cm^2). Se sabe que la tensión en circuito abierto es $V_{oc} = 0.6\ V$ y el factor de forma es FF = 0.82. Calcúlese el valor de la corriente de cortocircuito I_{sc}.

a) 30.5 mA   b) 2.4 mA   c) 2.4 A   d) 30.5 A

3. *¿Cuáles son las unidades de la respuesta espectral de una célula fotovoltaica?*

    a) mA/(mW·nm)   *b) mA/mW*

    c) mA·nm/mW   *d) mA/(mW·cm^2)*

4. *Se dispone de 32 células como las de la cuestión 2, montadas en serie formando un panel fotovoltaico. Calcúlense los parámetros* V_{oc}, I_{sc} *y FF del panel.*

    a) 19.2 V, 2.4 A, 0.82

    b) 0.6 V, 2.4 A, 0.82

    c) 0.6 V, 30.5 mA, 26.24

    d) 19.2 V, 30.5 mA, 26.24

5. *¿Qué potencia se puede obtener del panel de la cuestión anterior, bajo una iluminación de 100 mW/cm^2 (AM1).*

    a) 15 mW   *b) 480 mW*   *c) 37.7 W*   *d) 1.18 W*

6. *¿Cuántos paneles como los de la cuestión anterior son necesarios para alimentar una instalación eléctrica de 1000 W durante 4 horas al día, suponiendo que la insolación media equivale a 5 horas de iluminación AM1?*

    a) 2   *b) 6*   *c) 16*   *d) 22*

4.3   Dispositivos emisores de radiación

Los dispositivos emisores de luz tienen un gran número de aplicaciones en la visualización de señales electrónicas (en inglés, *displays*) y en la emisión de señales moduladas para las comunicaciones ópticas. Existen dos dispositivos semiconductores que cumplen esas finalidades: los diodos emisores de luz (*LED*) y los diodos láser, que se presentan seguidamente. Posteriormente se hace una breve referencia a los sistemas transmisores de luz, tales como las fibras ópticas y los cristales líquidos, porque frecuentemente operan en conexión con los emisores de luz.

4.3.1 Fenómenos de luminiscencia

La luminiscencia es la emisión de luz como consecuencia de una transición de un electrón desde un nivel de energía a otro nivel inferior. La longitud de onda λ de la luz emitida depende de la diferencia de energía $E_2 - E_1$ de los niveles entre los cuales se produce la transición:

$$\lambda = \frac{1.24\,\text{eV}\cdot\mu\text{m}}{E_2 - E_1} \tag{4.38}$$

Para que se produzca la luminiscencia es necesario proveer al nivel alto con una concentración de electrones superior a la que le corresponde en equilibrio térmico. La excitación de los electrones hacia ese nivel alto se puede deber a la incidencia de la luz (fotoluminiscencia), al impacto de un haz de electrones (cátodoluminiscencia) o a la inyección de portadores (electroluminiscencia en los diodos emisores de luz). Esta última es característica de los semiconductores, y a ella se dedica la atención en este capítulo.

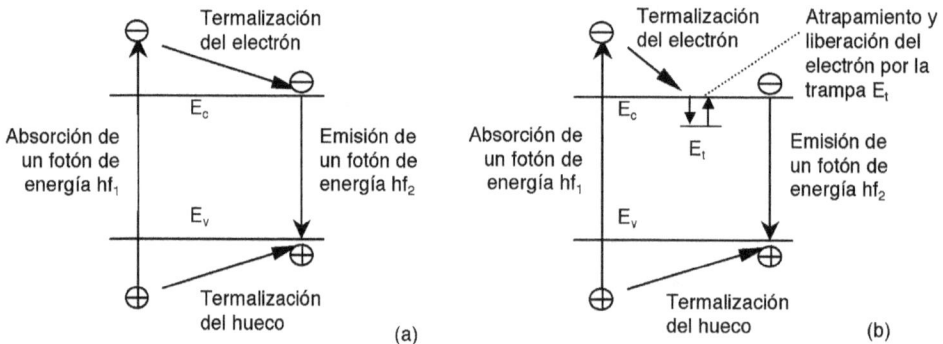

Fig. 4.14   *a) Transiciones de los portadores en el fenómeno de la fotoluminiscencia.*
b) Transiciones en el de la fosforescencia.

En el proceso de la fotoluminiscencia la frecuencia de la luz que produce la excitación es mayor que la de la luz emitida. Efectivamente, tal y como se indica en la figura 4.14.a, la creación de un par electrón-hueco es causada por un fotón de energía $hf_1 > E_g$. Los portadores calientes se termalizan, según se ha visto en el apartado 4.1.3, y se pueden recombinar y producir la emisión de un fotón de energía $hf_2 \cong E_g$. Este hecho se aplica en el recubrimiento de los tubos fluorescentes, mediante materiales que absorben la radiación ultravioleta que genera el tubo, que se emite de nuevo dentro de la gama visible. En ese caso, parte de la energía del proceso de desexcitación no se emite en forma de radiación.

La fosforescencia es también un proceso de luminiscencia, en el que intervienen niveles de trampa E_t, según se indica en la figura 4.14.b. Los portadores retenidos en el nivel E_t son reemitidos lentamente hacia la banda de conducción, de manera que la emisión de luz se produce posteriormente a la desaparición de la excitación.

La cátodoluminiscencia se emplea para visualizar haces de electrones en tubos de rayos catódicos. Entre los materiales más comunes, denominados *fósforos* (en inglés, *phosphors*), está el ZnS. Este semiconductor tiene una anchura de banda prohibida de 3.5 eV, y por lo tanto emite a $\lambda = 0.35$ μm (ultravioleta) en una transición banda-banda. Se utilizan impurezas como Cu, Ag y Mn para producir transiciones de distintas frecuencias visibles.

Cabe mencionar finalmente la termoluminiscencia. Cualquier cuerpo a temperatura distinta a 0 K emite radiación electromagnética —cuyo espectro depende de la temperatura del cuerpo— con un pico situado a una longitud de onda

$$\lambda(\mu m) = \frac{2898}{T(K)}$$ (4.39)

Así, un filamento incandescente puede emitir en el visible, y se utiliza en iluminación. Un cuerpo humano emite en el infrarrojo extremo. Esa emisión se visualiza con cámaras de infrarrojos.

CUESTIONARIO 4.3.a

1.   ¿Cómo sería la emisión de un tubo de descarga (tubo fluorescente) si sus paredes no estuviesen recubiertas de una capa de material fluorescente?

> *a) Emitiría luz ultravioleta.*   *b) No emitiría fotones.*

> *c) Emitiría luz infrarroja.*   *d) Se comportaría igual que los normales.*

2.   Calcúlese la longitud de onda del pico de emisión de un cuerpo humano (a temperatura de 36 ℃) y la de los objetos a su alrededor, cuando la temperatura ambiente es de 20 ℃. ¿Qué aplicación puede tener ese fenómeno?

> *a) 80.5 μm, 144.9 μm*   *b) 80.5 μm, 80.5 μm*

> *c) 144.9 μm, 144.9 μm*   *d) 80.5 μm, 0.145 μm*

3.   Una heterounión presenta el diagrama de bandas esquematizado en la figura adjunta. Se crea un electrón de conducción por la absorción de un fotón en la región de banda prohibida estrecha. El campo eléctrico de la unión lo transporta hasta la región de banda prohibida ancha, donde se recombina. ¿Cuál de las siguientes afirmaciones es falsa?

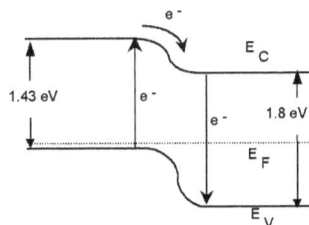

a) El fotón absorbido puede ser infrarrojo y el emitido es visible.

b) El fotón absorbido puede ser visible y el emitido es visible.

c) El fotón absorbido puede ser infrarrojo y el emitido puede ser infrarrojo.

d) El dispositivo puede transformar una imagen de radiación infrarroja en luz visible.

4.3.2 Diodos electroluminiscentes

Un diodo emisor de luz (LED) es un diodo de unión PN que se polariza en directa para provocar una recombinación intensa de minoritarios en las zonas neutras del dispositivo. El diodo se fabrica con un semiconductor, generalmente de la familia III-V, que presenta una banda prohibida directa, de manera que una fracción relativamente significativa de las recombinaciones liberan su energía en forma de luz (recombinaciones radiantes). La geometría y el encapsulado del dispositivo deben permitir la salida de la luz al exterior.

Entre los materiales más habituales para la fabricación de LED está la familia $GaAs_{1-x}P_x$ ($0 < x < 1$ indica la composición química del material). El valor de la anchura de la banda prohibida varía linealmente con x desde 1.43 eV cuando $x = 0$ (el semiconductor es GaAs) hasta 2.26 eV cuando $x = 1$ (el material es entonces GaP). En esta familia la banda prohibida solo es directa cuando $x \leq 0.45$. Uno de los valores de x utilizados con más frecuencia es 0.4, con el que resulta una BP de 1.9 eV, lo cual supone una emisión de color rojo.

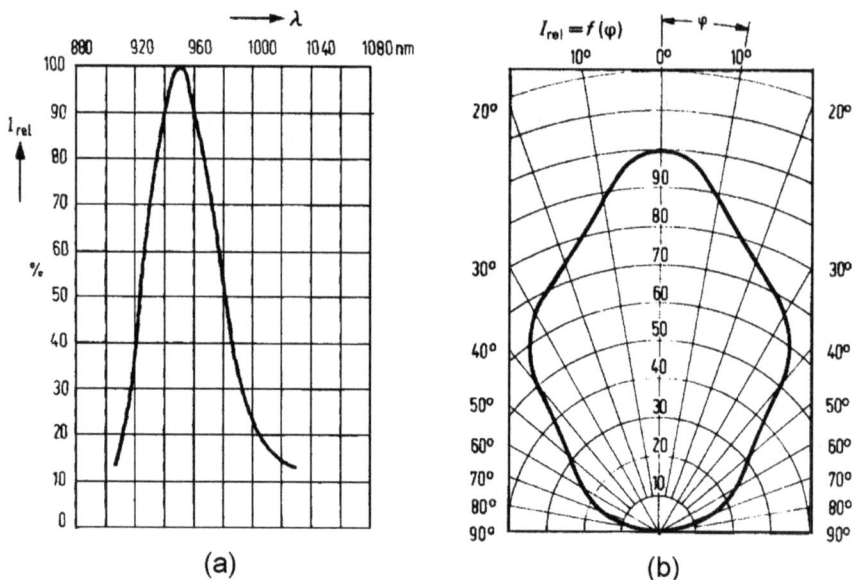

Fig. 4.15   a) Distribución espectral de la radiación de un LED. b) Diagrama de radiación (distribución angular) de la misma radiación.

El GaP es un semiconductor de BP indirecta que, según se ha visto en el apartado 4.1.3, puede emitir luz cuando contiene determinadas impurezas, tales como el N (LED verdes y amarillos). También emite en el rojo cuando se dopa con Zn, que sustituye al Ga, y con O, que sustituye al P. El mismo material emite en el amarillo cuando se dopa con S.

En el GaAs el Si es un dopante de los denominados *anfóteros*: es donador si sustituye al Ga, y aceptor si sustituye al As. Este hecho da lugar a una variedad de materiales, según el proceso de dopaje. Los LED resultantes emiten en varias longitudes de onda, siempre en el infrarrojo. La radiación de color azul se puede obtener con SiC y GaN.

Uno de los conceptos relevantes en este dispositivo es el de *eficiencia de emisión*, definida como el cociente entre la potencia luminosa emitida y la potencia eléctrica consumida. Para calcularla se considera el caso de un diodo P^+N, de modo que la mayor parte de los procesos de recombinación tienen lugar en la región neutra N.

Se denomina τ_{pr} el tiempo de vida de los minoritarios correspondiente a los procesos de recombinación radiante, y τ_{pnr} el correspondiente a los procesos no radiantes. El tiempo de vida de los minoritarios es la composición

$$\frac{1}{\tau_p} = \frac{1}{\tau_{pr}} + \frac{1}{\tau_{pnr}} \tag{4.40}$$

Si Q_p es la carga de minoritarios en exceso acumulada en la región neutra N, entonces el número de recombinaciones radiantes por unidad de tiempo vale

$$N_f = \frac{Q_p/q}{\tau_{pr}} = \frac{I_D \tau_t}{q \tau_{pr}} \tag{4.41}$$

donde I_D es la corriente que atraviesa el diodo y τ_t es el tiempo de tránsito, utilizado en el modelo dinámico del diodo. Si la recombinación es de banda a banda (en ocasiones intervienen niveles de impurezas en la banda prohibida) la potencia luminosa generada es

$$P_L = N_f E_g = \frac{I_D \tau_t E_g}{q \tau_{pr}} \tag{4.42}$$

de la cual solo una fracción Γ_{ext} emerge del dispositivo, mientras que el resto es reabsorbido en distintos puntos de la estructura.

$$P_{out} = \Gamma_{ext} P_L \tag{4.43}$$

La potencia eléctrica consumida vale

$$P_i = I_D V_D \tag{4.44}$$

La eficiencia resultante es

$$\eta = \frac{P_{out}}{P_i} = \Gamma_{ext} \frac{\tau_t}{\tau_{pr}} \frac{E_g}{q V_D} \tag{4.45}$$

Los valores habituales de η en los LED pueden estar entre unos pocos puntos porcentuales en las tecnologías antiguas hasta alrededor de un 50 % en las más avanzadas.

Cuando un LED emite luz con la intensidad modulada por la polarización del diodo, se debe calcular el tiempo de respuesta del dispositivo. En ese caso se aplica la teoría del diodo en régimen dinámico.

Las principales aplicaciones de los LED son los visualizadores. Se emplean en sistemas en los que el consumo de potencia no es una variable de diseño crítica, dado que el consumo de los LED es elevado en comparación con otros dispositivos como los cristales líquidos, que también se emplean para esa finalidad. La poca direccionalidad de la radiación representa una ventaja para esta aplicación. En cambio, esa falta de direccionalidad unida a la anchura espectral de la emisión los hace poco útiles en aplicaciones como los emisores para comunicaciones por fibra óptica.

El *par optoacoplado*, formado por un LED cuya radiación es captada por un fotodiodo, es una estructura muy utilizada cuando se desea transmitir una señal con aislamiento entre los circuitos. El sistema puede constituir un interruptor actuado ópticamente (como el descrito en la figura 4.16), con una impedancia de aislamiento muy elevada.

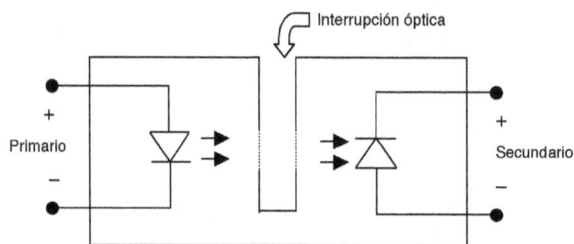

Fig. 4.16   Interruptor óptico, que utiliza un par optoacoplado LED-fotodiodo

EJEMPLO 4.16

Diodos electroluminiscentes de uso frecuente:

Material	Dopante	Pico de emisión (nm)	Color
GaAs	Zn	900	Infrarrojo
GaAs	Si	910 - 1020	Infrarrojo
GaP	N	570	Verde
GaP	N^+	590	Amarillo
GaP	Zn, O	700	Rojo
$GaAs_{0.6}P_{0.4}$	N	650	Rojo
$GaAs_{0.6}P_{0.4}$	N	632	Anaranjado
$GaAs_{0.6}P_{0.4}$	N	589	Amarillo

EJEMPLO 4.17

La tecnología de los diodos electroluminiscentes ha observado una rápida evolución durante la década de los noventa. Los diodos «clásicos» eran los rojos, los verdes y los amarillos, y presentaban una eficiencia de unos pocos lumen por cada vatio de potencia disipada (ésta es una forma alternativa de expresar la eficiencia). A finales del periodo mencionado la eficiencia se ha situado entre los 20 y los 40 lumen/vatio, y a los colores tradicionales se ha añadido el azul, de manera que así se puede cubrir la totalidad del espectro visible con LED, lo cual da acceso a una importante gama de aplicaciones.

Ejercicio 4.15

Un LED rojo avanzado presenta una eficiencia de 45 lumen/vatio. Si para ese color la curva normal proporciona una luminosidad del 10 % con relación al máximo —a 555 nm—, calcúlese el rendimiento del dispositivo (la potencia luminosa emitida dividido por la potencia eléctrica consumida).

66%

CUESTIONARIO 4.3.b

1. *¿Emite luz un LED polarizado en inversa?*

    a) Sí.   *b) No.*

    c) Depende de la E_g del LED.   *d) Depende de la corriente I_s.*

2. *Consúltese el espectro electromagnético, e indíquese de qué «color» es la emisión de un LED de GaAs, suponiendo que todas las transiciones radiantes van de banda a banda.*

    a) Verde.   *b) Rojo.*   *c) Amarillo.*   *d) Infrarrojo.*

3. *Repítase el ejercicio anterior considerando un diodo de $GaAs_{1-x}P_x$ con x = 0.6.*

    a) Rojo.   *b) Amarillo.*   *c) Infrarrojo.*   *d) No emite luz.*

4. *La tensión de codo de un LED que emite en la región visible es mayor que la de un diodo de silicio. Explíquese la causa.*

    a) Para emitir en el visible es necesaria una E_g > 1.6 eV, que implica una V_γ mayor.

    b) Los LED tienen una I_s mayor que la del silicio, y por lo tanto una V_γ mayor.

    c) La V_γ típica de un LED es de 0.2 V, en lugar de los 0.7 V del diodo de Si.

    d) La V_γ de un LED es igual a la de un diodo normal, es decir, 0.7 V.

5. *¿Se puede integrar un par fotoacoplado en un chip de silicio?*

    a) Sí.   *b) No.*

    c) Depende de la λ de la radiación.   *d) Depende del sustrato.*

6. *Para incrementar la intensidad de emisión de un LED se aumenta el valor de la tensión de polarización. ¿Qué consecuencia tiene ese cambio en el tiempo de conmutación ON-OFF (de conducción a corte) del dispositivo?*

    a) Lo aumenta.   *b) Lo disminuye.*

    c) No le afecta.   *d) Depende del tiempo de vida de los portadores.*

4.3.3 Diodos láser

La radiación láser, visible o no, ofrece un abanico de aplicaciones cada día más extenso, particularmente en el mundo de las comunicaciones, en el que las fuentes constituidas por semiconductores son especialmente útiles. Se dedican unos apartados a presentar las principales características de esta emisión: la coherencia, el carácter monocromático y la direccionalidad. Se presentan después algunas características de los diodos que emiten radiación láser.

La emisión láser

Los electrones de un sistema físico en equilibrio —no necesariamente un semiconductor— se reparten entre los niveles disponibles siguiendo una distribución de Maxwell-Boltzmann; es decir, la relación de los índices de ocupación de dos niveles E_1 y E_2 es

$$\frac{n(E_2)}{n(E_1)} = \exp - \frac{E_2 - E_1}{k_B T} \tag{4.46}$$

Supóngase que el sistema se halla fuera de equilibrio porque en el nivel de más energía (sea éste E_2) hay más electrones que en el nivel E_1, inferior. Entonces la tendencia al equilibrio provoca que los electrones realicen transiciones hacia los niveles inferiores. La energía cedida puede salir en forma de radiación luminosa.

La emisión radiante se puede producir de manera espontánea, como sucede en los LED si existe una concentración de portadores inyectados en exceso. Entonces el tiempo de vida de los minoritarios determina la velocidad a la que se produce el fenómeno. Las transiciones radiantes desde un nivel E_2 al nivel E_1 también pueden tener lugar por un proceso denominado *emisión estimulada*, que se produce como resultado de la incidencia de un fotón de energía $E_2 - E_1$. La principal característica de la emisión estimulada es que la radiación emitida —se pasa ahora de la imagen corpuscular de la luz a la ondulatoria— tiene la misma frecuencia y fase que la radiación incidente. Esa propiedad se conoce como *coherencia*. En la figura 4.17 se esquematiza dicho fenómeno de manera sencilla.

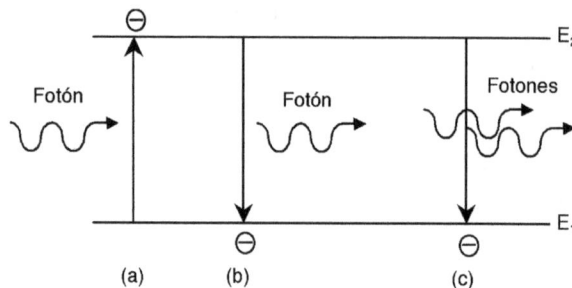

Fig. 4.17   a) Absorción de un fotón. b) Emisión espontánea. c) Emisión estimulada.

La existencia de procesos de emisión estimulada fue prevista teóricamente por Einstein en el año 1917. Su utilización práctica, no obstante, tuvo que esperar todavía por más de cuatro décadas.

Supóngase ahora que una radiación monocromática de frecuencia $(E_2 - E_1)/h$ atraviesa una región en la que hay muchos electrones que pueden efectuar transiciones de E_2 a E_1. Cada transición refuerza la intensidad de la radiación, manteniendo su carácter monocromático y su coherencia —igualdad de fase—. La radiación inicial resulta de ese modo amplificada. Este fenómeno se conoce como *radiación láser* (del inglés *Light Amplification by Stimulated Emisión of Radiation*, amplificación de luz por emisión estimulada de radiación).

Condiciones para la emisión láser

Se continúa considerando el mismo sistema de dos niveles. Los dos mecanismos de transición, la espontánea y la estimulada, pueden coexistir. El número de transiciones espontáneas por unidad de volumen y de tiempo es proporcional a la concentración de electrones n_2 del nivel E_2:

$$A_{21}n_2 \tag{4.47}$$

En cambio, el número de emisiones estimuladas es proporcional no solamente a n_2, sino también a la densidad de fotones que pueden estimularlas, $\rho(f_{12})$; esos fotones son los de frecuencia $f_{12} = (E_2 - E_1)/h$:

$$B_{21}n_2\rho(f_{12}) \tag{4.48}$$

Dichos fotones también pueden ser absorbidos. En una absorción, un electrón pasa del nivel E_1 al nivel E_2. El número de esas transiciones por unidad de volumen y de tiempo es pues proporcional a la población n_1 de E_1 y a la densidad de fotones $\rho(f_{12})$ presentes:

$$B_{12}n_1\rho(f_{12}) \tag{4.49}$$

Las cantidades A_{21}, B_{21} y B_{12} reciben el nombre de *coeficientes de Einstein*.

Para que la emisión láser sea dominante se deben cumplir dos condiciones:

a) Que el ritmo de emisión estimulada domine sobre el de la espontánea. El cociente de las dos cantidades es

$$\frac{B_{21}n_2\rho(f_{12})}{A_{21}n_2} = \frac{B_{21}}{A_{21}}\rho(f_{12}) \tag{4.50}$$

Es necesario, por tanto, disponer de una densidad de radiación $\rho(f_{12})$ elevada. Ello se consigue mediante una *cavidad óptica resonante*, situando el sistema entre superficies reflectantes. Al menos una de las superficies debe permitir la salida de una pequeña fracción de la radiación —se denomina *semirreflectante*—, según se esquematiza en la figura 4.18.

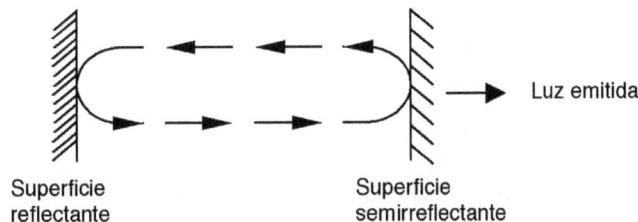

Fig. 4.18   Confinamiento de la luz para crear una cavidad óptica resonante

b) Que la emisión de radiación sea más intensa que la absorción, es decir, que la relación

$$\frac{B_{21}n_2\rho(f_{12})}{B_{12}n_1\rho(f_{12})} = \frac{B_{21}}{B_{12}}\frac{n_2}{n_1} \tag{4.51}$$

sea elevada. Ello sucede cuando $n_2 > n_1$. Esta desigualdad es inversa a la que se da en condiciones de equilibrio, y por ello se habla de una *situación de inversión de población*. Como se discute a continuación, para conseguirla se emplean distintos procedimientos, dependiendo del tipo de láser.

El láser de tres niveles

Considérese el sistema de niveles representado en la figura 4.19. El bombeo óptico excita los electrones desde el nivel fundamental E_0 hasta la banda de niveles E_2. El nivel E_1 se llena por relajación térmica. Esa transición no es radiante. El nivel E_1 es metaestable, lo cual significa que la transición de electrones desde E_1 hasta E_0 por emisión espontánea se produce con una constante de tiempo muy elevada. Por lo tanto, E_1 se va llenando, y se produce una inversión de población entre E_1 y E_0 cuando se han bombeado más del 50 % de los electrones que inicialmente se hallaban en E_0.

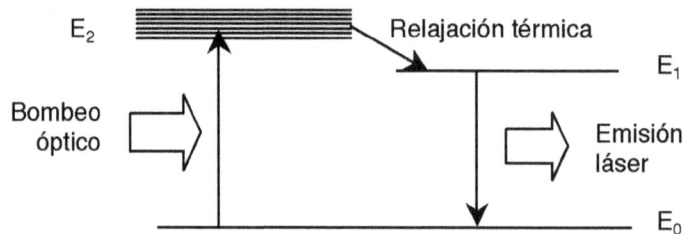

Fig. 4.19   Niveles de energía en el láser de rubí

En tales condiciones la incidencia de un fotón de energía $E_1 - E_0$ puede estimular la emisión. Si el sistema se halla en una cavidad como la representada en la figura 4.18, se produce un vaciamiento del nivel E_1 que da lugar a radiación láser. Después de la emisión el nivel E_1 queda vacío y el proceso vuelve a comenzar. De este modo se obtiene una emisión a impulsos o *láser pulsante*.

El principal problema del láser de tres niveles es la dificultad en conseguir un vaciamiento suficiente del nivel fundamental E_0. Efectivamente, el número de átomos que crean ese nivel es muy elevado, lo cual exige una potencia de bombeo que reduce la eficiencia del funcionamiento del sistema.

Un láser de tres niveles: el láser de rubí

El láser de rubí es uno de los más clásicos. El material es óxido de aluminio, Al_2O_3, con impurezas de Cr que crean el nivel metaestable E_1. Las transiciones entre los niveles de impurezas dan lugar a la emisión láser, y para conseguir el bombeo óptico se emplea una lámpara de destello (en inglés, *flash*), según se esquematiza en la figura 4.20. No se debe confundir la frecuencia de emisión con la de la lámpara de destello empleada para el bombeo óptico. Ésta es mucho menor, y se puede por tanto considerar a los niveles E_2 como permanentemente llenos. El láser de rubí emite a una longitud de onda de 694.3 nm, y la energía de un impulso puede ir desde los mJ a más de 100 J.

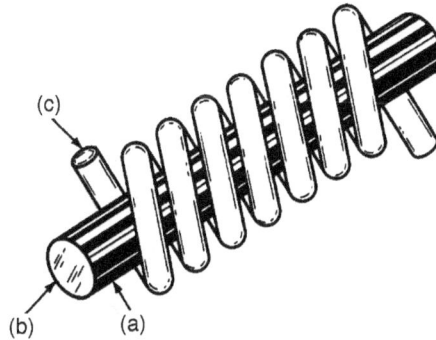

Fig. 4.20   Láser de rubí. a) Cristal de rubí. b) Superficie reflectante. c) Lámpara de destello.

El láser de cuatro niveles

La dificultad en conseguir el bombeo óptico en un láser de tres niveles se puede resolver con un sistema de cuatro niveles como el representado en la figura 4.21. Las transiciones $E_3 \rightarrow E_2$ y $E_1 \rightarrow E_0$ son rápidas, mientras que la transición $E_2 \rightarrow E_1$ es lenta porque el nivel E_2 es metaestable. De esta manera E_2 se halla normalmente lleno y E_1 normalmente vacío; la inversión de población se produce de manera permanente y la emisión láser es continua —no pulsante como en el caso presentado anteriormente—.

Entre los láser de cuatro niveles se encuentran los Nd:YAG (*Yttrium-Aluminium Garnet*, granate de itrio-aluminio). Estos presentan unos tiempos de relajación entre E_3 y E_2 del orden de 10^{-8} s y entre E_1 y E_0 de unos 30 ns, mientras que la transición espontánea entre E_1 y E_0 tiene una constante de tiempo de 0.5 ms. Estos láser emiten a una longitud de onda de 1064 nm y pueden proporcionar una potencia desde mW hasta centenares de vatios.

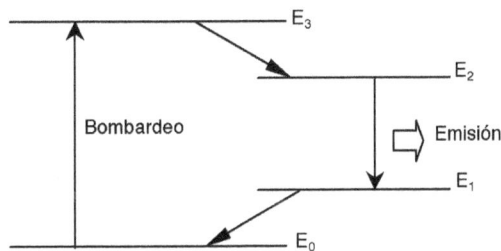

Fig. 4.21   Diagrama de cuatro niveles en un láser

Otros tipos de láser

Otros láseres de amplia utilización son los de gas, que incluyen los de CO_2 y los de He-Ne. Los primeros emiten en continua en el infrarrojo lejano, y pueden proporcionar potencia por encima de los 100 W. Los de He-Ne, que también emiten en continua a 632.8 nm de longitud de onda (rojo) son muy populares por su simplicidad. El bombeo óptico se consigue mediante una descarga en gas a baja presión en polarización continua. Los láser de semiconductor son objetivo preferente de este estudio, y se presentan con más detalle a continuación.

La radiación láser es más monocromática que la de los LED —la dispersión es de pocos ángstroms en los láser semiconductores, o de décimas de ángstroms en otros, frente a los centenares de ángstroms en los diodos emisores de luz—. Este hecho y la pequeña divergencia del haz otorgan a la luz láser su utilidad en las comunicaciones.

Diodos láser

Una modificación del dispositivo que se ha visto como LED permite disponer de una fuente de radiación láser que, por sus características de volumen, consumo y coste, ha hallado un gran número de aplicaciones; entre ellas, por ejemplo, la lectura de discos ópticos. Tal como se esquematiza en la figura 4.22.a, en un diodo láser se consigue la inversión de población en la ZCE de una unión PN situada entre dos regiones muy dopadas (degeneradas), que está polarizada directamente. Obsérvese que en la ZCE del diodo se produce una inversión de población (elevada concentración de electrones de conducción y de huecos en un mismo punto).

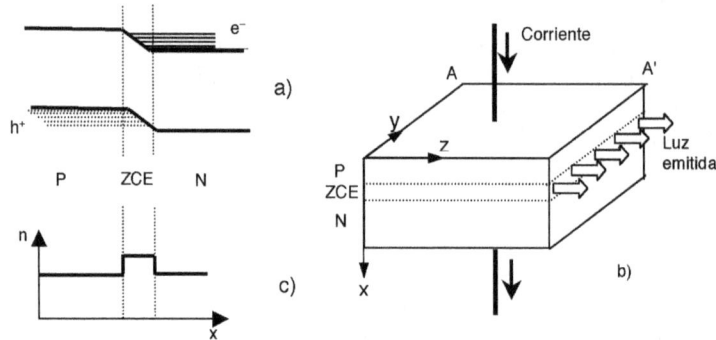

Fig. 4.22   Estructura básica del diodo láser

La estructura básica del dispositivo es la de la figura 4.22.b. Las caras A y A' están pulidas para que sean reflectoras; se crea así una cavidad resonante (A' debe ser parcialmente transparente). La luz reflejada se amplifica hasta alcanzar un valor de saturación. La densidad de radiación depende de las concentraciones de portadores y por lo tanto de la tensión de polarización del diodo. Alcanzado este punto, la emisión tiene una intensidad constante.

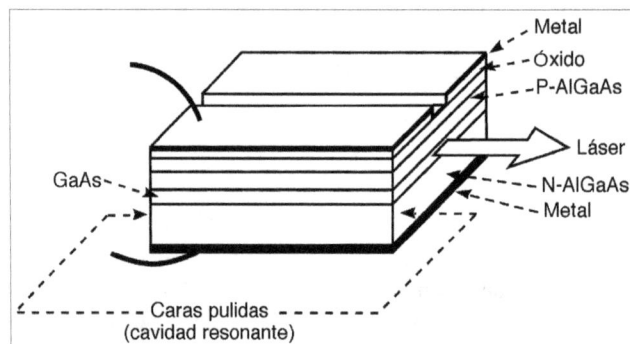

*Fig. 4.23   Geometría de tira (*stripe*) de un diodo láser*

Para conseguir la salida de la radiación en la dirección z se debe confinar respecto a las direcciones x e y. El confinamiento según el eje x exige un perfil vertical del índice de refracción como el representado en la figura 4.22.c, cosa difícil de conseguir utilizando un único material. Es más habitual emplear diodos de doble heterounión, que se describen seguidamente. Para confinar la luz según el eje y se emplean diversas estructuras, de las cuales una de las más utilizadas es la representada en la figura 4.23 (de tiras; en inglés, *stripe*).

Diodos láser de doble heterounión

Los semiconductores de la familia III-V presentan un abanico de materiales con estructuras cristalinas compatibles entre ellas que permiten la formación de heterouniones. En la figura 4.24 se esquematiza un diodo láser de heterounión. La inversión de población tiene lugar en la capa intrínseca de $Al_{0.1}Ga_{0.9}As$. Obsérvese que este material tiene una anchura de banda prohibida menor que la del $Al_{0.3}Ga_{0.7}As$. Este hecho más el dopaje de las dos regiones que lo envuelven provocan el que sea la capa intrínseca la única región en la que se produce la inversión de población. Por otro lado, el confinamiento de la luz en la dirección vertical se consigue a través del perfil del índice de refracción. El dispositivo mostrado emite a $\lambda = 0.85$ μm; es factible la modulación de la emisión a 20 GHz.

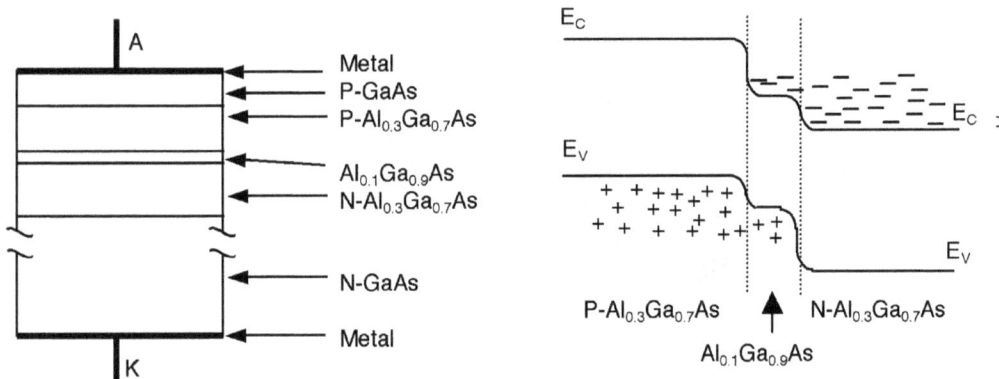

Fig. 4.24   Diodo láser de heterounión

La relación entre la corriente en el diodo y la potencia de la luz emitida por un diodo como el descrito tiene la forma representada en la figura 4.25. En tecnologías antiguas, la corriente umbral J_{th} puede alcanzar hasta 500 mA, lo cual hace necesaria la refrigeración del dispositivo, frecuentemente integrando una célula Peltier en el mismo encapsulado. En la actualidad se fabrican diodos con una disipación muy inferior, que evitan este problema.

Una de las aplicaciones más importantes de los diodos láser es la emisión de impulsos de luz que se van a transmitir por fibra óptica a un receptor. Por este motivo se han desarrollado diodos que emiten en las *ventanas* de las fibras, es decir, en aquellas longitudes de onda a las que las fibras transmiten con atenuación mínima; éstas se presentan en el apartado 4.4.2. Así, para la primera ventana (0.8 μm) se utilizan los diodos presentados en la figura 4.24, mientras que para la segunda (1.3 μm) y la tercera (1.5 μm) se utilizan semiconductores basados en el sistema cuaternario $In_xGa_{1-x}As_yP_{1-y}$.

Salida (mW)

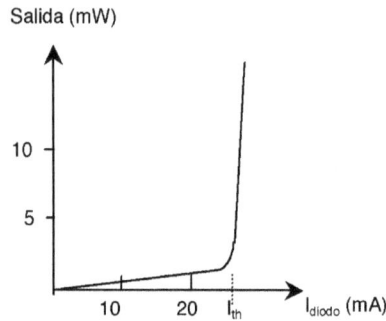

Fig. 4.25   *Característica corriente-potencia de emisión de un diodo láser*

EJEMPLO 4.18

La reducción del valor de la corriente de umbral en los diodos láser, y en consecuencia de la potencia disipada, ha sido uno de los principales objetivos en el desarrollo de estos dispositivos. El gráfico adjunto presenta la evolución del valor de J_{th} a lo largo de los últimos años.

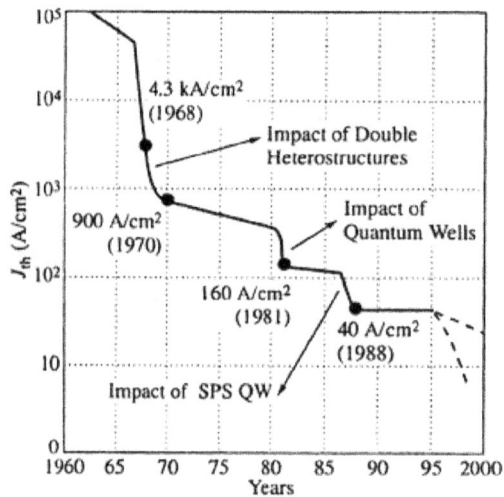

Fig. 4.26   *Corriente umbral en los diodos láser*

Ejercicio 4.16

Aplíquese la ecuación 4.6 para determinar qué fracción de la potencia luminosa que procede del interior de una muestra de GaAs ($n = 3.6$) e incide sobre una cara del cristal que está directamente en contacto con el aire, se refleja.

$R = 32 \%$.

CUESTIONARIO 4.3.c

1. *Indíquese cuál de las siguientes afirmaciones es falsa.*

a) La luz del láser es más direccional que la del LED.

b) La luz del láser es coherente, mientras que la del LED no lo es.

c) El ancho de banda de la luz del láser es menor que el del LED.

d) La única diferencia entre el láser y el LED es la potencia luminosa.

2. *Indíquese cuál de las siguientes afirmaciones es falsa.*

a) El efecto láser se basa en la emisión estimulada de radiación.

b) Se requiere una cavidad óptica resonante para que la emisión estimulada domine.

c) Se requiere una inversión de población de electrones para que la absorción no domine.

d) La cavidad óptica resonante anula la emisión espontánea.

3. *¿Por qué la emisión de un diodo láser no es una emisión láser cuando la corriente que atraviesa al dispositivo es inferior a la corriente umbral?*

a) Porque todavía domina la emisión espontánea.

b) Porque no es direccional.

c) Porque todavía no se ha formado la cavidad óptica resonante.

d) Porque todavía no se ha creado la inversión de población.

4. *Un diodo láser emite 10 mW de potencia luminosa cuando la corriente que circula por el dispositivo es de 100 mA. La tensión de codo del diodo es de 1.5 V. Calcúlese la potencia que se disipa en forma de calor.*

a) 0.15 W   *b) 6.67 W*   *c) 90 mW*   *d) 140 mW*

5. *¿Cuál de las siguientes afirmaciones es falsa?*

a) En una homounión la inversión de población en la ZCE se consigue solamente bajo una polarización directa muy elevada.

b) En una heterounión se consigue la inversión de población prácticamente con cualquier polarización directa.

c) La corriente umbral para la emisión láser es menor en una heterounión que en una homounión.

d) Es más fácil construir la cavidad óptica resonante en una heterounión que en una homounión.

4.4 Otros dispositivos optoelectrónicos

4.4.1 Dispositivos de carga acoplada (CCD)

Los dispositivos de carga acoplada (en inglés, *charge coupled devices*, CCD) se encuentran entre los más utilizados como detectores de luz en cámaras para captar imágenes. Se presenta aquí una breve descripción de estos dispositivos. Un análisis profundo excede en mucho el ámbito de este estudio, más aún teniendo en cuenta que son dispositivos de efecto de campo, cuyos conceptos fundamentales todavía no se han introducido.

El fundamento físico de la fotodetección en los CCD

Considérese el sistema metal-óxido-semiconductor (MOS) formado por un sustrato de silicio —por ejemplo, del tipo P—, una capa aislante de óxido de silicio que se ha hecho crecer térmicamente en la superficie del sustrato, y un electrodo metálico, como se indica en la figura 4.27.a. El conjunto es un condensador, en el que una de las placas es un semiconductor en lugar de un metal. El análisis detallado de esa estructura no forma parte de esta obra, que se limita a describir los aspectos esenciales relevantes para los dispositivos que se desea presentar.

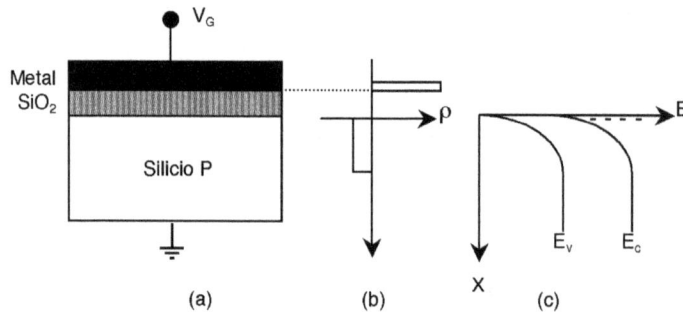

Fig. 4.27   *Estructura metal-óxido-semiconductor. a) Sección del dispositivo. b) Perfil de distribución de carga.*
c) Perfil de las de bandas de energía en el semiconductor.

Se aplica ahora al metal una tensión positiva respecto al semiconductor. En el condensador, el metal queda cargado positivamente, mientras que el semiconductor tiene carga negativa. Se examina cómo es esa carga en el silicio. La tensión de polarización aplicada atrae electrones —minoritarios— hacia el límite con el dieléctrico y expulsa huecos —mayoritarios—, y deja los átomos de impureza, de carga negativa, sin neutralizar. De los dos conjuntos de cargas negativas, el de las impurezas ionizadas es mucho más numeroso que el de los minoritarios. Así pues, el semiconductor sometido a una tensión desarrolla una región vacía de mayoritarios —o zona de carga espacial— del mismo modo que una unión PN en polarización inversa. La figura 4.27.b representa esquemáticamente la distribución de cargas. En la zona vacía hay un campo eléctrico perpendicular a la superficie y dirigido hacia el volumen del semiconductor. Ésta es una diferencia notable respecto a un condensador con dos placas metálicas, en el que la única región que soporta un campo es la del dieléctrico.

Supóngase ahora que en el semiconductor se genera un par electrón-hueco. Si el minoritario —el electrón en este caso— alcanza la región de carga espacial (o bien se genera en esa región) es arrastrado por el campo hasta la superficie, donde queda retenido porque el óxido no permite su paso hacia el metal. Estos electrones atrapados están representados en la figura 4.27.c. No pueden pasar al metal por causa del aislante, a diferencia de lo que sucede en un diodo metal-semiconductor.

Dicha generación de portadores puede ser térmica o externa. Como generación externa se considera exclusivamente la fotogeneración. Se puede emplear la estructura descrita como fotodetector, si se construye el electrodo de modo que permita la llegada de la luz al semiconductor, por ejemplo utilizando electrodos transparentes. La carga acumulada es función de la luz absorbida; de esta manera se convierte la señal óptica en una variable eléctrica.

Superpuesta a la generación por luz está la generación térmica, que supone un ruido en relación a la señal fotogenerada. Cabe mencionar aquí que la generación térmica es lenta, de manera que si la carga fotogenerada es captada (*lectura* de la señal fotogenerada) con suficiente rapidez, el ruido puede ser tolerable. Se dispone de un dispositivo que por su naturaleza debe trabajar en régimen dinámico.

Los minoritarios acumulados también se podrían inyectar por una unión PN construida dentro de la estructura. Este sistema tiene sus aplicaciones, pero no es caso de interés en este texto.

La transferencia y la captación de cargas

Para transformar las cargas fotogeneradas en un CCD en una señal eléctrica se deben transportar hasta un dispositivo que las pueda captar y así crear una corriente. Este dispositivo puede ser un diodo de unión PN en inversa, como se ve más adelante. Los CCD destinados a captar imágenes en cámaras forman matrices en las que cada dispositivo es un píxel. La lectura de los píxeles de una fila se realiza de forma secuencial, de manera que el procedimiento de transferencia de carga debe permitir la creación de una serie de «paquetes» que se captan uno tras otro. En una matriz de píxeles formada por filas se lee una fila tras otra.

Existen distintas estrategias para resolver el problema planteado. Una de las más empleadas utiliza una geometría como la descrita en la figura 4.28.a, aplicando dos señales a los dos conjuntos de electrodos. Cuando las tensiones aplicadas a los dos conjuntos son iguales, entonces el perfil de la zona de campo en el semiconductor es el representado en la figura 4.28.a, donde también se representa la extensión de la ZCE en el semiconductor. Cabe observar que para un mismo electrodo existe una región con el óxido más delgado y otra con el óxido más grueso. En la primera, la capacidad por unidad de superficie es mayor que en la segunda, y por lo tanto la ZCE es más extensa porque debe acumular más carga con la misma tensión aplicada. Las cargas negativas indicadas en una parte de la figura corresponden a una señal fotogenerada.

Supóngase ahora que las tensiones varían, como se indica en la figura 4.28.b; se identifica este estado como fase 1. Obsérvese que ha aumentado la profundidad de las ZCE situadas debajo de los electrodos de puerta cuya tensión $V_0 + V$ también ha aumentado, y que sucede lo contrario con las que se encuentran debajo de los electrodos de puerta con tensión $V_0 - V$. Supóngase que la carga fotogenerada está atrapada en la región de campo de mayor intensidad o, dicho de otro modo, en el pozo de potencial de mayor profundidad.

En un instante posterior se permutan los potenciales aplicados a los terminales, según se indica en la figura 4.28.c; se identifica esta situación como fase 2. El perfil de la región de campo se ha desplazado un píxel hacia la derecha. Consecuentemente, la carga atrapada también se mueve, con su pozo, hacia la derecha, siguiendo el gradiente lateral del campo eléctrico.

Cuando las tensiones adoptan de nuevo el valor de la fase 1, entonces se produce un nuevo desplazamiento de cargas, no hacia la posición anterior sino de nuevo hacia la derecha (tal y como se muestra en la figura 4.28.d) porque se mueven siempre hacia los puntos de menor energía potencial accesible. El proceso se repite hasta que la carga llega a un detector, por ejemplo al diodo representado en la figura 4.28.e. Este diodo está polarizado en inversa, de manera que el campo eléctrico de su ZCE capta los electrones que a ella llegan; así se hace circular una corriente por el circuito exterior y se genera una señal V_{out}.

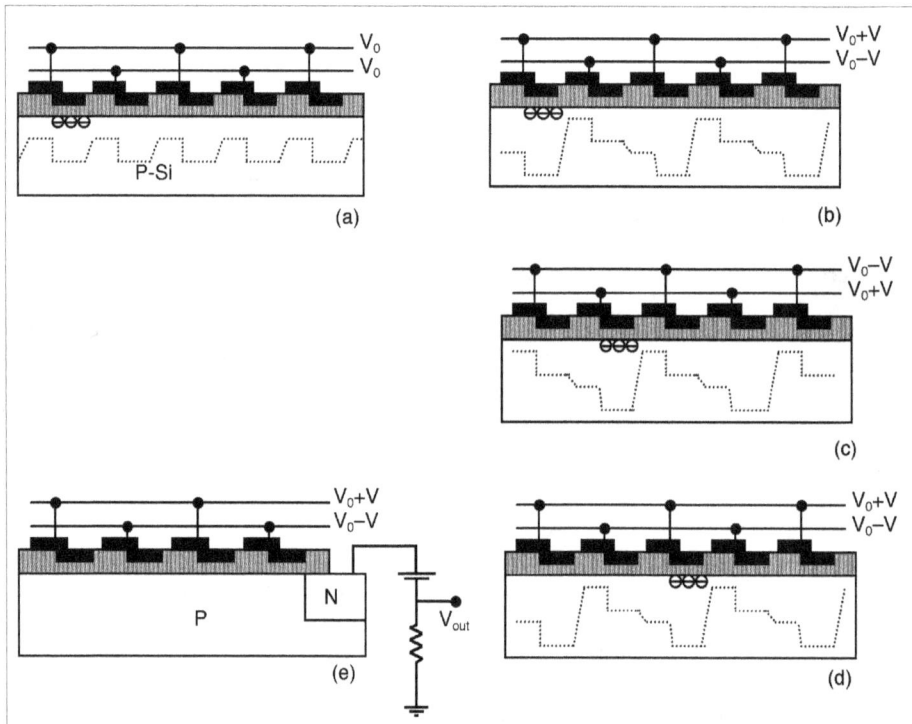

Fig. 4.28 Dispositivos de carga acoplada de dos fases. a) Estructura física y perfil de la zona vacía en el semiconductor, cuando las tensiones aplicadas a las dos fases son iguales. b) Representación con tensiones aplicadas, correspondientes a la fase 1. c) Representación con tensiones de la fase 2. d) De nuevo fase 1. e) Representación del diodo captador de la señal.

Por criterios de simplicidad se ha dibujado la carga de un solo pozo. Si hubiera carga en todos, el desplazamiento sería el mismo para todas, en fila una tras otra y sin mezclarse unas con otras. Los CCD que emplean este procedimiento para transferir cargas se denominan *CCD de dos fases*.

Los CCD permiten conseguir un elevado número de píxeles por unidad de superficie —del orden de 10^6 cm^{-2}— como matrices de fotodetectores para detectar imágenes. Ésta es una de las principales ventajas sobre otros dispositivos que podrían cumplir funciones similares.

4.4.2 Fibras ópticas

Una fibra óptica es un dispositivo para la conducción de luz con pérdidas muy reducidas. Una fibra se compone de dos regiones coaxiales con distintos índices de refracción: el correspondiente a la parte interior —el núcleo (en inglés, *core*)— es mayor que el de la cubierta (en inglés, *cladding*), para facilitar la reflexión de la luz que se propaga por el interior de la fibra sobre sus paredes, tal y como se representa en la figura 4.29.

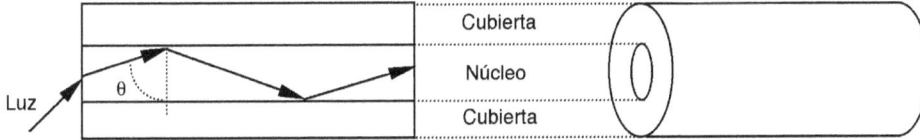

Fig. 4.29   Esquema de la transmisión de luz en una fibra óptica

De acuerdo con las leyes de la óptica geométrica, solo se transmite la luz que incide en la superficie límite entre el núcleo y la cubierta formando un ángulo θ con la perpendicular mayor que un ángulo crítico θ_c, que cumple la condición de reflexión total (v. subapartado 4.1.1)

$$\sin\theta \geq \sin\theta_c = \frac{n_{cladding}}{n_{core}} \tag{4.52}$$

No obstante, no todos los rayos que cumplen la ecuación 4.52 se pueden propagar. La resolución de las ecuaciones de Maxwell demuestra que solo son posibles determinados valores de θ (modos de propagación). La figura 4.30 representa esquemáticamente la propagación de dos modos en una fibra. Los rayos correspondientes a los dos modos recorren caminos con longitudes distintas, de manera que uno llegará con posterioridad al otro. Este fenómeno, conocido como *dispersión modal*, limita la frecuencia de los impulsos que se transmiten. Cuanto menor es el diámetro de la fibra, menor es el número de modos que puede transmitir. Para un diámetro inferior a 3 μm, la fibra es monomodal.

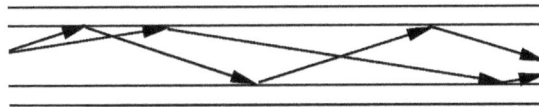

Fig. 4.30   Transmisión de dos modos en una fibra óptica

Por otro lado, el material de la fibra presenta unos mínimos de absorción para determinadas regiones del espectro denominadas *ventanas*. Las más utilizadas en comunicaciones son las de 0.8, 1.3 y 1.5 μm de longitud de onda (1ª, 2ª y 3ª ventana, respectivamente), según se indica en la figura 4.31.

Un sistema de comunicaciones basado en fibra óptica debe incluir un emisor de luz, la fibra transmisora y un receptor. El emisor puede ser un LED o un diodo láser. Este último es más ventajoso porque su línea espectral es más estrecha, y por lo tanto no hay tanta dispersión espectral de los impulsos de luz. Este fenómeno se debe al hecho de que el índice de refracción del núcleo, al igual que en todos los materiales, es función de la longitud de onda.

La introducción de la luz en la fibra requiere frecuentemente el uso de microlentes, porque el ángulo que forma el rayo de luz con el eje de la fibra tiene un valor máximo. El seno de ese ángulo máximo, θ_m, se conoce como *apertura numérica* de la fibra, *NA*. La relación entre θ_m y θ_c viene dada por

$$\frac{n_{aire}}{n_{core}} = \frac{\sin(\pi/2 - \theta_c)}{\sin\theta_m} = \frac{\sqrt{1 - \sin^2\theta_c}}{\sin\theta_m} \Rightarrow NA = \sin\theta_m = \frac{n_{core}}{n_{aire}}\sqrt{1 - \left(\frac{n_{cladding}}{n_{core}}\right)^2} \tag{4.53}$$

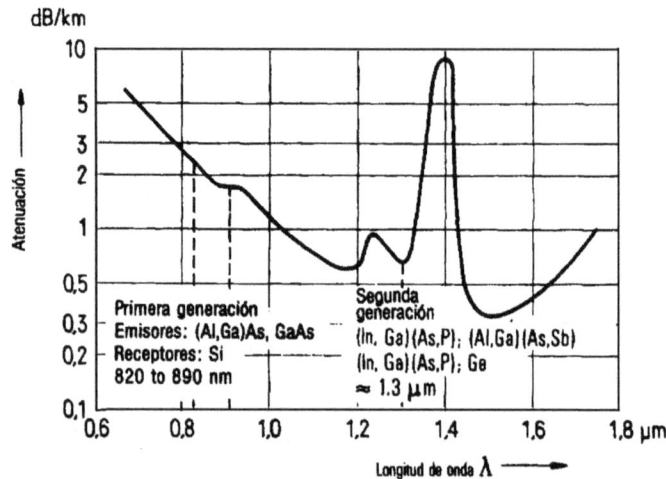

Fig. 4.31   Atenuación en una fibra óptica de óxido de silicio

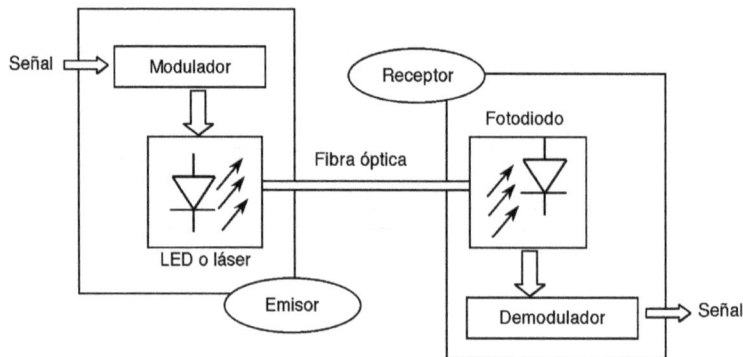

Fig. 4.32   Esquema de transmisiones de señales ópticas en una fibra

Un ejemplo de aplicación numérica: $n_{core} = 1.5$, $n_{cladding} = 1.495$, $n_{aire} = 1 \Rightarrow NA = 0.12 \Rightarrow \theta_m = 7°$

Las imperfecciones de la fibra producen unas determinadas pérdidas, del orden de décimas de dB/km; resulta viable enviar señales a distancias de decenas de kilómetros sin necesidad de repetidores. El receptor de luz puede ser un fotodiodo PIN o un fotodiodo de avalancha. El conjunto puede operar a frecuencias superiores a 1 Gbit/s.

Comparando los sistemas de comunicación por fibra óptica con los clásicos de transmisión de señal eléctrica por cable coaxial, se puede señalar como ventajas: mayor ancho de banda, menor peso, volumen y coste, y menor vulnerabilidad ante las interferencias. Los principales problemas derivan de la complejidad de las conexiones.

EJEMPLO 4.19

Un LED emite luz con una longitud de onda de 0.9 μm. La anchura de la línea es de 25 nm. Cuando esa luz se transmite por una fibra óptica de SiO_2 de 1 km de longitud, la diferencia entre los tiempos de llegada de las radiaciones de máxima frecuencia y de mínima frecuencia es de $\Delta\tau_{mat} = 1.75$ ns, a causa de la variación del índice de refracción con la longitud de onda de la luz. Este fenómeno se conoce como *dispersión del material*.

EJEMPLO 4.20

La dispersión de conducción de ondas en una fibra óptica consiste en la distinta transmisión de las señales moduladas a distintas frecuencias. Como consecuencia, un impulso cuadrado de luz adquiere una anchura. Considérese una fibra monomodal de 1 km de longitud, con un núcleo de 2 μm de radio e índice de 1.46 y una cubierta de índice 1.456. Cuando se excita con un láser monomodal con una longitud de onda de 0.85 μm y una dispersión espectral de 10 nm, entonces la dispersión de la guía es $\Delta\tau_{wg} = 10.3$ ps.

EJEMPLO 4.21

Los distintos modos que se propagan por una fibra óptica recorren caminos de distintas longitudes, y por ello se producen diferencias entre los tiempos de llegada, conocidas como *dispersión intermodal*. En la fibra del ejemplo anterior esa dispersión vale 16.7 ns.

4.4.3 Cristales líquidos

Los cristales líquidos son materiales utilizados en la fabricación de visualizadores LCD (del inglés *Liquid Crystal Display*), aprovechando la propiedad que poseen de modificar su comportamiento óptico cuando se les somete a un campo eléctrico. Se presenta brevemente el funcionamiento de los dos tipos más importantes: los de dispersión luminosa y los de efecto de campo; en la figura 4.33 se esquematizan unas secciones de los mismos.

El cristal líquido tiene la consistencia de un líquido, pero está formado por moléculas largas que presentan una ordenación entre ellas parecida en cierto modo a la de un cristal sólido; de ahí su denominación. La luz puede atravesarlos o no, dependiendo de la orientación de dichas moléculas.

Un LCD de dispersión luminosa trabaja con cristales de los denominados *nemáticos*. En ausencia de campo eléctrico las moléculas presentan una orientación perpendicular a las paredes de la célula, tal y como se muestra en la parte superior de la figura 4.33.a. En esas condiciones el material permite el paso de la luz. Cuando mediante una pareja de electrodos (como los de la parte inferior de la misma figura) se aplica una tensión —normalmente entre 6 y 20 V—, desaparece la orientación de las moléculas y el material se convierte en opaco. En el caso considerado en la figura, con luz proveniente del lado derecho se vería la parte superior brillante, y la inferior oscura.

En un dispositivo visualizador los electrodos transparentes tienen la forma adecuada al diseño que se debe mostrar, el cual se convierte en claro o en oscuro con una tensión de polarización. Los visualizadores de cristal líquido pueden trabajar en transmisión —como se muestra en la figura 4.33.a— o en reflexión, con luz incidente y saliente por la misma cara. En ese caso la lámina de vidrio posterior debe ser reflectora.

En un LCD de efecto de campo el material es del tipo denominado *nemático girado* (en inglés, *twisted nematic*). Las moléculas tienen su eje paralelo a las placas de vidrio, pero con una orientación que varia progresivamente entre una placa y la otra en 90°. La parte superior de la figura 4.33.b pretende representar esta disposición. De ese modo el cristal permite el paso de la luz, pero cambiando el plano del campo eléctrico de la onda electromagnética —el plano de polarización— en 90°. De los dos polarizadores representados en la figura, el primero sólo deja pasar la parte de luz incidente que tiene el plano de polarización seleccionado (considérese aquí el vertical). Si el segundo polarizador —que actúa como analizador— está dispuesto en paralelo con el primero, entonces bloquea el paso de la luz que le llega con el plano de polarización girado por efecto del cristal líquido. El observador ve un área oscura.

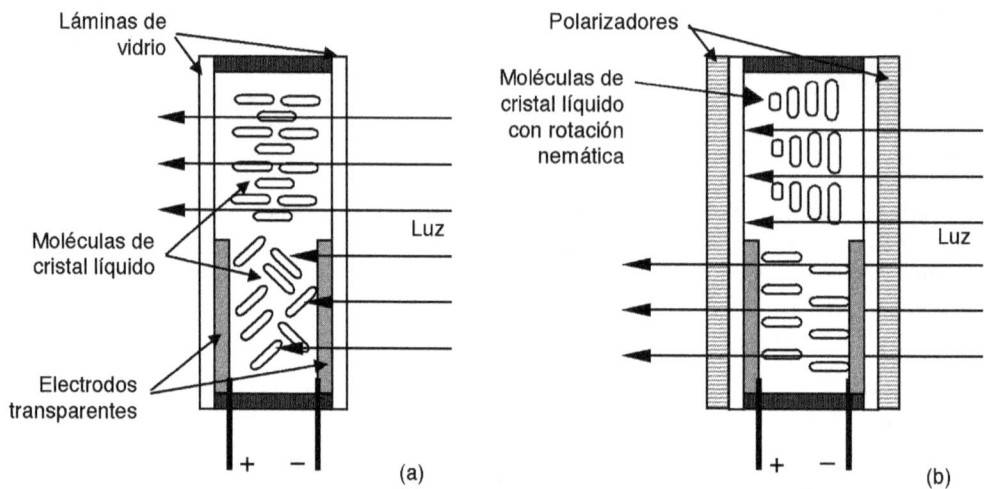

Fig. 4.33   *a) LCD de dispersión luminosa. b) LCD de efecto de campo.*

Cuando se aplica una tensión —normalmente entre 2 y 8 V— las moléculas se orientan de tal modo que permiten el paso de la luz como en el caso de los LCD de dispersión, según se puede observar en la parte inferior de la misma figura. El funcionamiento es pues análogo al de los LCD de dispersión luminosa, con la polaridad óptica invertida —es decir, con las zonas polarizadas brillantes en lugar de oscuras—.

Estos LCD también pueden trabajar en modo de reflexión. En ese caso, los dos polarizadores deben estar girados 90° uno respecto al otro. Los LCD tienen la ventaja de consumir menos potencia, pero su fabricación es más complicada.

Comparando los visualizadores de cristal líquido con otros como los LED, se puede señalar como principal ventaja su reducido consumo, del orden de μW, y como principales inconvenientes la lentitud (0.1 s frente a 0.1 μs), el escaso margen de temperatura de trabajo (de 0 °C a 60 °C) y la necesidad de una fuente luminosa externa. Las pantallas con LCD son muy direccionales, lo cual limita la posición del usuario.

CUESTIONARIO 4.4

1. *¿A qué longitud de onda emiten los diodos láser para conseguir una atenuación mínima en la fibra óptica?*

   a) 0.87 µm   *b) 1.30 µm*   *c) 1.55 µm*   *d) 2.25 µm*

2. *¿Cuál es el máximo ángulo de desviación que puede tener un rayo de luz que entra en una fibra óptica en relación con el eje de ésta? La apertura numérica de la fibra es de 0.2.*

   a) 0.2°   *b) 5°*   *c) 12.8°*   *d) 6°*

3. *Explíquese la diferencia que existe entre la dispersión modal y la dispersión cromática en una fibra óptica.¿Cuál de las afirmaciones siguientes es correcta?*

   a) La dispersión modal se debe a que cada modo tarda distinto tiempo en recorrer la fibra.

   b) La dispersión cromática se debe a que cada longitud de onda tarda distinto tiempo en recorrer la fibra.

   c) La dispersión modal y la cromática describen el mismo fenómeno.

   d) La dispersión cromática no es aplicable al contexto de las fibras ópticas.

4. *Explíquese por qué un dispositivo de carga acoplada (CCD) no puede trabajar en régimen estacionario.*

   a) Porque las señales luminosas cambian con el tiempo.

   b) Porque la generación térmica de portadores se superpone a la generación causada por la señal.

   c) Debido a las corrientes de recombinación en los condensadores MOS.

   d) Porque las señales de reloj exigen trabajar en régimen transitorio.

5. *En sistemas que requieren bajo consumo de energía (p. ej., un reloj) se suelen preferir los visualizadores de cristal líquido en lugar de los LED. Explíquese por qué.*

   a) Porque los basados en LED tienen menor contraste.

   b) Porque los de cristal líquido no deben generar fotones.

   c) Por la gama de colores que ofrecen los cristales líquidos.

   d) Porque la tensión que utilizan los cristales líquidos es menor que la de los LED.

6. *Cítense dos ventajas de los visualizadores LED, comparándolos con los de cristal líquido.*

   a) Un mayor contraste y una mayor eficiencia.

   b) Se pueden ver en la oscuridad y son más rápidos.

   c) Son más rápidos y duraderos.

   d) Tienen una mayor eficiencia y un margen de temperatura más amplio.

PROBLEMA GUIADO

Un fotodiodo de silicio tiene una estructura P^+NN^+ con dopajes de las tres regiones 10^{20}, 10^{13} y 2×10^{20} cm^{-3} respectivamente. La profundidad de la región central es de 50 μm. Se pide:

a) Dibújese, cualitativamente, el perfil del campo eléctrico en el dispositivo, suponiendo toda la región central N vacía de portadores.

b) Calcúlense las anchuras de las zonas de carga espacial en las regiones P^+ y N^+, y los valores del campo eléctrico en las interfaces P^+N y NN^+, cuando la polarización inversa es de 50 V.

c) Calcúlese la capacidad del diodo correspondiente a esa tensión de polarización.

d) Calcúlese la densidad de la fotocorriente captada, suponiendo que hay una generación uniforme de portadores de 5×10^{18} $cm^{-3}s^{-1}$, y que las longitudes de difusión de los portadores minoritarios en las regiones P^+ y N^+ son de 1 μm.

e) Calcúlese el valor de la fotocorriente que se capta en un dispositivo como el descrito, en el que no exista la región central N.

PROBLEMAS PROPUESTOS

P4.1 *Evalúese la potencia, la tensión de circuito abierto y la corriente de cortocircuito que proporcionaría un panel fotovoltaico formado por 32 células de 10 cm de diámetro cada una conectadas en serie, en condiciones de iluminación AM1 (100 mW/cm²). Supóngase una eficiencia de conversión del 15%, un factor de forma de 0.82 y una V_{oc} de 0.55 V.*

P4.2 *Considérese un fotoconductor de 1 mm de longitud y 0.5 mm² de sección que está alimentado con 50 V. En plena iluminación y en régimen estacionario circula una corriente de 1 mA. Al cortar la iluminación la corriente disminuye exponencialmente con una constante de tiempo de 0.1 μs. Se pide: a) La generación luminosa g_L suponiéndola uniforme y que $\mu_n + \mu_p = 250$ cm²/Vs. b) El factor de amplificación del fotoconductor*

P4.3 *Un fotodiodo PIN se polariza con V = -10 V. Suponiendo que toda la región intrínseca de 50 μm de grosor esté vacía de portadores y que $N_D = N_A = 10^{18}$ cm^{-3}, se pide: a) Calcular el grosor de la región en la que hay campo eléctrico. b) Calcular el valor de este campo eléctrico en la región intrínseca. c) Calcular la corriente fotogenerada. d) Calcular la capacidad para esta polarización. Datos: $A = 10^{-4}$ cm²; $g_L = 10^{20}$ pares/cm³·s*

P4.4 *Calcúlese la relación entre la recombinación radiativa y la recombinación total de un LED P^+N que emite una potencia luminosa de 15 mW, sabiendo que consume una corriente de 20 mA y la tensión entre sus terminales es de 1.5 V. Supóngase un factor de pérdidas de 0.75 y que la E_g del material es de 1.65 eV.*

FORMULARIO DEL CAPÍTULO 4

-Índice de refracción: $\qquad\qquad\qquad n \equiv \dfrac{c}{v}$; $n = \sqrt{\varepsilon_r \mu_r}$

-Ley de Snell de refracción: $\qquad\qquad \dfrac{\sin\theta_i}{\sin\theta_t} = \dfrac{n_t}{n_i}$

-Energía de un fotón: $\qquad E = hf = h\dfrac{c}{\lambda} = \dfrac{1.24\ eV \times \mu m}{\lambda}$

-Generación de fotopares: $\quad \Phi(x) = \eta \Phi_0 e^{-\alpha x} \qquad\qquad g(x) = \eta \alpha \Phi_0 e^{-\alpha x}$

-Exceso fotogenerado con g_L uniforme: $\qquad \Delta n(t) = g_L \tau \left(1 - e^{-t/\tau} \right)$

-Factor de amplificación de un fotoconductor: $\qquad G = \dfrac{\tau}{t_d}$; $\;\; t_d = \dfrac{L}{v_n} = \dfrac{L}{\mu_n E} = \dfrac{L^2}{\mu_n V}$

-Unión PN iluminada con g_L uniforme: $\;\; I = I_s \left(\exp\dfrac{qV}{k_B T} - 1 \right) - I_L$; $\;\; I_L = qAg_L \left(L_n + L_p + w_{zce} \right)$

-Rendimiento de una célula fotovoltaica: $\qquad \eta \equiv \dfrac{P_{max}}{P_L}$; $\;\; P_{max} = FF \times I_{sc} \times V_{oc}$

-Respuesta espectral de una célula fotovoltaica: $\qquad SR(\lambda) \equiv \dfrac{1}{q}\dfrac{dJ_{sc}}{d\Phi(\lambda)} = \dfrac{1}{q}\dfrac{dJ_{sc}}{F(\lambda)[1 - R(\lambda)]d\lambda}$

-Potencia luminosa emitida por un LED: $\qquad P_L = N_f E_g = \dfrac{I_D \tau_t E_g}{q \tau_{pr}}$

-Eficiencia de conversión de un LED: $\qquad \eta = \dfrac{P_{out}}{P_i} = \Gamma_{ext} \dfrac{\tau_t}{\tau_{pr}} \dfrac{E_g}{qV_D}$

-Relaciones de Einstein en la emisión estimulada: $\qquad$ *Emisión espontánea: $A_{21}n_2$*
$\qquad\qquad\qquad\qquad\qquad\qquad\qquad\qquad\qquad\quad$ *Emisión estimulada: $B_{21}n_2\rho(f_{12})$*
$\qquad\qquad\qquad\qquad\qquad\qquad\qquad\qquad\qquad\quad$ *Absorción: $B_{12}n_1\rho(f_{12})$*

-Apertura numérica de una fibra óptica: $\qquad NA = \sin\theta_m = \dfrac{n_{core}}{n_{aire}} \sqrt{1 - \left(\dfrac{n_{cladding}}{n_{core}} \right)^2}$

5 El transistor bipolar

5.1 Introducción

El transistor bipolar, conocido en inglés por el acrónimo BJT (*Bipolar Junction Transistor*, transistor bipolar de unión) es uno de los dispositivos más utilizados en los circuitos electrónicos. El nombre de *transistor* procede de la condensación de dos vocablos ingleses, *trans*fer y resis*tor*, y hace referencia al hecho de que la corriente que circula entre dos terminales está controlada por una señal aplicada al tercer terminal; el término *bipolar* es debido al hecho de que la corriente es transportada por portadores de ambas polaridades: electrones y huecos. La electrónica moderna, basada en circuitos integrados (CI) se inició de hecho con el descubrimiento de este dispositivo. Actualmente sigue siendo el dispositivo amplificador por excelencia, y el que más se emplea en los CI analógicos. En este capítulo se hace una introducción al transistor bipolar y se presenta la teoría de su funcionamiento, su proceso de fabricación, el comportamiento en continua y en señal, y sus modelos circuitales.

El transistor bipolar fue descubierto casualmente en diciembre de 1947 por Bardeen, Brattain y Shockley en los Laboratorios Bell, cuando intentaban realizar un «amplificador de estado sólido» basado en lo que más adelante se denominaría *transistor MOS*. Ese descubrimiento fue seguido casi inmediatamente de la teoría que explicaba su funcionamiento, y condujo a una revolución tecnológica que significó la desaparición, en pocos años, de la tecnología de las válvulas de vacío, que hasta entonces había proporcionado soporte físico a los circuitos electrónicos.

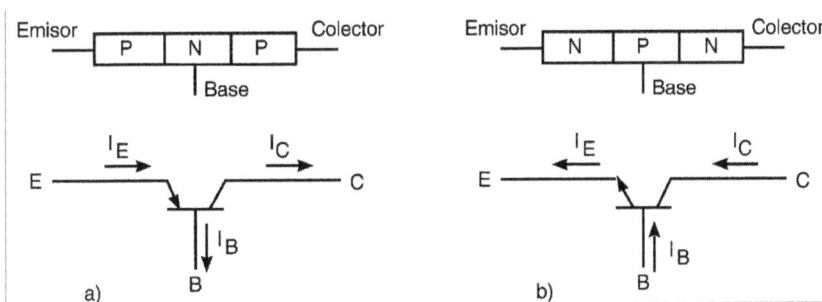

Fig. 5.1   Estructura, símbolo y sentido positivo de las corrientes del transistor bipolar.
a) PNP. b) NPN.

El transistor bipolar es un dispositivo de tres terminales denominados *emisor*, *base* y *colector*. Hay dos tipos de transistores bipolares: los NPN y los PNP, cuyas denominaciones responden a su estructura básica, la cual se esquematiza en la figura 5.1. El transistor bipolar tiene dos uniones PN:

una entre el emisor y la base —la unión _emisora_— y otra entre la base y el colector —la unión _colectora_—. En el símbolo de estos transistores se incluye una flecha en el terminal del emisor, que apunta siempre en el sentido de P a N, y sirve para identificar el tipo de transistor. Los sentidos de las corrientes indicadas en la figura 5.1. se consideran positivos. Estos sentidos se basan en la asignación al emisor del sentido de la corriente de su símbolo —de P a N—, y a la base y al colector de los derivados de la suposición de que la corriente de emisor es la suma de la corriente de base más la corriente de colector.

El transistor más utilizado es el NPN, y es el que se estudia en este texto. Según se ve más adelante, el comportamiento del PNP es dual con respecto al del NPN, lo cual significa que si se cambian electrones por huecos, junto con los sentidos de las corrientes y las polaridades de las tensiones, el comportamiento resulta idéntico.

5.1.1 Principio de funcionamiento

Cuando el transistor se emplea como amplificador, se polariza el diodo del emisor en directa y el del colector en inversa. Esa polarización se denomina _activa_ y es la que se considera aquí. Conviene recordar de la teoría de la unión PN que con una polarización directa cada región inyecta sus portadores mayoritarios a la región adyacente, de forma que en el inicio de esa segunda región, justo en la frontera con la zona de carga espacial —la ZCE—, la concentración de los minoritarios inyectados es $m_0\exp(V_D/V_t)$, siendo m_0 la concentración de minoritarios en esa región en condiciones de equilibrio térmico, y V_D la tensión de polarización de la unión. Cuando una unión se polariza en inversa, el campo eléctrico de la ZCE aumenta y domina el transporte de minoritarios de una región a la otra. Si la polarización es suficientemente negativa, la concentración de éstos en la frontera con la ZCE se anula.

Se analizan ahora las corrientes que circulan por el transistor. Al estar la unión emisora en directa, el emisor N inyecta electrones a la base P, y ésta inyecta huecos al emisor N. La teoría de la unión PN muestra que si el dopaje de la región N es mucho mayor que el de la P, la corriente de electrones a través de la ZCE de la unión es muy superior a la de huecos. Esa relación entre corrientes es la que la figura 5.2 representa. Por otro lado, al estar la unión colectora polarizada en inversa, la concentración de electrones en el punto l_B de la región P —frontera con la ZCE del colector— es cero. Por lo tanto, en la región neutra de la base P del transistor hay una diferencia de concentraciones de electrones entre los puntos 0_B —la frontera con la ZCE del emisor— y l_B, diferencia que origina un flujo de electrones por difusión desde la parte del emisor hacia la parte del colector. Cuando esos electrones llegan a la ZCE del colector, el campo eléctrico presente en esa región los arrastra desde la base hacia el colector. La corriente de huecos en esa segunda unión es prácticamente nula, porque está polarizada inversamente y casi no hay huecos en la parte N del colector.

Una parte de los electrones que se trasladan por difusión desde el emisor hacia el colector a través de la base se recombinan. Es la corriente denominada I_r en la figura 5.2. En régimen estacionario debe entrar por el terminal de la base una corriente de huecos igual a la de electrones que se recombinan, ya que de otro modo los huecos de la base terminarían por agotarse. Por la misma razón, por el terminal de la base deben entrar los huecos que la base inyecta al emisor, y deben salir los pocos huecos que el colector inyecta a la base.

Partiendo de esas corrientes elementales se puede escribir:

$$I_E = I_{En} + I_{Ep} \qquad I_C = I_{Cn} + I_{Cp} \qquad I_B = I_r + I_{Ep} - I_{Cp} \qquad (5.1)$$

donde el subíndice E significa *emisor*, el C *colector* y el B *base*; el otro subíndice indica n para corriente de electrones y p para corriente de huecos. Si se tiene en cuenta que en un transistor NPN normal la corriente I_{En} es muy superior a I_{Ep} y a I_r, resulta que

$$I_E \cong I_{En} \cong I_{Es}(e^{V_{BE}/V_t}) \qquad I_C \cong I_{Cn} \cong I_E \cong I_{Es}e^{V_{BE}/V_t} \qquad (5.2)$$

que indica que la corriente de colector se controla con la tensión de polarización de la unión emisora y es independiente de la polarización de la unión colectora, siempre que el transistor esté polarizado en la región activa. Esa propiedad se denomina *efecto transistor*. Nótese que si se sustituye el transistor por dos diodos en oposición con un tercer terminal entre los dos ánodos —a efectos de simular las dos uniones del transistor NPN— no se produce el efecto transistor, ya que es necesario que las dos uniones compartan la región central —la base— y que esa región sea suficientemente delgada para permitir que los minoritarios inyectados por una unión alcancen la otra.

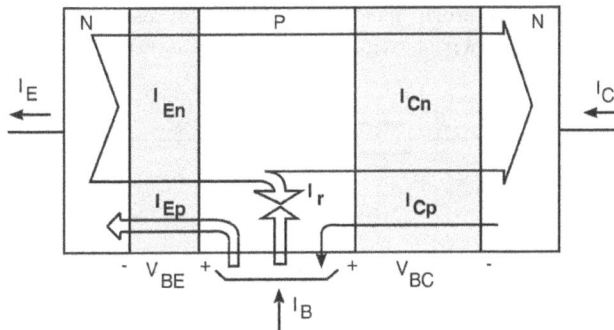

Fig. 5.2 Corrientes en un transistor NPN. Las flechas interiores del rectángulo señalan los flujos de portadores, y las externas los sentidos de las corrientes eléctricas. Se debe tener en cuenta que el sentido de la corriente eléctrica de los electrones es contrario al sentido de su flujo, es decir, I_{En} tiene el mismo sentido que I_E, e I_{Cn} el mismo que I_C.

Ejercicio 5.1

Un transistor NPN tiene una $I_{Es} = 10^{-16}$ A. ¿Cuál es la corriente de colector si $V_{BE} = 0.7$ V y la unión colectora está en inversa?

Aplicando la expresión 5.2, $I_C = 10^{-16}exp(0.7/0.025) = 0.14 mA$.

Ejercicio 5.2

¿Cuál es la tensión V_{BE} en el transistor anterior cuando $I_C = 1$ mA?

$V_{BE} = 0.748 V$.

La capacidad del transistor como amplificador de señales está ligada a ese efecto. Considérese el circuito de la figura 5.3, en el que el transistor NPN tiene la unión emisora polarizada directamente por la tensión $[V_{EE} - \Delta V_i(t)]$, siendo $\Delta V_i(t)$ una señal de pequeña amplitud que se desea amplificar. La unión colectora está polarizada inversamente por V_{CC}. Aproximando la caída de tensión en el diodo del emisor con la tensión de codo $V_\gamma (\cong 0.7 \text{ V en el silicio})$ resulta

$$V_{EE} - \Delta V_i(t) = I_E R_E + V_\gamma \quad \Rightarrow \quad I_E = \frac{V_{EE} - V_\gamma}{R_E} - \frac{\Delta V_i(t)}{R_E} = I_{EQ} - \Delta I_E(t) \qquad (5.3)$$

Suponiendo que I_C se pueda aproximar con I_E, y siempre que la polarización del diodo del colector sea inversa ($V_{CB} > 0$), resulta que

$$V_o = V_{CC} - I_C R_C = [V_{CC} - I_{EQ}R_C] + \frac{R_C}{R_E}\Delta V_i(t) = V_{oQ} + \Delta V_o(t); \quad \Delta V_o(t) = \frac{R_C}{R_E}\Delta V_i(t) \quad (5.4)$$

Como se puede ver, en la salida aparece una señal $\Delta V_o(t)$ que es proporcional a la señal de entrada. El factor R_C/R_E que multiplica a $\Delta V_i(t)$ en la última expresión se denomina _ganancia de tensión del amplificador_, la cual se puede controlar fijando la relación entre resistencias, con la única restricción de que V_o debe siempre ser positiva para asegurar que el transistor esté polarizado en activa.

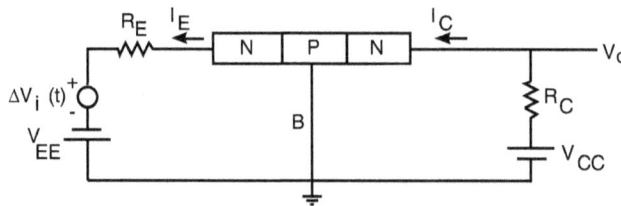

Fig. 5.3 Ejemplo de circuito amplificador

Ejercicio 5.3

En el amplificador de la figura anterior, $R_C = 5 \text{ k}\Omega$ y $R_E = 100 \text{ }\Omega$. ¿Cuál es, aproximadamente, la ganancia de tensión del circuito?

La ganancia aproximada es $R_C/R_E = 50$.

Ejercicio 5.4

¿Qué valor debe tener R_C en el circuito de la cuestión anterior para conseguir una ganancia de 100?

$R_C = 10 \text{ k}\Omega$.

El circuito de la figura 5.3 tiene el terminal de la base común a las mallas del emisor y del colector. Por ese motivo se dice que la configuración del circuito es _en base común_. Existen también las configuraciónes _de emisor común_ y _de colector común_, que presentan el terminal del emisor o el del colector comunes a las mallas de entrada y salida. La configuración de emisor común es la más utilizada en amplificación, mientras que la de colector común —también denominada _seguidor por emisor_— suele emplearse como etapa de salida.

Los transistores bipolares, además de emplearse como amplificadores, se usan en circuitos digitales, en los que los transistores trabajan en dos estados. Por este motivo esos dispositivos no se utilizan solo en polarización activa, sino también en los modos denominados *corte* y *saturación*. En la tabla 5.1 se presentan los cuatro modos posibles de polarización de un transistor. El modo inverso no se suele emplear en la práctica, dado que en ese modo las prestaciones del transistor son similares a las del modo activo, pero inferiores.

Tabla 5.1   Modos de funcionamiento del transistor

		Unión emisora	
		Directa	Inversa
Unión colectora	Directa	Saturación	Inverso
	Inversa	Activo	Corte

5.1.2 La estructura física del transistor bipolar. Su proceso de fabricación.

En la figura 5.4 se presenta la estructura física del transistor bipolar que se emplea en circuitos integrados. Esa estructura responde a la necesidad de disponer los tres terminales del transistor sobre la superficie de la oblea y de aislar unos de otros los dispositivos del CI que comparten un sustrato común. Tal y como se señala en el capítulo 3, dedicado a la tecnología de los semiconductores, ese aislamiento se consigue creando cada dispositivo dentro de un bloque con dopaje de tipo contrario al del sustrato, y polarizando inversamente la unión creada. Con esa polarización, la unión equivale a un circuito abierto y las corrientes que circulan por el interior del bloque incrustado no pueden acceder al sustrato, por lo que no llegan a los demás bloques. La comunicación de esas corrientes interiores a cada bloque se permite solo a través de las pistas metálicas realizadas sobre la superficie de la oblea.

La figura 5.4 muestra la estructura de un transistor NPN. El dispositivo se ha realizado en un bloque N creado dentro del sustrato P. La unión PN entre el sustrato y ese bloque se polariza inversamente, según se justifica en el párrafo anterior. Por otro lado, se accede a las regiones del emisor, la base y el colector desde la superficie. La corriente que circula entre el emisor y el colector se desplaza en vertical, tal y como representa la citada figura. Para acceder a la parte central de la base se crea una región P ancha, con la que se hace contacto desde la superficie (terminal B). Debe notarse que la corriente de base debe recorrer un trayecto largo antes de alcanzar la parte central de la base. Ese trayecto introduce una cierta resistencia, que se incluye en el circuito equivalente del transistor.

Algo parecido sucede con el terminal del colector. La corriente que sale por ese terminal debe recorrer un trayecto muy largo por el interior del silicio, lo cual introduce una resistencia considerable. Para disminuir la resistencia de ese trayecto se crea una región N^+ muy dopada, que presenta una resistencia reducida. Esa región se denomina *capa enterrada*. El trayecto «vertical» que sigue la corriente del transistor desde el emisor hasta el inicio de la capa enterrada permite que el comportamiento del dispositivo se pueda aproximar empleando un modelo unidimensional. Debe notarse, no obstante, que los terminales del emisor y del colector no son intercambiables, como podría suponerse partiendo de una estructura meramente unidimensional.

La figura 5.5 representa el proceso de fabricación de un transistor bipolar NPN. Partiendo de una oblea P se crea una capa muy dopada N^+ en la superficie, que se convierte finalmente en la capa enterrada. Para crear esa región N^+ se utiliza una primera máscara. El paso siguiente consiste en hacer crecer una capa epitaxial de unos 10 a 20 micrómetros de espesor en la superficie de toda la oblea. Esa capa se hace crecer con el dopaje N que va a tener el colector del transistor. Con esa acción, la capa N^+ realizada en la anterior etapa queda «enterrada» en el fondo de la capa epitaxial N. Seguidamente se procede a dividir esa capa en porciones aisladas una de otra, en cada una de las cuales se fabrica un dispositivo. Para ello se realiza una difusión P de aislamiento desde la superficie, empleando una segunda máscara. La difusión se lleva a cabo de manera que la nueva región P atraviese completamente la capa epitaxial y alcance el sustrato P.

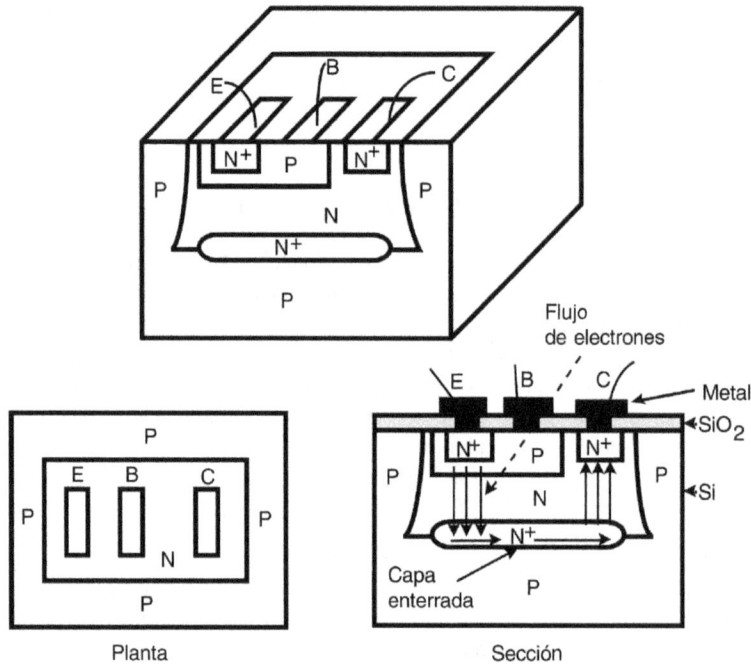

Fig. 5.4   Estructura física de un transistor bipolar NPN

Construidas las porciones o islas N, se procede a fabricar los transistores bipolares propiamente dichos. La cuarta etapa consiste en realizar la base mediante una difusión P, para lo que se emplea una tercera máscara. Después de oxidar de nuevo toda la oblea, se abren nuevas ventanas con la máscara correspondiente, y se realizan las difusiones N^+ del emisor y el colector. Se elimina el óxido y, tras otra oxidación, se abren las ventanas que van a permitir que el metal que se deposita seguidamente haga contacto con las regiones del emisor, la base y el colector del transistor. Finalmente, se elimina parte del metal depositado sobre toda la oblea, de modo que solo queden las pistas que interconectan los terminales entre sí.

El proceso que se ha descrito requiere seis máscaras. Mientras en unas islas se crean transistores bipolares, en otras se pueden utilizar los procesos descritos para realizar otros tipos de dispositivos (resistencias, diodos…) y crear así un circuito integrado. Este proceso tecnológico basado en la fabricación de un transistor bipolar se denomina *tecnología bipolar*.

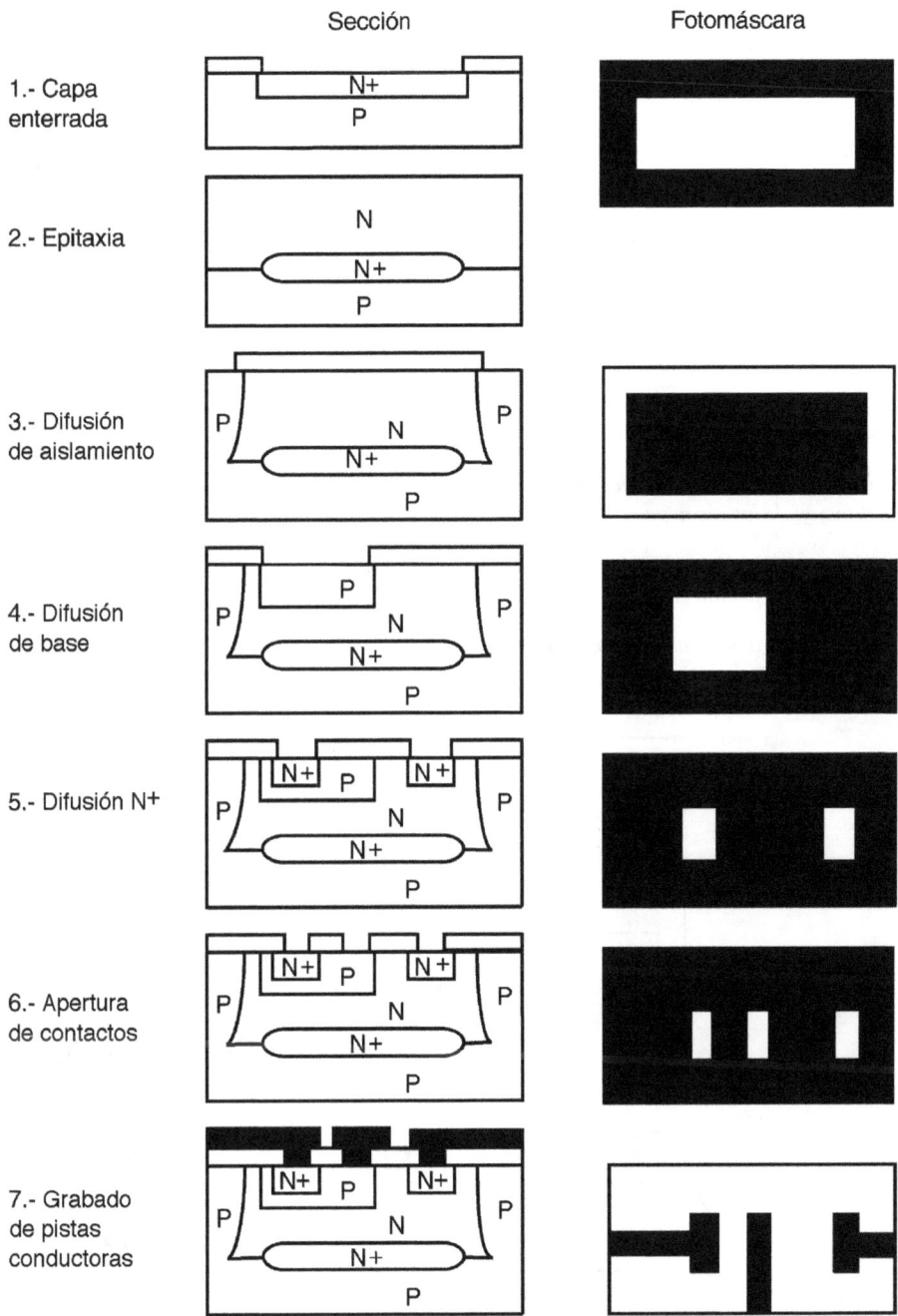

	Sección	Fotomáscara
1.- Capa enterrada	N+ / P	
2.- Epitaxia	N / N+ / P	
3.- Difusión de aislamiento	P / N / N+ / P / P	
4.- Difusión de base	P / N / N+ / P / P	
5.- Difusión N+	N+ / P / N+ / P / N / N+ / P / P	
6.- Apertura de contactos	N+ / P / N+ / P / N / N+ / P / P	
7.- Grabado de pistas conductoras	N+ / P / N+ / P / N / N+ / P / P	

Fig. 5.5   Tecnología bipolar: proceso de fabricación del transistor bipolar

CUESTIONARIO 5.1

1. La estructura representada en la figura siguiente puede corresponder a un transistor bipolar o a dos diodos con los ánodos conectados entre sí.

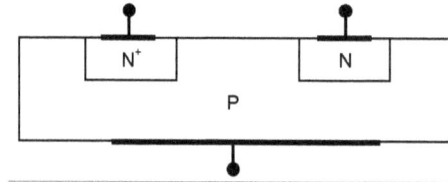

¿Cuál de las siguientes condiciones se debe cumplir para que se trate de un transistor?

a) La separación entre las regiones N^+ y N es mucho más pequeña que la longitud de difusión de los huecos en la región N^+.

b) La separación entre las regiones N^+ y N es mucho más pequeña que la longitud de difusión de los electrones en la región P.

c) La separación entre las regiones N^+ y N es mucho más pequeña que la longitud de difusión de los huecos en la región N.

d) La separación entre el contacto metálico de la región P y las regiones del tipo N es mucho más pequeña que la longitud de difusión de los electrones en la región N^+.

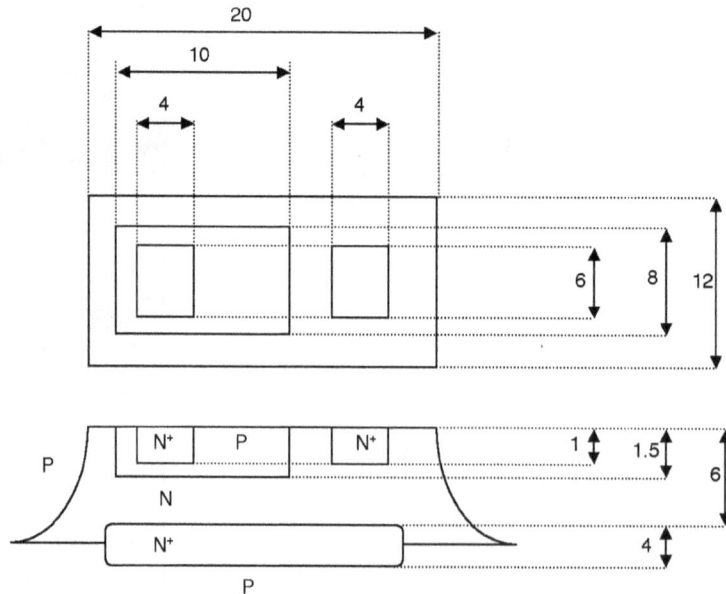

2. La figura adjunta representa la vista en planta de un transistor bipolar integrado y una sección del mismo dispositivo. Las dimensiones indicadas se expresan en micrómetros (nótese que no se respeta ninguna escala).

Se desea aproximar la estructura del transistor de la figura con un modelo unidimensional. Determínense los espesores d_E, d_B y d_C de las regiones del emisor, la base y el colector respectivamente, y la sección del dispositivo, A.

a) $d_E = 1$ μm, $d_B = 1.5$ μm, $d_C = 6$ μm, $A = 24$ μm^2

b) $d_E = 1$ μm, $d_B = 1.5$ μm, $d_C = 10$ μm, $A = 240$ μm^2

c) $d_E = 1$ μm, $d_B = 0.5$ μm, $d_C = 4.5$ μm, $A = 240$ μm^2

d) $d_E = 1$ μm, $d_B = 0.5$ μm, $d_C = 4.5$ μm, $A = 24$ μm^2

3.   *En la mayoría de los transistores se utiliza una estructura vertical como la de la cuestión 2, en lugar de una horizontal como la de la cuestión 1. ¿Cuál es el motivo?*

a) En la estructura horizontal el contacto de la región P no se puede situar en la cara frontal.

b) La estructura vertical exige un número más reducido de etapas de fabricación.

c) Es más difícil fabricar una base estrecha en la estructura horizontal que en la vertical.

d) Solo la estructura vertical permite la integración monolítica del BJT en un circuito.

4.   *Considérese el diagrama de la figura, en el que las flechas representan los flujos de portadores de un transistor PNP en activa. Los símbolos indican las corrientes asociadas, en valor absoluto. Indíquese cuál de los siguientes conjuntos de relaciones no es correcto.*

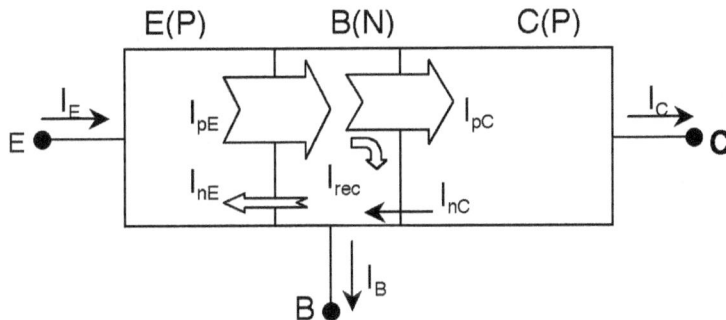

a) $I_E = I_{pE} + I_{nE}$, $I_C = I_{pC} + I_{nC}$ b) $I_E = I_{pE} - I_{nE}$, $I_C = I_{pC} - I_{nC}$

c) $I_E = I_C + I_B$, $I_B = I_{rec} + I_{nE} - I_{nC}$ d) $I_{rec} = I_{pE} - I_{pC}$, $I_C \cong I_{pC}$

5.   *Si en la figura 5.3 se sustituye el transistor NPN por un PNP, ¿qué signos deben tener las tensiones aplicadas para que el dispositivo trabaje en la región activa?*

a) $V_{EE} > 0$, $V_{CC} > 0$ b) $V_{EE} > 0$, $V_{CC} < 0$

c) $V_{EE} < 0$, $V_{CC} > 0$ d) $V_{EE} < 0$, $V_{CC} < 0$

6. *La figura adjunta representa un par de transistores NPN-PNP. Este último se ha obtenido aprovechando las mismas etapas del proceso de fabricación del primero.*

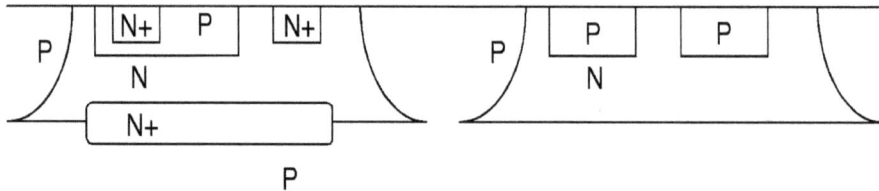

¿Cuál de las siguientes proposiciones es falsa?:

   a) La base del PNP tiene el mismo dopaje que el colector del NPN.

   b) La base del NPN tiene el mismo dopaje que el emisor del PNP.

   c) La profundidad de la difusión de la base del NPN es la misma que la del colector del PNP.

   d) La profundidad del colector del NPN es igual a la anchura de la base del PNP.

5.2   El transistor bipolar ideal en régimen permanente.

Este apartado se dedica al desarrollo de un modelo aproximado del transistor bipolar en continua, partiendo de las distribuciones de electrones y huecos dentro del transistor; éstas se calculan mediante un conjunto de aproximaciones similares a las realizadas para la deducción del modelo del diodo ideal.

5.2.1 Las distribuciones de portadores y de corrientes en el transistor ideal.

El punto de partida para la descripción del comportamiento del transistor es la teoría del diodo presentada en el segundo capítulo. Se suponen las mismas aproximaciones realizadas para la deducción de la ecuación del diodo ideal: baja inyección, neutralidad de carga en las regiones neutras, cuasiequilibrio en la ZCE y corrientes de arrastre de minoritarios despreciables frente a las de difusión. Además, se propone una hipótesis adicional que se suele cumplir en los transistores prácticos: el espesor de la región neutra de la base es muy inferior a la longitud de difusión de los minoritarios en la misma. Ello permite la aproximación de la distribución de electrones en la base mediante una recta, tal y como se ha hecho con el diodo de región corta.

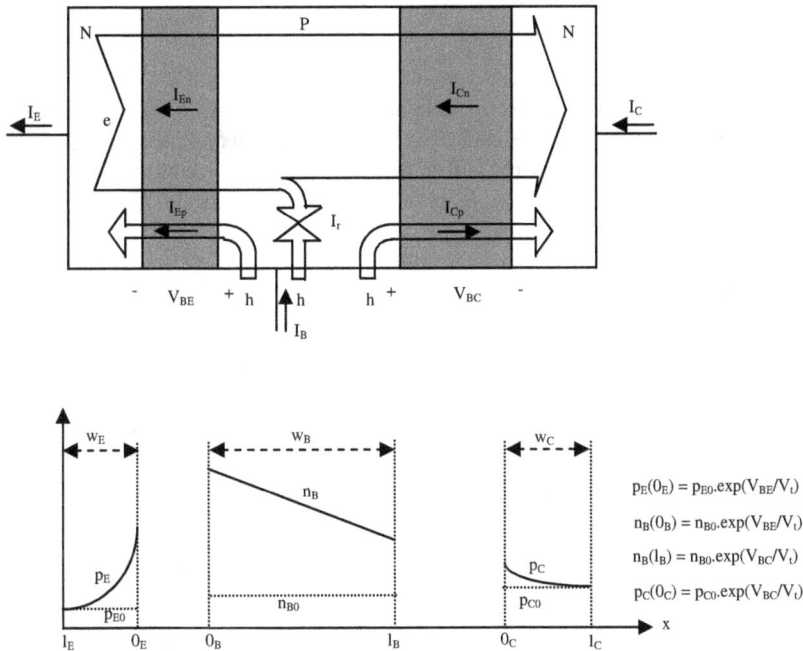

$p_E(0_E) = p_{E0}.\exp(V_{BE}/V_t)$

$n_B(0_B) = n_{B0}.\exp(V_{BE}/V_t)$

$n_B(l_B) = n_{B0}.\exp(V_{BC}/V_t)$

$p_C(0_C) = p_{C0}.\exp(V_{BC}/V_t)$

Fig. 5.6   Corrientes y distribuciones de portadores en un transistor NPN

La figura 5.6 presenta las distribuciones de minoritarios en un transistor NPN, correspondientes a unas polarizaciones arbitrarias en las dos uniones: V_{BE} y V_{BC}. Nótese que en la figura 5.6 se supone implícitamente que $V_{BE} > 0$ y $V_{BC} > 0$, mientras que en la figura 5.2 se supone que $V_{BE} > 0$ y $V_{BC} < 0$. La distribución de electrones en la base se aproxima con una recta. Nótese que el sentido de I_{Cp} corresponde a la polarización directa de la unión base-colector, mientras que en la figura 5.2 se representa por polarización inversa. Nótese asimismo que las flechas del interior del transistor representan flujos de portadores, por lo que las corrientes eléctricas de electrones I_{En} e I_{Cn} son negativas (sentido contrario al eje x).

Las corrientes que cruzan la ZCE de cada unión son

$$I_{En} = qAD_{nB}\frac{dn}{dx}\bigg|_{0_B} \cong -qAD_{nB}\frac{n_B(0_B) - n_B(l_B)}{w_B} = -qAD_{nB}\frac{n_{B0}}{w_B}\left[e^{V_{BE}/V_t} - e^{V_{BC}/V_t}\right] \quad (5.5)$$

$$I_{Ep} = -qAD_{pE}\frac{dp}{dx}\bigg|_{0_E} = -qA\frac{D_{pE}}{L_{pE}}\frac{1}{\tanh(w_E/L_{pE})}p_{E0}\left[e^{V_{BE}/V_t} - 1\right] \quad (5.6)$$

$$I_{Cn} = qAD_{nB}\frac{dn}{dx}\bigg|_{l_B} \cong I_{En} \quad (5.7)$$

$$I_{Cp} = -qAD_{pC}\frac{dp}{dx}\bigg|_{0_C} = qA\frac{D_{pC}}{L_{pC}}\frac{1}{\tanh(w_C/L_{pC})}p_{C0}\left[e^{V_{BC}/V_t} - 1\right] \quad (5.8)$$

La corriente de recombinación de electrones en la base, I_r, se ha considerado muy inferior a I_{En} e I_{Cn}, tal y como se considera implícitamente en la ecuación 5.7. Se puede hallar su valor calculando la recombinación en la base. Efectivamente, integrando la ecuación de continuidad de electrones en régimen permanente en la base entre 0_B y l_B, resulta que $I_{Bn}(0_B) - I_{Bn}(l_B) = Q_{nB}/\tau_{nB}$, donde Q_{nB} es la carga de electrones en exceso en la base y τ_{nB} su tiempo de vida medio. La diferencia entre las corrientes de electrones en 0_B y en l_B es I_r. Se puede hallar la carga Q_{nB} calculando el área de los electrones en exceso en la base:

$$I_r = \frac{Q_{nB}}{\tau_{nB}} \cong \frac{qA}{\tau_{nB}}\frac{w_B}{2}[n_B(0_B) + n_B(l_B)] \quad (5.9)$$

siendo w_B el espesor de la región neutra de la base. Este resultado se puede obtener también partiendo de la diferencia entre las corrientes de electrones entre los dos límites de la región neutra de la base, cuando la distribución de electrones en esa región no se aproxima a una recta, sino que se opera con la expresión exacta.

Ejercicio 5.5

Un transistor NPN tiene un emisor con dopaje uniforme de valor 10^{18} cm^{-3}, espesor de 2 micrómetros, $D_{pE} = 5$ cm^2/s y $L_{pE} = 0.5$ micrómetros. Los datos correspondientes de la base son, respectivamente, 10^{16} cm^{-3}, 1 micrómetro y 25 cm^2/s. La sección del emisor es de 10^{-4} cm^2. Hállense las corrientes I_{En} e I_{Ep} a través de la ZCE de la unión emisora.

Aplicando 5.5 resulta $I_{En} = [1.6\times10^{-19}\cdot10^{-4}\cdot25\cdot(2.25\times10^{20}/10^{16})/10^{-4}]\cdot[exp(V_{BE}/V_t) - exp(V_{BC}/V_t)] = 9\times10^{-14}\cdot[exp(V_{BE}/V_t) - exp(V_{BC}/V_t)]\cdot A.$ *De modo análogo, aplicando 5.6 resulta* $I_{Ep} = 3.6\times10^{-16}\cdot[exp(V_{BE}/V_t) - 1]\cdot A.$ *Con* $V_{BC} = 0$ *resulta* $I_{En}/I_{Ep} = 9\times10^{-14}/3.6\times10^{-16} = 250.$

Ejercicio 5.6

Hállese I_r del transistor anterior, suponiendo $\tau_{nB} = 500$ µs y que V_{BC} es inversa.

$I_r = 3.6 \times 10^{-20} exp(V_{BE}/V_t) \cdot A$

CUESTIONARIO 5.2.a

1. *Considérese un transistor NPN con un perfil de n_B creciente con respecto a x, en lugar de ser decreciente como en la figura 5.6. ¿Cuál de las siguientes respuestas es falsa?*

    a) El transistor trabaja en la región inversa.   *b) El transistor está saturado.*

    c) $V_{BE} > V_{BC}$ *d) $V_{BE} < V_{BC}$*

2. *Supóngase un transistor bipolar en el que el emisor es una región corta. Analícese qué influencia ejerce la profundidad de la región del emisor, w_E, sobre las corrientes que circulan por el dispositivo, y determínese cuál de las siguientes proposiciones es falsa:*

    a) Si w_E disminuye, I_C aumenta.

    b) Si w_E aumenta, I_E disminuye.

    c) Si w_E disminuye, I_B aumenta.

    d) Si w_E aumenta, I_{rec} no se ve afectada.

3. *Dado que la región del colector está muy poco dopada, la longitud de difusión de los portadores minoritarios es elevada. No seria por lo tanto extraño que se tratara de una región eléctricamente corta, aunque tenga muchos micrómetros de espesor. Analícese, si así fuese, qué influencia tendría el valor de w_C sobre el funcionamiento del dispositivo, suponiendo que el contacto posterior de la región del colector fuese óhmico. Como resultado, indíquese cuál de las siguientes proposiciones es falsa:*

    a) En región activa, I_C casi no depende de w_C.

    b) En región inversa, I_B aumenta si w_C disminuye.

    c) En corte, I_C aumenta si w_C disminuye.

    d) En saturación, I_C no depende de w_C.

4. *Indíquese cuál de las siguientes proposiciones referidas a las corrientes es falsa, si la concentración de impurezas de la base se multiplica por 10:*

    a) La corriente de colector queda dividida por 10.

    b) La corriente de emisor no varía.

c) La corriente de recombinación de la base queda dividida por 10.

d) La corriente de minoritarios del emisor no varía.

5. *Hállense las expresiones de las cargas de los minoritarios en exceso en las zonas neutras de un transistor bipolar NPN. Supóngase que el emisor y el colector son largos y que la base es corta. ¿Cuál de las siguientes expresiones no es correcta?*

$a)$ $Q_{pE} = qAL_{pE}(n_i^2/N_E)(exp(V_{BE}/V_t) - 1)$

$b)$ $Q_{pC} = qAL_{pC}(n_i^2/N_C)(exp(V_{BC}/V_t) - 1)$

$c)$ $Q_{nB} = (1/2)qAw_B(n_i^2/N_B)(exp(V_{BE}/V_t) - 1)$

$d)$ $Q_{nB} = (1/2)qAw_B(n_i^2/N_B)[(exp(V_{BE}/V_t) - 1) - (exp(V_{BC}/V_t) - 1)]$

6. *Hállese la expresión de la corriente de recombinación en la zona neutra de la base del transistor de la cuestión anterior, suponiendo conocido el tiempo de vida de los portadores minoritarios en esa región. ¿Cuál de las siguientes respuestas es errónea?*

$a)$ $I_{rec} = I_{nE} - I_{nC}$ $b)$ $I_{rec} = Q_B/\tau_{nB}$

$c)$ $I_{rec} = Q_{ZCEBE}/\tau_{nB}$ $d)$ $I_{rec} = I_B - I_{pE} - I_{pC} \cong I_B - I_{pE}$

5.2.2 Los modelos de Ebers-Moll del transistor bipolar

La corriente que sale por el emisor, I_E, es $I_E = I_{En} + I_{Ep}$, y la que entra por el colector, I_C, es $I_C = I_{Cn} - I_{Cp}$. A partir de las corrientes 5.5 a 5.9 (v. ejercicio 5.7) se pueden calcular dichas corrientes:

$$I_E = +I_{En} + I_{Ep} = I_{Es}\left[e^{V_{BE}/V_t} - 1\right] - \alpha_R I_{Cs}\left[e^{V_{BC}/V_t} - 1\right] \tag{5.10}$$

$$I_C = +I_{Cn} - I_{Cp} = \alpha_F I_{Es}\left[e^{V_{BE}/V_t} - 1\right] - I_{Cs}\left[e^{V_{BC}/V_t} - 1\right] \tag{5.11}$$

Los valores de I_{Es}, I_{Cs}, α_R y α_F se hallan inmediatamente identificando los factores que multiplican los exponenciales de las tensiones de polarización de las ecuaciones del apartado anterior. Se puede verificar del mismo modo que se cumple:

$$\alpha_F I_{Es} = \alpha_R I_{Cs} = I_s \tag{5.12}$$

que se denomina relación de reciprocidad.

Las ecuaciones 5.10 y 5.11 se conocen con el nombre de *modelo de Ebers-Moll de inyección*, y se suelen representar mediante el circuito de la figura 5.7.a: dos diodos que representan la unión emisora y la colectora, y dos fuentes dependientes de corriente que representan la «acción transistor» descrita en el apartado anterior. Nótese que si el transistor está polarizado en activa —la unión emisora en directa, $V_{BE} > 0$, y la colectora en inversa, $V_{BC} < 0$—, I_R es cero, y también lo es $\alpha_R I_R$, y por lo tanto el circuito queda reducido al diodo del emisor, que inyecta una corriente $I_F = I_{Es}[exp(V_{BE}/V_t) - 1]$, y a la fuente dependiente $\alpha_F I_F$, que representa la parte de los electrones inyectados por el emisor a la base que es captada por la unión colectora (efecto transistor). En la figura 5.7 se han escrito de nuevo las ecuaciones 5.10 y 5.11, empleando la ecuación 5.12 para expresar I_{Es} e I_{Cs}.

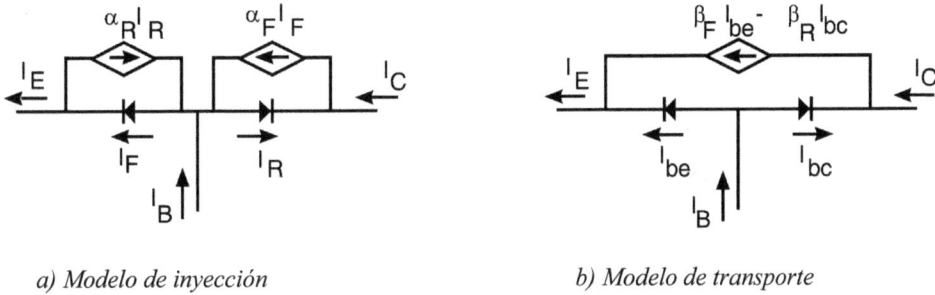

a) Modelo de inyección   *b) Modelo de transporte*

$$I_F = \frac{I_s}{\alpha_F}\left[e^{V_{BE}/V_t} - 1\right] \quad I_R = \frac{I_s}{\alpha_R}\left[e^{V_{BC}/V_t} - 1\right] \qquad I_{be} = \frac{I_s}{\beta_F}\left[e^{V_{BE}/V_t} - 1\right] \quad I_{bc} = \frac{I_s}{\beta_R}\left[e^{V_{BC}/V_t} - 1\right]$$

Fig. 5.7   *Modelos de Ebers-Moll de un transistor bipolar*

Ejercicio 5.7

Suponiendo que I_r sea irrelevante, es decir, que $I_{Cn} = I_{En}$, hállense las ecuaciones del modelo de Ebers-Moll partiendo de las expresiones 5.5 a 5.8.

Teniendo en cuenta que en las ecuaciones 5.5 a 5.8 el signo positivo corresponde al sentido de emisor a colector, y que en el modelo Ebers-Moll los sentidos de las corrientes son los contrarios, resulta

$$I_E = qA\frac{D_{nB}}{w_B}n_{B0}\left[e^{V_{BE}/V_t} - e^{V_{BC}/V_t}\right] + qA\frac{D_{pE}}{L_{pE}tanh(w_E/L_{pE})}p_{E0}\left[e^{V_{BE}/V_t} - 1\right]$$

$$I_C = qA\frac{D_{nB}}{w_B}n_{B0}\left[e^{V_{BE}/V_t} - e^{V_{BC}/V_t}\right] - qA\frac{D_{pC}}{L_{pC}tanh(w_C/L_{pC})}p_{C0}\left[e^{V_{BC}/V_t} - 1\right]$$

Sumando y restando en la primera y en la segunda ecuación el coeficiente del primer paréntesis, resulta

$$I_E = qA\left[\frac{D_{nB}}{w_B}n_{B0} + \frac{D_{pE}}{L_{pE}tanh(w_E/L_{pE})}p_{E0}\right]\left[e^{V_{BE}/V_t} - 1\right] - qA\left[\frac{D_{nB}}{w_B}n_{B0}\right]\left[e^{V_{BC}/V_t} - 1\right]$$

$$I_C = qA\left[\frac{D_{nB}}{w_B}n_{B0}\right]\left[e^{V_{BE}/V_t} - 1\right] - qA\left[\frac{D_{nB}}{w_B}n_{B0} + \frac{D_{pC}}{L_{pC}tanh(w_C/L_{pC})}p_{C0}\right]\left[e^{V_{BC}/V_t} - 1\right]$$

Ejercicio 5.8

Hállense los valores numéricos de I_{Es}, I_{Cs}, α_F y α_R correspondientes al transistor del ejercicio 5.5, suponiendo que el colector tiene un dopaje de 10^{15} cm^{-3}, un espesor de 15 micrómetros, una $L_{pC} = 5 \times 10^{-2}$ cm y una $D_{pC} = 12.5$ cm^2/s.

$I_{Es} = 9.036 \times 10^{-14}$ A, $I_{Cs} = 12 \times 10^{-14}$ A, $\alpha_F = 0.996$, $\alpha_R = 0.75$

Dado que el modelo de Ebers-Moll tiene únicamente tres parámetros independientes, se puede representar por un circuito con solo tres elementos. Es lo que se denomina *modelo de Ebers-Moll de transporte*, representado en la fig. 5.7.b. La obtención de ese modelo es inmediata: sustituyendo I_{Es} e I_{Cs} en la ecuación 5.10 por I_s/α_F e I_s/α_R respectivamente, y sumándole y restándole $I_s[\exp(V_{BE}/V_t) - 1]$ resulta

$$I_E = I_s\left[e^{V_{BE}/V_t} - 1\right] - I_s\left[e^{V_{BC}/V_t} - 1\right] + I_s \frac{1-\alpha_F}{\alpha_F}\left[e^{V_{BE}/V_t} - 1\right] \tag{5.13}$$

y procediendo de forma análoga en la ecuación 5.11:

$$I_C = I_s\left[e^{V_{BE}/V_t} - 1\right] - I_s\left[e^{V_{BC}/V_t} - 1\right] - I_s \frac{1-\alpha_R}{\alpha_R}\left[e^{V_{BC}/V_t} - 1\right] \tag{5.14}$$

Si se definen $\beta_F = \alpha_F/(1 - \alpha_F)$ y $\beta_R = \alpha_R/(1 - \alpha_R)$ y se denomina $I_s/\beta_F = I_{es}$ e $I_s/\beta_R = I_{cs}$, las expresiones anteriores se pueden escribir como

$$I_E = \left\{\beta_F I_{es}\left[e^{V_{BE}/V_t} - 1\right] - \beta_R I_{cs}\left[e^{V_{BC}/V_t} - 1\right]\right\} + I_{es}\left[e^{V_{BE}/V_t} - 1\right] \tag{5.15}$$

$$I_C = \left\{\beta_F I_{es}\left[e^{V_{BE}/V_t} - 1\right] - \beta_R I_{cs}\left[e^{V_{BC}/V_t} - 1\right]\right\} - I_{cs}\left[e^{V_{BC}/V_t} - 1\right] \tag{5.16}$$

La figura 5.7.b representa estas ecuaciones. El programa de simulación de circuitos electrónicos SPICE utiliza este modelo para el transistor bipolar.

Ejercicio 5.9

Hállese I_{es}, I_{cs}, β_F y β_R del modelo de Ebers-Moll de transporte, suponiendo como en el ejercicio 5.7 que I_r se pueda ignorar.

Teniendo en cuenta los resultados del ejercicio 5.7, las expresiones de α_F, α_R, β_F y β_R son

$$\alpha_F = \frac{D_{nB}n_{B0}/w_B}{D_{nB}n_{B0}/w_B + D_{pE}p_{E0}/(L_{pE}tanh(w_E/L_{pE}))} \Rightarrow \beta_F = \frac{D_{nB}}{D_{pE}}\frac{L_{pE}tanh(w_E/L_{pE})}{w_B}\frac{N_{DE}}{N_{AB}}$$

$$\alpha_R = \frac{D_{nB}n_{B0}/w_B}{D_{nB}n_{B0}/w_B + D_{pC}p_{C0}/(L_{pE}tanh(w_C/L_{pC}))} \Rightarrow \beta_R = \frac{D_{nB}}{D_{pC}}\frac{L_{pC}tanh(w_C/L_{pC})}{w_B}\frac{N_{DC}}{N_{AB}}$$

Por otro lado, teniendo en cuenta que $I_{es} = I_s/\beta_F$ y que $I_{cs} = I_s/\beta_R$ resulta

$$I_{es} = qA\,\frac{D_{pE}}{L_{pE}\,tanh(w_E/L_{pE})}\,p_{E0} \qquad\qquad I_{cs} = qA\,\frac{D_{pC}}{L_{pC}\,tanh(w_C/L_{pC})}\,p_{C0}$$

Ejercicio 5.10

Hállense los valores numéricos de I_{es}, I_{cs}, β_F y β_R correspondientes al transistor del ejercicio 5.8.

$I_{es} = 3.61 \times 10^{-16}\,A$, $I_{cs} = 3 \times 10^{-14}\,A$, $\beta_F = 249$, $\beta_R = 3$

Cuando el transistor trabaja en la región activa, las ecuaciones 5.15 y 5.16 se reducen a

$$I_E \cong \left\{ \beta_F I_{es} \left[e^{V_{BE}/V_t} - 1 \right] \right\} + I_{es} \left[e^{V_{BE}/V_t} - 1 \right] \qquad I_C \cong \beta_F I_{es} \left[e^{V_{BE}/V_t} - 1 \right] \qquad (5.17)$$

y por lo tanto

$$I_B = I_E - I_C \cong I_{es} \left[e^{V_{BE}/V_t} - 1 \right] \qquad (5.18)$$

En consecuencia, la corriente de colector es β_F veces la corriente de base. Por ello, β_F se denomina *ganancia de corriente en emisor común*:

$$\beta_F = \frac{I_C}{I_B}\bigg|_{Activa} = \frac{I_{Cn}}{I_r + I_{Ep}} = \frac{1}{I_r/I_{Cn} + I_{Ep}/I_{Cn}} \qquad (5.19)$$

Como se ve más adelante, se suele requerir un valor elevado de β_F —habitualmente del orden de cien—. Para conseguirlo, el denominador tiene que ser muy pequeño, por lo cual la corriente de recombinación en la base, I_r, debe ser muy reducida respecto a la corriente de electrones que el emisor inyecta al colector, I_{Cn}, y la corriente de huecos que la base inyecta al emisor, I_{Ep}, también tiene que ser muy reducida respecto a I_{Cn}. Esas condiciones se cuantifican mediante dos parámetros denominados *factor de transporte en la base* y *eficiencia del emisor*.

El factor de transporte en la base, α_T, se define como

$$\alpha_T = \frac{I_{Cn}}{I_{En}}\bigg|_{Activa} = \frac{I_{En} - I_r}{I_{En}} = 1 - \frac{I_r}{I_{En}} = 1 - \frac{1}{2}\left[\frac{w_B}{L_{nB}}\right]^2 \qquad (5.20)$$

donde se ha utilizado 5.5 y 5.9. Se consigue un factor de transporte elevado haciendo la base muy delgada: $w_B \ll L_{nB}$.

La eficiencia del emisor se define como:

$$\gamma_E = \frac{I_{En}}{I_E}\bigg|_{Activa} = \frac{I_{En}}{I_{En} + I_{Ep}} = \frac{1}{1 + I_{Ep}/I_{En}} = \frac{1}{1 + \dfrac{D_{pE}}{D_{nB}}\dfrac{p_{E0}}{n_{B0}}\dfrac{w_B}{L_{pE}\tanh(w_E/L_{pE})}} \qquad (5.21)$$

Esta expresión se ha obtenido utilizando las ecuaciones 5.5 a 5.8. Para obtener una eficiencia del emisor elevada se requiere que p_{E0}/n_{B0} sea muy reducido, lo cual exige que el emisor tenga un dopaje N_{DE} muy superior al de la base, N_{AB}, ya que al ser minoritarios su valor es n_i^2/N.

Nótese que el producto de esos dos factores es precisamente α_F:

$$\alpha_F = \gamma_E \alpha_T = \frac{I_{En}}{I_E}\frac{I_{Cn}}{I_{En}}\bigg|_{activa} = \frac{I_{Cn}}{I_E}\bigg|_{activa} \cong \frac{I_C}{I_E}\bigg|_{activa} \tag{5.22}$$

que se denomina _ganancia de corriente en base común_, ya que en esa conexión la corriente de entrada es la de emisor y la de salida la de colector. Dado que la relación entre ambas ganancias es

$$\beta_F = \frac{\alpha_F}{1-\alpha_F} \tag{5.23}$$

son necesarios valores de α_F muy próximos a la unidad —ya que α_F siempre es inferior a la unidad— para obtener valores de β_F elevados.

Ejercicio 5.11

Hállese el factor de transporte de la base suponiendo un tiempo de vida de los electrones de 500 µs. Compruébese que la corriente I_r es poco significativa respecto I_{En}.

La longitud de difusión de la base es $L_{nB} = (D_{nB}\tau_{nB})^{1/2} = 1118 \ \mu m$. _Aplicando 5.20 resulta_

$$\alpha_T = 1 - \frac{1}{2}\left[\frac{w_B}{L_{nB}}\right]^2 = 1 - 4\times10^{-7}$$

Por lo tanto, $I_r = I_{En}(1 - \alpha_T) = 4\times10^{-7}\cdot I_{En}$

Ejercicio 5.12

Hállese la eficiencia del emisor del transistor del ejercicio 5.9 y el valor de β_F, teniendo en cuenta la recombinación en la base; utilícese el resultado del ejercicio 5.11.

$\gamma_E = 0.996$, $\beta_F = 248.9$

CUESTIONARIO 5.2.b

1. ¿Cómo se puede determinar el parámetro I_{CS} del modelo de Ebers-Moll de un transistor NPN a partir de mediciones de corrientes y tensiones entre los terminales del dispositivo?

a) Midiendo I_C con una tensión $V_{BC} < 0$ aplicada y la base y el emisor en cortocircuito.

b) Midiendo I_C con una tensión $V_{BC} < 0$ aplicada y la base en circuito abierto.

c) Midiendo I_C con una tensión $V_{BE} > 0$ aplicada y la base y el colector en cortocircuito.

d) Midiendo I_B con una tensión $V_{BE} > 0$ aplicada y el colector en circuito abierto.

2. *Verifíquese que en la región activa se puede escribir $I_C = \alpha_F I_E + I_{CBO}$, donde I_{CBO} es la corriente inversa de saturación de la unión base-colector, manteniendo el terminal del emisor en circuito abierto. ¿Qué valor tiene I_{CBO}?*

    a) I_{CS}   *b) $-I_{CS}$*   *c) $(1 + \alpha_F \alpha_R)I_{CS}$*   *d) $(1 - \alpha_F \alpha_R)I_{CS}$*

3. *Verifíquese que en la región activa se puede escribir $I_C = \beta_F I_B + I_{CEO}$, donde I_{CEO} es la corriente que circula entre el emisor y el colector, manteniendo la base en circuito abierto. ¿Qué valor tiene I_{CEO}?*

    a) $I_{CBO}(1 - \alpha_F)$ *b) $I_{CBO}/(1 - \alpha_F)$*

    c) $I_{CBO}(1 - \alpha_R)$ *d) $I_{CBO}/(1 - \alpha_R)$*

4. *¿Cómo se puede determinar el parámetro I_{CEO} de la cuestión anterior a partir de mediciones de corrientes y tensiones entre los terminales del transistor?*

    a) Midiendo I_C con una tensión $V_{CE} < 0$ aplicada y la base y el emisor en cortocircuito.

    b) Midiendo I_C con una tensión $V_{CE} < 0$ aplicada y la base en circuito abierto.

    c) Midiendo I_C con una tensión $V_{CE} > 0$ aplicada y la base y el colector en cortocircuito.

    d) Midiendo I_C con una tensión $V_{CE} > 0$ aplicada y la base en circuito abierto.

5. *En el modelo unidimensional de transistor con dopajes uniformes, la difusión de minoritarios inyectados desde el emisor hacia el colector cuando el transistor trabaja en modo activo es idéntica a la difusión en el sentido contrario, cuando el dispositivo trabaja en modo inverso. Una de las siguientes conclusiones no se deduce de la proposición precedente. ¿Cuál es?*

    a) α_T es igual en ambos modos de funcionamiento.

    b) $\alpha_F = \alpha_R$

    c) La eficiencia del emisor, γ_E, es mayor en el modo activo que en el inverso —en este caso, es el colector el que actúa como emisor—.

    d) Si el perfil de la concentración de minoritarios en la base es lineal en el modo activo, también lo es en el modo inverso.

6. *Sea un transistor en el que los parámetros del modelo de Ebers-Moll en versión de inyección son $\alpha_F = 0.995$, $\alpha_R = 0.45$ e $I_{ES} = 10^{-16}$ A. Indíquense en amperios los valores de los parámetros I_s/β_F e I_s/β_R del modelo en versión de transporte.*

    a) 2.26×10^{-19}, 5.49×10^{-16}   *b) 5.49×10^{-16}, 2.26×10^{-19}*

    c) 5.0×10^{-19}, 1.22×10^{-16}   *d) 1.22×10^{-16}, 5.0×10^{-19}*

5.2.3 Las curvas características del transistor bipolar ideal en emisor común

La figura 5.8.a representa un transistor NPN conectado en la configuración de emisor común. Cuando el transistor se sustituye por su circuito equivalente de acuerdo con el modelo de Ebers-Moll de transporte, se obtiene el circuito equivalente 5.8.b, que se reduce al 5.8.c cuando el transistor está polarizado en activa. Las curvas características del transistor consisten en dos familias de curvas: las de entrada, en las que se representa la corriente de entrada I_B en función de la tensión de entrada V_{BE} para diversos valores de la tensión de salida V_{CE}, y las de salida, que presentan la corriente de salida I_C en función de la tensión de salida V_{CE} para diversos valores de la corriente de entrada I_B.

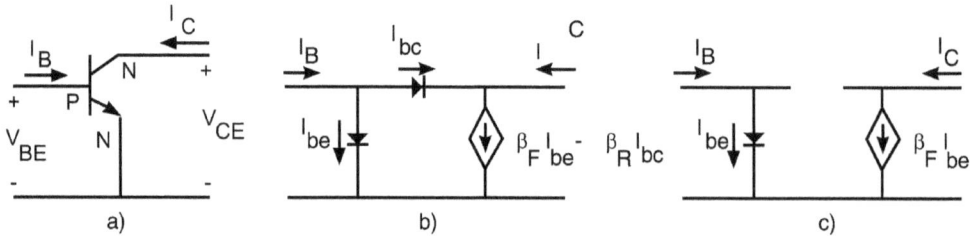

Fig. 5.8   a) Transistor NPN conectado en emisor común. b) Circuito equivalente general.
c) Circuito equivalente en modo activo.

Se supone por el momento que el transistor está polarizado en *modo activo*. En esas condiciones el diodo del colector está en corte ($I_{bc} = 0$), tal y como se representa en la figura 5.8.c. La característica de entrada es la curva $I_B = I_{be}$ en función de V_{BE}, que no es otra cosa que la curva de un diodo. En transistores de silicio, la tensión de codo es aproximadamente de 0.7 V, según se indica en la figura 5.9. La corriente de colector en ese modo de funcionamiento es $I_C = \beta_F I_{be} = \beta_F I_B$. Esta relación pone de manifiesto la capacidad de amplificación de corriente del transistor bipolar. Si el transistor se mantiene en la región activa, las curvas $I_C(V_{CE})$ son rectas horizontales, ya que si se mantiene I_B en un valor fijo, también lo hace I_C (v. fig. 5.9.b). En ese modo de funcionamiento el transistor suele aproximarse con una fuente de tensión de 0.7 V entre la base y el emisor, para representar la tensión de codo del diodo, y una fuente dependiente de corriente de valor $\beta_F I_B$.

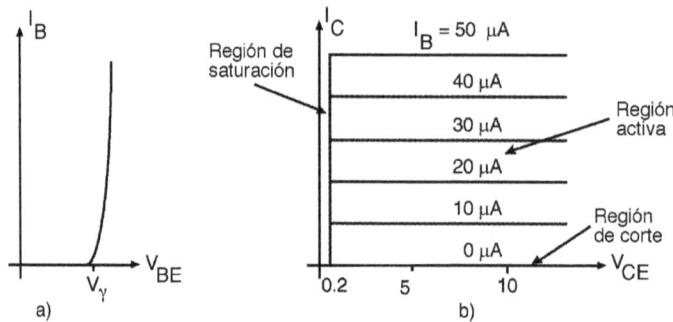

Fig. 5.9   Curvas características de un transistor ideal NPN. a) Curvas de entrada.
b) Curvas de salida.

La región activa termina cuando el diodo del colector comienza a conducir corriente, es decir, cuando I_{bc} comienza a adoptar valores positivos. En ese caso, cuando los dos diodos están polarizados en directa el transistor trabaja en *modo de saturación*. Dado que la corriente I_{bc} del diodo del colector aumenta exponencialmente con la tensión V_{BC}, la corriente de colector experimenta una disminución muy abrupta cuando la unión colectora comienza a conducir, tal y como se muestra en la figura 5.9.b. Ello sucede cuando V_{CE} se encuentra entre 0 y 0.2 V, porque $V_{CE} = V_{CB} + V_{BE} = V_{BE} - V_{BC} \cong$ $\cong 0.7\ V - V_{BC}$ y se requiere una V_{BC} próxima a 0.7 V para que el diodo del colector comience a conducir. Esa región se suele aproximar con una recta vertical que corta el eje de abscisas en $V_{CE} = V_{CEsat}$. Por ese motivo se supone una tensión constante V_{CEsat} entre el colector y el emisor cuando el transistor está en modo de saturación. En ese modo de funcionamiento, la corriente de base es la suma de I_{be} más I_{bc}, por lo cual las curvas de entrada para $V_{CE} = V_{CEsat}$ son más verticales que las correspondientes a los valores de V_{CE} en el modo activo. No obstante, dado que esas curvas se encuentran muy próximas entre sí, se suele ignorar la influencia de V_{CE}.

El tercer modo de funcionamiento es el *modo de corte*. En ese modo las dos uniones están polarizadas en inversa, por lo que I_{be} e I_{bc} son nulas, y por tanto $I_B = 0$ e $I_C = 0$. La región de corte de las curvas de entrada corresponde a la parte del eje de abscisas en la que $I_B = 0$, y en las de salida al eje de abscisas donde V_{CE} es mayor que V_{CEsat}. En ese modo de funcionamiento el transistor equivale a un circuito abierto entre E y B, entre C y E y entre B y C.

El *modo inverso*, en el que la unión emisora está polarizada en inversa y la colectora en directa, no se suele emplear, dado que la capacidad amplificadora de corriente del transistor sería β_R, que a causa de la estructura física del transistor real es muy inferior a β_F. En las gráficas de salida la región inversa se sitúa en el tercer cuadrante.

En la tabla 5.2 se resumen las aproximaciones del transistor en los diversos modos de funcionamiento, y las condiciones que se deben cumplir.

Tabla 5.2 Aproximaciones del transistor NPN en los diversos modos de funcionamiento. En transistores de silicio, $V_{BEon} = 0.7\ V$ y $V_{CEsat} = 0.2\ V$.

Modo	Aproximaciones	Condiciones
Activo	$I_C = \beta_F I_B$ $V_{BE} = V_{BEon}$	$V_{CE} > V_{CEsat}$ $I_B > 0$
Corte	$I_C = 0$ $I_B = 0$	$V_{BE} < V_{BEon}$ $V_{CE} > V_{CEsat}$
Saturación	$V_{BE} = V_{BEon}$ $V_{CE} = V_{CEsat}$	$I_C < \beta_F I_B$ $I_B > 0$

CUESTIONARIO 5.2.c

1. *Sea un transistor bipolar polarizado con* $V_{BE} = 0.7\ V$. *El transistor se encuentra en saturación si* $V_{BC} > 0$, *pero la saturación no se advierte en el valor de la corriente de colector hasta que* V_{BC} *adopta un valor significativo. ¿A qué valor de* V_{BC} *se cumple que* I_C *cae al 90 % de* $I_C(V_{BC} = 0)$? *Supóngase constante la anchura de la base, y que* $I_{Cs} = \alpha_F I_{Es}$.

    a) 0.5 V   *b) 0.59 V*   *c) 0.64 V*   *d) 0.7 V*

2. *Partiendo del resultado de la cuestión anterior y asignando a* V_{CEsat} *el valor de 0.1 V, determínese qué valor adopta* I_C *si se opera en una característica tal que en la región activa* $I_C = 5$ *mA.*

  a) 5 mA   b) 4.90 mA   c) 4.30 mA   d) 2.5 mA

3. *El modelo de Ebers-Moll de un transistor bipolar NPN tiene los parámetros* $\alpha_F = 0.995$, $\alpha_R = 0.45$ *e* $I_{ES} = 10^{-16}$ *A. Calcúlese el valor de* V_{CE} *para obtener* $I_C = 0$.

  a) 0 V   b) 0.2 V   c) 20 mV   d) 0.1 V

4. *Las características de salida en base común consisten en la representación de los valores de* I_C *en función de* V_{CB}, *considerando* I_E *como parámetro. Considérese el transistor de la cuestión anterior. ¿En qué valor de* V_{CB} *corta el eje de abscisas la curva correspondiente a* $I_E = 5$ *mA?*

  a) $V_{CB} = 0.55$ V   b) $V_{CB} = -0.55$ V

  c) $V_{CB} = 0.78$ V   d) $V_{CB} = -0.78$ V

5. *Las curvas obtenidas en la cuestión 4 son válidas para un transistor PNP con los mismos parámetros, modificando algunos signos. ¿Cuál de las siguientes opciones no es correcta?*

  a) *Se cambian los signos de* V_{CB} *y de* I_C.

  b) *Se cambia el signo de* V_{CB} *y se mantiene el de* I_C.

  c) *Se cambia el signo de* I_C *y se mantiene el de* V_{CB}.

  d) *Se conservan los signos de* V_{CB} *y de* I_C.

6. *Con el transistor de la cuestión 3 se obtiene un diodo que presenta una corriente inversa de saturación de valor* $I_{Es}(1 - \alpha_F\alpha_R)$. *¿Qué configuración se está utilizando?*

  a) *Terminales de la base y del emisor con el colector en circuito abierto.*

  b) *Terminales de la base y del emisor con el colector en cortocircuito con la base.*

  c) *Terminales de la base y del colector con el emisor en circuito abierto.*

  d) *Terminales de la base y del colector con el emisor en cortocircuito con la base.*

PROBLEMA GUIADO 5.1

La estructura de un transistor bipolar se caracteriza por los siguientes parámetros:

	Emisor	Base	Colector
Espesor (μm)	2.5	0.8	20
Concentración de impurezas (cm^{-3})	1×10^{19}	2×10^{17}	4×10^{15}
Movilidad de los mayoritarios (cm^2/Vs)	120	200	900
Movilidad de los minoritarios (cm^2/Vs)	50	500	400
Tiempo de vida de los minoritarios (s)	3×10^{-9}	2×10^{-7}	5×10^{-5}

La sección del dispositivo es de 25 μm × 25 μm. Los datos generales del semiconductor son:
$k_B T/q = 0.025\ V$, $n_i = 1.5 \times 10^{10}\ cm^{-3}$.

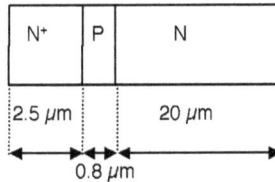

1. *Calcúlense las anchuras de las zonas de carga espacial en el equilibrio (las tensiones de polarización son cero en ambas uniones). Suponiendo que la tensión base-emisor V_{BE} va a variar entre 0 y 0.7 V, y que la tensión entre base y colector V_{BC} se va a encontrar entre 0 y 0.5 V, se desea conocer entre qué valores extremos varían las anchuras mencionadas. ¿Es correcto identificar las anchuras de las zonas neutras con los espesores dados para cada una de las regiones del dispositivo?*

2. *Discútase si se pueden aplicar las aproximaciones de región larga y región corta a cada una de las tres regiones del transistor y, como resultado de esa discusión, escríbanse las expresiones de los parámetros I_{Es} e I_{Cs}, de las eficiencias de las uniones emisora y colectora, y del factor de transporte de la base.*

3. *Calcúlense los parámetros del modelo de Ebers-Moll para este transistor. Considérese que los espesores de las zonas neutras son los correspondientes a las tensiones de polarización $V_{BE} = 0.7\ V$ y $V_{BC} = 0$. Hállense también β_F y β_R.*

4. *Se considera ahora el transistor en saturación. Suponiendo que se mantiene $V_{BE} = 0.7\ V$, determínese a qué valor de V_{BC} la ganancia de corriente I_C/I_B es un 50 % inferior al valor correspondiente al punto de trabajo dado por $V_{BE} = 0.7\ V$ y $V_{BC} = 0$. Empléense para este apartado los parámetros calculados en el apartado anterior. ¿Cuál es el valor de V_{CEsat}?*

5.3 El transistor bipolar real

El estudio del transistor bipolar realizado hasta aquí es una primera aproximación a su comportamiento. Cuando se miden las características de un transistor bipolar se confirma la validez de este primer análisis, pero se ponen de manifiesto algunas desviaciones significativas que es preciso comentar. Entre éstas están las relacionadas con los efectos de la polarización inversa de la unión colectora, y las que tienen que ver con la no idealidad de las corrientes en el transistor, con la polarización no uniforme de la unión emisora y con el dopaje del transistor real.

5.3.1 Los efectos de la polarización inversa en la unión colectora

En el transistor ideal se ha supuesto que la corriente de colector es independiente de la tensión aplicada a la unión colectora si ésta es inversa. Al analizar más rigurosamente la influencia de esa tensión sobre el transistor se observa que la corriente de colector es sensible a dicha tensión. Esta influencia se estudia desglosándola en tres apartados: el efecto Early, la perforación de base y la ruptura de la unión colectora. Se completa este apartado comentando la limitación de la potencia que un transistor puede disipar.

a) El efecto Early

Cuando la unión colectora se polariza más inversamente, la anchura de la ZCE de dicha unión aumenta, y disminuye la de la zona neutra de la base. Dos son las consecuencias de la disminución de w_B: el aumento de la corriente de colector y la disminución de la corriente de base. Por lo tanto, β_F aumenta. Dado que $n_B(w_B) = 0$, si w_B disminuye entonces aumenta la pendiente de $n_B(x)$, lo cual provoca el aumento de la corriente de colector, al deberse ésta a la difusión de los electrones en la base. Por otro lado, puesto que la base es más delgada, la carga de electrones almacenados Q_{nB} disminuye, y por lo tanto disminuye la corriente de recombinación en la base, I_r. La figura 5.10 muestra la reducción de la anchura de la base debida a un aumento de la polarización inversa de la unión colectora, y los efectos de esa reducción sobre la característica de salida del transistor.

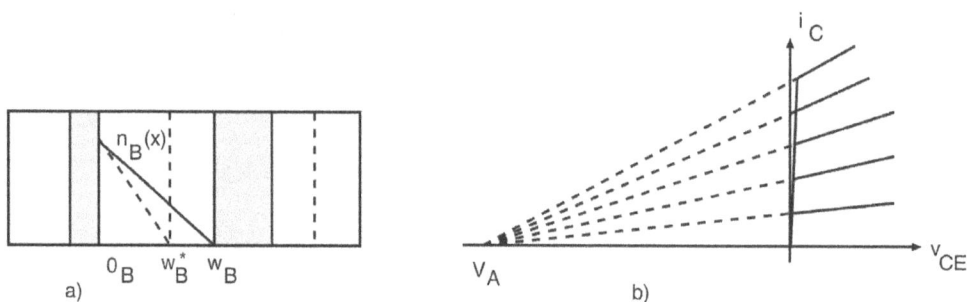

Fig. 5.10   El efecto Early. a) Reducción de la región neutra de la base.
b) Su influencia sobre las curvas de salida del transistor.

Para cuantificar este efecto, la variación de w_B se aproxima con V_{BC} de la siguiente forma:

$$w_B \cong w_{B0}\left[1+\frac{V_{BC}}{|V_A|}\right] \tag{5.24}$$

donde V_A es una constante denominada *tensión Early* y V_{BC} es la tensión de polarización de la unión colectora —que en inversa adopta un valor negativo—. La corriente de colector es:

$$I_C \cong qA\frac{D_{nB}}{w_B}n_B(0_B) = qA\frac{D_{nB}}{w_{B0}(1 + V_{BC}/|V_A|)}n_{B0}e^{V_{BE}/V_t} \cong I_s e^{V_{BE}/V_t}\left[1 + \frac{V_{CE}}{|V_A|}\right] \qquad (5.25)$$

siendo $I_s = qAD_{nB}n_{B0}/w_{B0}$, y estando el término $(1 + V_{BC}/|V_A|)^{-1}$ aproximado con los dos primeros términos de su desarrollo de Taylor: $(1 - V_{BC}/|V_A|)$ con la tensión V_{BC} sustituida por $-V_{CE}$, dado que $V_{CE} = V_{CB} + V_{BE} = 0.7 - V_{BC} \cong -V_{BC}$. La expresión 5.25 sintetiza un modelo de la influencia de V_{CE} sobre la corriente del colector. Nótese que I_C aumenta con V_{CE}, y puesto que en el modo activo $I_C = \beta_F I_B$, se dice que el efecto Early produce un aumento efectivo de β_F.

EJEMPLO 5.1

En los ejemplos del presente capítulo se comentan algunas características de los transistores BCY58, BCY59 y BCY65E de Siemens. Son transistores adecuados para etapas previas y excitadores de BF, y para aplicaciones como conmutadores. En la figura E5.1 se muestran las características de entrada y salida de esos transistores. Nótese que las tensiones se representan con la letra U.

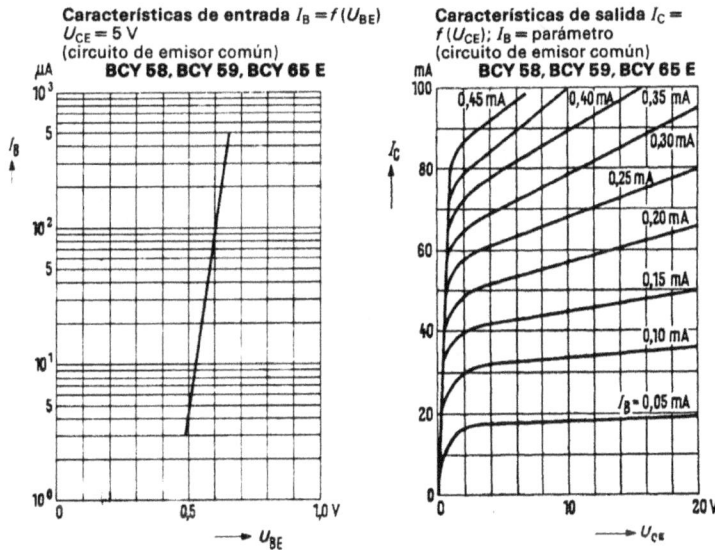

Fig. E5.1   Características de entrada y salida de los transistores BCY58, 59 y 65E

Ejercicio 5.13

Hállese la expresión para calcular V_A a partir de 5.24, suponiendo que esa aproximación es válida para un entorno de $V_{BC} = 0$.

Derivando 5.24 resulta $V_A = w_{B0}/(dw_B/dV_{BC})$. *Si se considera como origen de coordenadas el inicio de la región neutra de la base del lado emisor, y se denomina* d_B *la distancia hasta la interfaz base-colector, resulta* $w_B = d_B - x_{CB}$, *siendo* x_{CB} *la anchura de la ZCE de la unión colectora correspondiente a la base. Esa anchura (v. cap. 2) es igual a* $x_C(N_D/(N_D + N_A))$, *donde* x_C *es la anchura total de la ZCE de la unión colectora.*

Considerando que $x_C = [2\varepsilon(N_D^{-1} + N_A^{-1})(V_{bic} - V_{BC})/q]^{1/2}$ *resulta*

$$w_B = d_B - \frac{N_{DC}}{N_{DC} + N_{AB}} \sqrt{\frac{2\varepsilon}{q}\left[\frac{1}{N_{AB}} + \frac{1}{N_{DC}}\right](V_{bic} - V_{BC})} \quad \Rightarrow \quad V_A = 2V_{bic}\left[\frac{d_B}{x_{CB0}} - 1\right]$$

Ejercicio 5.14

Hállese el valor numérico de la tensión Early V_A del transistor de los ejercicios 5.5 y 5.8, sabiendo que d_B es igual a 1.09 μm.

$V_A = 14.8\ V$

b) La perforación de la base

Este fenómeno, conocido en inglés como *punch through*, consiste en un aumento abrupto de la corriente de colector al desaparecer la región neutra de la base por efecto del aumento de la anchura de la ZCE del colector, a consecuencia del incremento de su polarización inversa. Si se evita que el elevado valor de esa corriente estropee el transistor debido a una excesiva disipación de calor, el transistor puede trabajar bajo esas condiciones de polarización y recuperar su comportamiento normal al disminuir la polarización inversa de la unión colectora.

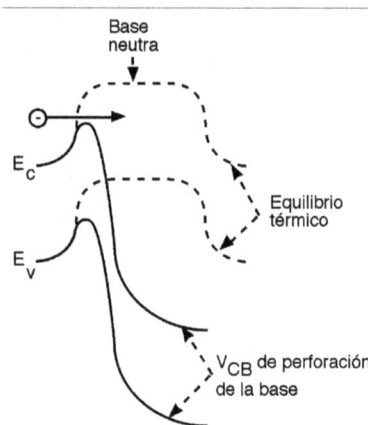

Fig. 5.11 La perforación de la base en un transistor NPN: inyección de electrones desde el emisor a la base por disminución de la barrera de potencial entre el emisor y la base

La figura 5.11 muestra las causas del aumento de I_C debido a la perforación de la base. Cuando la polarización inversa del colector aumenta, la región neutra de la base —el nivel E_c horizontal— disminuye primero y finalmente desaparece, provocando la reducción de la barrera que la unión emisora presenta ante los electrones del emisor. La reducción de esa barrera provoca un aumento muy importante de los electrones inyectados por el emisor a la base, y por lo tanto I_C aumenta.

c) La ruptura de la unión colectora

Cuando las uniones del transistor se polarizan inversamente de forma creciente, llega un momento en el que la corriente que atraviesa la unión aumenta de forma abrupta como consecuencia de la ruptura de la unión estudiada en la teoría de la unión PN —los efectos avalancha o Zener—. Si no se adoptan medidas para la limitación de esas corrientes, éstas pueden llegar a destruir el transistor porque el calor que disipa el dispositivo produce daños irreversibles a los materiales que lo constituyen.

En los transistores de silicio el dopaje del emisor es superior al de la base, y éste al del colector, a causa de la tecnología de fabricación empleada. Por esa razón, puesto que los dopajes de la unión emisora son muy elevados, ésta presenta una tensión de ruptura reducida, denominada BV_{EB0}, que en los transistores de silicio es típicamente del orden de 5 V. La tensión de ruptura de la unión colectora es más elevada, distinguiéndose los dos casos representados en la figura 5.12. La tensión de ruptura entre la base y el colector con el emisor en circuito abierto se denomina BV_{CB0}, y la tensión de ruptura entre el colector y el emisor con la corriente de base nula se denomina BV_{CE0}. Esta segunda tensión es significativamente menor que la anterior.

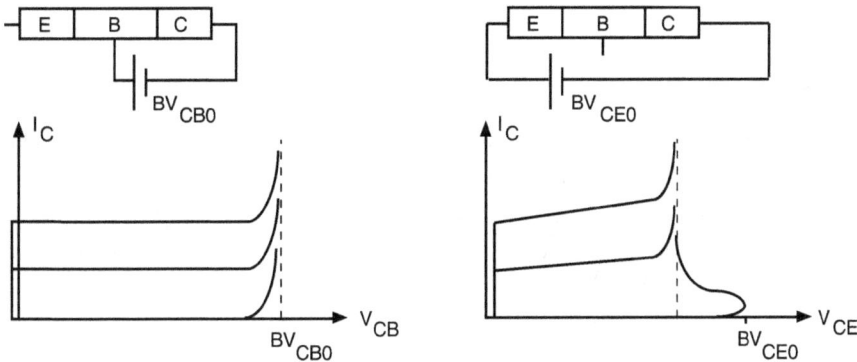

Fig. 5.12   a) Ruptura en base común. b) Ruptura en emisor común.

Esta diferencia entre comportamientos es fácil de comprender partiendo de las ecuaciones de Ebers-Moll. Efectivamente, la ecuación 5.11, con V_{BC} inversa, establece que

$$I_C = \alpha_F I_E + I_{CB0} \qquad I_{CB0} = I_{Cs}(1 - \alpha_F \alpha_R) \tag{5.26}$$

Cuando la corriente se multiplica en la unión colectora por el factor M a causa de los efectos avalancha o Zener, la corriente pasa a ser

$$I_C = (\alpha_F I_E + I_{CB0}) \cdot M \qquad M = \frac{1}{1 - (V_{CB}/BV_{CB0})^n} \tag{5.27}$$

donde el factor de multiplicación M de la corriente se aproxima en función de la tensión de ruptura de la unión aislada, que es BV_{CB0}. En la primera configuración, en la que I_E es nula, $I_C = M \cdot I_{CB0}$, y la ruptura se produce cuando M tiende a infinito, lo cual sucede cuando $V_{CB} = BV_{CB0}$.

En la segunda configuración, en la que $I_B = 0$, sucede que $I_C = I_E$, por lo que 5.27 se convierte en

$$I_C = \frac{MI_{CB0}}{1 - M\alpha_F}$$ (5.28)

Esta ecuación muestra que I_C aumenta arbitrariamente cuando $M\alpha_F$ tiende a la unidad. Dado que α_F es ligeramente inferior a 1, esa condición se cumple con un valor de M ligeramente superior a la unidad, lo cual sucede a una tensión V_{CB} menor que BV_{CB0}. Esa disminución se debe el efecto transistor. En efecto, cuando en la base entran muchos huecos procedentes de la ZCE del colector debido a los efectos avalancha o Zener, la carga positiva inyectada polariza más directamente la unión emisora, y ello provoca que esa unión inyecte más electrones a la base procedentes del emisor; se mantiene así la neutralidad de carga de la base. Esos electrones inyectados terminan por alcanzar la unión colectora, y provocan así el aumento de la corriente I_C.

La figura 5.12.b muestra también que la tensión V_{CE} de ruptura se reduce cuando I_B no es cero. Ese fenómeno se debe al hecho de que con $I_B = 0$ la corriente de colector es también muy reducida, lo cual provoca valores reducidos de α_F y de β_F a causa del peso de la recombinación en la ZCE del emisor —que se estudia en un apartado posterior—. Sin embargo, cuando I_C aumenta β_F también aumenta, y ello significa que α_F es más próxima a la unidad y se requiere una menor M para que se produzca la ruptura de la unión.

Ejercicio 5.15

Hállese la tensión de ruptura BV_{CB0} del transistor de los ejercicios 5.5 y 5.8, suponiendo un campo eléctrico de ruptura de 3×10^5 V/cm. Hállese BV_{CE0} si el exponente n de 5.27 vale 3.

El campo eléctrico máximo de la unión colectora en el equilibrio (v. cap. 2) es $E_{elmax0} = [2qV_{bi}N_AN_D/(N_A + N_D)\varepsilon]^{1/2} = 13.35 \ kV/cm$. *La tensión* V_{BC} *necesaria para alcanzar el campo de ruptura es* $BV_{CB0} = -V_{bic}[(3\times10^5/13.35\times10^3)^2 - 1] = -309 \ V$.

Operando a partir de 5.28 resulta $BV_{CE0} = -49 \ V$.

Ejercicio 5.16

Hállese la tensión de perforación de la base del transistor de los ejercicios 5.5 y 5.8. Sugerencia: utilícese el resultado del ejercicio 5.13.

$V_{BCP} = -88 \ V$

---

d) Las limitaciones de la potencia disipada del transistor

El transistor bipolar, trabajando en continua, presenta unos valores máximos de tensión, corriente y potencia que no se deben superar. En el apartado anterior se han descrito unos valores límites de las tensiones aplicadas entre los terminales que causan que el transistor trabaje en régimen de ruptura. Se puede operar bajo esas condiciones si se controla la corriente que pasa por el transistor, pero no es habitual trabajar así, ni para amplificar señales, ni en circuitos digitales.

Otra limitación de los transistores es la corriente máxima permitida en un terminal. Si se supera ese valor se pueden dañar la pistas y los hilos de interconexión, o se pueden originar «puntos calientes» en la unión que dañen el transistor de forma irreversible.

La potencia eléctrica que se suministra al transistor se convierte en calor, lo cual provoca el aumento de la temperatura del mismo. Si ésta supera un determinado umbral, produce daños irreversibles en el cristal. La potencia que absorbe el transistor en emisor común, y que por lo tanto disipa, es

$$P_D = I_B V_{BE} + I_C V_{CE} \cong I_C V_{CE} \qquad (5.29)$$

La última aproximación es debida al hecho de que I_B es muy inferior a I_C en la región activa, y a que V_{BE} vale 0.7 V, que es un valor que suele ser muy inferior a V_{CE}. La curva $I_C V_{CE} = P_D$ —una constante— es una hipérbola. Para evitar daños al transistor se especifica un valor máximo de P_D. La curva correspondiente a ese valor se denomina *hipérbola de disipación máxima* (v. fig. 5.13).

Los valores máximos de tensiones, corrientes y potencia que el transistor puede disipar los suele publicar el fabricante en las hojas de datos del transistor.

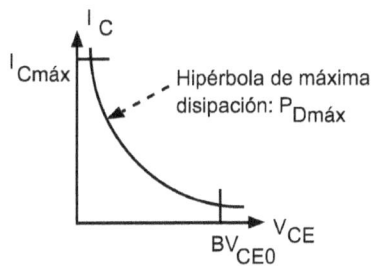

Fig. 5.13 Hipérbola de máxima disipación

EJEMPLO 5.2

En la siguiente tabla se presentan algunos valores límite de tensiones y corrientes de los transistores BCY58, 59 y 65E. Las tensiones se representan con la letra U.

Valores límite		BCY 58	BCY 59	BCY 65 E	
Tensión colector-emisor	U_{CES}	32	45	60	V
Tensión colector-emisor	U_{CEO}	32	45	60	V
Tensión emisor-base	U_{EBO}	7	7	7	V
Intensidad del colector	I_C	200	200	100	mA
Intensidad de base	I_B	50	50	50	mA
Temperatura de la unión	T_j	200	200	200	°C
Temperatura de almacenamiento	T_s	−65 a +200	−65 a +200	−65 a +200	°C
Disipación total ($T_G \leq 45$ °C)	P_{tot}	1	1	1	W

Como se puede observar, la tensión BV_{CE0} puede ser de 32 V, 45 V o 60 V según el transistor. La corriente de colector máxima es de 200 mA o de 100 mA, y la potencia máxima que cualquiera de ellos puede disipar es de 1 W.

CUESTIONARIO 5.3.a

1. _Supóngase que en un transistor bipolar se puede aumentar el dopaje de la región del colector hasta que sea mayor que el de la región de la base, manteniendo constantes los demás parámetros. ¿Cuál de las siguientes proposiciones, relativas a las consecuencias de esa variación, no es cierta?_

a) _Disminuye la tensión de perforación de la base._

b) _Aumenta la tensión de ruptura de la unión colectora, V_{CBO}._

c) _Aumenta α_R._

d) _Disminuye el valor absoluto de la tensión de Early, V_A._

2. _¿Qué influencia tiene la tensión colector-emisor V_{CE} sobre la corriente de recombinación en la zona neutra de la base I_{rec}? Realícese un cálculo partiendo del modelo aproximado $w_B = w_{B0}(1 + V_{BC}/V_A)^{-1}$, e indíquese cuál de estas proposiciones es falsa._

a) _I_{rec} aumenta cuando V_{CE} aumenta._   b) _I_{rec} disminuye cuando V_{CE} aumenta._

c) _I_{rec} no varía con V_{CE}._   d) _El efecto de V_{CE} sobre I_{rec} depende de V_{BE}._

3. _En un transistor NPN determinado la tensión de perforación de la base es igual a la de ruptura base-colector. Hállese qué relación debe haber entre la anchura de la base y los dopajes de la base y del colector, dado el campo eléctrico de ruptura, para que se cumpla dicha igualdad._

a) $V_{CBO} = (1/2)E_{rup}w_B N_C/(N_C + N_B)$ b) $V_{CBO} = (1/2)E_{rup}w_B N_B/(N_C + N_B)$

c) $V_{CBO} = (1/2)E_{rup}w_B(1 + N_B/N_C)$ d) $V_{CBO} = (1/2)E_{rup}w_B(1 + N_B/N_C)$

4. _¿Qué relación existe entre las tensiones de ruptura BV_{CBO} y BV_{CEO}?_

a) $BV_{CEO} = BV_{CBO}\sqrt[n]{\beta_F}$ b) $BV_{CEO} = BV_{CBO}\big/\sqrt[n]{\beta_F}$

c) $BV_{CEO} = BV_{CBO}\beta_F{}^n$ d) $BV_{CEO} = BV_{CBO}\big/\beta_F{}^n$

donde n es el exponente que figura en la expresión de la ecuación 5.27.

5. _Supóngase que se puede aumentar el dopaje de la región de la base manteniendo constantes las movilidades y los tiempos de vida de los portadores minoritarios. ¿Cómo varían entonces la tensión de perforación de la base, V_{BCP}, y la ganancia de corriente β_F?_

a) _V_{BCP} y β_F disminuyen._   b) _V_{BCP} y β_F aumentan._

c) _V_{BCP} aumenta y β_F disminuye._   d) _V_{BCP} disminuye y β_F aumenta._

6. _Analícese cómo influye un incremento de temperatura sobre un transistor en la región activa, y decídase en consecuencia cuál de las siguientes proposiciones es falsa._

a) _Si V_{BE} se mantiene constante, I_C aumenta._

b) _Si V_{BE} y V_{BC} se mantienen constantes, la potencia disipada aumenta._

c) Si el circuito de polarización mantiene I_C constante, V_{BE} disminuye.

d) Si el circuito de polarización mantiene I_C constante, V_{BC} aumenta.

7. *Partiendo de los resultados de la cuestión anterior, ¿cuál es la estrategia más adecuada para la estabilización del punto de trabajo del transistor?*

a) Que el circuito fije una V_{BE} constante. *b) Que el circuito fije una V_{BC} constante.*

c) Que el circuito fije una I_C constante. *d) Que el circuito fije una I_B constante.*

5.3.2 Otros efectos de segundo orden

En este apartado se describen tres efectos más que separan el comportamiento del transistor real del comportamiento del ideal. Son los que se refieren a la variación de β_F con la polarización, los efectos de las resistencias parásitas de las regiones del transistor, y la forma del dopaje en los transistores de silicio en CI.

a) La dependencia de β_F con la polarización

Una forma útil de presentar el comportamiento de un transistor bipolar en continua es mediante las gráficas de Gummel. Éstas consisten en la representación de $\log(I_C)$ y $\log(I_B)$ en función de V_{BE} positiva para un valor determinado de V_{BC}. Nótese que al ser β_F igual a I_C dividido por I_B resulta

$$\log(\beta_F) = \log(I_C) - \log(I_B) \tag{5.30}$$

y por la tanto $\log(\beta_F)$ viene dado por la separación vertical entre las curvas de las corrientes de colector y de base (v. fig. 5.14).

En el modelo del transistor ideal se ha supuesto que β_F es constante. No obstante, cuando se miden las corrientes de un transistor real se pone de manifiesto que ese parámetro depende de V_{BE}.

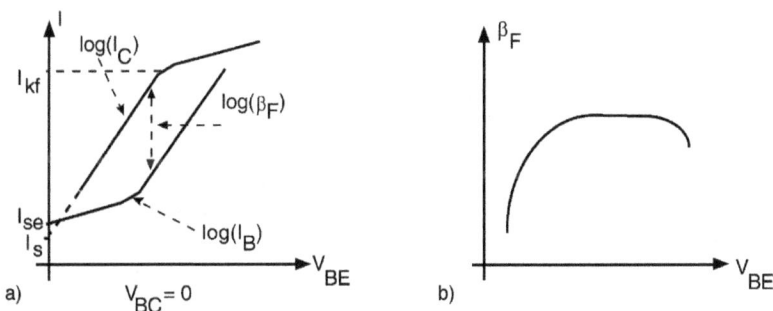

Fig. 5.14 a) Gráficas de Gummel de un transistor bipolar real. b) Dependencia de β_F con V_{BE}.

Con valores reducidos de esa tensión la corriente I_B muestra una pendiente menor que con valores elevados. Ello implica un menor valor de β_F cuando V_{BE} es reducida. Algo parecido sucede con I_C cuando la tensión V_{BE} adopta valores elevados. A partir de ciertos valores su pendiente se reduce, lo cual también conlleva implícitamente la disminución de β_F.

La disminución de la pendiente de I_B cuando las tensiones V_{BE} son reducidas se debe al efecto de la recombinación de portadores en la ZCE del emisor, tal y como se estudia en la unión PN real. El aumento de corriente debido a la recombinación en la ZCE de la unión emisora suele ser muy significativo en los huecos que la base inyecta al emisor, por lo cual I_B aumenta, pero es poco significativo en la corriente de electrones, que es mucho mayor que la de huecos a causa de la eficiencia del emisor. Por esa razón I_C no varía. La disminución de la pendiente de I_C cuando los valores de V_{BE} son elevados es debida a los efectos de alta inyección en la base del transistor, y a las caídas de tensión en las resistencias parásitas.

b) Los efectos de las resistencias parásitas

Las regiones neutras, los contactos óhmicos y las pistas metálicas de interconexión introducen resistencias que se ignoran en el modelo del transistor ideal. La forma más sencilla de tener en cuenta esas resistencias es la inclusión de unas resistencias «concentradas», R_E, R_B y R_C, en serie con los terminales, tal y como se muestra en la figura 5.15. Esas resistencias suelen tener valores óhmicos muy reducidos, por lo que solo se nota su presencia cuando las corrientes son elevadas. En tal caso, solo una fracción de la tensión aplicada a los terminales aparece en las uniones.

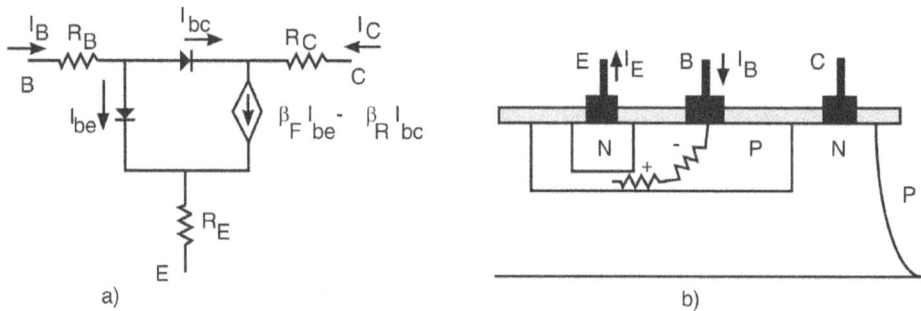

Fig. 5.15   a) Las resistencias parásitas de un transistor. b) La resistencia parásita de base R_B.

La resistencia de base es una resistencia especialmente significativa en el transistor bipolar. La construcción del transistor exige que el terminal de la base esté en la superficie, por lo que la corriente de base debe recorrer un trayecto bastante largo desde el terminal hasta la parte central de la base, a través de una región estrecha y relativamente poco dopada. Por ese motivo la resistencia parásita de base tiene un valor relativamente elevado. La corriente I_B produce una caída de tensión en esa resistencia, de manera que la tensión en el interior de la base disminuye progresivamente (v. fig. 5.15.b). A consecuencia de ello, la polarización de la unión emisora no es uniforme: la unión está polarizada más directamente cerca de la superficie que en la región central de la base. Por tal motivo, la corriente que el emisor inyecta a la base es menor en el centro del transistor que en la periferia. Este fenómeno se conoce como la *concentración periférica* de la corriente de emisor (en inglés se denomina *emitter crowding*).

EJEMPLO 5.3

La variación de β_F con I_{CQ} se representa en la figura E5.3 para tres temperaturas distintas. Obsérvese que este parámetro, representado por B, disminuye cuando I_{CQ} adopta valores reducidos y elevados.

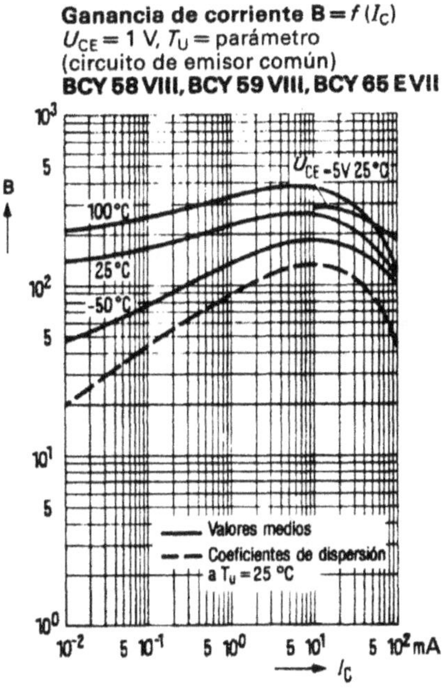
Ganancia de corriente B = f (I_C)
U_CE = 1 V, T_U = parámetro
(circuito de emisor común)
BCY 58 VIII, BCY 59 VIII, BCY 65 E VII
U_CE = 5V 25°C
100°C
25°C
-50°C
Valores medios
Coeficientes de dispersión
a T_U = 25 °C
B
I_C
mA

Fig. E5.3 Variación de β_F con la corriente de polarización I_{CQ}

c) Los dopajes no uniformes

El proceso de fabricación del transistor bipolar descrito al inicio de este capítulo comporta que el dopaje del emisor y el de la base no son constantes, dado que las impurezas se introducen por difusión o por implantación iónica dentro de la capa epitaxial que constituye el colector (v. fig. 5.16). Por el principio de compensación de impurezas, el dopaje neto es la suma algebraica de todas las impurezas existentes en el punto considerado, tomando como positivas las donadoras y como negativas la aceptoras. Resultan, por tanto, unos dopajes variables respecto a las posiciones que, entre otros efectos, generan campos eléctricos en las regiones neutras.

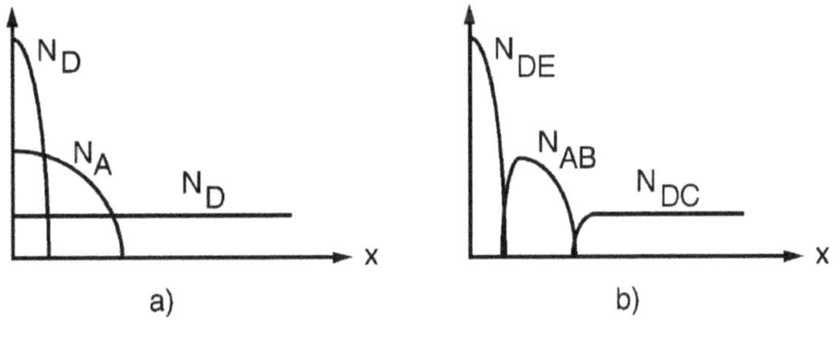
N_D
N_A
N_D
x
a)
N_DE
N_AB
N_DC
x
b)

Fig. 5.16 a) Distribución de impurezas introducidas en el proceso de tecnología bipolar. b) Dopajes netos.

La consideración de dopajes variables complica bastante los cálculos. Para evitar tal complicación y enfatizar los aspectos físicos importantes, se supone a lo largo de todo este capítulo que los dopajes son uniformes en cada región. Debe mencionarse que los dopajes uniformes existen, no obstante, en los transistores modernos de alta velocidad basados en semiconductores III-V. El lector interesado puede recurrir a programas de simulación numérica de dispositivos para estudiar los efectos de esos dopajes sobre las características del transistor.

CUESTIONARIO 5.3.b

1. *Un transistor bipolar obtenido mediante un proceso de doble difusión tiene el perfil de dopaje representado en la figura 5.16.a, con $N_D(x) = 10^{20} exp[-(x/0.5\ \mu m)^2]cm^{-3}$, $N_A(x) = 10^{18} exp[-(x/1\ \mu m)^2]cm^{-3}$ y $N_C = 10^{16}\ cm^{-3}$. ¿Entre qué valores se puede asignar el dopaje de la región de la base N_B, en cm^{-3}, cuando se modeliza el dispositivo considerando dos uniones abruptas?*

   a) $10^{18} \geq N_B \geq 10^{16}$　　　　　　*b) $10^{18} \geq N_B \geq 10^{17}$*

   c) $10^{17} \geq N_B \geq 10^{16}$　　　　　　*d) $10^{20} \geq N_B \geq 10^{16}$*

2. *Los perfiles anteriores conducen a un perfil neto de dopajes como el representado en la figura 5.16.b. Se desea conocer cuál es el efecto del campo eléctrico correspondiente a ese perfil en la ganancia de corriente β_F, suponiendo que toda la zona neutra de base se halla en la zona descendente del perfil de aceptores $N_{AB}(x)$ —la región ascendente corresponde a la ZCE base-emisor—.*

   a) Un aumento de β_F.

   b) Una disminución de β_F.

   c) El campo eléctrico no modifica β_F.

   d) La pregunta no tiene sentido porque no hay campo eléctrico en la zona neutra de la base.

3. *Dada la geometría del transistor de la figura adjunta, se desea calcular el valor de la resistencia parásita de base. Supóngase que el dopado de base es de $5x10^{17}\ cm^{-3}$ y que $\mu PB=388\ cm^2/V.S.$*

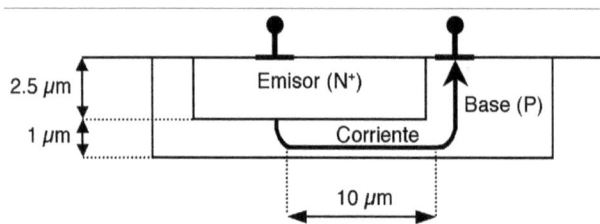

Para ello, supóngase también que la corriente distribuida que va de la unión base-emisor al terminal de la base se puede aproximar con una corriente localizada que recorre una distancia de 10 micrómetros, tal y como se indica en la figura y que la anchura de la región neutra de base es de 0.50 micras. Supóngase que la anchura del transistor —en el eje perpendicular a la sección representada— es de 50 micrómetros.

   a) 130 Ω　　　*b) 2000 Ω*　　　*c) 1300 Ω*　　　*d) 65 Ω*

PROBLEMA GUIADO 5.2

Considérese el transistor del anterior problema guiado.

Se pide:

    1. Represéntese la gráfica de Gummel del transistor ideal.

    2. Determínese en qué punto se inicia la alta inyección en la base, y corríjase la gráfica anterior para incluir ese efecto.

    3. La corriente de recombinación en la ZCE base-emisor es significativa con tensiones $V_{BE} \leq 0.4\ V$. Escríbase la ley $I_B(V_{BE})$. Corríjase la gráfica del apartado anterior para incluir ese efecto.

    4. Determínese la tensión de perforación de la base.

    5. Determínese la tensión de ruptura BV_{BCO}, sabiendo que el campo de ruptura en el silicio es de $3 \times 10^5\ V/cm$. Comparándola con el resultado del apartado anterior, ¿qué efecto limita la tensión máxima que se puede aplicar al colector del transistor?

    6. Determínese la tensión de ruptura BV_{CEO} si el exponente n que figura en el coeficiente de multiplicación por avalancha vale 5.

Datos: $\alpha_F = 0{,}9964$; $I_{ES} = 1{,}87 \times 10^{-16} A$; $\beta_F = 277$; $V_{bi\ BC} = 0{,}722\ V$

5.4 El transistor bipolar en régimen dinámico

Después de estudiar el comportamiento del transistor en régimen permanente, se analiza en régimen dinámico, es decir, se estudia su comportamiento cuando las tensiones y corrientes varían respecto al tiempo. Se desarrolla un modelo dinámico del transistor que incorpora las capacidades parásitas que el dispositivo presenta, y mediante ese modelo se estudia el comportamiento del transistor como conmutador y como amplificador.

5.4.1 Las capacidades en el transistor bipolar

El transistor bipolar presenta efectos capacitivos derivados de la acumulación de cargas en las ZCE de las uniones y en las regiones neutras cuando se varían las tensiones de polarización. Se trata del mismo fenómeno que el estudiado en la unión PN. En la figura 5.17 se representa el incremento de cargas acumuladas en la unión emisor-base y en las regiones neutras de la base y del emisor cuando la tensión V_{BE} se incrementa y V_{BC} se mantiene constante y negativa. Por el terminal del emisor deben entrar electrones que neutralicen impurezas donadoras ionizadas del emisor a fin de estrechar la ZCE de la unión y adaptarla a la nueva polarización. Simultáneamente, deben entrar huecos por la base para neutralizar las impurezas aceptoras de la región P de la base. Por el emisor deben también entrar electrones para acumularlos en la región neutra de la base, porque al ser V_{BE} mayor, el perfil de electrones de la base tiene más pendiente. La base debe inyectar los huecos necesarios para neutralizar esos electrones acumulados en esa región, ya que debe seguir siendo una región neutra. Lo mismo sucede en la región neutra del emisor: los huecos acumulados en esa región deben entrar por el terminal de la base, y por el del emisor deben entrar los electrones que los neutralizan.

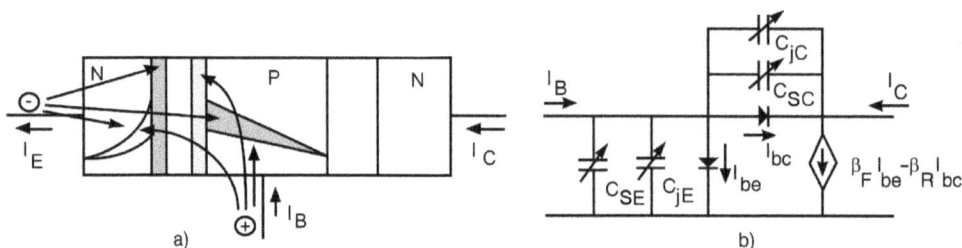

Fig. 5.17   a) Almacenamiento de portadores en la ZCE de la unión emisora y en las regiones neutras del emisor y de la base, como consecuencia de un aumento de la tensión V_{BE}, *manteniendo* V_{BC} *igual a cero.*
b) Modelo dinámico del transistor, completando el modelo estático de Ebers-Moll con las capacidades de transición y de difusión de las dos uniones.

Este almacenamiento de portadores a consecuencia del aumento de la tensión de polarización es un fenómeno capacitivo cuyo modelo se representa con las capacidades de transición y de difusión, de forma análoga a como se hace con la unión PN. El circuito 5.17.b representa el modelo dinámico del transistor bipolar, que no es otra cosa que el modelo en régimen permanente —modelo Ebers-Moll de transporte— completado con esas capacidades para cada una de las uniones. Las capacidades de transición C_{jE} y C_{jC} responden a las expresiones desarrolladas en la teoría de la unión PN, particularizadas para cada una de ellas. Las capacidades de difusión requieren un estudio específico, ya que la base es «compartida» por las dos uniones.

La figura 5.18 muestra cómo se puede descomponer la carga de minoritarios en la base Q_B en la suma de dos triángulos. La carga denominada Q_{BF} corresponde al modo activo, ya que queda implícito que

$V_{BC} = 0$, mientras que Q_{BR} corresponde al modo inverso, porque $V_{BE} = 0$. Por lo tanto, las cargas Q_F y Q_R de portadores almacenados en las regiones neutras en modo activo y en modo inverso se pueden definir como

$$Q_F = Q_E + Q_{BF} \qquad Q_R = Q_C + Q_{BR} \qquad Q_B = Q_{BF} + Q_{BR} \tag{5.31}$$

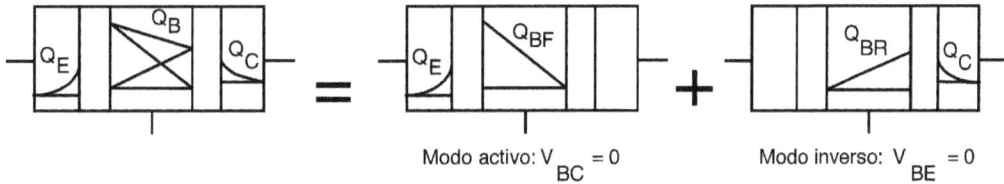

Modo activo: $V_{BC} = 0$ Modo inverso: $V_{BE} = 0$

Fig. 5.18   Descomposición de la carga almacenada en las regiones neutras en los modos activo e inverso

Las capacidades de difusión de la unión emisora C_{DE} y de la unión colectora C_{DC} son

$$C_{sE} = \frac{dQ_F}{dV_{BE}} \qquad\qquad C_{sC} = \frac{dQ_R}{dV_{CB}} \tag{5.32}$$

Como en el caso de la unión PN, la carga Q_F se obtiene partiendo de la corriente en régimen permanente:

$$Q_F = \tau_F I_C = \tau_F \alpha_F I_{Es}\left[e^{V_{EB}/V_t} - 1\right] = \tau_F \beta_F I_{be} \tag{5.33}$$

dado que tanto Q_F como I_C son proporcionales a $[\exp(V_{BE}) - 1]$. Análogamente,

$$Q_R = \tau_R \alpha_R I_{Cs}\left[e^{V_{BC}/V_t} - 1\right] = \tau_R \beta_R I_{bc} \tag{5.34}$$

donde τ_F y τ_R se denominan *tiempo de tránsito en modo activo* y *en modo inverso*, respectivamente. Los valores de esos parámetros, definidos por las relaciones 5.33 y 5.34, son

$$\tau_F = \frac{Q_F}{\beta_F I_{be}} = \frac{Q_E}{\beta_F I_{be}} + \frac{Q_{BF}}{\beta_F I_{be}} = \tau_E + \tau_{BF} \qquad \tau_R = \frac{Q_R}{\beta_R I_{bc}} = \frac{Q_C}{\beta_R I_{bc}} + \frac{Q_{BR}}{\beta_R I_{bc}} = \tau_C + \tau_{BR} \tag{5.35}$$

Nótese que el tiempo τ_{BF}, definido como $Q_{BF}/\beta_F I_{be}$, resulta ser

$$\tau_{BF} = \frac{w_B^2}{2D_{nB}} \tag{5.36}$$

que es el tiempo que tarda un minoritario en atravesar la base por difusión. Las expresiones 5.32 y 5.33 permiten expresar C_{DE} de otra forma:

$$C_{sE} = \frac{dQ_F}{dV_{BE}} = \tau_F \frac{dI_C}{dV_{BE}} = \tau_F \frac{I_{CQ}}{V_t} = \tau_F g_m \tag{5.37}$$

lo cual pone de manifiesto que C_{sE} es proporcional a I_{CQ}, y por lo tanto a g_m (v. apartado 5.5.1).

Ejercicio 5.17

Demuéstrese la expresión 5.36.

El tiempo que un electrón invierte en atravesar la base es la suma de los tiempos requeridos para desplazarse cada dx dentro de la base.

$$t_t = \int_{x=0}^{x=w_B} dt = \int_0^{w_B} \frac{dx}{v(x)} = \int_0^{w_B} \frac{dx}{I_c / qAn(x)} = \int_0^{w_B} \frac{qAn(0)\cdot[(w_B - x)/w_B]}{qAD_{nB}n(0)/w_B} dx = \frac{w_B x - x^2/2}{D_{nB}}\Bigg|_0^{w_B} = \frac{w_B^2}{2D_{nB}}$$

En esta deducción se han empleado las expresiones $dx = v(x)dt$, $I_C = qAn(x)v(x)$, $n(x) = = n(0)[(w_B - x)/w_B]$ e $I_C = qAD_{nB}n(0)/w_B$. Por este motivo, $t_t = \tau_{BF}$.

Ejercicio 5.18

Hállese el valor numérico de τ_{BF} en el transistor analizado en los ejercicios anteriores ($w_B = 1$ μm, $D_{nB} = 25$ cm^2/s).

$\tau_{BF} = 0.2$ ns

CUESTIONARIO 5.4.a

1. _La capacidad de transición de la unión emisora depende de los dopados de base y de emisor. Suponiendo $N_{DE} \gg N_{AB}$, dígase cuál de las siguientes proposiciones referidas a C_{jE} es correcta._

_a) C_{jE} se multiplica por $2^{1/2}$, si se duplica el dopaje de base._

_b) C_{jE} se multiplica por $2^{1/2}$, si se duplica el dopaje de emisor._

_c) C_{jE} se divide por $2^{1/2}$, si se duplica el dopaje de base._

_d) C_{jE} se divide por $2^{1/2}$, si se duplica el dopaje de emisor._

2. _¿Qué capacidades «ve» la señal v_i en las dos configuraciones del transistor representadas en la figura? La capacidad de la unión base-emisor es C_E y la de la unión base-colector C_C._

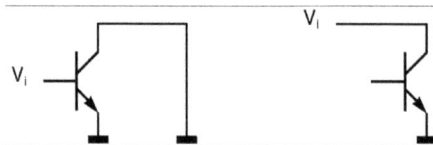

_a) $C_E + C_C$ en el primer caso y $(C_E^{-1} + C_C^{-1})^{-1}$ en el segundo._

_b) $(C_E^{-1} + C_C^{-1})^{-1}$ en el primer caso y $C_E + C_C$ en el segundo._

c) $C_E + C_C$ *en ambos casos.*

d) $(C_E^{-1} + C_C^{-1})^{-1}$ *en ambos casos.*

3. *La figura representa la sección de un transistor. La anchura del transistor —en el eje perpendicular a la sección representada— es de 50 micrómetros. El modelo unidimensional sólo tiene en cuenta la región comprendida entre las dos líneas discontinuas verticales más internas.*

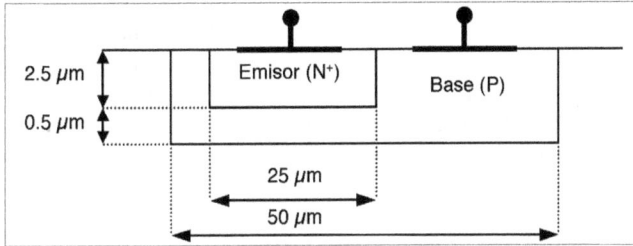

Calcúlese el cociente entre el valor de la capacidad de la unión colectora del dispositivo real y el obtenido utilizando el modelo unidimensional.

   a) 1   *b) 1.2*   *c) 2*   *d) 2.24*

5.4.2 El modelo dinámico del transistor bipolar

El modelo dinámico del transistor bipolar se obtiene completando el modelo de régimen permanente con las capacidades de transición y de difusión, tal y como se muestra en la figura 5.17.b. Las corrientes de los terminales obtenidas en ese modelo se expresan de la forma indicada más abajo, teniendo en cuenta la ecuación 5.31 ($I_{be} = Q_F/\beta_F\tau_F$) y 5.32 ($I_{bc} = Q_R/\beta_R\tau_R$), y que la corriente que carga un condensador es dQ/dt —donde Q es la carga almacenada por el condensador—.

$$I_B = \frac{Q_F}{\beta_F\tau_F} + \frac{dQ_{jE}}{dt} + \frac{dQ_F}{dt} + \frac{Q_R}{\beta_R\tau_R} + \frac{dQ_{jC}}{dt} + \frac{dQ_R}{dt}$$

$$I_C = \frac{Q_F}{\tau_F} - \frac{Q_R}{\tau_R} - \frac{Q_R}{\beta_R\tau_R} - \frac{dQ_R}{dt} - \frac{dQ_{jC}}{dt} \qquad (5.38)$$

$$I_E = \frac{Q_F}{\tau_F} - \frac{Q_R}{\tau_R} + \frac{Q_F}{\beta_F\tau_F} + \frac{dQ_F}{dt} + \frac{dQ_{jE}}{dt}$$

Este modelo se conoce también con el nombre de *modelo de control de carga del transistor bipolar*. Como se puede observar, consiste en un sistema de tres ecuaciones diferenciales de las variables Q_F, Q_R, Q_{jE} y Q_{jC}. Generalmente, es preciso emplear técnicas numéricas para la resolución de este sistema de ecuaciones, y solo en casos muy simples permite una solución analítica. El programa de simulación SPICE utiliza la estrategia numérica, y puesto que ese software es una herramienta que actualmente se halla al alcance de casi todos, resulta el instrumento más adecuado para analizar el comportamiento dinámico de los circuitos con transistores.

Ejercicio 5.19

Hállese la evolución temporal de la corriente de colector de un transistor con la unión colectora cortocircuitada , en la que a partir de $t = 0$ se inyecta una corriente constante I_{BB} por el terminal de la base.

Las cargas Q_R *y* Q_{jC} *son nulas al ser* $V_{BC} = 0$. *Además, la variación de* Q_{jE} *se supone insignificante. Bajo estas condiciones, las ecuaciones 5.38 se reducen a* $I_C = Q_F/\tau_F$ *e* $I_B = Q_F/\tau_F\beta_F + dQ_F/dt$.
Para hallar la evolución de I_C *es preciso conocer* Q_F, *lo cual exige la resolución de la ecuación diferencial de* I_B. *En esa ecuación* $I_B = I_{BB}$ *cuando* t > 0. *Por lo tanto, la solución general de esta ecuación diferencial es* $Q_F(t) = A exp(-t/\tau_F\beta_F) + I_{BB}\tau_F\beta_F$. *Dado que la condición inicial* $Q_F(0) = 0$ *se debe cumplir, resulta* $Q_F = I_{BB}\tau_F\beta_F(1 - exp(-t/\tau_F\beta_F))$.

De la primera ecuación se halla $I_C(t) = Q_F(t)/\tau_F = I_{BB}\beta_F(1 - exp(-t/\tau_F\beta_F))$.

Ejercicio 5.20

Hállese el tiempo necesario para que I_C alcance un valor estable en el circuito del ejercicio anterior.

$t_r = 3\,\tau_F\beta_F$

5.4.3 El modelo SPICE del transistor bipolar

El programa SPICE utiliza el modelo representado en la figura 5.17.b, completado con las resistencias r_B, r_E y r_C en serie con los terminales de la base, el emisor y el colector respectivamente. Sin embargo, utiliza una notación distinta para las corrientes. En lugar de I_{be} e I_{bc} se refiere a las corrientes I_{cc} e I_{ec}:

$$I_{cc} = \beta_F I_{eb} = I_s(e^{V_{EB}/V_t} - 1)$$
$$I_{ec} = \beta_R I_{cb} = I_s(e^{V_{CB}/V_t} - 1)$$

(5.39)

El valor de la fuente dependiente para a ser

$$I_{ct} = \beta_F I_{eb} - \beta_R I_{cb} = I_{cc} - I_{ec}$$

(5.40)

El programa SPICE completa el modelo básico del transistor bipolar incluyendo la dependencia de β_F con V_{CE} y con V_{BE}. Para incluir el efecto Early —la variación respecto a V_{CE}— y la variación de β_F con V_{BE} mostrada en la figura 5.14, se modifica el valor de la fuente dependiente I_{ct}, que pasa a ser

$$I_{ct} = \frac{q_1}{q_b}[I_{cc} - I_{ec}]$$

(5.41)

siendo los valores de q_1 y q_b:

$$q_1 = 1 - \frac{V_{BC}}{V_{AF}} - \frac{V_{BE}}{V_{AR}} \qquad q_b = \frac{1}{2}\left[1 + \sqrt{1 + 4q_2}\right]$$

$$q_2 = \frac{I_s}{I_{kf}}\left[e^{V_{BE}/V_t} - 1\right] + \frac{I_s}{I_{kr}}\left[e^{V_{BC}/V_t} - 1\right]$$

(5.42)

El factor q_1 introduce el efecto Early al incrementar I_C con V_{CE}, y el factor q_b introduce el cambio de pendiente de I_C producido por el fenómeno de alta inyección que se produce a partir de I_{kf}, tal y como se muestra en la figura 5.14. Efectivamente, considérese el modo activo con V_{BC} negativa. Con valores de V_{BE} reducidos, q_2 es muy inferior a la unidad, y q_1 vale aproximadamente 1. Pero cuando V_{BE} aumenta, q_2 pasa a ser mucho mayor que 1, y q_b se puede aproximar con $(q_2)^{1/2}$, que es igual a $(I_s/I_{kf})^{1/2}\exp(V_{BE}/2V_t)$; por lo tanto

$$I_{ct} \cong \frac{I_s e^{V_{BE}/V_t}}{\sqrt{I_s/I_{kf}}\, e^{V_{BE}/2V_t}} \cong \sqrt{I_s I_{kf}}\, e^{V_{BE}/2V_t} \tag{5.43}$$

Las corrientes de los diodos se modelizan de la siguiente manera para incluir los componentes de las recombinaciones en las ZCE de las dos uniones, las cuales afectan también al parámetro β_F:

$$\text{Diodo emisor} - \text{base} \qquad I_{be} = \frac{I_{cc}}{\beta_F} + I_{sre}\left[e^{V_{BE}/2V_t} - 1\right]$$

$$\tag{5.44}$$

$$\text{Diodo colector} - \text{base} \qquad I_{bc} = \frac{I_{ec}}{\beta_R} + I_{src}\left[e^{V_{BC}/2V_t} - 1\right]$$

Las capacidades de transición se formulan de la misma manera que para la unión PN:

$$C_{ji} = \frac{C_{joi}}{\left[1 - V_{iB}/V_{ji}\right]^{m_i}} \tag{5.45}$$

siendo i igual a E en el caso del emisor y a C en el del colector. Cuando V_{iB} adopta valores próximos a V_{ii} la expresión anterior se modifica para evitar problemas de tipo numérico. Las capacidades de difusión se modelizan según las siguientes expresiones:

$$C_{DE} = \tau_{FF}\frac{dI_{cc}}{dV_{EB}} \qquad C_{DC} = \tau_R\frac{dI_{ec}}{dV_{CB}} \tag{5.46}$$

En la tabla 5.3 se muestra un resumen de los valores de parámetros que el programa SPICE adopta por defecto si el usuario no los indica. Los nombres de las variables empleadas por SPICE se asocian fácilmente a los utilizados en este capítulo.

Tabla 5.3   Valores por defecto de algunos parámetros del transistor bipolar en el programa SPICE

Parámetro	I_s	β_F	β_R	I_{kf}	I_{kr}	V_{AF}	V_{AR}	τ_{FF}	τ_R	r_C	r_E	r_B
Valor por defecto	10^{-16} A	100	1	∞	∞	∞	∞	0	0	0	0	0

CUESTIONARIO 5.4.b

1. *Compárense los dos tiempos de tránsito τ_{BF} y τ_{BR}, e indíquese cuál de las siguientes proposiciones es falsa.*

a) En un modelo unidimensional con el dopaje de la base constante, $\tau_{BF} = \tau_{BR}$.

b) El que el área de la unión colectora sea mayor que la de la emisora implica que $\tau_{BF} < \tau_{BR}$.

c) El campo acelerador correspondiente a un perfil de dopaje de la región de la base como el de la figura 5.16 implica que $\tau_{BF} < \tau_{BR}$.

d) La relación de movilidades $\mu_n > \mu_p$ implica que $\tau_{BF} < \tau_{BR}$.

2. *La carga de minoritarios en exceso en las zonas neutras de un transistor bipolar se escribe como $Q_F = \tau_F I_C$ cuando $V_{BC} = 0$. Esta igualdad es, de hecho, una definición de los tiempos τ_F. Si la unión base-emisor se trata como un diodo, y se desea identificar τ_F con su tiempo de tránsito, entonces la expresión que se escribe es $Q_F = \tau_F I_F$. Compárese el valor de τ_F^* obtenido de la segunda expresión con el de τ_F definido por la primera.*

a) $\tau_F^*/\tau_F = \alpha_F$

b) $\tau_F^*/\tau_F = 1/\alpha_F$

c) $\tau_F^*/\tau_F = 1 + \alpha_F$

d) $\tau_F^*/\tau_F = 1 - \alpha_F$

3. *¿Qué parámetros se deben introducir como datos SPICE para simular el efecto Early?*

a) β_F y β_R

b) β_F y V_{AF}

c) β_R y V_{AR}

d) V_{AF} y V_{AR}

5.4.4 El comportamiento del transistor bipolar en conmutación

Considérese el circuito inversor de la figura 5.19.a, al que se aplica en la entrada un impulso v_i —una señal digital—. En las gráficas de la figura 5.19.b se representa la variación de la tensión V_{BE}, las corrientes I_B e I_C y la carga de electrones de la base Q_B. Como se puede observar, v_i pasa de nivel bajo a nivel alto en el instante $t = 0$. A consecuencia de ese cambio, I_C aumenta al valor I_{Csat} después de un retardo inicial y de un «tiempo de subida», y por lo tanto la tensión de salida del colector pasa de un nivel alto a un nivel bajo. Cuando v_i retorna al nivel bajo, I_C se mantiene durante un cierto intervalo de tiempo en I_{Csat} —ese intervalo se denomina *tiempo de retardo por almacenamiento*— y después inicia el descenso a cero. La tensión de colector pasa por tanto de un nivel bajo a un nivel alto. El circuito se denomina *inversor* porque la señal de salida presenta la forma complementaria del impulso de entrada. Pero esa tensión y la corriente de colector que la origina presentan unos *retardos de propagación* respecto a la señal de entrada.

El siguiente es un análisis cualitativo de esos retardos. Cuando v_i pasa de $-A$ a A en $t = 0$, la primera acción del circuito consiste en cargar el condensador C_{jE} desde $-A$ hasta 0 V, dado que en polarización inversa C_{DE} es nula. Es la corriente de base la que carga ese condensador. En el instante inicial I_B es $(A - V_{BE})/R_B = 2A/R_B$, puesto que inicialmente $V_{BE} = -A$. Cuando $V_{BE} = 0$, la concentración de huecos en el punto 0_B es n_{B0}, por lo que I_C es todavía prácticamente nula. Eso explica el retardo inicial t_1. La evolución de la carga en la base se representa en la figura 5.19.c.

El segundo tramo de la respuesta va desde el momento en que V_{BE} es igual a cero hasta que $V_{BE} = 0.7$ V. Durante ese intervalo de tiempo, I_C comienza a aumentar desde cero hasta que se inicia la saturación. La pendiente de $n_B(x)$ va aumentando a causa del incremento de $n_B(0_B)$ con V_{BE}, mientras que $n_B(w_B)$ se mantiene igual a cero debido a la polarización inversa de la unión colectora. En el instante $t = t_2$, I_C alcanza $I_{Csat} = (V_{CC} - V_{CEsat})/R_C$ y se mantiene constante en ese valor mientras v_i está en el nivel alto. Nótese que en esa fase el condensador C_{jC} también se tiene que cargar, ya que inicialmente V_{BC} es $-V_{CC}$ y al final es aproximadamente cero.

No obstante, en el interior del transistor se producen cambios a partir de t_2: la carga de la base sigue aumentando y pasa de Q_A a $Q_A + Q_s$, como se indica en la figura 5.19.c. Ese aumento de la carga se produce manteniéndose constante la pendiente de $n_B(x)$, dado que I_C, que es proporcional a esa pendiente, es constante. El transistor entra en un estado de saturación «profunda». En el instante t_3 se alcanza la situación de régimen permanente.

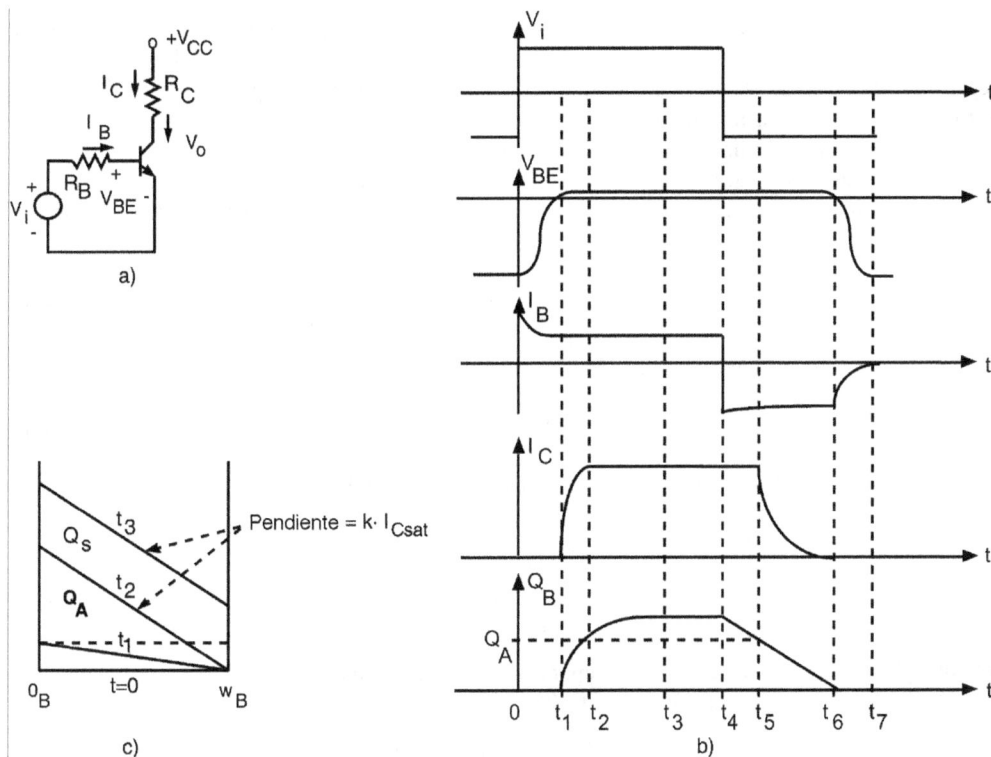

Fig. 5.19   Los transitorios de conmutación. a) Circuito inversor con un transistor NPN. b) Evolución de las tensiones y las corrientes. c) La carga en la región neutra de la base.

En $t = t_4$ se produce la conmutación de v_i desde A a $-A$. Se producen las acciones inversas a las descritas en la transición anterior. La primera acción del circuito es «vaciar» Q_s. Durante esa fase, V_{BC} varía desde un valor ligeramente positivo hasta un valor ligeramente negativo, pero no se produce ningún cambio significativo en I_C, que se mantiene aproximadamente en el valor de I_{Csat}. Por lo tanto, la carga de la base va disminuyendo a causa de la acción combinada de una corriente de base negativa y la recombinación. La recta $n_B(x)$ va disminuyendo en paralelo, de manera similar a la fase de formación de Q_s. Al final de esta etapa la carga de la base es Q_A.

Finalmente se elimina Q_A, pero ahora variando I_C, dado que la pendiente de $n_B(x)$ disminuye progresivamente. La tensión V_{BE} pasa de 0.7 V a 0 V. Simultáneamente a la eliminación de Q_A, C_{jC} también se debe descargar, dado que V_{BC} pasa de 0 V a $-V_{CC}$. Al final se produce una última fase que no se refleja sobre el valor de I_C: la descarga del condensador C_{jE} desde $V_{BE} = 0$ hasta $V_{BE} = -A$.

Se puede realizar el análisis cuantitativo de estos tiempos utilizando el modelo de control de carga. No obstante, la complejidad de ese modelo exige efectuar muchas aproximaciones para conseguir resultados en forma de expresiones matemáticas simples, por lo que suele resultar más útil y sencillo hallar los tiempos empleando el programa SPICE. Para ilustrar la utilización del modelo de control de carga en el cálculo de algunos tiempos de retardo se calcula $(t_2 - t_1)$, el tiempo que se tarda en que I_C pase de cero al valor I_{Csat}, siendo V_{BE} nula inicialmente.

La situación inicial es $V_{BE} = 0$, $V_{CE} = V_{CC}$ y la carga de la base $Q_B = 0$. Al final $V_{BE} = 0.7$ V, $V_{CE} = V_{CEsat}$ y $Q_B = Q_A$. Será por tanto necesaria la entrada de una corriente de base que permita adecuar las anchuras de las ZCE de las uniones emisora y colectora, y que neutralice la carga de electrones Q_A. Dado que la anchura del emisor variará poco, el tiempo requerido para proporcionar esa carga se ignora. Por otro lado, para simplificar el cálculo se supone que primero se adecua la anchura de la ZCE del colector y después se neutraliza la carga Q_A. También se aproxima I_B con el valor constante $I_B = A/R_B$. Con estas aproximaciones, el modelo de control de carga para la fase de carga de C_{jC} establece que

$$I_B = \frac{dQ_{jC}}{dt} \tag{5.47}$$

donde Q_F y Q_R se suponen nulas y Q_{jE} se ha ignorado. La integración de esta ecuación conduce a

$$\Delta Q_{jC} \cong Q_{jC}(V_{BC} = 0) - Q_{jC}(V_{BC} = -V_{CC}) = I_B t_{r1} \tag{5.48}$$

Calculando Q_j en la unión colectora para las dos polarizaciones indicadas se puede hallar t_{r1}.

Para la segunda fase, se debe resolver

$$I_B = \frac{Q_F}{\beta_F \tau_F} + \frac{dQ_F}{dt} \tag{5.49}$$

dado que Q_R es nula, Q_{jE} se ignora y se supone que Q_{jC} ya está en su valor final. La solución a esta ecuación diferencial en la condición inicial $Q_F(0) = 0$ es

$$Q_F = I_B \beta_F \tau_F \left[1 - e^{-t/\tau} \right] \tag{5.50}$$

siendo $\tau = \tau_F \beta_F$. Al final de esta fase el valor de I_C es I_{Csat}. El modelo dinámico del transistor bipolar establece para I_C que si Q_R y dQ_{jC}/dt son nulas, entonces $I_C = Q_F/\tau_F$, por lo que $Q_F(t_2) = I_{Csat}\tau_F$. Por lo tanto, el tiempo que Q_F tarda en crecer desde cero hasta $I_{Csat}\tau_F$ es

$$t_{r2} = \beta_F \tau_F \ln \left[\frac{1}{1 - I_{Csat}\tau_F / I_B \beta_F \tau_F} \right] = \beta_F \tau_F \ln \left[\frac{1}{1 - I_{Csat} / I_B \beta_F} \right] \tag{5.51}$$

Por lo tanto, el tiempo de retardo buscado es $t_2 - t_1 = t_{r1} + t_{r2}$.

Para conseguir reducir los retardos de propagación en los circuitos digitales bipolares se intenta que el transistor no entre en saturación, conectando un diodo Schottky entre la base y el colector. Cuando la tensión de colector disminuye a causa del aumento de I_C, el diodo Schottky entra en conducción, presentando entre sus terminales su tensión de codo, que es de unos 0.4 V o inferior. La tensión V_{BC} queda fijada en ese valor y se evita que el transistor entre en saturación profunda.

CUESTIONARIO 5.4.c

1. *Considérese el proceso de conmutación esquematizado en la figura 5.19. Justifíquese por qué la corriente de base presenta un pico al pasar del estado* ON *(corte) a* ON *(conducción).*

   a) Porque C_E fija un valor inicial negativo.

   b) Porque C_C proporciona inicialmente corriente a I_B.

   c) Porque se precisa una corriente inicial más intensa para generar Q_A.

   d) Porque se precisa una corriente inicial más intensa para generar Q_s.

2. *Con referencia a los diagramas de la cuestión anterior, ¿qué elemento del circuito de la figura 5.19.a debe cambiarse para reducir el tiempo t_1?*

   a) Se debe reducir R_B.   *b) Se debe aumentar R_B.*

   c) Se debe reducir R_C.   *d) Se debe aumentar R_C.*

3. *Si la conmutación* ON-OFF *se produce en el instante t_2, ¿cómo varía el valor del retardo $t_7 - t_4$?*

   a) $t_7 - t_4$ aumenta.   *b) $t_7 - t_4$ se mantiene constante.*

   c) $t_7 - t_4$ disminuye.   *d) Depende: $t_6 - t_4$ disminuye, pero $t_7 - t_6$ aumenta.*

4. *Los transistores bipolares de silicio utilizados en algunos circuitos digitales incorporan un diodo Schottky en paralelo con la unión base-colector, con el ánodo unido a la base del BJT cuando éste es un NPN a efectos de reducir el retardo de conmutación. Suponiendo que la tensión de codo del diodo Schottky es de 0.3 V, indíquese cuál es el efecto del diodo.*

   a) La disminución de Q_A.   *b) La disminución de Q_s.*

   c) El aumento de I_{Csat}.   *d) La disminución de V_{CEsat}.*

5. *Calcúlese V_{CEsat} en el transistor de la cuestión anterior, suponiendo que $V_{BE} = 0.8$ V.*

   a) 0.8 V   *b) 0.5 V*

   c) 0.3 V   *d) 0.2 V*

6. *Supóngase que en el circuito de la cuestión anterior hay un condensador entre el colector del transistor y el punto común —el emisor—. Discútase cómo quedan modificados los transitorios de conmutación.*

   a) Los dos retardos aumentan.

   b) El retardo ON-OFF *aumenta y el* OFF-ON *disminuye.*

   c) El retardo OFF-ON *aumenta y el* ON-OFF *disminuye.*

   d) Los dos retardos disminuyen.

PROBLEMA GUIADO 5.3

Considérese el transistor del problema guiado 5.1. Se desea estudiar los transitorios de conmutación esquematizados en la figura 5.19. La tensión de alimentación es $V_{CC} = 5\ V$. La tensión de entrada v_i varía entre $-5\ V$ y $+5\ V$. Las resistencias del circuito valen $R_B = 10\ k\Omega$ y $R_C = 1\ k\Omega$. Se desea conocer:

1. El tiempo τ_F del modelo dinámico del transistor.

2. El valor del pico de la corriente de base en la conmutación OFF-ON. *Para simplificar el problema se supone que la tensión base-emisor en el transistor en conducción vale 0.7 V. (El lector exigente puede calcular esta cantidad partiendo del circuito de polarización y del modelo de Ebers-Moll, pero el resultado que obtenga no varía mucho la solución del problema).*

3. El tiempo t_1 de la conmutación OFF-ON. *Se simplifica el problema operando con un valor constante de corriente de base $I_B = [I_B(t_1) + I_B(0)]/2$ en lugar de $I_B(t)$. Téngase en cuenta que el área de la región P es de $60\ \mu m \times 45\ \mu m$, la profundidad de la unión base-colector de $3.3\ \mu m$ y $V_{BC} = -3.5\ V$.*

4. El tiempo que se tarda en cargar la zona de carga espacial de la unión colectora para adaptarla al cambio de tensión del terminal del colector desde el valor inicial de 5 V al final de 0 V, al realizar la conmutación OFF-ON *ignorando la acumulación de minoritarios en exceso en la zona neutra de la base.*

5. El tiempo que se tarda en cargar la zona neutra de la base cuando la tensión del terminal del colector va desde la inicial de 5 V a la final de 0 V, al realizar la conmutación OFF-ON *ignorando la acumulación de minoritarios en la zona de carga espacial de la unión colectora.*

6. Partiendo de los resultados de los dos apartados anteriores, calcúlese $t_2 - t_1$, suponiendo que las variaciones simultáneas de las dos cargas se pueden aproximar con variaciones sucesivas e independientes entre sí.

5.5 El transistor bipolar como amplificador

En la figura 5.3 se ha descrito el comportamiento del transistor como amplificador en base común. La señal de entrada $\Delta V_i(t)$ aparece en la salida multiplicada por una constante G_v y superpuesta a una tensión constante, de modo que en la salida $V_o = V_{oQ} + G_v \Delta V_i(t)$. La ganancia de tensión del amplificador es G_v, y los valores de tensión y corriente constantes sobre los que se superpone la señal se denominan *valores de polarización*. A efectos de obtener un correcto comportamiento del amplificador, se exige que el transistor trabaje en modo activo, ya que si se entra en corte o en saturación, V_o se convierte en constante —sea porque I_C se anula o porque V_{CE} adopta el valor fijo V_{CEsat}— y deja de seguir a la señal de entrada. La señal de salida queda entonces recortada y no es una fiel copia de la señal de entrada. Se dice que el amplificador *distorsiona* la señal.

Para calcular la ganancia de un amplificador es preciso sustituir el transistor por su circuito equivalente en pequeña señal. Ese circuito relaciona los incrementos de tensión y de corriente que aparecen entre los terminales del transistor. En este apartado se estudian dos circuitos equivalentes en pequeña señal distintos: el modelo híbrido en π y el modelo de parámetros h. Los dos se aplican a la configuración de emisor común, que es la más empleada para amplificar.

5.5.1 El modelo híbrido en π

El punto de partida para obtener este circuito es el modelo dinámico del transistor representado en la figura 5.17.b, sobre el que se supone que la unión colectora está en inversa ($I_{bc} = 0$) y la emisora en directa. Además, para incluir el efecto Early, se supone que la fuente de corriente dependiente entre el colector y el emisor —que se denomina I_{CT}— viene dada por

$$I_{CT} = \beta_F I_{be}\left(1 + \frac{V_{CE}}{|V_A|}\right) \tag{5.52}$$

La tensión de entrada es $V_{BEQ} + \Delta V_{BE}$ y la corriente de entrada $I_{BQ} + \Delta I_B$, mientras que la tensión y la corriente de salida son $V_{CEQ} + \Delta V_{CE}$ e $I_{CQ} + \Delta I_C$, respectivamente. Dado que la amplitud de la señal es reducida, los incrementos se aproximan con los diferenciales de las correspondientes magnitudes. Así, el incremento de la corriente del diodo del emisor se aproxima con

$$dI_{be} = \frac{I_s}{\beta_F}e^{V_{BEQ}/V_t}\frac{dV_{BE}}{V_t} \cong \frac{I_{CQ}}{\beta_F V_t}dV_{BE} = \frac{dV_{BE}}{r_\pi} \qquad r_\pi = \frac{\beta_F V_t}{I_{CQ}} \tag{5.53}$$

Es decir, la relación entre el incremento de tensión entre los terminales del diodo del emisor y el incremento de corriente que circula por ese diodo es la misma que si el diodo se sustituyese por una resistencia de valor r_π. Ello equivale a aproximar la curva de entrada con su tangente en el punto de polarización.

El incremento de corriente de la fuente dependiente es

$$dI_{CT} = \beta_F\left(1 + \frac{V_{CEQ}}{|V_A|}\right)dI_{be} + \beta_F I_{beQ}\frac{dV_{CE}}{|V_A|} = g_m dV_{BE} + \frac{dV_{CE}}{r_o}; \;\; g_m \cong \frac{\beta_F}{r_\pi} = \frac{I_{CQ}}{V_t}; \; r_o = \frac{|V_A|}{I_{CQ}} \tag{5.54}$$

donde se supone $V_{CE} \ll |V_A|$. El resultado indica que el incremento de corriente de la fuente dependiente es el mismo que el que produce una fuente de corriente de valor $g_m \Delta V_{BE}$ y una resistencia en paralelo de valor r_o, tal y como se indica en la figura 5.20. g_m se denomina *transconductancia*.

Dado que la señal es de pequeña amplitud, se puede considerar que los condensadores de las uniones adoptan los valores constantes $C_{jE}(V_{BEQ})$, $C_{DE}(V_{BEQ})$ y $C_{jC}(V_{BCQ})$. El condensador C_{DC} se supone nulo a causa de la polarización inversa de la unión colectora. En la figura 5.20 se representa el circuito obtenido, al que se han añadido las resistencias $r_{bb'}$ para tener en cuenta el efecto de la resistencia parásita de la base, y la resistencia r_μ, de valor muy elevado, para modelizar con mayor rigor el efecto Early. Se han agrupado del mismo modo los dos condensadores de la unión emisora en uno solo, $C_\pi = C_{jE} + C_{DE}$; C_{jC} se denomina C_μ. Ese circuito se denomina *circuito híbrido en π*. Nótese que el efecto Early también tiene influencia sobre I_B, ya que al disminuir la carga de minoritarios en la base, disminuye la recombinación y por tanto esa corriente. Este efecto de la salida sobre la entrada se modeliza mediante r_μ ($r_\mu^{-1} = -dI_B/dV_{CE}$, manteniendo V_{BE} constante). En ocasiones, también se incluyen las resistencias parásitas r_E y r_C en serie con los terminales del emisor y del colector, para completar el modelo.

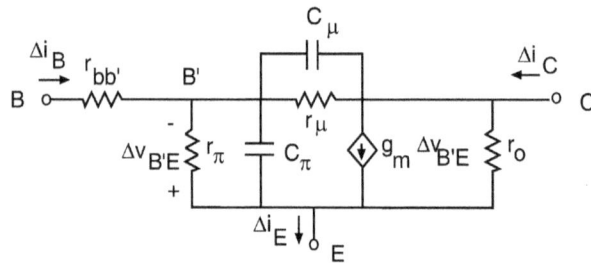

Fig. 5.20   Circuito equivalente híbrido en π del transistor bipolar NPN en pequeña señal

---

Ejercicio 5.21

Hállense los valores de r_π, r_o y g_m a temperatura ambiente, correspondientes a un transistor polarizado con $I_{CQ} = 2$ mA y con $\beta_F = 200$ y $|V_A| = 50$ V.

Aplicando 5.53 y 5.54 resulta $r_\pi = 0.025 \cdot 200/2 \times 10^{-3} = 2.5$ $k\Omega$, $g_m = 2 \times 10^{-3}/0.025 = 8 \times 10^{-2}$ Ω^{-1}, $r_o = 50/2 \times 10^{-3} = 25$ $k\Omega$

Ejercicio 5.22

Repítanse los cálculos del ejercicio anterior con la polarización de 2 µA en lugar de 2 mA.

$r_\pi = 2.5$ $M\Omega$, $g_m = 2 \times 10^{-3}/0.025 = 8 \times 10^{-5}$ Ω^{-1}, $r_o = 50/2 \times 10^{-6} = 25$ $M\Omega$

CUESTIONARIO 5.5.a

1.   En la práctica, el modo activo de un transistor bipolar como el del circuito de la siguiente figura va desde $V_{CE} = V_{CC}$ *hasta* $V_{CE} = V_{CEsat}$.

¿Cuál de las aproximaciones no se puede aceptar sin verificación?

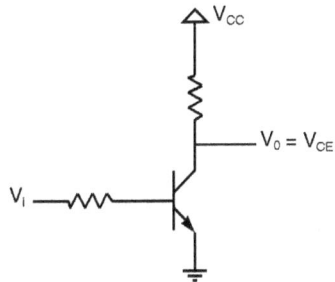

a) $C_\mu(V_{CE} = V_{CC}) \cong C_{jBC}$ b) $C_\mu(V_{CE} = V_{CEsat}) \cong C_{jBC}$

c) $C_\mu(V_{BE} = 0) \cong C_{jBC}$ d) $C_\pi(V_{CE} = V_{CEsat}) \cong C_{DBE}$

2. *Se desea examinar la influencia de los efectos no ideales del BJT sobre los parámetros del modelo híbrido en π. Examínese cualitativamente cómo influye la alta inyección en la base sobre el parámetro r_π, e indíquese cuál de las siguientes proposiciones es errónea.*

   a) La alta inyección causa que r_π sea mayor que en el transistor ideal.

   b) La alta inyección causa que r_π sea menor que en el transistor ideal.

   c) La alta inyección no influye sobre r_π.

   d) El efecto de la alta inyección sobre r_π depende del valor de V_A.

3. *Repítase el ejercicio anterior considerando el dominio de la recombinación en la ZCE.*

   a) r_π es mayor que en el transistor ideal.

   b) r_π es menor que en el transistor ideal.

   c) r_π es igual que en el transistor ideal.

   d) El efecto de la recombinación en la ZCE sobre r_π depende del valor de V_A.

4. *Considerando el modelo híbrido en π a baja frecuencia, y suponiendo que $r_\mu \to \infty$, se desea conocer si las cantidades $g_m V_{B'E}$ y $\beta_F I_B$ son equivalentes.*

   a) No.   *b) Sí.*

   c) Sí, siempre que $r_{bb'} \ll r_\pi$.   *d) Sí, siempre que r_o sea elevada.*

5. *Analícese qué influencia tiene la resistencia lateral de la base $r_{bb'}$ sobre la ganancia de tensión G_V de un amplificador como el de la cuestión 1, e indíquese cuál de las siguientes proposiciones no es correcta.*

   a) G_V es independiente de $r_{bb'}$.   *b) G_V es independiente de $r_{bb'}$ si $r_{bb'} \ll R_B$.*

   c) G_V disminuye si $r_{bb'}$ aumenta.   *d) G_V es independiente de $r_{bb'}$ si $r_{bb'} \ll r_\pi$.*

6. *Explíquese por qué* C_μ *no depende de* C_{DC} *cuando el transistor trabaja en la región de saturación.*

    a) Porque $C_{DC} \ll C_{jBC}$.

    b) Porque la unión base-colector está en polarización inversa.

    c) Porque la unión base-colector no presenta capacidad de difusión.

    d) Porque C_μ *sólo se ha definido para la región activa.*

5.5.2 El modelo de parámetros *h*

Este modelo se basa sobre la suposición de que los incrementos de tensión y de corriente en los terminales del transistor se relacionan de forma lineal:

$$\Delta V_{BE} = h_{ie} \cdot \Delta I_B + h_{re} \cdot \Delta V_{CE}$$
$$\Delta I_C = h_{fe} \cdot \Delta I_B + h_{oe} \cdot \Delta V_{CE}$$

$$(5.55)$$

donde h_{ie}, h_{re}, h_{fe} y h_{oe} son constantes denominadas *parámetros h* o *parámetros híbridos*. Este nombre deriva del hecho de que tienen distintas dimensiones: h_{ie} tiene dimensiones de impedancia, h_{oe} las tiene de admitancia, y h_{re} y h_{fe} son adimensionales. Las expresiones 5.55 se pueden representar por el circuito de la figura 5.21, que se denomina *circuito equivalente de parámetros h*. En alta frecuencia, los parámetros se convierten en números complejos, por lo que el cálculo del circuito se complica significativamente. Por ese motivo, este modelo sólo se emplea en baja frecuencia. Obsérvese que el modelo contempla el transistor como una «caja negra», de la que solo interesan las relaciones entre las magnitudes eléctricas en los terminales, no considerándose el comportamiento físico del dispositivo.

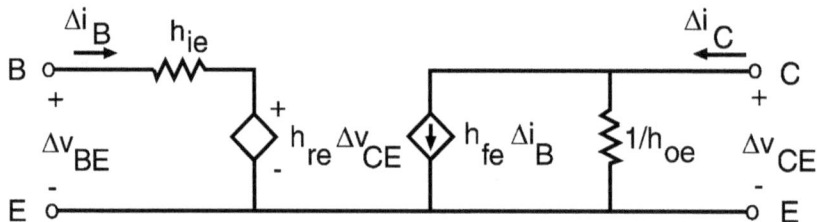

Fig. 5.21   Circuito equivalente en parámetros h *del transistor*

Puesto que este modelo y el desarrollo del apartado anterior son dos representaciones de un mismo transistor en pequeña señal, tienen que ser equivalentes entre sí. Esta relación es fácil de hallar si se emplean las siguientes expresiones, derivadas de 5.55:

$$h_{ie} = \frac{\Delta V_{BE}}{\Delta I_B} \text{ si } \Delta V_{CE} = 0 \qquad h_{re} = \frac{\Delta V_{BE}}{\Delta V_{CE}} \text{ si } \Delta I_B = 0$$

$$h_{fe} = \frac{\Delta I_C}{\Delta I_B} \text{ si } \Delta V_{CE} = 0 \qquad h_{oe} = \frac{\Delta I_C}{\Delta V_{CE}} \text{ si } \Delta I_B = 0$$

$$(5.56)$$

Aplicando estas relaciones al circuito híbrido en π sin capacidades —ya que en baja frecuencia presentan una resistencia muy elevada— y sin las resistencias parásitas r_E y r_C —habitualmente muy reducidas— se obtiene

$$h_{ie} = r_{bb'} + r_{\pi} \| r_{\mu} \cong r_{bb'} + r_{\pi}$$

$$h_{fe} = g_m (r_{\pi} \| r_{\mu}) \cong g_m r_{\pi} = \beta_F$$

$$h_{re} = \frac{r_{\pi}}{r_{\pi} + r_{\mu}} \cong \frac{r_{\pi}}{r_{\mu}} << 1 \tag{5.57}$$

$$h_{oe} = \frac{1}{r_o} + \frac{1}{r_{\pi} + r_{\mu}} + g_m \frac{r_{\pi}}{r_{\pi} + r_{\mu}} \cong \frac{1}{r_o} + \frac{1}{r_{\mu} / \beta_F}$$

Estas relaciones permiten obtener los parámetros h partiendo del circuito híbrido en π, y también obtener los parámetros de este segundo circuito conociendo los parámetros h y la resistencia r_B.

Los fabricantes de transistores suelen proporcionar los parámetros h del dispositivo correspondientes a un punto de polarización.

Ejercicio 5.23

Un transistor que trabaja con una $I_{CO} = 2$ mA presenta una $h_{re} = 2 \times 10^{-4}$ y $\beta_F = 200$. Estímese el valor de la resistencia r_{μ} del equivalente híbrido en π.

Partiendo de 5.57 resulta $r_{\mu} = r_{\pi} / h_{re}$. *Por tanto, puesto que* $r_{\pi} = V_t \beta_F / I_{CO} = 2.5$ kΩ, *resulta que* $r_{\mu} = 2.5 \times 10^3 / 2 \times 10^{-4} = 12.5$ MΩ.

Ejercicio 5.24

¿Cuál es el valor de h_{oe}^{-1} en el transistor anterior? Supóngase que r_o del híbrido en π es igual a 100 kΩ.

$h_{oe}^{-1} = 38$ kΩ.

CUESTIONARIO 5.5.b

1. *¿Cuál es el valor de* r_{μ} *en un transistor en el que* $h_{re} = 10^{-4}$, $\beta_F = 100$ *e* $I_{CQ} = 1$ mA?

   a) 250 Ω b) 2.5×10^3 Ω

   c) 2.5×10^5 Ω d) 2.5×10^7 Ω

2. *¿Cómo queda el modelo de parámetros* h *si en lugar de operar con un transistor NPN se opera con un PNP?*

    a) Los signos de las tensiones y de las corrientes cambian.

    b) Los signos de las tensiones cambian, y los de las corrientes se mantienen.

    c) Los signos de las corrientes cambian, y los de las tensiones se mantienen.

    d) No hay cambios.

3. *Escríbanse las ecuaciones que se utilizan para construir el modelo de parámetros* h *en la configuración de base común.*

    a) $\;v_{eb} = h_{ib}i_e + h_{rb}v_{cb} \qquad i_c = h_{fb}i_e + h_{ob}v_{cb}$

    b) $\;v_{eb} = h_{ib}i_e - h_{rb}v_{cb} \qquad i_c = h_{fb}i_e + h_{ob}v_{cb}$

    c) $\;v_{eb} = h_{ib}i_e + h_{rb}v_{cb} \qquad i_c = h_{fb}i_e - h_{ob}v_{cb}$

    d) $\;v_{eb} = h_{ib}i_e - h_{rb}v_{cb} \qquad i_c = h_{fb}i_e - h_{ob}v_{cb}$

4. *¿Cómo queda modificado el modelo de parámetros* h *si la resistencia parásita del emisor es significativa en el transistor? Opérese con la aproximación* $h_{re} = 0$, $h_{oe}^{-1} \to \infty$.

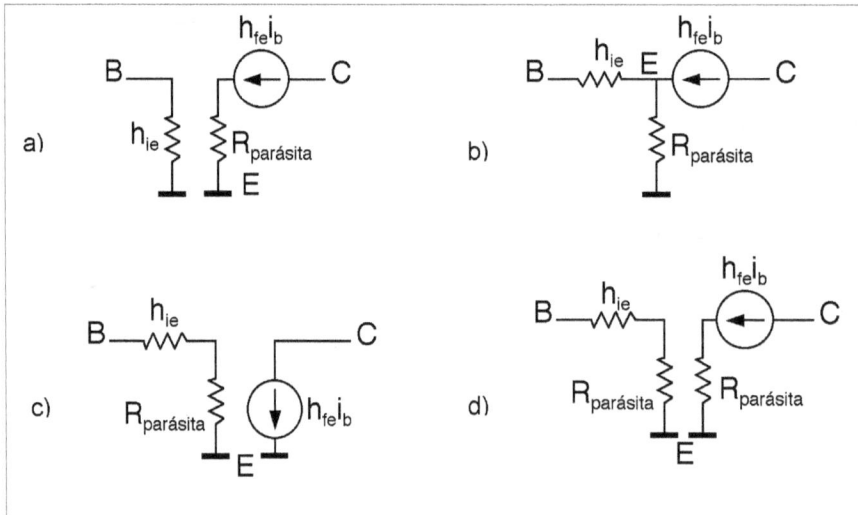

5. *Uno de los posibles modelos en pequeña señal, en baja frecuencia y en configuración de emisor común, consiste en expresar las corrientes* ΔI_B *y* ΔI_C *en función de las tensiones* ΔV_{BE} *y* ΔV_{CE}. *Los coeficientes se denominan* y_{ie}, y_{re}, y_{fe} *e* y_{oe}, *respectivamente. ¿Cuáles son las dimensiones de los coeficientes* y?

    a) De admitancia en todos los casos.

    b) y_{ie} *e* y_{oe} *son admitancias,* y_{re} *e* y_{fe} *son adimensionales.*

    c) y_{ie} *e* y_{oe} *son impedancias,* y_{re} *e* y_{fe} *son adimensionales.*

d) *De impedancia en todos los casos.*

6. *¿Cómo se determinaría el valor de* y_{ie} *en el modelo de la cuestión anterior?*

a) $\quad y_{ie} = \dfrac{\Delta I_B}{\Delta V_{BE}}\bigg|_{V_{BC}=constante}$

b) $\quad y_{ie} = \dfrac{\Delta I_C}{\Delta V_{BE}}\bigg|_{V_{CE}=constante}$

c) $\quad y_{ie} = \dfrac{\Delta I_B}{\Delta V_{BE}}\bigg|_{V_{CE}=constante}$

d) $\quad y_{ie} = \dfrac{\Delta I_C}{\Delta V_{BE}}\bigg|_{V_{BC}=constante}$

5.5.3 Las limitaciones del transistor en alta frecuencia: f_T y f_{mosc}

Al aumentar la frecuencia de la señal, las capacidades internas del transistor C_π y C_μ presentan una impedancia progresivamente menor, que provoca la disminución de la ganancia del amplificador. Las frecuencias f_T y f_{mosc} señalan los límites en frecuencia de la capacidad amplificadora del transistor.

El parámetro h_{fe} es una medida de la capacidad máxima de amplificación de corriente del transistor. Para alcanzarla se debe establecer un cortocircuito virtual para la señal entre el colector y el emisor —tal y como se indica en 5.56—, a efectos de evitar que se derive corriente por r_o. Bajo esta condición, y suponiendo $r_E = r_C = 0$, del circuito híbrido en π se obtiene

$$h_{fe} = \frac{g_m \Delta V_{B'E} - g_\mu \Delta V_{B'E}}{g_\pi \Delta V_{B'E} + g_\mu \Delta V_{B'E}} \tag{5.58}$$

siendo $g_\mu = (j\omega C_\mu)^{-1}$ y $g_\pi = Z_\pi^{-1}$ con $Z_\pi = r_\pi \| (j\omega C_\mu)^{-1}$. Sustituyendo estos valores en la expresión anterior resulta

$$h_{fe} = \frac{g_m - j\omega C_\mu}{1/r_\pi + j\omega(C_\pi + C_\mu)} \cong \frac{g_m}{1/r_\pi + j\omega(C_\pi + C_\mu)} = \frac{g_m r_\pi}{1 + j\omega r_\pi(C_\pi + C_\mu)} = \frac{\beta_F}{1 + j\omega r_\pi(C_\pi + C_\mu)} \tag{5.59}$$

donde se ha ignorado ωC_μ frente a g_m en el numerador. Esta expresión pone de manifiesto que a bajas frecuencias h_{fe} coincide con β_F, pero al aumentar la frecuencia h_{fe} disminuye a causa de los efectos de C_π y C_μ. En la figura 5.22 se representa el logaritmo del módulo de h_{fe} en función de la frecuencia.

La ganancia de corriente β_F se mantiene hasta f_β, a partir de la cual comienza a disminuir a razón de 20 dB por década. Cuando se alcanza f_T —denominada *frecuencia de transición*, y en ocasiones también *de corte*—, el módulo de h_{fe} es la unidad (su logaritmo es cero). A partir de esa frecuencia el transistor atenúa la señal en lugar de amplificarla. Esa frecuencia es, por lo tanto, la que marca el límite de amplificación de corriente. Los valores de esas dos frecuencias son

$$f_\beta = \frac{1}{2\pi r_\pi(C_\pi + C_\mu)} \qquad\qquad f_T \cong \frac{\beta_F}{2\pi r_\pi(C_\pi + C_\mu)} \tag{5.60}$$

La última expresión permite analizar la dependencia de f_T de la polarización. Efectivamente,

$$\frac{1}{2\pi f_T} = \frac{r_\pi}{\beta_F}(C_{DE} + C_{jE} + C_{jC}) = \frac{V_t}{I_{CQ}}(C_{DE} + C_{jE} + C_{jC}) = \tau_F + \frac{V_t}{I_{CQ}}(C_{jE} + C_{jC}) \tag{5.61}$$

Este resultado pone de manifiesto que con corrientes I_{CQ} reducidas, f_T aumenta con I_{CQ}, pero según esta corriente crece el último término de 5.61 pierde significación, y entonces f_T se puede aproximar con $1/2\pi\tau_F$. Para conseguir un valor elevado de f_T es preciso fabricar el transistor con una base muy delgada, a efectos de minimizar el tiempo de tránsito τ_F, y polarizarlo con una I_{CQ} elevada, a fin de eliminar el efecto de las capacidades de transición. Nótese también que $f_T = f_\beta\beta_F$, y por ello f_T expresa también el producto de la ganancia de corriente en baja frecuencia β_F por el ancho de banda f_β. Debe señalarse que f_T disminuye con corrientes I_C muy elevadas a causa del efecto Kirk, que consiste en un aumento de la anchura de la zona neutra efectiva de la base cuando la corriente de colector supera un determinado umbral. Ello sucede cuando la densidad de electrones que constituyen la corriente I_C supera la concentración de impurezas donadoras del colector. En esas condiciones, la aproximación de vaciamiento ya no es válida en la unión colectora. Se remite al lector a textos más especializados para conocer este fenómeno.

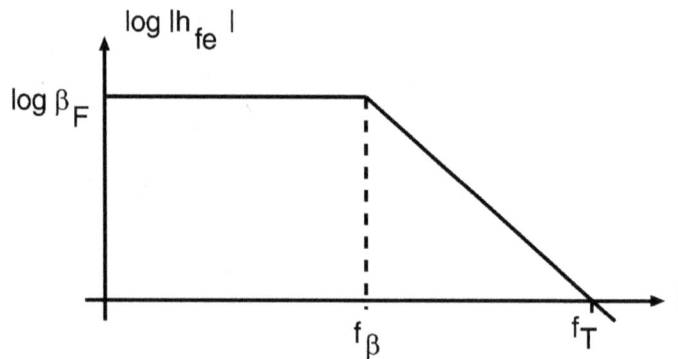

Fig. 5.22   La respuesta en frecuencia del módulo de h_{fe}

Otro parámetro que se utiliza también para caracterizar el comportamiento del transistor en alta frecuencia es la _frecuencia máxima de oscilación_, f_{mosc}. Esta frecuencia es aquella a la que la ganancia de potencia que el transistor bipolar proporciona es igual a la unidad. Se trata de una medida «más realista» de la frecuencia máxima que un transistor puede amplificar.

La ganancia de potencia se define como la potencia que el transistor proporciona a una carga R_L, que es $I_C^2 R_L$, dividida por la potencia que recibe en la entrada, $I_B^2 Z_i$ (donde Z_i es la impedancia de entrada). Efectuando diversas aproximaciones —a saber, $r_{bb} \gg \omega C_\pi$, $g_m \gg \omega C_\pi$, $g_m \gg \omega C_\mu$ y $C_\pi \gg C_\mu$— y suponiendo una máxima transferencia de la señal —es decir, que R_L es igual a la resistencia de salida, que se puede aproximar con $C_\pi/C_\mu g_m$— resulta

$$f_{mosc} = \sqrt{\frac{f_T}{8\pi C_\mu r_{bb'}}} \qquad (5.62)$$

Esta expresión muestra que f_{mosc} aumenta con la frecuencia de transición y disminuye con la resistencia de base y con C_{jC}. Para optimizar el comportamiento de un transistor en alta frecuencia es preciso conseguir un elevado valor de f_T, por lo que τ_F se debe hacer mínimo; para ello, r_{bb} y C_μ deben ser reducidas. Para conseguirlo se debe aumentar el dopaje de la base y disminuir el del colector, tanto como sea posible.

EJEMPLO 5.4

En la siguiente tabla y en la figura E5.4 se presentan algunas características dinámicas de los transistores BCY58, 59 y 65E. La frecuencia de transición es de 250 MHz. La capacidad C_{CB0} es la capacidad entre los terminales del colector y la base con el terminal del emisor abierto, mientras que C_{EB0} es la presente entre el emisor y la base con el colector abierto. Los parámetros h se especifican con otra nomenclatura que la empleada en el texto; los parámetros h_{ie}, h_{re}, h_{fe}, y h_{oe} se denominan, respectivamente, h_{11e}, h_{12e}, h_{21e}, y h_{22e}. En la figura E5.4 se presentan las variaciones de las capacidades, de f_T y de los parámetros h respecto a la polarización.

Características din. ($T_U = 25\ °C$)		BCY 58	BCY 59	BCY 65 E	
Frecuencia de tránsito ($I_C = 10$ mA; $U_{CE} = 5$ V; $f = 100$ MHz)	f_T	250 (> 125)	250 (> 125)	250 (> 125)	MHz
Capacidad colector-base ($U_{CBO} = 10$ V; $f = 1$ MHz)	C_{CBO}	3,5 (< 6)	3,5 (< 6)	3,5 (< 6)	pF
Capacidad emisor-base ($U_{EBO} = 0,5$ V; $f = 1$ MHz)	C_{EBO}	8 (< 15)	8 (< 15)	8 (< 15)	pF
Medida del ruido ($I_C = 0,2$ mA; $U_{CE} = 5$ V; $R_G = 2$ kΩ; $f = 1$ kHz; $\Delta f = 200$ Hz)	F	2 (< 6)	2 (< 6)	2 (< 6)	dB

Datos del cuadripolo ($I_C = 2$ mA; $U_{CE} = 5$ V; $f = 1$ kHz)

Grupo B	VII	VIII	IX	X	
h_{11e}	2,7 (1,6 a 4,5)	3,6 (2,5 a 6)	4,5 (3,2 a 8,5)	7,5 (4,5 a 12)	kΩ
h_{12e}	1,5	2	2	3	10^{-4}
h_{21e}	200 (125 a 250)	260 (175 a 350)	330 (250 a 500)	520 (350 a 700)	–
h_{22e}	18 (< 30)	24 (< 50)	30 (< 60)	50 (< 100)	μS

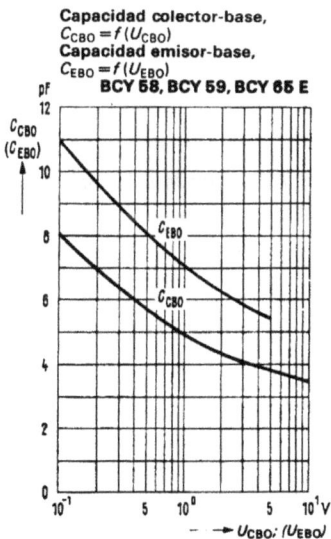

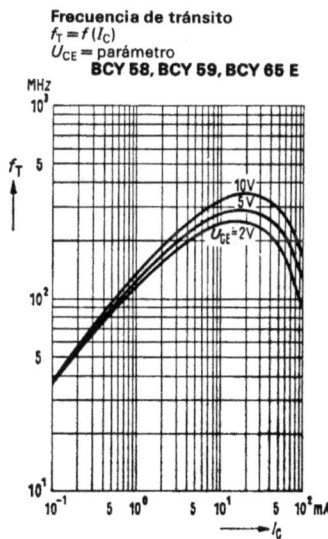

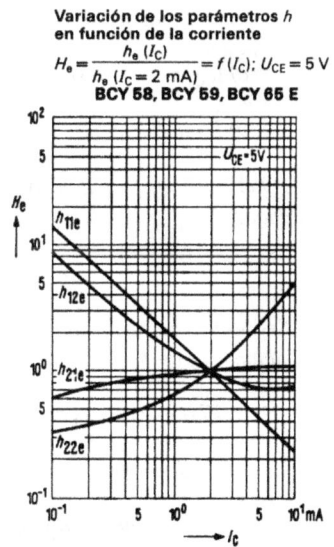

Fig. E5.4 *Variación de algunos parámetros dinámicos respecto a la polarización*

Ejercicio 5.25

Estímese el valor de τ_F de un transistor que presenta una $f_T = 300$ MHz a una $I_{CQ} = 10$ mA.

Suponiendo que $f_T = (2\pi\tau_F)^{-1}$, _resulta_ $\tau_F = 0.53$ ns. _En esta aproximación se presupone que la capacidad de difusión de la unión emisor-base_, C_{DE}, _es muy superior a_ C_{jE} _y a_ C_{jC}. _Dado que_ $C_{DE} = g_m\tau_F = (I_{CQ}/V_t)\cdot0.53\times10^{-9} = 212$ pF, _es un valor de un orden de magnitud superior al típico de las_ C_j.

Ejercicio 5.26

Hállese la anchura de banda del transistor del ejercicio anterior, suponiendo $\beta_F = 200$.

$f_B = 1.5$ MHz

CUESTIONARIO 5.5.c

**1.** Analícese cómo influye la corriente del colector en el punto de reposo, I_{CQ}, _sobre el ancho de banda_ f_B. _Como resultado, indíquese cuál de las siguientes proposiciones es falsa._

_a) Si_ I_{CQ} _aumenta_, f_B _también aumenta._

_b) Si_ I_{CQ} _aumenta_, f_B _disminuye._

_c)_ I_{CQ} _no influye sobre_ f_B.

d) La influencia de I_{CQ} _sobre_ f_B _es inapreciable si_ $C_\pi << C_\mu$.

**2.** ¿Qué constantes de tiempo del modelo dinámico del transistor bipolar no influyen sobre su ancho de banda?

    _a)_ τ_R _b)_ τ_F _c)_ τ_E _d)_ τ_{BF}

**3.** Se desea rediseñar un transistor bipolar a efectos de incrementar su frecuencia máxima de oscilación. ¿Cuál de las siguientes modificaciones no es adecuada?

a) El aumento del dopaje de la base.

b) La disminución de la anchura de la base.

c) El aumento del dopaje del colector.

d) La disminución del área de la unión base-colector.

PROBLEMA GUIADO 5.4

Se considera el mismo transistor de los problemas guiados anteriores, suponiendo que la polarización es tal que el punto de reposo viene determinado por una corriente de colector $I_{CQ} = I_{Csat}/2 = 2.5\ mA$, y que $V_{BCQ} = -2,5V$

    1. Calcúlense los parámetros del modelo híbrido en π, suponiendo que la tensión Early es $V_A = -100\ V$, que r_μ se puede aproximar con $r_\mu = 10\beta_F r_o$, y que el área de la unión base-colector es de $50_{\mu m} \times 100_{\mu m}$

    2. Calcúlense los correspondientes parámetros h para baja frecuencia.

    3. ¿Qué valor tiene el ancho de banda de la respuesta en frecuencia del transistor?

    4. ¿Qué valor tiene la frecuencia máxima de oscilación, si se supone que la resistencia lateral de la base vale 100 Ω?

5.6 Otros transistores bipolares

En este apartado se ofrece una breve introducción a otros tipos de transistor bipolar que tienen una utilización significativa: el transistor bipolar de heterounión, el fototransistor y los transistores PNP.

5.6.1 El transistor bipolar de heterounión

El transistor bipolar de heterounión (en inglés, *HBT*, de las iniciales de *heterojunction bipolar transistor*) consiste en la utilización de un semiconductor para el emisor con un ancho de banda prohibida mayor que el del empleado para realizar la base. La unión emisora se convierte, por lo tanto, en una heterounión. Esa heterounión posee la propiedad de presentar una mayor barrera de potencial ante los portadores que la base inyecta al emisor —huecos, en el caso de un NPN— que ante los que el emisor inyecta a la base —electrones—. La naturaleza de la unión colectora tiene una importancia secundaria: en algunos casos es una homounión, como en los HBT basados en AlGaAs, mientras que en otros es otra heterounión, como en caso de los HBT de SiGe. En la figura 5.23 se presentan estructuras de bandas de energía de transistores bipolares NPN de heterounión.

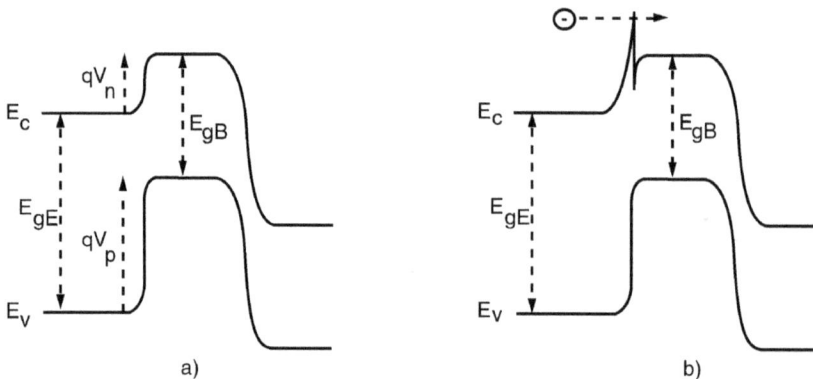

Fig. 5.23   Estructura de bandas de energía de un transistor bipolar de heterounión.
a) Caso gradual. b) Caso abrupto.

En el HBT de la figura 5.23.a, la barrera que los huecos deben superar para desplazarse de la base al emisor es mayor que la que se presenta a los electrones para desplazarse desde el emisor a la base. Ello comporta que en los HBT la eficiencia del emisor —la relación de corrientes en la ZCE de la unión emisora, que en los transistores de homounión solo se puede controlar mediante la relación de dopajes del emisor y de la base— se puede controlar también a través de la diferencia entre las BP de energía. Los dopajes del emisor y de la base se pueden emplear entonces para optimizar otros parámetros del transistor. En particular, se aumenta mucho el dopaje de la base para conseguir una resistencia r_B muy reducida, y se disminuye el dopaje del emisor para obtener una menor C_{jE}. La combinación de esas dos acciones permite aumentar la frecuencia máxima de operación del transistor.

La relación de corrientes en la ZCE del emisor del HBT polarizado en activa es

$$\frac{I_{En}}{I_{Ep}} = \frac{qAD_{nB}n_{B0}e^{V_{BE}/V_t}/w_B}{qAD_{pE}p_{E0}e^{V_{BE}/V_t}/L_{pE}} \cong \frac{n_{B0}}{p_{E0}} = \frac{n_{iB}^2/N_{AB}}{n_{iE}^2/N_{DE}} \cong \frac{N_{DE}}{N_{AB}}e^{(E_{gE}-E_{gB})/k_B T} \tag{5.63}$$

donde se han efectuado diversas aproximaciones para destacar el efecto de la relación de dopajes y de la diferencia de anchos de banda prohibida sobre la relación de corrientes.

La figura 5.23.b representa la estructura de bandas de un *HBT abrupto*. Con esta denominación se indica que el cambio de material del emisor a la base es abrupto. Como se indica en el capítulo 2, en ese caso aparecen discontinuidades en los niveles E_c y E_v. En esta figura se representa una discontinuidad en forma de pico en el nivel E_c. Los electrones pueden pasar del emisor a la base si tienen la suficiente energía como para superar ese pico, o bien atravesándolo por efecto túnel. Frecuentemente, esas discontinuidades se pueden eliminar realizando *heterouniones graduales*, que consisten en *graduar* de manera suave la composición del material desde el emisor a la base —es decir, si la heterounión se basa en el sistema $Al_xGa_{1-x}As$, se debe modificar x de forma gradual desde el emisor donde el material tiene la composición $x = x_E$, hasta la base, donde normalmente $x = 0$—.

En la actualidad existen tres tipos de HBT muy utilizados: los basados en el sistema AlGaAs —que son los que tienen una tecnología más madura—, los basados en el sistema InGaAsP —una tecnología muy reciente con gran potencial de futuro— y los basados en SiGe. En los dos primeros, basados en semiconductores compuestos, la obtención de heterouniones es habitual, si bien su tecnología suele ser más complicada que la del silicio. En el tercer caso, aunque los transistores no son tan rápidos como en los anteriores, se basan en la tecnología del silicio, que es la que actualmente domina en el mercado electrónico, si bien la incorporación de la base de SiGe supone una complicación significativa.

Ejercicio 5.27

Un HBT tiene el emisor de InP ($E_g = 1.35$ eV) dopado con 5×10^{17} cm^{-3} donadores, y la base de InGaAs ($E_g = 0.75$ eV) dopada con 5×10^{19} cm^{-3} aceptores. Hállese la eficiencia del emisor, suponiendo válida la expresión 5.63.

La eficiencia del emisor es $\gamma_E = I_{En}/(I_{En} + I_{Ep}) = 1/(1 + I_{Ep}/I_{En})$. *Aplicando 5.63 resulta* $I_{En}/I_{Ep} = 2.64\times10^8$. *Por lo tanto,* $\gamma_E \cong 1$.

Ejercicio 5.28

Hállese la eficiencia del emisor del ejercicio anterior, si el emisor también es de InGaAs.

$\gamma_E = 0.0099$

5.6.2 El fototransistor

Un fototransistor NPN tiene la estructura mostrada en la figura 5.24, en la que se puede observar que no tiene terminal de base, y que permite la entrada de fotones al interior de la unión colectora. Esos fotones generan pares electrón-hueco en la ZCE de dicha unión, que son separados por su campo eléctrico de manera que se genera una fotocorriente.

La tensión V_{CC} polariza inversamente la unión colectora y directamente la emisora. Por lo tanto, el transistor trabaja en la región activa con I_B nula. El modelo de Ebers-Moll de inyección se puede formular en esa polarización de la siguiente manera:

$$I_C = \beta_F I_B + (\beta_F + 1)I_{CB0} \tag{5.64}$$

donde I_{CB0} en función de los parámetros de Ebers-Moll es

$$I_{CB0} = I_{CS}(1 - \alpha_F \alpha_R) \tag{5.65}$$

Esa corriente es la corriente inversa de saturación de la unión colectora cuando el emisor está en circuito abierto. Es decir, es la corriente que circula entre los terminales del colector y de la base si I_E es igual a cero y la unión colectora se polariza en inversa. En esa situación, el transistor trabaja como un fotodiodo, por lo que bajo iluminación circula una corriente según

$$I_C = I_{CB0} + I_L \tag{5.66}$$

donde I_L es la corriente fotogenerada en la unión colectora.

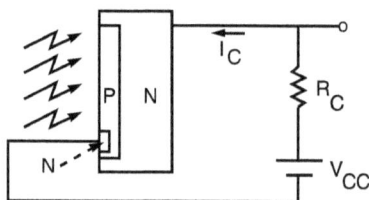

Fig. 5.24   Fototransistor NPN polarizado

Si I_B se iguala a cero en la ecuación 5.64 resulta

$$I_C = (\beta_F + 1)I_{CB0} \tag{5.67}$$

Al iluminar resulta

$$I_C = (\beta_F + 1)(I_{CB0} + I_L) \cong (\beta_F + 1)I_L \tag{5.68}$$

que muestra que el fototransistor multiplica la corriente fotogenerada I_L por el factor $(\beta_F + 1)$. La contrapartida de esa amplificación de la fotocorriente es que el ruido es mucho más elevado que en un fotodiodo.

La interpretación física de esta amplificación de la fotocorriente es sencilla. Cuando un fotón genera un par en la ZCE del colector, el hueco se ve arrastrado hacia la base por el campo eléctrico de la unión. Esa carga positiva inyectada a la base P polariza más directamente la unión emisora, lo cual provoca la inyección de muchos electrones desde el emisor a la base; éstos, después de atravesar la base por difusión, alcanzan la unión colectora y pasan al colector, con lo que la corriente I_C aumenta. Esa corriente es por tanto mucho mayor que la producida por el par electrón-hueco creado por el fotón absorbido. Nótese que los portadores fotogenerados que alcanzan la base actúan igual que la corriente de base de un transistor normal.

Ejercicio 5.29

Razónese cómo se ve afectada la fotocorriente I_L de un fototransistor si se le hace trabajar en modo inverso.

La fotocorriente I_L *se genera en la ZCE de la unión colectora, por lo que el volumen de esa unión se maximiza. Si el transistor trabaja en modo inverso,* I_L *se genera en la ZCE de la unión emisora, que tiene un volumen muy inferior al de la colectora. Por lo tanto,* I_L *resulta mucho menor.*

Ejercicio 5.30

Razónese qué sucede si se cambia la polaridad de V_{CC} en la figura 5.24.

El transistor trabaja en modo inverso.

5.6.3 El transistor bipolar PNP

En la presentación de la teoría del transistor bipolar se ha elegido el tipo NPN por ser el más utilizado. Ello se debe a que la corriente que circula por el dispositivo está constituida básicamente por electrones que, tanto en el silicio como en la mayoría de semiconductores, tienen una mayor movilidad que los huecos, lo cual da lugar a dispositivos más rápidos.

No obstante, los transistores PNP también se emplean, y por ello es conveniente conocer las diferencias de comportamiento respecto a los NPN. Para polarizar un transistor PNP en modo activo, V_{BE} debe ser negativa para polarizar la unión emisora en directa, y V_{CB} también negativa para polarizar la colectora en inversa. En esas condiciones de polarización el emisor inyecta huecos a la base, lo cual da lugar a una corriente de emisor entrante, en lugar de saliente como en el NPN. Los huecos inyectados a la base atraviesan esa región y son captados por la unión colectora, que produce una corriente I_C saliente justo en el sentido contrario a como sucede en los NPN. El terminal de la base debe inyectar electrones para «alimentar» la recombinación de los huecos que la atraviesan y la inyección de electrones al emisor. La corriente de base sale por ese terminal (nótese que la corriente y el flujo de electrones tienen sentidos opuestos). La figura 5.25 presenta las curvas características de este transistor.

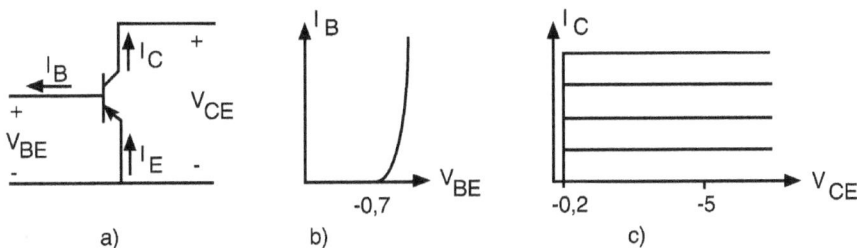

Fig. 5.25   Curvas características de un transistor bipolar PNP. Nótese que tanto las tres corrientes como las tensiones de polarización cambian de sentido respecto al NPN.

Muy frecuentemente los transistores PNP son necesarios para formar pares de transistores complementarios con transistores NPN. En ese caso, la tecnología básica corresponde a los NPN, lo cual suele conducir a fabricar los transistores PNP laterales (véase la cuestión 1 del cuestionario 5.1, intercambiando P y N y realizando el contacto de la base por la superficie superior), cuyas prestaciones son muy inferiores a las de los NPN verticales.

CUESTIONARIO 5.6

1. *El diagrama de bandas de la figura corresponde a un transistor bipolar de heterounión con el emisor de AlGaAs, con un ancho de banda prohibida de 2.16 eV, y la base de GaAs, con una BP de 1.43 eV. ¿Por qué razón puede ser elevada la eficiencia del emisor, aunque el dopaje del emisor sea de 10^{17} cm^{-3} y el de la base de 10^{19} cm^{-3}?*

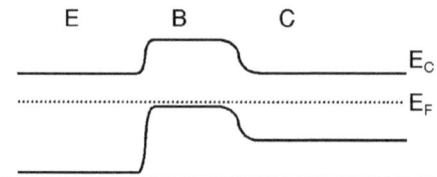

a) Porque la movilidad de los minoritarios en el GaAs es mayor que en el AlGaAs.

b) Porque la base de GaAs puede ser mucho más estrecha.

c) Porque el escalón de potencial en la unión base-emisor es mayor para los huecos que para los electrones.

d) Porque el coeficiente N_C en el AlGaAs es mayor que en el GaAs.

2. *Razónese por qué se puede prever que un HBT como el de la cuestión 1 tenga una frecuencia máxima de oscilación superior a la de un transistor bipolar de homounión.*

a) Porque la ganancia de corriente es mayor.

b) Porque la resistencia lateral de la base es menor.

c) Porque el tiempo de tránsito es menor.

d) Porque la capacidad de la unión base-emisor es menor.

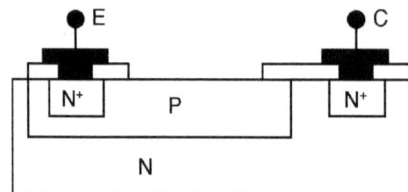

3. *¿En qué regiones del fototransistor de la figura no se genera la fotocorriente?*

a) En el emisor.

b) En la zona intrínseca de la base.

c) En la zona extrínseca de la base.

d) En la zona neutra del colector.

4. *¿Para qué valores de la corriente de colector de un fototransistor conectado como en la figura, no se puede aproximar* I_C *por* $(\beta_F +1) \cdot I_L$?

Datos: Los parámetros del modelo Ebers-Moll del transistor son: $I_{ES} = 10^{-12}$ A ; $\alpha_F = 0,95$; $\alpha_R = 0,5$.

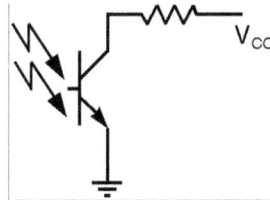

a) Para corrientes del orden de los pA   *b) Para corrientes del orden de los nA*

c) Para corrientes del orden de los μA   *d) Para corrientes del orden de los mA*

5. *La figura presenta el circuito de polarización de un transistor PNP que emplea cuatro resistencias y una fuente de alimentación de tensión* V_{EE}. *Indíquese cuales son los nodos de entrada y de salida cuando el circuito es un amplificador en configuración de emisor común.*

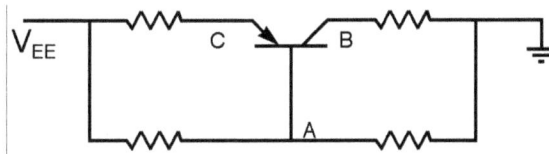

a) A de entrada y B de salida

b) A de entrada y C de salida

c) B de entrada y C de salida

d) C de entrada y B de salida

6. *En el circuito de la cuestión anterior, ¿qué acción es correcta si se sustituye el transistor PNP por un NPN y se desea que el circuito siga amplificando una señal conectada a A, obteniéndose la salida por B?*

a) Cambio del signo de V_{EE}, *dejando el resto sin modificación.*

b) Intercambio de los terminales del emisor y del colector, dejando el resto sin modificación.

c) Intercambio de las conexiones de V_{EE} *y de masa, dejando el resto sin modificación.*

d) No se precisan modificaciones.

PROBLEMAS PROPUESTOS

P5.1 *Considérese el problema guiado número 1. Se suponen los mismos parámetros, excepto los dopajes. Cuando los dopajes son superiores a 10^{18} cm^{-3} aparecen en el silicio nuevos fenómenos, denominados* efectos de alto dopaje *(v. apéndice 1.1 del cap. 1). Estos fenómenos se traducen en un aumento de la concentración intrínseca. Supóngase que el valor de ese parámetro en el emisor es de 5×10^{10} cm^{-3}, mientras que en la base sigue teniendo el valor habitual de 1.5×10^{10} cm^{-3}. Supóngase asimismo que el factor de transporte en la base y que la anchura de la zona neutra de la base siguen siendo 0.99886 y 0.737 μm respectivamente.*

   a)   *¿Cuál debe ser el dopaje de la base para tener una β_F de 200, si N_E sigue siendo 10^{19} cm^{-3}?*

   b)   *¿Cuál es el nuevo valor de I_{ES}?*

P5.2 *Calcúlese el dopaje del colector para conseguir una tensión de ruptura BV_{CE0} de 75 V. Supónganse los mismos parámetros que en los problemas guiados. Sobre el valor calculado para ese dopaje, hállese la tensión de perforación de la base. Calcúlese también el valor de I_{kf} del modelo SPICE de ese transistor.*

P5.3 *Calcúlense los parámetros del modelo híbrido en π y la frecuencia de transición de ese transistor bajo las mismas condiciones que en el problema guiado 4. Considérese que $V_A = 50$ V. Compárense los nuevos resultados con los anteriores, y justifíquense las diferencias.*

P5.4 *Simúlese ese transistor con SPICE y hállese el tiempo de retardo por almacenamiento. ¿Qué valor de τ_{FF} debe tener el transistor para que ese retardo se reduzca a la mitad?*

FORMULARIO DEL CAPÍTULO 5

Corrientes en el transistor NPN (se considera como sentido positivo el de emisor a colector):

$$I_{En} = -qAD_{nB}\frac{n_{B0}}{w_B}\left[e^{V_{BE}/V_t} - e^{V_{BC}/V_t}\right] \quad I_{Cn} \cong I_{En} \quad I_{Ep} = -qA\frac{D_{pE}}{L_{pE}}\frac{1}{\tanh(w_E/L_{pE})}p_{E0}\left[e^{V_{BE}/V_t}-1\right]$$

$$I_r = -\frac{Q_{nB}}{\tau_{nB}} \cong -\frac{qA}{\tau_{nB}}\frac{w_B}{2}\left[n_B(0_B)+n_B(w_B)\right] \qquad I_{Cp} = qA\frac{D_{pC}}{L_{pC}}\frac{1}{\tanh(w_C/L_{pC})}p_{C0}\left[e^{V_{BC}/V_t}-1\right]$$

Parámetros en activa:
$$\beta_F = \frac{\alpha_F}{1-\alpha_F}; \quad \alpha_F = \alpha_T\gamma_E; \quad \alpha_T = \frac{I_{Cn}}{I_{En}}\bigg|_{Activa} = 1 - \frac{1}{2}\left[\frac{w_B}{L_{nB}}\right]^2$$

$$\gamma_E = \frac{I_{En}}{I_E}\bigg|_{Activa} = \frac{1}{1 + \dfrac{D_{pE}}{D_{nB}}\dfrac{n_{iE}^2}{n_{iB}^2}\dfrac{N_{AB}}{N_{DE}}\dfrac{w_B}{L_{pE}\cdot\tanh(w_E/L_{pE})}}$$

Tensión de ruptura:
$$VB_{CE0} = \frac{BV_{CB0}}{\beta_F^{1/n}}; \quad M = \frac{1}{1-(V_{CB}/BV_{CB0})^n}$$

Efecto Early:
$$I_C \cong I_s \cdot e^{V_{BE}/V_t} \cdot \left[1 + \frac{V_{CE}}{|V_A|}\right]$$

Tiempo de tránsito:
$$Q_F = \tau_F \cdot \alpha_F \cdot I_{Es} \cdot \left[e^{V_{EB}/V_t}-1\right] = \tau_F\beta_F I_{be}; \; Q_R = \tau_R \cdot \alpha_R \cdot I_{Cs}\left[e^{V_{BC}/V_t}-1\right] = \tau_R\beta_R I_{bc}$$

Modelo dinámico:
$$I_B = \frac{Q_F}{\beta_F\tau_F} + \frac{dQ_{jE}}{dt} + \frac{dQ_F}{dt} + \frac{Q_R}{\beta_R\tau_R} + \frac{dQ_{jC}}{dt} + \frac{dQ_R}{dt}$$

$$I_C = \frac{Q_F}{\tau_F} - \frac{Q_R}{\tau_R} - \frac{Q_R}{\beta_R\tau_R} - \frac{dQ_R}{dt} - \frac{dQ_{jC}}{dt} \qquad I_C = \frac{Q_F}{\tau_F} - \frac{Q_R}{\tau_R} - \frac{Q_R}{\beta_R\tau_R} - \frac{dQ_R}{dt} - \frac{dQ_{jC}}{dt}$$

Parámetros híbridos:
$$r_\pi = \frac{\beta_F V_t}{I_{CQ}} \qquad g_m \cong \frac{\beta_F}{r_\pi} = \frac{I_{CQ}}{V_t} \qquad r_o = \frac{|V_A|}{I_{CQ}}$$

Parámetros *h*:
$$\Delta V_{BE} = h_{ie}\cdot\Delta I_B + h_{re}\cdot\Delta V_{CE}$$
$$\Delta I_C = h_{fe}\cdot\Delta I_B + h_{oe}\cdot\Delta V_{CE}$$

Frecuencias máximas:
$$f_T \cong \frac{\beta_F}{2\pi r_\pi(C_\pi + C_\mu)} \qquad f_{mosc} = \sqrt{\frac{f_T}{8\pi C_\mu r_{bb'}}}$$

Corrientes en un HBT:
$$\frac{I_{En}}{I_{Ep}} = \frac{qAD_{nB}n_{B0}e^{V_{BE}/V_t}/w_B}{qAD_{pE}p_{E0}e^{V_{BE}/V_t}/L_{pE}} \cong \frac{n_{B0}}{p_{E0}} = \frac{n_{iB}^2/N_{AB}}{n_{iE}^2/N_{DE}} \cong \frac{N_{DE}}{N_{AB}}e^{(E_{gE}-E_{gB})/k_B T}$$

Corriente en un fototransistor:
$$I_C = (\beta_F+1)(I_{CB0}+I_L) \cong (\beta_F+1)I_L$$

6   Transistores de efecto de campo

La aparición del transistor fue el resultado de la búsqueda de componentes de estado sólido para sustituir a los tubos de vacío, que eran los dispositivos activos básicos de la electrónica de la primera mitad del siglo XX y que se preveían más pequeños y con un menor consumo de potencia. En el triodo, que era el tubo de vacío básico, la corriente que circulaba entre el ánodo y el cátodo se modulaba por la tensión aplicada a un tercer terminal, la rejilla. De esta forma se lograba amplificar la señal aplicada a este último terminal. Tubos más sofisticados eran mejoras de esta estructura básica. La idea inicial del transistor consistía en hacer circular corriente entre dos terminales a través de un semiconductor y modular esta corriente utilizando un tercer electrodo. Aunque se pensaba en la tensión como variable de control, las limitaciones tecnológicas de aquella época, -la segunda mitad de los años 40-, condujeron a un dispositivo en el que la variable de control era una corriente. Nacía así el transistor bipolar en 1947. Una década más tarde, cuando la tecnología de los semiconductores se desarrolló considerablemente, se obtuvo el primer transistor de efecto de campo en el que la variable de control era una tensión. El desarrollo que ha tenido lugar desde entonces ha permitido crear una amplia gama de dispositivos que han ido desplazando al transistor bipolar en un gran número de aplicaciones.

El MOSFET, el JFET, el MESFET y el HEMT son familias de transistores de especial relevancia en la tecnología actual. El transistor metal-óxido-semiconductor (MOSFET, metal-oxide-semiconductor field effect transistor, o más brevemente MOST) es propio de la tecnología de silicio. En este dispositivo, la corriente circula entre dos terminales denominados *drenador* y *surtidor* (o fuente) a través de una región semiconductora denominada *canal*. Su intensidad se modula por la tensión aplicada a un electrodo denominado *puerta* (originariamente de metal), aislada del semiconductor por una capa de dieléctrico (óxido del propio silicio), de forma que no circula corriente por este terminal. El nombre de este dispositivo deriva de esta estructura. Históricamente, el MOSFET también ha sido denominado transistor de puerta aislada (IGFET, insulated gate field effect transistor). Actualmente es el dispositivo más utilizado en los circuitos integrados de silicio. Los MOST discretos se utilizan casi exclusivamente en los circuitos de electrónica de potencia

---

En la elaboración de este capítulo también han participado los profesores del Departamento de Ingeniería Electrónica de la UPC Ramón Alcubilla González y Ángel Rodríguez Martínez.

En el transistor de efecto de campo de unión (JFET, juntion field effect transistor), la puerta no está aislada del canal por un dieléctrico, sino por una unión PN polarizada inversamente. Se suele fabricar con silicio y habitualmente se presenta en forma de componente discreto. Para aplicaciones de alta frecuencia se han desarrollado transistores rápidos, fabricados con semiconductores del grupo III-V. Entre estos destacan el MESFET (metal-semiconductor field effect transistor), en el que entre puerta y canal hay un contacto rectificador metal semiconductor polarizado en inversa. En los últimos años ha ganado importancia en aplicaciones de alta frecuencia una familia de transistores de electrones de alta movilidad (HEMT, High electron mobility transistor), basados en heterouniones. La mayor parte de este capítulo se dedicará al estudio del MOSFET (apartados 6.1 a 6.6), dada la extraordinaria importancia de este dispositivo en la electrónica actual. La descripción del MESFET y del JFET se hará de forma más breve y de manera conjunta, ya que tienen muchos aspectos comunes.

6.1 Electrostática del sistema metal-óxido-semiconductor

6.1.1 Fundamentos del MOSFET

Considérese la estructura representada en la figura 6.1. En un cristal de silicio tipo P, denominado *sustrato* (B, de *bulk*) se han creado dos regiones de tipo N, denominadas *drenador* (D, de *drain*) y *surtidor o fuente* (S, de *source*). La superficie del semiconductor comprendida entre estas dos regiones, que se denominará región de canal, está recubierta de material dieléctrico, el óxido de silicio (SiO_2). Encima de este material está el metal o electrodo de *puerta* (G, de *gate*).

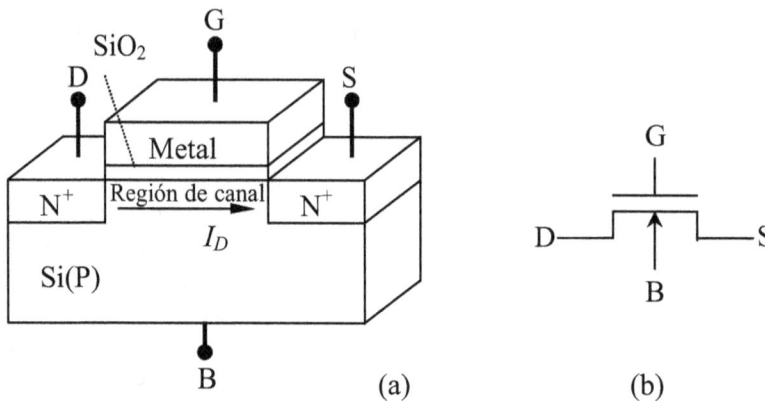

Fig. 6.1 Transistor MOS de canal N a) Estructura física b) Símbolo circuital. Los símbolos B, D, S y G designan indistintamente las regiones del dispositivo y los respectivos terminales.

Considérese una tensión V_{DS} aplicada entre los terminales de drenador y surtidor y se examinará la corriente I_D, denominada corriente de drenador, que puede circular entre ellos a través de la región de canal. Esta corriente deberá atravesar dos regiones PN conectadas en oposición: la del drenador con el sustrato y la del sustrato con el surtidor. Por tanto, el paso de corriente está bloqueado. La situación cambia si se aplica una tensión positiva al terminal de puerta respecto al sustrato, ya que en estas condiciones los electrones, portadores minoritarios del sustrato, serán atraídos hacia el metal. Como el óxido impide que estos electrones puedan pasar al metal, quedan acumulados en la región superficial de canal. Si la concentración de estos electrones es suficiente, las regiones de drenador y surtidor quedan conectadas por una capa superficial de electrones, que se denominará *canal*, que permite el paso de corriente. El valor de la tensión de puerta determina el número de electrones presentes en el canal y, de esta forma, modula el valor de la corriente de drenador. Similares consideraciones se habrían podido hacer en un dispositivo construido en un cristal tipo N con regiones de drenador y surtidor de tipo P. En este caso, la tensión que debería aplicarse a la puerta sería negativa respecto al sustrato, y se diría que se trata de un transistor de canal P, mientras que el de la figura 6.1 sería un transistor de canal N.

Se iniciará el estudio del dispositivo acabado de presentar analizando el sistema metal (puerta) - óxido (dieléctrico) - semiconductor (sustrato), para determinar la relación entre la tensión de puerta y la concentración de portadores en el canal. Con esta información, se determinará la relación entre las tensiones continuas aplicadas a los terminales y la corriente de drenador. El estudio se completará analizando el comportamiento dinámico de estos transistores.

6.1.2 El sistema metal-óxido-semiconductor en equilibrio

El análisis de la formación de la capa conductora en la región de canal es más fácil de realizar en una estructura formada únicamente por las regiones de puerta, óxido y sustrato (estructura MOS). Este sistema puede ser visto como un condensador, de forma que el estudio de la carga acumulada en la "armadura" del semiconductor permitirá entender la formación del canal. El diagrama de bandas de la estructura determina la distribución de carga. Inicialmente, se considerará silicio tipo P y un metal con una función trabajo menor que la del semiconductor $q\Phi_m < q\Phi_s$. Se asignará al óxido un diagrama de bandas con una banda prohibida muy grande. La figura 6.2a representa los diagramas de bandas de los tres materiales separados, sin contacto entre ellos. La figura 6.2b corresponde al sistema formado por los tres materiales en contacto, suponiendo condiciones de equilibrio térmico, es decir, que el nivel de Fermi es constante. El eje de abscisas es perpendicular a la superficie del dispositivo.

El procedimiento para construir este diagrama es similar al utilizado en el estudio de los contactos entre metal y semiconductor (apartado 2.7). La diferencia de potencial entre los extremos de la estructura es $\Phi_s - \Phi_m$, pero mientras en aquel caso toda la caída de potencial tenía lugar en el semiconductor, aquí se reparte entre el semiconductor, V_{s0}, y el óxido, V_{ox0}. El dieléctrico se comporta como el de un condensador y, suponiendo que no haya cargas localizadas en su interior, la distribución de potencial a través de esta capa es lineal. Por tanto:

$$\Phi_s - \Phi_m = V_{ox0} + V_{s0} \tag{6.1}$$

En la figura 6.2b la curvatura de las bandas en la región del semiconductor corresponde a una zona vacía de mayoritarios, como la ZCE de la región P de una unión PN (figura. 2.6) o de un contacto metal semiconductor (figura. 2.21c). La carga neta por unidad de sección, Q_{s0}, localizada en esta región se puede calcular aplicando las ecuaciones de electrostática, de forma similar a como se hizo en

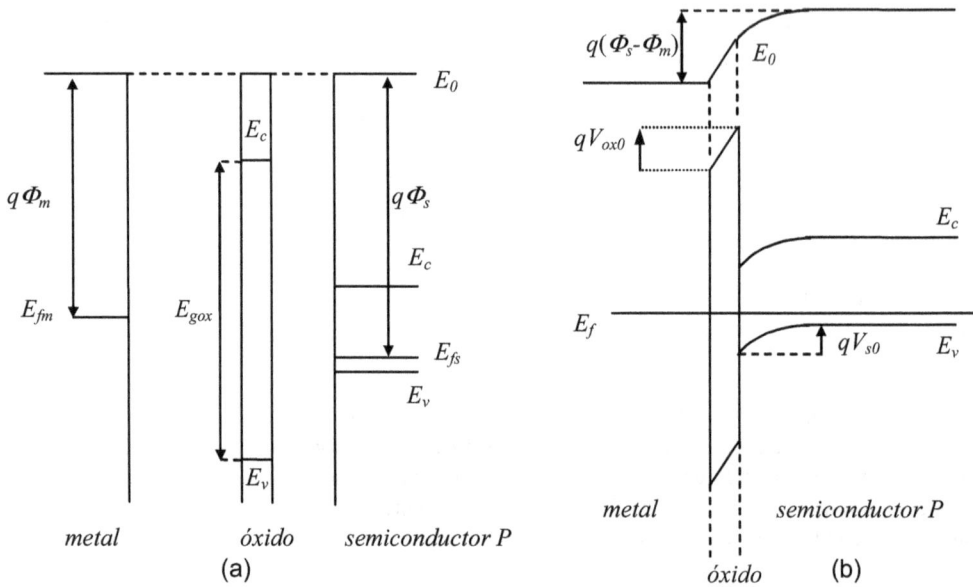

Fig. 6.2 Bandas de energía del sistema MOS en equilibrio: a) Diagramas de bandas de los materiales separados. b) Diagrama de bandas del sistema.

las expresiones 2.11 y 2.13. Teniendo en cuenta que ahora la diferencia de tensión entre los extremos de la zona con carga es V_{s0}, en lugar de V_{bi}-V_D:

$$Q_{s0} = -qN_A w_{d0} = -qN_A\sqrt{\frac{2\varepsilon_s}{q}\frac{1}{N_A}V_{s0}} = -\sqrt{2q\varepsilon_s N_A V_{s0}} \tag{6.2}$$

siendo N_A la concentración de impurezas aceptadoras en el silicio, ε_s su constante dieléctrica (el subíndice es necesario para no confundirla con la del óxido, ε_{ox}), y w_{d0} la anchura de la ZCE. La curvatura de las bandas en la figura 6.2 implica que la carga del semiconductor es negativa. Por tanto, en el metal de puerta habrá una carga positiva y del mismo valor absoluto, y tendrá una tensión positiva respecto al semiconductor. En la ecuación 6.1 los términos V_{s0} y V_{ox0} tienen signo positivo.

Por otra parte, como en todo condensador, la caída de potencial en el dieléctrico es:

$$V_{ox0} = \frac{-Q_{s0}}{C_{ox}} \tag{6.3}$$

siendo C_{ox} su capacidad, de valor (por unidad de área de la sección):

$$C_{ox} = \frac{\varepsilon_{ox}}{t_{ox}} \tag{6.4}$$

donde ε_{ox} es la constante dieléctrica del óxido, $\varepsilon_{ox} = \varepsilon_{rox}\varepsilon_0$. La constante dieléctrica relativa del óxido de silicio vale 3.9. El grosor del óxido es t_{ox} y su valor, dependiendo de la tecnología usada, suele ser desde unas pocas decenas de nanómetros hasta algunas unidades. A partir de las expresiones 6.1 a 6.4 se puede determinar los valores de V_{ox0}, V_{s0} y Q_{s0} para un valor dado de $\Phi_s - \Phi_m$.

El diagrama de la figura 6.2b representa un caso de los cuatro posibles. Al igual que ocurría en los contactos metal semiconductor, los otros tres casos corresponden a silicio tipo P con $\Phi_m > \Phi_s$, a silicio tipo N con $\Phi_m < \Phi_s$ y a silicio tipo N con $\Phi_m > \Phi_s$. En este último caso, el semiconductor también presenta, en equilibrio, una zona vacía de mayoritarios. El procedimiento de análisis es paralelo al acabado de realizar, tal como se muestra en el ejercicio 6.1.

En los primeros tiempos de la tecnología MOS, el electrodo de puerta era de aluminio, metal utilizado habitualmente en las conexiones de circuitos integrados. Por razones tecnológicas, este material fue sustituido posteriormente por silicio policristalino (polisilicio) que, con un dopado elevado, presenta un comportamiento eléctrico casi metálico. El análisis de la estructura en este caso es similar al acabado de realizar. Sólo hay que sustituir en la figura 6.2a el diagrama de bandas del metal por el del silicio con un nivel de Fermi próximo a la banda de conducción, si se trata de material N, o a la banda de valencia, si es P. Cuando se construye el diagrama de la figura 6.2b, el nivel de Fermi del polisilicio no se desplaza, ya que se trata de un material con muchos portadores. En el ejercicio 6.2 se tratan estos conceptos.

Ejercicio 6.1

Calcular el diagrama de bandas de una estructura metal-óxido-semiconductor en equilibrio, siendo la puerta de aluminio, con una función trabajo de 4.1 eV, el grosor del óxido de silicio de 25 nm y el semiconductor de tipo P dopado con $N_A = 10^{16}$. La afinidad electrónica del silicio es de 4.05 eV. Datos: $\varepsilon_{ox} = 3.45\times10^{-13}$ F/cm, $\Phi_s = 10^{-12}$ F/cm, $k_B T/q = 0.025$ eV, y $n_i = 1.5\times10^{10}$ cm^{-3}.

Función trabajo del silicio: $\quad q\Phi_s \approx q\chi_s + E_g/2 + (E_{fi} - E_v) = q\chi_s + E_g/2 + (k_B T/q)\ln(N_A/n_i)$

$=4.05+0.55+0.025*ln(10^{16}/1.5\times10^{10}) = 4.935$ eV. Por tanto: $q\Phi_s - q\Phi_m = 0.835\,eV$.

Por otra parte, $C_{ox} = \varepsilon_{ox}/t_{ox} = 1.38\times10^{-7}\,F/cm^2$. *Substituyendo las expresiones 6.2 a 6.4 en 6.1 se tiene:*

$$\Phi_s - \Phi_m = \frac{\sqrt{2q\varepsilon_s N_A V_{s0}}}{C_{ox}} + V_{s0} \Rightarrow 0.835\,V = 0.41\sqrt{V_{s0}} + V_{s0} \Rightarrow V_{s0} = 0.53\,V,\ V_{ox0} = 0.30\,V$$

La forma de las bandas es similar a la de la figura 6.2b. En la superficie del silicio la separación entre la banda de conducción, y el nivel de Fermi es:
$$[E_c - E_f]_s = [E_c - E_f]_{interior} - qV_{s0} = q\Phi_s - qV_{s0} - q\chi = 4.935\text{-}0.53\text{-}4.05 = 0.355\ eV$$

Ejercicio 6.2

Repetir el ejercicio anterior con silicio tipo N dopado con $N_D = 10^{16}$ cm^{-3} y con puerta de polisilicio P$^+$.

La función trabajo del material que constituye el electrodo de puerta, el polisilicio, vale:
$q\Phi_m = q\chi_s + E_g = 4.05 + 1.1 = 5.15\,eV$, *mientras que la del silicio que constituye el sustrato*
es: $q\Phi_s = q\chi_s + (E_c - E_f) \approx q\chi_s + E_g/2 - (E_f - E_{fi}) = q\chi_s + E_g/2 - (k_B T/q)\ln(N_D/n_i) =$
$4.05 + 0.55 - 0.025\ln(10^{16}/1.5\times10^{10}) = 4.26\,eV \Rightarrow \quad \Phi_s - \Phi_m = -0.89\,V$. *La capacidad* C_{ox} *es la*
misma que en el ejercicio anterior. Las cantidades V_s *y* V_{ox} *serán ahora negativas, mientras que debe*
asignarse a Q_s *en la expresión 6.2 el signo positivo. La sustitución de 6.2 a 6.4 en 6.1 da:*

$$\Phi_s - \Phi_m = \frac{-\sqrt{2q\varepsilon_s N_D(-V_{s0})}}{C_{ox}} + V_{s0} \Rightarrow -0.89V = -0.41\sqrt{-V_{s0}} + V_{s0} \Rightarrow V_{s0} = -0.58\,V, \; V_{ox0} = -0.34\,V$$

La construcción del diagrama de bandas se representa en la figura del ejercicio 6.2.

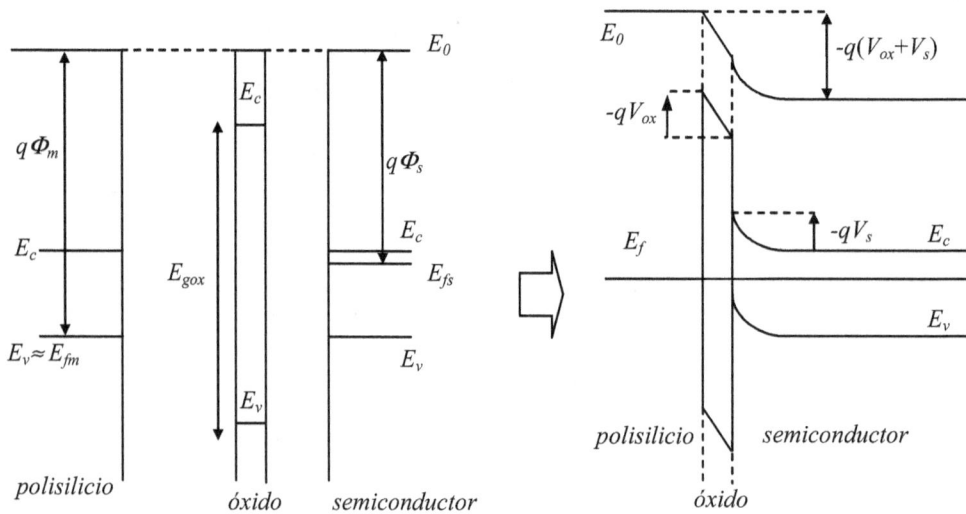

Fig. del ejercicio 6.2

CUESTIONARIO 6.1.a

1. Construir el diagrama de bandas en equilibrio de una estructura polisilicio-óxido-semiconductor
P. El dopado del sustrato es de 10^{16} cm^{-3} y el del polisilicio es bastante grande para que pueda
considerarse que $E_{fm} \approx E_c$. ¿Cuál de las siguientes respuestas es correcta?

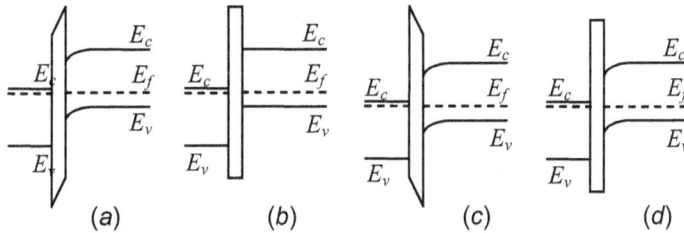

(a) (b) (c) (d)

2. *Determinar la posición del nivel de Fermi en la superficie del silicio del sistema de la cuestión anterior. ¿Cuál es el valor de E_f- E_{fi}?*

a) 0.68 eV b) 0.345 V c) 0.335 V d) -0.335 V

3. *A partir del resultado anterior, calcular las concentraciones, en cm^{-3}, de los dos tipos de portadores en la superficie.*

a) $p_s=1.53\times10^4$, $n_s=1.46\times10^{16}$ b) $p_s=1.5\times10^{10}$, $n_s=1.5\times10^{10}$

c) $p_s=10^{16}$, $n_s=2.25\times10^4$ d) $p_s=1.46\times10^{16}$, $n_s=1.53\times10^4$

4. *Evaluar el campo eléctrico en el óxido, E_{ox}, y en la superficie del semiconductor, E_s, en un sistema MOS en equilibrio formado por silicio tipo N, sustrato tipo P con un dopado $N_A = 10^{16}$ cm^{-3}, y un óxido de 15 nm de grosor.*

a) $E_{ox}=4.72\times10^4$ V/cm, $E_s=1.35\times10^5$ V/cm b) $E_{ox}= 4.55\times10^5$ V/cm, $E_s=1.36\times10^5$ V/cm

c) $E_{ox}=1.35\times10^4$ V/cm, $E_s=4.72\times10^5$ V/cm b) $E_{ox}= 1.58\times10^5$ V/cm, $E_s=4.55\times10^4$ V/cm

5. *¿Cuál de las siguientes afirmaciones es falsa?*

a) *Φ_m-Φ_s< 0 en una estructura polisilicio N^+- óxido - silicio P*

b) *Φ_m-Φ_s< 0 en una estructura aluminio - óxido - silicio N*

c) *Φ_m-Φ_s> 0 en una estructura aluminio - óxido - silicio P*

d) *Φ_m-Φ_s> 0 en una estructura polisilicio P^+- óxido - silicio N*

6. *En un circuito integrado, una pista de aluminio está aislada del sustrato de silicio por una capa de óxido de una micra de grosor. Examinar si esta disposición altera de forma significativa las concentraciones de portadores en la superficie del semiconductor, suponiendo que éste está dopado con 10^{16} cm^{-3} y que no hay ninguna tensión aplicada.*

a) *$V_s > 0.5$ V $\Rightarrow$ se produce inversión en la superficie*

b) *$V_s \approx 0.5$ V $\Rightarrow$ no hay inversión profunda, pero la presencia de la pista afecta de forma significativa las concentraciones de portadores en la superficie.*

c) $V_s < 0.01\ V \Rightarrow$ no hay ningún efecto apreciable.

d) La pregunta no se puede responder con los datos disponibles.

6.1.3 El sistema metal-óxido-semiconductor con polarización

Supóngase que se pueda aplicar una tensión V_{GB} a la estructura anterior mediante unos electrodos entre el metal, G, y el substrato, B, tal como se indica en la figura 6.3. La tensión aplicada modificará los valores de V_{ox} y V_s (a partir de ahora se prescindirá del subíndice 0):

$$V_{ox} + V_s \equiv \Phi_s - \Phi_m + V_{GB} \tag{6.5}$$

así como los de la carga acumulada y del campo eléctrico. Se iniciará el estudio del problema considerando los diagramas de bandas de la figura 6.4 correspondientes a cinco valores distintos de la tensión V_{GB}, de menor a mayor.

Partiendo del diagrama de bandas en equilibrio (figura. 6.4c, que corresponde a la figura 6.2), se aplica una tensión progresivamente más negativa V_{GB}. Esta polarización hace disminuir la caída de tensión en la estructura, de acuerdo con la ecuación 6.5 y, por tanto, hace disminuir la curvatura de las bandas. Cuando la tensión aplicada compensa exactamente la diferencia Φ_s -Φ_m, la curvatura desaparece, por lo que $V_{ox} + V_s = 0$. Esta situación se denomina de banda plana y se representa en la figura 6.4b. Esta tensión de polarización se denomina V_{FB} (FB de flat band, banda plana):

$$V_{FB} \equiv \Phi_m - \Phi_s \tag{6.6}$$

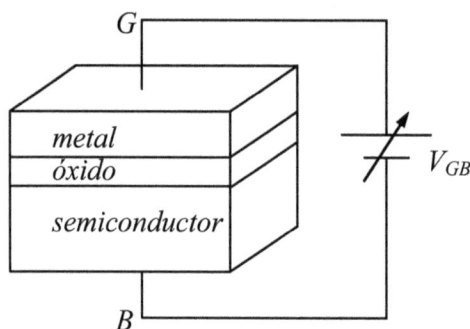

Fig. 6.3 Polarización del sistema MOS.

que depende solamente de las funciones trabajo del material de puerta y del sustrato. Por tanto, la ecuación 6.5 se puede escribir:

$$V_{GB} = V_{FB} + V_{ox} + V_s \tag{6.7}$$

Si a partir de las condiciones de banda plana se sigue haciendo más negativa la tensión de polarización V_{GB}, la curvatura de las bandas toma un sentido opuesto al inicial. El nivel de Fermi en la superficie del silicio se encuentra más cerca de la banda de valencia que en la región profunda del sustrato no afectada por la deformación de las bandas. Por tanto, en la superficie hay más portadores mayoritarios que en el interior. Se dice que el sistema se encuentra en régimen de acumulación de mayoritarios, que se representa en la figura 6.4a (en el caso particular de la figura, el nivel de Fermi penetra en la banda de valencia). En régimen de acumulación de mayoritarios no hay ZCE en el semiconductor.

Llegados a este punto, conviene señalar que se usa el nivel de Fermi a pesar de aplicar una polarización al sistema. Nótese, sin embargo, que al no circular corriente por el semiconductor, se cumple que $J_p = J_n = 0$ y, de acuerdo con el apartado 1.4.2, significa que los excesos son nulos y las concentraciones son las del equilibrio térmico, las cuales se pueden expresar en función del nivel de Fermi. En rigor, en un sistema al que se aplica una tensión de polarización, deben utilizarse los quasi-niveles de Fermi E_{fp} y E_{fn} (véase apartado 1.2.4). Pero no es difícil demostrar que si $J_p = J_n = 0$, entonces $E_{fp} = E_{fn} \equiv E_{fs}$, y por tanto, $E_{fm}\text{-}E_{fs} = qV_{FB}$

Supóngase ahora que se aplica una tensión V_{GB} positiva y creciente a partir del equilibrio (figura 6.4c). Su efecto será incrementar los valores de las tensiones V_{ox} y V_s encontradas en el apartado anterior, aumentando la curvatura de las bandas y provocando, por tanto, un aumento de la ZCE. La figura 6.4d representa el diagrama de bandas en esta situación. Si la polarización considerada en este esquema es suficiente para llevar el nivel de Fermi en la superficie del silicio más cerca de la banda de conducción que la de valencia, entonces en la superficie habrá más electrones que huecos. Se dice que la superficie está invertida y que el sistema trabaja en régimen de inversión de superficie, para diferenciarlo de situaciones como la de la figura 6.4c, que se denomina de *régimen de vaciamiento*. Obsérvese, sin embargo, que la separación entre E_c y E_{fs} en la superficie es todavía mucho mayor que la separación entre E_{fs} y E_v en el interior del semiconductor. Esto significa que la concentración de electrones en la superficie es aún muy inferior a $p_0 \approx N_A$. O dicho de otra forma, la superficie no presenta una conductividad apreciable por el hecho de encontrarse en inversión.

Si se sigue aumentando la tensión positiva en la puerta, puede llegarse a obtener el diagrama de bandas representado en la figura 6.4e. En este caso, la diferencia $E_c - E_f$ en la superficie es similar o incluso menor que $E_f - E_v$ en el interior. El resultado es una concentración de electrones en la superficie similar o superior a N_A. En estas condiciones, la superficie presentará una conductividad apreciable de tipo N. Se dice, por tanto, que se trata de una inversión fuerte o profunda, para diferenciarla de la de la figura 6.4d, que se denomina de *inversión débil* (a veces, si no hay peligro de confusión, se denomina la inversión profunda simplemente como *inversión*). La región del semiconductor en régimen de inversión profunda ($n_s \geq N_A$) recibe el nombre de capa de inversión o canal, ya que cuando la estructura MOS forma parte de un transistor, esta capa es precisamente el canal. El objetivo de esta parte del estudio será determinar para qué valor de la tensión V_{GB}, denominada *tensión umbral*, V_{T0}, se produce la aparición del canal, y cuál es el valor de la concentración de electrones en esta región para poder evaluar la corriente que podrá transportar el canal.

En la figura 6.4 se ha supuesto que la superficie del semiconductor está en régimen de vaciamiento cuando la tensión aplicada es nula. Pero podrían darse otras situaciones. En efecto, con $V_{GB} = 0$ habría situación de bandas planas si $\Phi_s = \Phi_m$, o acumulación de mayoritarios si $\Phi_s < \Phi_m$. Sin embargo, la discusión de los párrafos anteriores continua siendo válida. Sólo se tendría que tener en cuenta que para pasar de la curvatura mostrada en la figura 6.4a o 6.4b a la de la figura 6.4c se tendría que aplicar una tensión $V_{GB} > 0$. También podría darse el caso que $\Phi_s - \Phi_m$ fuera suficientemente grande como para que hubiera inversión en la superficie con $V_{GB} = 0$. En este caso, para lograr una curvatura como

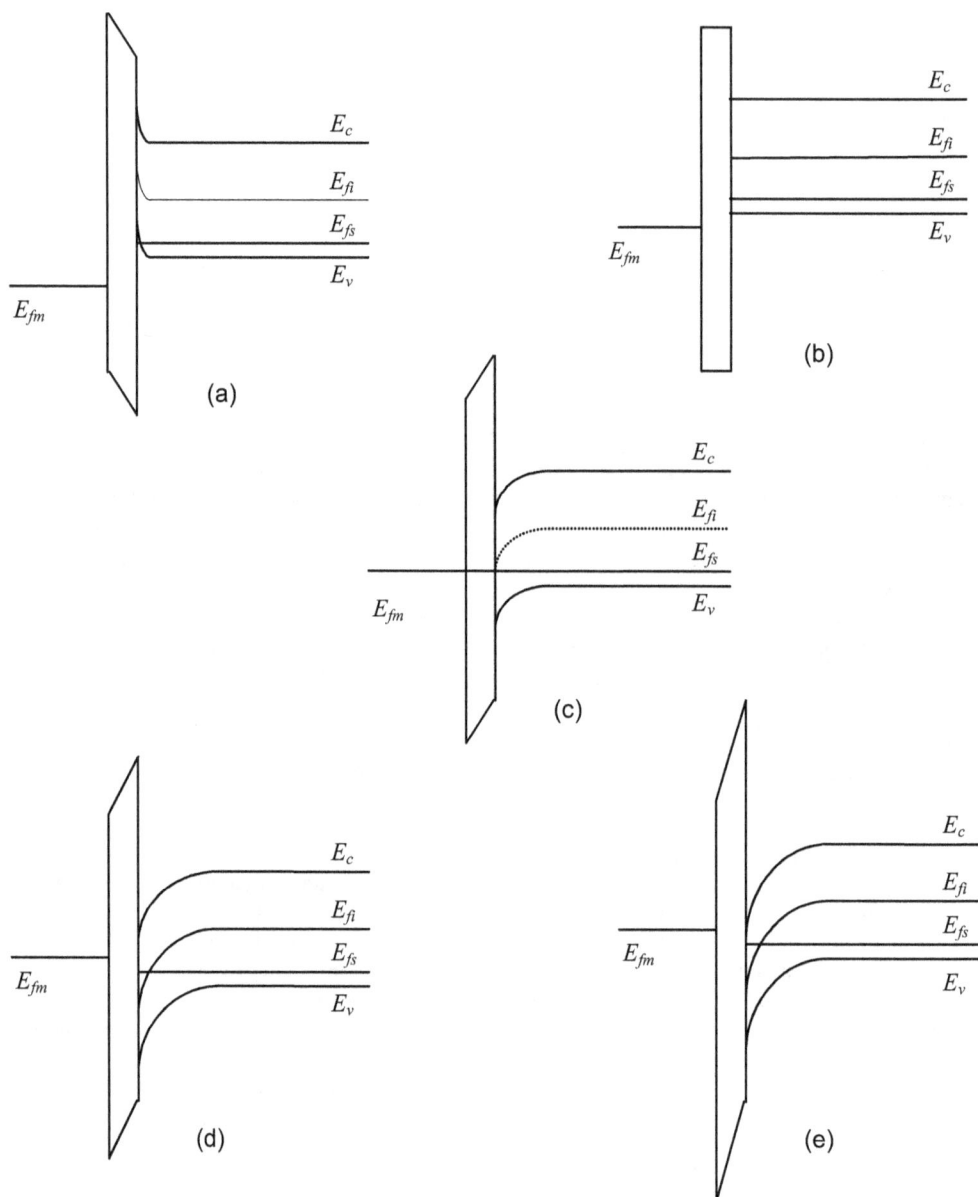

Fig. 6.4 Diagrama de bandas del sistema MOS con polarización. a) $V_{GB} < 0$.   b) $V_{GB} = V_{FB}$ c) $V_{GB} = 0$
d) $V_{GB} > 0$, inversión débil   e) $V_{GB} > 0$, inversión fuerte.

la de la figura 6.4c, se tendría que aplicar una tensión $V_{GB} < 0$, pero continuaría siendo válido que un incremento de V_{GB} haría aumentar la concentración de minoritarios en la región de canal. Resumiendo, la diferencia $\Phi_s - \Phi_m$ indica cuál es el régimen en equilibrio, un aumento de V_{GB} hace avanzar en la secuencia de diagramas de la figura 6.4, mientras que una disminución provoca un desplazamiento en sentido contrario.

EJEMPLO 6.1

En la estructura analizada en el ejercicio 6.1, que utiliza aluminio como electrodo de puerta y silicio tipo P, la tensión de banda plana vale -0.835 V. Es decir, para lograr que las bandas sean planas debe aplicarse esta tensión a la puerta respecto al sustrato. En el caso de puerta de polisilicio (cuestión 1 del cuestionario 6.1), la tensión de banda plana es de -0.885 V. Obsérvese que si la puerta es de polisilicio, no hace falta conocer la afinidad electrónica del silicio para realizar este cálculo. En efecto:

$$q\Phi_s - q\Phi_m = \left[q\chi_s + \left(E_c - E_{fs}\right)_{\text{volumen Si}}\right] - \left[q\chi_s + \left(E_c - E_{fm}\right)_{\text{polisilicio}}\right] = \left(E_{fm}\right)_{\text{polisilicio}} - \left(E_{fs}\right)_{\text{volumen Si}}$$

$$\approx \left(E_c\right)_{\text{polisilicio}} - \left(E_{fs}\right)_{\text{volumen Si}} = \left(E_c - E_{fs}\right)_{\text{volumen Si}} [\ ]$$

EJEMPLO 6.2

En la estructura polisilicio-óxido-silicio N del ejercicio 6.2, para lograr "aplanar" las bandas, hay que aplicar una tensión positiva de 0.89 V en la puerta respecto al sustrato.

6.1.4 Tensión umbral en la estructura MOS

La carga eléctrica en el semiconductor, que denominaremos Q_s, se compone de dos términos cuando se encuentra en régimen de inversión: la carga localizada de las impurezas ionizadas no compensadas por portadores mayoritarios, la carga de la ZCE que denominaremos Q_B, y la de los portadores minoritarios de la capa de inversión, Q_n. Este último término no aparecía en el apartado 6.1.2 porque se había supuesto el sistema en régimen de vaciamiento. Nótese, sin embargo, que la expresión 6.3 continua siendo válida cuando hay inversión en la superficie, haciendo $Q_s = Q_B + Q_n$. Las cargas Q_B y Q_n tiene el mismo signo, negativo en el caso que se está analizando, y sus valores dependen de la caída de potencial en el semiconductor. Q_B sigue la ley de la ecuación 6.2:

$$Q_B = -\sqrt{2q\varepsilon_s N_A V_s} \tag{6.8}$$

Q_n es proporcional a la concentración de electrones en la superficie, n_s. La relación entre n_s y la concentración de minoritarios en el interior del semiconductor, n_0, es

$$n_s = n_0 \exp\frac{qV_s}{k_B T} \tag{6.9}$$

que se obtiene fácilmente utilizando la expresión 1.17.

Se suele considerar como inicio de la inversión profunda cuando $n_s = N_A$. A partir de esta situación, un pequeño aumento de V_s provoca un gran incremento de n_s, y por lo tanto, de Q_n, mientras que Q_B

aumenta muy poco. El resultado es un incremento sustancial de Q_s y de V_{ox}, de acuerdo a lo que establece la ecuación 6.3. En definitiva, a partir del momento en que se alcanza la inversión profunda, un incremento de V_{GB} en la ecuación 6.7 se invierte casi todo en aumentar V_{ox}, y solo una parte muy pequeña en incrementar V_s. Por tanto, en primera aproximación se puede considerar que Q_B se mantiene constante cuando se alcanza la inversión profunda. Este análisis meramente cualitativo se puede hacer de forma cuantitativa y con más rigor, tal como se presenta en el apéndice 6.1 de este capítulo.

Se supondrá que en el inicio de la inversión profunda el diagrama de bandas que describe el sistema es el de la figura 6.5. En estas condiciones se puede escribir:

$$n_s = p_0 \Leftrightarrow \left(E_{fs} - E_{fi}\right)_{superficie} = \left(E_{fi} - E_{fs}\right)_{volumen} \tag{6.10}$$

De acuerdo con el apartado 1.2.4, el valor de $\left(E_{fi} - E_{fs}\right)_{volumen}$, que denominaremos $q\Phi_B$, es

$$q\Phi_B = k_B T \ln\frac{N_A}{n_i} \tag{6.11}$$

El valor total de la tensión que cae en el semiconductor, que denominaremos *potencial de inversión de la superficie*, vale:

$$\frac{1}{q}\left(E_{fi\,superficie} - E_{fi\,volumen}\right) = \frac{1}{q}\left[\left(E_{fs} - E_{fi}\right)_{superficie} + \left(E_{fi} - E_{fs}\right)_{volumen}\right] = 2\Phi_B \tag{6.12}$$

Por tanto, y de acuerdo con la expresión 6.8, la carga por unidad de superficie en la ZCE será:

$$Q_B = -\sqrt{4q\varepsilon_s N_A \Phi_B} \tag{6.13}$$

Como el valor de Q_n en el inicio de la inversión profunda es muy pequeño, se puede escribir en estas condiciones:

$$Q_s = Q_n + Q_B \approx Q_B = -\sqrt{4q\varepsilon_s N_A \Phi_B} \tag{6.14}$$

La caída de tensión en el óxido, siguiendo el mismo razonamiento que ha conducido a la expresión 6.3, será:

$$V_{ox} = \frac{-Q_s}{C_{ox}} = \frac{-Q_B}{C_{ox}} = \frac{\sqrt{4q\varepsilon_s N_A \Phi_B}}{C_{ox}} \tag{6.15}$$

Por tanto, la caída de potencial en toda la estructura es:

$$V_{ox} + V_s = \frac{-Q_B}{C_{ox}} + 2\Phi_B = \frac{\sqrt{4q\varepsilon_s N_A \Phi_B}}{C_{ox}} + 2\Phi_B \tag{6.16}$$

Sustituyendo esta expresión de $V_{ox} + V$ en la ecuación 6.7 se obtiene el valor de V_{GB} que corresponde al inicio de la inversión profunda, que denominaremos *tensión umbral* V_{T0}:

$$V_{T0} = V_{FB} + 2\Phi_B - \frac{Q_B}{C_{ox}} = V_{FB} + 2\Phi_B + \frac{\sqrt{4q\varepsilon_s N_A \Phi_B}}{C_{ox}} \qquad (6.17)$$

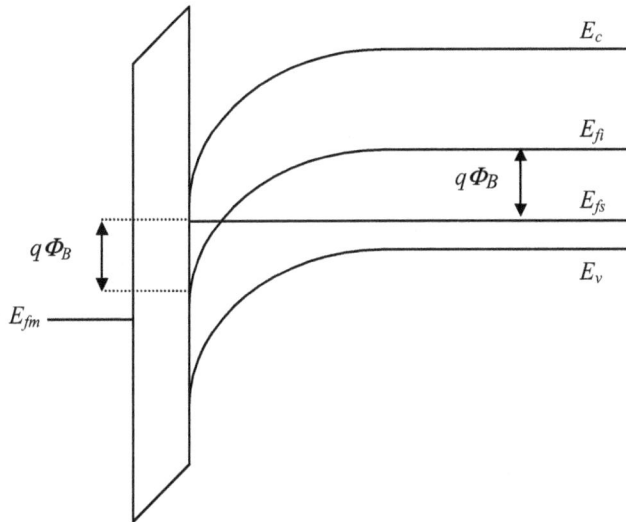

Fig. 6.5 Diagrama de bandas de la estructura MOS en el inicio de la inversión profunda.

Esta magnitud se verá que tiene una importancia significativa en el transistor MOS. Conviene señalar que V_{T0} puede ser positiva, como en el caso de la figura 6.4, o negativa si V_{FB} es lo suficientemente grande para que en equilibrio haya inversión profunda en la superficie. En este último caso, para llevar el sistema a las condiciones de umbral de inversión, debería aplicarse una tensión V_{GB} negativa. Es la idea discutida en el último párrafo de 6.1.3. Los transistores obtenidos a partir de estructuras con $V_{T0} > 0$ se denominan de *acumulación* (en inglés *enhancement* o *normally off*) porque no tienen canal conductor en ausencia de polarización. Los que presentan $V_{T0} < 0$ se denominan de *vaciamiento* (en inglés *depletion* o *normally on*).

El dispositivo analizado hasta ahora se ha realizado con silicio tipo P. Por tanto, la capa de inversión que constituirá el canal del MOST está formada por electrones, por lo que se dice que se trata de un transistor de canal N o de un nMOS. El caso alternativo, el transistor de canal P o pMOS construido en silicio tipo N, también existe. Como dispositivo individual, el transistor nMOS es superior al pMOS debido a que la movilidad de los electrones es mayor que la de los huecos. Lo mismo ocurre en tecnología bipolar, en la que los transistores NPN son preferidos a los PNP. Los transistores pMOS son útiles para realizar estructuras en las que se combinan con transistores nMOS, denominadas *MOS complementarios o CMOS*. Debido a la importancia de la tecnología CMOS, la determinación de la tensión umbral de los pMOS es también importante. El análisis realizado se puede extender sin dificultad a dispositivos de canal P teniendo en cuenta, simplemente, que las cargas calculadas tienen signo contrario. El resultado es una $V_{T0} < 0$ para pMOS de *acumulación* y $V_{T0} > 0$ para los de *vaciamiento*. Hay que señalar que los transistores de *acumulación* son los más utilizados, y en particular, la tecnología CMOS solamente utiliza este tipo de dispositivos tanto para los transistores de canal N como los de canal P.

EJEMPLO 6.3

La tensión umbral en el MOS aluminio-óxido-silicio P del ejercicio 6.1 vale:

$$V_{T0} = -0.835 + 2 \times 0.335 + \frac{\sqrt{4 \times 1.6 \times 10^{-19} \times 10^{-12} \times 10^{16} \times 0.335}}{1.38 \times 10^{-7}} = 0.17\,V$$

Cuando la puerta es de polisilicio, esta tensión pasa a ser de 0.12 V. En ambos casos el dispositivo en equilibrio se encuentra muy cerca del umbral de inversión de la superficie. Esto es debido a que la curvatura de las bandas originada por la diferencia de las funciones trabajo requiere aplicar solamente una pequeña tensión externa para conseguir la formación del canal. Estos valores no suelen ser habituales en la tecnología MOS. En efecto, durante muchos años se han utilizado circuitos integrados MOS alimentados con 5 V para hacerlos compatibles con la tecnología TTL, en los que valores de la tensión umbral próximos a 1V eran adecuados. En las tecnologías más avanzadas, que operan con tensiones de alimentación menores, se utilizan valores de V_{T0} próximos a 0.5 V. En los próximos apartados se verá que hay causas que pueden modificar el valor de la tensión umbral calculado hasta ahora, y que V_{T0} se puede ajustar según las necesidades del diseño del dispositivo.

EJEMPLO 6.4

La tensión umbral en el MOS polisilicio P$^+$-óxido-silici (N) del ejemplo 6.2 vale:

$$V_{T0} = 0.89 - 2 \times 0.335 - \frac{\sqrt{4 \times 1.6 \times 10^{-19} \times 10^{-12} \times 10^{16} \times 0.335}}{1.35 \times 10^{-7}} = -0.11\,V$$

Efectos de las cargas en el óxido

A menudo, el cálculo anterior de la tensión umbral tiene que ser retocado debido a dos causas: por la presencia de cargas en el óxido y por la modificación intencionada del dopado del sustrato. Frecuentemente, el óxido acumula cargas no deseadas en su interior, de orígenes diversos, relacionados con la tecnología de fabricación. De éstas, las más importantes son las denominadas fijas, por ser las más difíciles de eliminar. Suelen ser positivas y acostumbran a estar localizadas a unos 30 Å de la superficie del silicio. Su presencia provoca la aparición de una carga de igual magnitud y signo contrario en la región de canal del semiconductor. Si su valor por unidad de superficie es Q_{ox}, la tensión umbral se altera en:

$$\Delta V_{T0} = -\frac{Q_{ox}}{C_{ox}} \tag{6.18}$$

puesto que debe añadirse el término $-Q_{ox}$, en la expresión 6.14 de $-Q_s$. La expresión 6.18 no cambia de signo si cambiamos el sustrato por otro de tipo N. Una evaluación más precisa de este efecto debería tener en cuenta la distribución de las cargas en el dieléctrico, pero no se entrará a discutirlo en este momento.

La disminución de la tensión umbral puede provocar que un MOST de canal N que sería de *acumulación* en ausencia de cargas en el óxido, se convierta en uno de *vaciamiento* cuando están presentes estas cargas. Por el contrario, en un MOST de canal P, el mismo desplazamiento de V_{T0} produce un aumento del valor absoluto de la tensión umbral, pero no un cambio en su signo. Históricamente, la dificultad de obtener dispositivos de *acumulación* de canal N provocó que los primeros transistores fabricados con tecnología MOS fueran de canal P. Mejoras posteriores de los procesos de fabricación permitieron superar este problema y actualmente la mayoría de transistores MOS son de canal N.

Ajuste de la tensión umbral

Cuando se desea obtener un valor de la tensión umbral distinto del obtenido en la expresión 6.17, modificado según la ecuación 6.18 si fuera el caso, se recurre a cambiar el dopado en la superficie del silicio mediante una implantación iónica de impurezas en la región de canal. Si se implanta un número N_I de átomos donadores por unidad de superficie en la región del canal, la carga asociada a los electrones que estos átomos aportan en la región de canal es $Q_I = -qN_I$. Por tanto, la carga que hay que acumular en la puerta para alcanzar el umbral de inversión, Q_s en la expresión 6.14, se reducirá en $Q_s - Q_I$, y en consecuencia la tensión umbral disminuye:

$$\Delta V_{T0} = \frac{Q_I}{C_{ox}} = -\frac{qN_I}{C_{ox}} \tag{6.19}$$

Si se hubiera implantado N_I átomos aceptores, entonces $Q_I = qN_I$. El signo de Q_I va asociado el tipo de impureza implantada, negativo para las donadoras *($\Delta V_{T0} < 0$)*, y positivo para las aceptoras *($\Delta V_{T0} > 0$)*, y es independiente del tipo de sustrato, P o N.

Ejercicio 6.3

El dispositivo del ejercicio 6.1 presenta una tensión umbral de -0.25 V a causa de la contaminación del óxido con una carga fija. Hallar la concentración de esta carga.

$$\Delta V_{T0} = -0.25 - 0.17 = -0.42\,V \Rightarrow Q_{ox} = -C_{ox}\Delta V_{T0} = 1.38\times10^{-7}\,\frac{F}{cm^2}\times0.42\,V = 58\,\frac{nC}{cm^2}$$

Ejercicio 6.4

Se desea que la estructura polisilicio N^+-óxido-silicio P del ejemplo 6.3 tenga una tensión umbral de 1 V. Hallar la implantación iónica que debe realizarse suponiendo el óxido libre de cargas.

$$\Delta V_{T0} = 1 - 0.12 = 0.88\,V \Rightarrow Q_I = C_{ox}\Delta V_{T0} = -1.38\times10^{-7}\,\frac{F}{cm^2}\times0.88\,V = 1.21\times10^{-7}\,\frac{C}{cm^2}$$

$$\Rightarrow N_I = \frac{Q_I}{q} = 7.6\times10^{11}\,cm^{-2}. \quad \text{Las impurezas deben ser aceptoras.}$$

CUESTIONARIO 6.1.b

1.   En el MOS polisilicio P^+-óxido-silicio N del ejemplo 6.4 hay una contaminación por carga fija de 50 nC/cm². Determinar la tensión umbral resultante.

   a) -0.48 V   b) -0.37 V   c) 0.26 V   d) 0.37 V

2.   Determinar la implantación iónica que tiene que hacerse en el dispositivo de la cuestión anterior para que la tensión umbral sea –0.85 V.

   a) 52 nC/cm² de donadores   b) 52 nC/cm² de aceptores

   c) 117 nC/cm² de donadores   d) 117 nC/cm² de aceptores

3.   Se desea transformar el MOS polisilicio N^+-óxido-silicio P de la cuestión 1 del cuestionario 6.1 en uno de vaciamiento con $V_{T0} = -3\,V$. ¿Qué implantación iónica de canal hará falta?

   a) 687 nC/cm² de donadores   b) 687 nC/cm² de aceptores

   c) 31.5 nC/cm² de donadores   d) 31.5 nC/cm² de aceptores

4.   Se quiere examinar la posibilidad de transformar el MOS de la cuestión anterior en uno de vaciamiento sin utilizar implantación iónica, sino usando un óxido más delgado. Determinar cuál es el valor máximo de t_{ox} para que $V_{T0} < 0$.

   a) Siempre será de acumulación.

   b) Será de acumulación si el grueso del óxido es mayor que 160 Å.

   c) Será de vaciamiento si el grueso de l'òxid es menor que 160 Å.

   d) Siempre es de vaciamiento.

5.   Evaluar en el mismo sistema el valor máximo que puede tener t_{ox} de forma que $V_{T0} < 1.5\,V$.

   a) 228 nm   b) 128 nm   c) 112 nm   d) 62 nm

6.   En tecnología MOS se utilizan siempre sustratos con dopados moderados. Para justificarlo, evaluar cuál sería la tensión umbral del sistema polisilicio N^+-óxido-silicio P de la cuestión 1 del cuestionario 6.1 si el dopado del sustrato fuera $10^{18}\,cm^{-3}$.

   a) 3.23 V   b) 2.23 V   c) 1.33 V   d) -2.23 V

6.1.5 Potenciales, campos y cargas

A partir de los diagramas de la figura 6.4 se puede obtener la distribución de potencial, campo y carga eléctrica de la estructura. En la figura 6.6 se representan estas magnitudes en el caso (e), más allá de la inversión profunda, tomando como origen de coordenadas la interfaz entre óxido y silicio. En esta figura también aparece el grosor de la ZCE, w_d, que en el inicio de la inversión profunda vale:

$$w_d = \sqrt{\frac{2\varepsilon_s}{q}\frac{1}{N_A}V_s} = \sqrt{\frac{2\varepsilon_s}{q}\frac{1}{N_A}2\Phi_B} \qquad (6.20)$$

Este valor se mantiene prácticamente constante si $V_{GB} > V_{T0}$, de acuerdo a la discusión del apartado 6.1.3.

La carga en el metal está localizada en la superficie y su valor es:

$$Q_m = -Q_s = -Q_n - Q_B \qquad (6.21)$$

La carga $-Q_n$ de la capa de inversión está concentrada cerca de la superficie. La de la ZCE $-Q_B$ en el umbral de inversión profunda, viene dada por la expresión 6.13 y se mantiene prácticamente constante para $V_{GB} > V_{T0}$.

Si no hay cargas en el interior del óxido, el campo eléctrico en esta región, según la ley de Gauss, es uniforme. De acuerdo con la misma ley, en la ZCE del silicio el campo eléctrico varía linealmente con la profundidad (véase apartado 1.5). En la interfaz entre dieléctrico y semiconductor existe una discontinuidad del campo, ya que si no hay cargas en la interfaz el vector desplazamiento eléctrico se mantiene constante:

$$\varepsilon_{ox}E_{ox} = \varepsilon_s E_s \qquad (6.22)$$

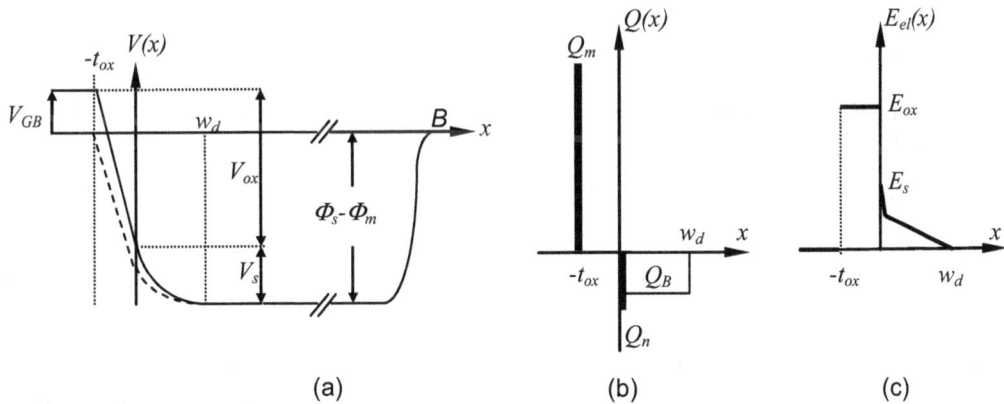

Fig. 6.6 Potencial, cargas y campos en la estructura MOS en inversión profunda.
La línea de rayas en a) corresponde a polarización nula.

siendo E_{ox} el valor del campo eléctrico en el óxido y E_s el campo eléctrico en la superficie del silicio. Este último se puede obtener integrando la ley de Gauss en la ZCE del semiconductor:

$$\frac{dE_{el}(x)}{dx} = \frac{\rho(x)}{\varepsilon_s} \Rightarrow E_{el}(0) - E_{el}(w_d) = \frac{1}{\varepsilon_s} \int_0^{w_d} \rho(x)dx \Rightarrow E_s = \frac{-Q_s}{\varepsilon_s} \tag{6.23}$$

en donde se han utilizado las coordenadas indicadas en la figura 6.6.

EJEMPLO 6.5

En la estructura formada por polisilicio N^+, óxido de 250 Å de grosor y silicio tipo P con $N_A = 10^{16}$ cm^{-3}, que ha sido analizada en ejercicios anteriores, se encuentran los siguientes parámetros cuando está en el umbral de inversión profunda: $w_d = 0.29$ μm, $Q_B = -4.6 \times 10^{-8}$ C/cm^2, $E_s = 4.6 \times 10^4$ V/cm, $E_{ox} = 1.34 \times 10^5$ V/cm.

Ejercicio 6.5

Una estructura formada por polisilicio N^+, óxido de 250 Å de grosor y silicio tipo P con $N_A = 10^{16}$ cm^{-3} tiene una tensión umbral $V_{T0} = 1$ V. Calcular las cargas presentes en el dispositivo cuando la tensión aplicada a la puerta en relación al sustrato es de 5 V.

En el umbral de inversión profunda ($V_{GB} = V_{T0} = 1$ V) se tiene $Q_B = -4.6 \times 10^{-8}$ C/cm^2 (véase ejemplo 6.5). En este punto $Q_m = -Q_s = -Q_B$. En el punto de trabajo del ejercicio, la tensión adicional aplicada a la puerta, $V_{GB} - V_{T0} = 4$ V, caerá casi íntegramente en el óxido, lo que supone un incremento de carga $\Delta Q_m = C_{ox}\Delta V_{GB} = 1.38 \times 10^{-7}$ F/cm$^2 \times 4$ V $= 5.52 \times 10^{-7}$ C/cm^2. La carga en el semiconductor tiene un incremento igual y de signo opuesto, que consiste prácticamente en Q_n. Por tanto, la respuesta es $Q_m = 5.98 \times 10^{-7}$ C/cm^2, $Q_n = -5.52 \times 10^{-7}$ C/cm^2, $Q_B = -4.6 \times 10^{-8}$ C/cm^2.

Ejercicio 6.6

Evaluar en qué cantidad habría que aumentar la caída de tensión en el semiconductor para duplicar el valor de Q_n. ¿Qué incremento significaría en la tensión V_{GB}?

Q_n es proporcional a n_s, que depende de la tensión a través de $exp(V_s/V_t)$. Por tanto:

$$Q_n = const \times \exp\frac{V_s}{V_t} \Rightarrow V_{s2} - V_{s1} = V_t \ln\frac{Q_{n2}}{Q_{n1}} \quad De\ ahí: \quad Q_{n2} = 2Q_{n1} \Rightarrow V_{s2} - V_{s1} = V_t \ln 2 = 17.3\,\text{mV}.$$

En el caso del ejercicio 6.5, duplicar el valor de $Q_n = -6.52 \times 10^{-7}$ C/cm^2 que se ha encontrado implica un incremento de la caída de potencial en el óxido $\Delta V_{ox} = \Delta Q_n/C_{ox} = Q_n/C_{ox} = 4$V y, en consecuencia $\Delta V_{GB} \approx 4$ V. De esta manera queda justificado que el incremento de V_{GB} más allá del umbral de inversión profunda cae casi todo en el dieléctrico.

---

p6.1.6 Capacidad de la estructura MOS

La capacidad C_{GB} entre puerta y sustrato de una estructura MOS es una magnitud directamente medible que proporciona información sobre los valores de las variables utilizadas en los apartados anteriores. Por otra parte, las capacidades son parámetros importantes en el comportamiento dinámico de los transistores y se pueden obtener a partir de la estructura MOS. El valor de C_{GB} se define a partir de la carga en el electrodo de puerta, $-Q_s$, y de la diferencia de potencial entre puerta y sustrato $V_{ox}+V_s$:

$$C_{GB} \equiv \frac{d(-Q_s)}{d(V_{ox}+V_s)} \tag{6.24}$$

Por tanto:

$$\frac{1}{C_{GB}} = \frac{d(V_{ox}+V_s)}{d(-Q_s)} = \frac{dV_{ox}}{d(-Q_s)} + \frac{dV_s}{d(-Q_s)} \equiv \frac{1}{C_{ox}} + \frac{1}{C_s} \tag{6.25}$$

lo que indica que C_{GB} es la composición de dos capacidades en serie (figura 6.7a): C_{ox}, asociada al dieléctrico, y C_c, asociada al semiconductor y definida por la expresión 6.25 como $C_s \equiv -dQ_s/dV_s$. El valor de C_s depende del modo de funcionamiento de la estructura:

a) En modo de acumulación de portadores mayoritarios (figura 6.4a), la carga $-Q_s$ es proporcional a la concentración p_s de huecos en la superficie del silicio, cuyo valor es

$$p_s = p_o \exp\frac{qV_s}{k_BT} = N_A \exp\frac{qV_s}{k_BT} \tag{6.26}$$

La variación de esta función es rápida, y por tanto, el valor de C_s es grande, generalmente mucho mayor que C_{ox}. Por tanto, se puede aproximar:

$$\frac{1}{C_{GB}} = \frac{1}{C_s} + \frac{1}{C_{ox}} \approx \frac{1}{C_{ox}} \Rightarrow C_{GB} \approx C_{ox} \tag{6.27}$$

Una justificación cuantitativa de esta aproximación se obtiene a partir de los cálculos del apéndice 6.1.

b) En modo de vaciamiento de mayoritarios (figura. 6.4c) C_s vale:

$$C_s \equiv \frac{d(-Q_s)}{dV_s} = \frac{d}{dV}\left(\sqrt{2q\varepsilon_s N_A V_s}\right) = \sqrt{\frac{q\varepsilon_s N_A}{2V_s}} \tag{6.28}$$

En este caso, ya no puede hacerse la aproximación del modo anterior. Con frecuencia se encuentra en este modo que $C_s < C_{ox}$.

c) En inversión profunda (figuras 6.4d y 6.4e) se tendrá:

$$C_s \equiv \frac{d(-Q_s)}{dV_s} = \frac{d(-Q_n - Q_B)}{dV_s} \approx \frac{d(-Q_n)}{dV_s} \tag{6.29}$$

ya que para $V_{GB} > V_{T0}$, el valor de Q_B es casi constante (véase el ejercicio 6.6). El valor de $-Q_s$ es proporcional a la concentración de electrones en la superficie del silicio, n_s, cuyo valor es:

$$n_s = n_o \exp{-\frac{qV_s}{k_B T}} = \frac{n_i^2}{N_A} \exp{-\frac{qV_s}{k_B T}} \tag{6.30}$$

que es también una función muy rápida, como en el caso de acumulación de mayoritarios. Por tanto, la aproximación $C_{GB} \approx C_{ox}$ también es válida en este caso.

La figura 6.7b muestra los distintos comportamientos de la capacidad C_{GB} en función de la tensión aplicada V_{GB}. La tensión de banda plana se encuentra en el límite entre los casos a) y b) de la discusión anterior, mientras que la tensión umbral está entre los casos b) y c). Nótese que en esta figura, la tensión $V_{GB} = 0$ puede estar en cualquier punto del eje de abscisas.

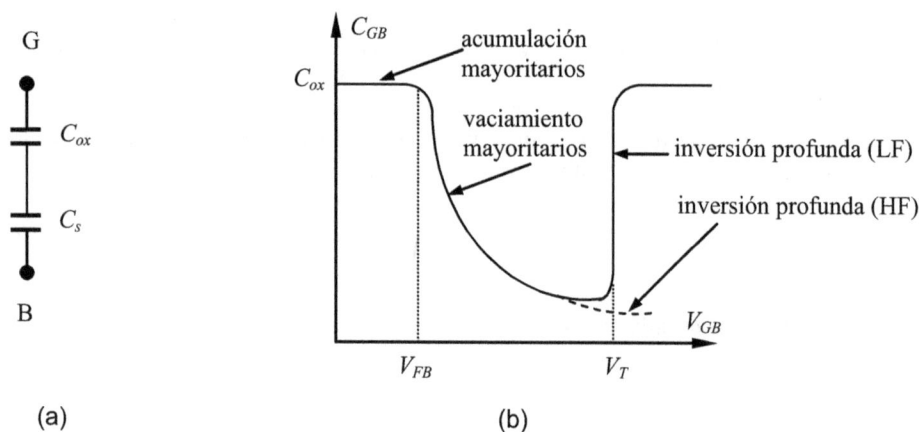

(a)   (b)

Fig. 6.7 Capacidad de la estructura MOS. a) Composición en serie de las capacidades asociadas al óxido y al semiconductor. b) Resultado de la composición para los diferentes modos de funcionamiento.

El comportamiento del MOS en inversión profunda que aparece en la figura 6.7b requiere un comentario aclaratorio. La formación de la capa de inversión exige la acumulación de un número importante de portadores minoritarios que se producen por generación térmica. Este proceso es relativamente lento, por lo que el comportamiento descrito en los párrafos anteriores cuando $V_{GB} = V_T$, y representado en la figura por una línea continua, solo se podrá observar si la variación de la tensión es suficientemente lenta (LF, *low frequency*) para permitir la formación de la capa de inversión. En caso de variación rápida (HF, *high frequency*), no hay tiempo para generar esta capa por lo que la capacidad observada sigue el comportamiento de la línea discontinua, que es la continuación del régimen de vaciamiento de mayoritarios. En muchos casos, el límite entre alta y baja frecuencia puede estar en unas pocas decenas de ciclos por segundo. Este comportamiento no se observa en transistores MOS, puesto que la formación del canal se origina por la inyección de minoritarios desde la unión surtidor sustrato. En un transistor con canal la capacidad entre puerta y sustrato es, por tanto, C_{ox}.

Ejercicio 6.7

Determinar el valor de la tensión V_{GB} para el que los valores de C_{ox} y C_s sean iguales en el MOS del ejemplo.

$$C_s = \sqrt{\frac{q\varepsilon_s N_A}{2V_s}} = C_{ox} \Rightarrow \sqrt{\frac{1.6\times10^{-19}\times10^{-12}\times10^{16}}{2V_s}} = 1.38\times10^{-7} \Rightarrow V_s = 0.042V$$

$$Q_s = -\sqrt{2q\varepsilon_s N_A V_s} = -\sqrt{2\times1.6\times10^{-19}\times10^{-12}\times10^{16}\times0.042} = -1.16\times10^{-8}C/cm^2$$

$$E_{ox} = -\frac{Q_s}{\varepsilon_{ox}} = 3.36\times10^4\frac{V}{cm} \Rightarrow V_{ox} = E_{ox}t_{ox} = 0.085\ V$$

$$V_{ox} + V_s = 0.127\ V$$

Dado que V_{FB}= -0.885 V, la tensión que debe aplicarse entre puerta y sustrato para lograr este punto de operación es –0.758 V.

CUESTIONARIO 6.1.c

1.   ¿Cuál de las siguientes afirmaciones es falsa?

   a) Si $V_{GB} > V_{T0}$ no se puede aplicar la ecuación 6.2.

   b) Si $V_{GB} << V_{T0}$ no se puede aplicar la ecuación 6.13.

   c) Se puede utilizar la ecuación 6.7 para cualquier valor de la tensión aplicada a la puerta.

   d) Se puede determinar Q_n a partir de V_s utilizando la ecuación 6.9.

2. Considérese una estructura polisilicio N^+-óxido-silicio P con acumulación de mayoritarios en la superficie del semiconductor y los diagramas de la figura 6.6 para este caso. ¿Cuál de las afirmaciones relativas a esta cuestión es falsa?

     a) $Q_m < 0$ b) $Q_B = 0$ c) $Q_n > 0$ d) $w_d \approx const.$

3. Representar esquemáticamente la figura 6.6c suponiendo que hay una distribución uniforme de carga fija positiva en l'interval $(-t_{ox}/10, 0)$. ¿Cuál es correcta?

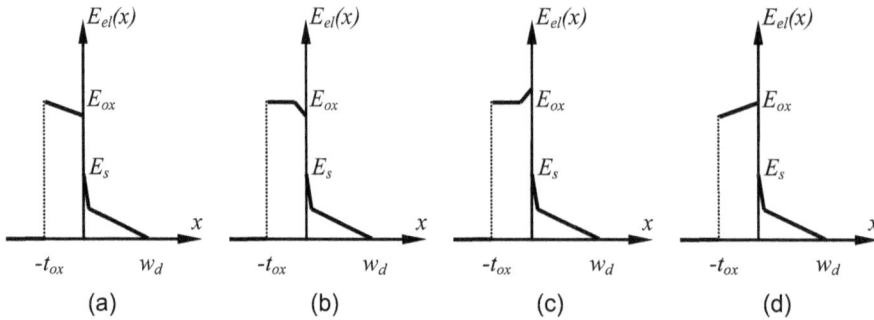

       (a)   (b)   (c)   (d)

4. ¿Cómo queda modificada la curva de la figura 6.7b a consecuencia de considerar la presencia de carga fija en el óxido?

     a) Toda la curva se desplaza a la derecha en un valor Q_{ox}/C_{ox}.

     b) Toda la curva se desplaza a la izquierda en un valor Q_{ox}/C_{ox}.

     c) No influye.

     d) La distancia entre V_{FB} y V_T queda reducida en un valor Q_{ox}/C_{ox}.

5. Determinar el valor mínimo de la capacidad MOS en el caso del ejercicio 6.7.

     a) $138\ nF/cm^2$ b) $30\ nF/cm^2$ c) $24.5\ nF/cm^2$ d) $168\ nF/cm^2$

6. Considérese una estructura polisilicio N^+-óxido-silicio P. Un incremento del dopado del sustrato modifica la forma de la curva de la figura 6.7b. Cuál de las afirmaciones siguientes es falsa:

     a) El valor máximo de C_{GB} disminuye.

     b) El valor mínimo de C_{GB} aumenta.

     c) La posición de V_{FB} se desplaza a la derecha.

     d) La posición de V_T se desplaza a la derecha.

PROBLEMA GUIADO 6.1

Considérese una estructura metal-óxido-semiconductor definida por los parámetros siguientes:

Puerta: polisilicio N^+. Óxido: grosor de 200 Å, constante dieléctrica relativa 3.9. Sustrato: tipo P, con dopado 5×10^{15} cm^{-3}. Datos: $n_i = 1.5 \times 10^{10}$ cm^{-3}, $E_g = 1.1$ eV. A la temperatura de trabajo $k_B T = 0.025$ eV. Se pide:

  1. Determinar la tensión de banda plana, V_{FB}.

  2. Determinar la tensión umbral, V_{T0}.

  3. Recalcular V_{T0} si se sabe que en el óxido hay una densidad de carga fija de 10^{-10} C/cm^2 localizada cerca de la interfaz con el sustrato y que se ha realizado en el sustrato una implantación iónica de canal de 5×10^{11} aceptores/cm^3.

  4. Calcular las caídas de tensión en el óxido y en el semiconductor en el umbral de inversión profunda.

  5. Determinar el perfil del campo eléctrico a lo largo de la estructura en estas condiciones, así como la distribución de cargas.

  6. ¿Para qué valor de la tensión entre puerta y sustrato la capacidad es de $C_{ox}/2$?

6.2   El transistor MOS en polarización continua

En este apartado se analizará el dispositivo esquematizado en la figura 6.1. Se determinará la corriente de drenador I_D en función de las tensiones aplicadas al electrodo de puerta y entre el drenador y surtidor. Los terminales utilizados para interconectar los transistores MOS de un circuito integrado son los de drenador, surtidor y puerta. Por esta razón no es conveniente trabajar con la tensión de sustrato como tensión de referencia. En su lugar se utiliza la de surtidor, y se consideran las tensiones $V_{DS} \equiv V_D - V_S$ y $V_{GS} \equiv V_G - V_S$. Este cambio de referencia obliga a revisar el cálculo de la tensión umbral.

6.2.1 Tensión umbral en el MOST

Considérese un transistor nMOS (la generalización a un pMOS es trivial) cuyo sustrato está a una tensión V_{BS} respecto del surtidor. Este valor será negativo o nulo en todos los casos de interés práctico, ya que de lo contrario se tendría el diodo entre el sustrato y el surtidor polarizado en directa, lo cual no interesa si se desea un funcionamiento correcto del transistor. Todos los circuitos con MOST deben respetar esta condición. En este apartado se supondrá que puede aplicarse externamente una tensión V_{BS} y se analizará su efecto sobre la tensión umbral, manteniendo ambos extremos del canal a la misma tensión ($V_{DS} = 0$).

Sea un transistor MOS con $V_{BS} = 0$ y $V_{GS} = V_{GB}$ con el valor dado por la expresión 6.17, con lo cual se está en el umbral de formación de canal. La caída de potencial en el sustrato es de $2\Phi_B$. Si se aplica una tensión $V_{BS} < 0$, y se desea mantener la superficie del silicio en el umbral de la inversión profunda, la caída de potencial en el sustrato, según se ha visto en el apartado 6.1.4, deberá ser:

$$V_s = 2\Phi_B - V_{BS} \tag{6.31}$$

La carga en la ZCE es, en lugar de la expresión 6.13:

$$Q_B = -\sqrt{2q\varepsilon_s N_A (2\Phi_B - V_{BS})} \tag{6.32}$$

y la caída de tensión en el óxido será:

$$V_{ox} = \frac{-Q_B}{C_{ox}} = \frac{\sqrt{2q\varepsilon_s N_A (2\Phi_B - V_{BS})}}{C_{ox}} \tag{6.33}$$

La tensión entre puerta y sustrato será la suma de las expresiones 6.31 y 6.33:

$$V_{ox} + V_s = \frac{-Q_B}{C_{ox}} + 2\Phi_B - V_{BS} \tag{6.34}$$

Al igual que ocurría en la estructura MOS, una parte de esta tensión, $\Phi_s - \Phi_m$, viene dada por la curvatura de las bandas, mientras que la restante debe ser aplicada externamente. El valor de este término es:

$$V_{ox} + V_s = \Phi_s - \Phi_m + V_{GB} = -V_{FB} + V_{GB} \Rightarrow V_{GB} = -V_{FB} - \frac{Q_B}{C_{ox}} + 2\Phi_B - V_{BS} \tag{6.35}$$

y la tensión entre puerta y surtidor:

$$V_{GS} = V_{GB} + V_{BS} = V_{FB} - \frac{Q_B}{C_{ox}} + 2\Phi_B \tag{6.36}$$

Se define como tensión umbral del MOST, V_T, la que debe aplicarse entre los terminales de puerta y surtidor para lograr el inicio de formación de canal.

$$
\begin{aligned}
V_T &= V_{FB} + \frac{\sqrt{2q\varepsilon_s N_A (2\Phi_B - V_{BS})}}{C_{ox}} + 2\Phi_B \\
&= V_{T0} + \left[\frac{\sqrt{2q\varepsilon_s N_A (2\Phi_B - V_{BS})}}{C_{ox}} - \frac{\sqrt{2q\varepsilon_s N_A (2\Phi_B)}}{C_{ox}} \right] \\
&= V_{T0} + \gamma\left[\sqrt{2\Phi_B - V_{BS}} - \sqrt{2\Phi_B} \right] \\
con\ \gamma &\equiv \frac{\sqrt{2q\varepsilon_s N_A}}{C_{ox}}
\end{aligned}
\tag{6.37}
$$

La diferencia entre V_T y V_{T0} se conoce como *efecto sustrato* (*body effect*). El coeficiente γ se denomina *parámetro del efecto sustrato*. Este efecto es incómodo porque hace depender la tensión umbral del punto de trabajo del transistor. Por esta razón, siempre que el diseño del circuito lo permita, se suele cortocircuitar el sustrato y el surtidor para eliminar este efecto.

EJEMPLO 6.6

En un MOST con un óxido de grosor 250 Å y sustrato tipo P con $N_A = 10^{16}$ cm^{-3}, el cambio en la tensión umbral cuando la tensión del sustrato pasa de 0 V a –5 V es:

$$\gamma = \frac{\sqrt{2q\varepsilon_s N_A}}{C_{ox}} = 0.41 \ \text{V}^{1/2} \quad V_T - V_{T0} = \gamma\left(\sqrt{2\Phi_B - V_{BS}} - \sqrt{2\Phi_B}\right) = 0.64\,V$$

La presencia de cargas fijas en el óxido no modificaría el cálculo anterior, como tampoco lo haría una implantación iónica en el canal.

Ejercicio 6.8

Calcular la tensión umbral de un MOST de canal N con puerta de polisilicio N$^+$, óxido de 250 Å de grosor con una densidad de carga fija de 25 nC/cm^2 y sustrato con $N_A = 10^{16}$ cm^{-3} que incorpora una implantación de canal de 10^{12} aceptores/cm^2 cuando hay aplicada una tensión de -5V entre sustrato y surtidor.

La tensión umbral en ausencia del efecto sustrato, partiendo del resultado del ejemplo 6.4, y con las correcciones dadas por las expresiones 6.18 y 6.19 es:

$$V_{T0} = -0.11V - \frac{Q_{ox} + Q_I}{C_{ox}} = -0.11V - \frac{25\times10^{-9} - 1.6\times10^{-19}\times10^{12}\,C/cm^2}{1.38\times10^{-7}\,F/cm^2} = 0.87\,V$$

El valor del efecto sustrato es el calculado en el ejemplo 6.6, resultando: $V_T = 0.87 + 0.64 = 1.5\,V$

6.2.2 Corriente de drenador en el MOST

Sea un MOST de canal N con una tensión aplicada en su puerta de valor $V_{GS} > V_T$. Se supondrá inicialmente que $V_{DS} = 0$ y $V_{BS} = 0$, de forma que V_{GS} es la tensión entre puerta y sustrato. La tensión aplicada a la puerta por encima de la tensión umbral, $V_{GS} - V_T$, provoca la aparición de portadores minoritarios en la región de canal, de acuerdo con el resultado del ejercicio 6.5. El valor de la carga en el canal, Q_n, viene dada por la expresión:

$$Q_n = -C_{ox}(V_{GS} - V_T)WL \tag{6.38}$$

Esta carga se distribuirá uniformemente en toda la región del canal. El valor de la conductancia del canal se puede determinar a partir de Q_n, y posteriormente encontrar la relación entre la intensidad de corriente I_D y la tensión V_{DS}. Ahora bien, cuando se aplica una tensión V_{DS}, la distribución de la carga Q_n deja de ser uniforme. En efecto, en el extremo surtidor, la tensión "disponible" para acumular minoritarios, en el sentido utilizado en la expresión 6.38, es $V_{GS} - V_T$, pero cerca del drenador es únicamente $V_{GD} - V_T = V_{GS} - V_T - V_{DS}$. A lo largo del canal habrá valores intermedios entre estos dos. El resultado se puede visualizar como un canal de profundidad variable tal como se representa en la figura 6.8. Cuanto mayor sea V_{DS}, mayor será la variación de profundidad del canal.

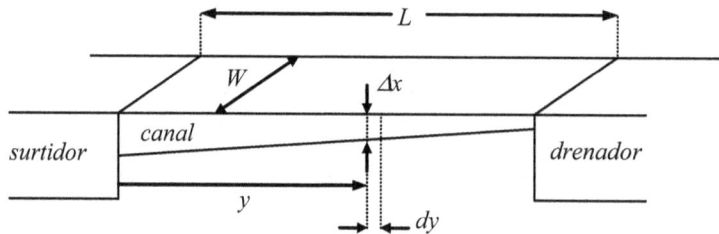

Fig. 6.8 Geometría del canal cuando hay aplicada una tensión entre drenador y surtidor. La longitud y anchura del canal se indican como L y W respectivamente.

Supóngase inicialmente que la tensión de drenador es lo bastante pequeña como para poder suponer que $V_{GD} = V_{GS} - V_{DS} > V_T$, es decir, que hay canal en toda la región entre drenador y surtidor. Para poder calcular la corriente por el canal se considerará la variación de la tensión a lo largo del canal $V(y)$. En el extremo surtidor, $V(y=0) = 0$, mientras que en el de drenador $V(y=L) = V_{DS}$. Se supondrá el canal dividido en una sucesión en serie de elementos de longitud dy. En un elemento situado una distancia y del surtidor, la diferencia de tensión entre puerta y sustrato es $V_G - V(y) = V_{GS} - V(y)$, y, por tanto, la carga de minoritarios de acuerdo con la expresión 6.38 es:

$$dQ_n = -C_{ox}[V_{GS} - V(y) - V_T]W dy \tag{6.39}$$

donde W es el ancho del canal. Por otra parte, si la densidad de electrones en este elemento es $n(y)$ resulta:

$$dQ_n = -qn(y)W\Delta x dy \tag{6.40}$$

siendo Δx el grosor del canal en el punto y. De las expresiones 6.39 y 6.40 se deduce:

$$n(y) = \frac{C_{ox}[V_{GS} - V(y) - V_T]}{q\Delta x} \tag{6.41}$$

La resistencia de este elemento de canal será:

$$dR = \frac{1}{\sigma(y)}\frac{dy}{W\Delta x} = \frac{1}{q\mu_n n(y)}\frac{dy}{W\Delta x} = \frac{dy}{\mu_n W C_{ox}\left[V_{GS} - V(y) - V_T\right]} \qquad (6.42)$$

por lo que la caída de tensión en este elemento será:

$$dV(y) = I_D dR = \frac{I_D dy}{\mu_n W C_{ox}\left[V_{GS} - V(y) - V_T\right]} \qquad (6.43)$$

Integrando esta expresión entre los extremos del canal, y teniendo en cuenta que I_D es constante:

$$\mu_n W C_{ox}\int_0^{V_{DS}}\left[V_{GS} - V(y) - V_T\right]dV(y) = I_D \int_0^L dy \qquad (6.44)$$

El resultado es:

$$I_D = k_n\left[\left(V_{GS} - V_T\right)V_{DS} - \frac{V_{DS}^2}{2}\right]$$

$$k_n = k_n^{'}\frac{W}{L}, \quad k_n^{'} = \mu_n C_{ox} \qquad (6.45)$$

Esta expresión es válida mientras haya canal desde el surtidor hasta el drenador, es decir, mientras $V_{GD} = V_{GS} - V_{DS} > V_T$. Este modo de funcionamiento se denomina óhmico, y también se dice que el transistor trabaja en modo triodo.

Cuando la tensión de drenador aumenta de forma que ya no se cumple la condición $V_{GS} - V_{DS} > V_T$, el canal desaparece en el extremo de drenador y se dice que el canal está estrangulado, o que el dispositivo entra a operar en modo de saturación. En este caso ya no puede aplicarse la expresión 6.45, sino que debe obtenerse otro modelo para la corriente de drenador.

Considérese un transistor polarizado con $V_{DS} = 0$ y $V_{GS} > V_T$. En estas condiciones existe un canal uniforme entre drenador y surtidor, pero no pasa corriente de acuerdo con la expresión 6.45. Supóngase ahora que empieza a aumentar V_{DS}. Mientras el valor de esta tensión sea pequeño, la ecuación 6.45 admite la siguiente aproximación:

$$I_D \approx k_n\left(V_{GS} - V_T\right)V_{DS} \qquad (6.46)$$

La corriente es proporcional a la tensión entre los extremos del canal, es decir, se comporta como una resistencia, y de ahí se deriva el nombre de modo óhmico para esta forma de funcionamiento. Sin embargo, cuando V_{DS} aumenta más, la aproximación 6.46 deja de ser válida y la ecuación 6.45 indica que I_D crece cada vez más lentamente. La causa de este comportamiento radica en que el adelgazamiento del canal en el extremo del drenador es cada vez más pronunciado. Puede observarse este comportamiento en cualquiera de las curvas de la figura 6.9a. Cuando V_{DS} alcanza el valor $V_{GS} - V_T$, entonces $V_{GD} = V_T$, es decir, la tensión entre puerta y sustrato en el extremo drenador es la mínima que se necesita para inducir canal. Para tensiones de drenador aún mayores, V_{GD} es menor que V_T y el canal desaparece en este extremo, por lo que el transistor entra en el modo de saturación. La corriente ya no responde a la expresión 6.45. En efecto, si se aplicara esta expresión resultaría una disminución de I_D causada por un incremento de V_{DS}, cosa absurda. Lo que ocurre es que I_D mantiene el valor máximo conseguido en el modo óhmico. El efecto de incrementar la tensión de drenador, que favorece el paso de corriente, y el del estrangulamiento del canal, que lo dificulta, se compensan uno a otro. El valor de la corriente en modo saturación puede deducirse de la expresión 6.45 tomando $V_{DS} = V_{GS} - V_T$:

$$I_D = \frac{1}{2}k_n(V_{GS} - V_T)^2 \qquad (6.47)$$

La figura 6.9a muestra este comportamiento. El conjunto de curvas se denominan características de salida del transistor. En la región de saturación tiene interés representar la ecuación 6.47, que se denomina *característica de transferencia*.

La expresiones 6.45 y 6.47 de la corriente de drenador contienen un coeficiente, $k_n = \mu_n C_{ox} W/L$, que consta de dos factores:

- el factor $k'_n = \mu_n C_{ox}$, denominado *factor tecnológico*. Depende del sustrato utilizado y del proceso de fabricación. En algunos textos también se le denomina *transconductancia de proceso* o simplemente *transconductancia*. No hay que confundirla con otra magnitud incremental que se introducirá más adelante con este mismo nombre.

- el factor geométrico, W/L, también conocido como *relación de aspecto*. Son las variables que puede determinar el diseñador de un circuito integrado trabajando con una determinada tecnología de fabricación.

La teoría expuesta, conocida a veces como análisis de canal gradual, incluye simplificaciones. La más importante es que no se tiene en cuenta que la caída de tensión a lo largo del canal provoca que Q_B sea también función de y, por lo que no se debería utilizar en la expresión 6.39 un valor constante de V_T como el calculado en la ecuación 6.17 con Q_B constante. Un cálculo más exacto proporcionaría una expresión para la corriente en la región óhmica:

$$I_D = k_n\left\{\left(V_{GS} - V_{FB} - 2\Phi_B - \frac{V_{DS}}{2}\right)V_{DS} - \frac{2}{3C_{ox}}\sqrt{2q\varepsilon_s N_A}\left[(V_{DS} + 2\Phi_B)^{3/2} - (2\Phi_B)^{3/2}\right]\right\} \quad (6.48)$$

El límite entre la región óhmica y la de saturación vendría dado para la tensión:

$$V_{DS,sat} = V_{GS} - V_{FB} - 2\Phi_B - \frac{2q\varepsilon_s N_A}{C_{ox}^2}\left[\sqrt{1 + \frac{C_{ox}^2}{q\varepsilon_s N_A}(V_{GS} - V_{FB})} - 1\right] \qquad (6.49)$$

Para calcular la corriente de drenador en saturación se debería utilizar la ecuación 6.48 con el valor de V_{DS} dado por la expresión 6.49. Se propone el lector encontrar las aproximaciones que hay que hacer en la ecuación 6.48 para obtener la ecuación 6.45. En todo el estudio que sigue se trabajará con la aproximación que proporciona 6.45.

Por razones de simplicidad no se ha considerado el efecto sustrato en la deducción de las ecuaciones 6.45 y 6.47. Ahora se puede incorporar este efecto usando el valor de V_T dado por 6.37.

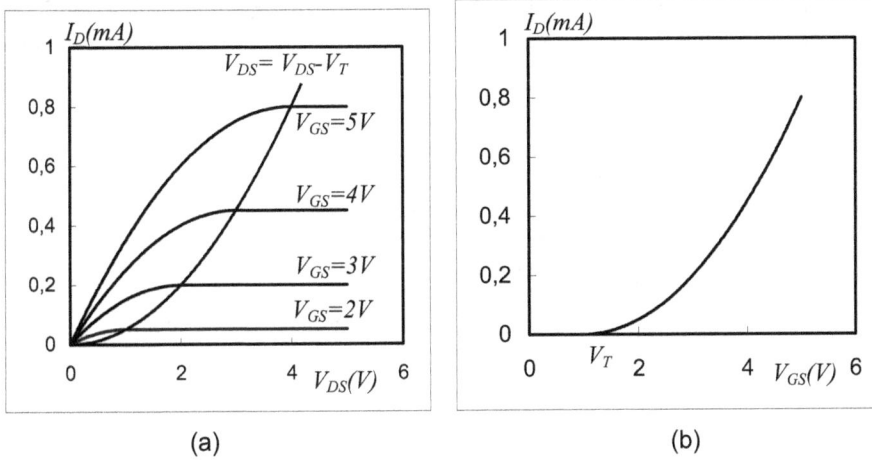

Fig. 6.9 a) Características de salida del MOST. b) Características de transferencia.
Las curvas se han calculado tomando $V_T = 1$ V, $k_n = 0.1$ mA/V^2.

EJEMPLO 6.7

Considérese el MOST del ejercicio 6.8 con $V_{BS} = 0$. La movilidad de los electrones en la región de canal es de 500 cm^2/(Vs) y la anchura del canal es el doble que su longitud. En estas condiciones el coeficiente de la expresión de la corriente de drenador vale $k_n = \mu_n C_{ox}(W/L) = 500 \times 1.38 \times 10^{-7} \times 2 = 1.38 \times 10^{-4}$ A/V^2. La curva $I_D(V_{DS})$ cerca del origen presenta, para una tensión entre puerta y surtidor $V_{GS} = 3$V, de acuerdo con 6.46, una pendiente $k_n (W/L)(V_{GS}\text{-}V_T) = 1.38 \times 10^{-4}$ A/$V^2 \times 2.13$ V = 0.29 mA/V. Cuando se aumenta la tensión de drenador el transistor entra en modo de saturación para $V_{DS} = V_{GS} - V_T = 2.13$ V. En saturación, la corriente que circula por el canal es, de acuerdo con 6.45, de 1.31 mA.

EJEMPLO 6.8

Para comparar las versiones exacta y aproximada del análisis de canal gradual se considerará un MOST de canal N con las características ya utilizadas en ejemplos anteriores: puerta de polisilicio N$^+$, óxido libre de carga fija con $t_{ox} = 250$ Å, sustrato con $N_A = 10^{16}$ cm^{-3}, movilidad de electrones en el canal $\mu_n = 500$ cm^2/(Vs) y dimensiones $W/L = 2$. Se supondrá que se aplica a la puerta una tensión $V_{GS} = 5$ V, manteniendo $V_{BS} = 0$.

Tomando 6.49, con $C_{ox} = 1.38 \times 10^{-7}$ F/cm^2 y $\Phi_B = 0.335$ V de acuerdo con lo calculado en el ejercicio 6.1, se encuentra $V_{DS,sat} = 3.97$ V. En la aproximación de tensión umbral constante de las ecuaciones 6.45 y 6.47, utilizando $V_T = 0.12$ V y dada por 6.17, se encuentra $V_{DS,sat} = V_{GS} - V_T = 4.88$ V. Considérese ahora un punto de trabajo de la región óhmica, $V_{DS} = 3$ V. La corriente de drenador calculada utilizando 6.48 es 1.29 mA, mientras que la aproximación 6.45 da 1.4 mA. En modo de saturación se calcula la corriente de drenador como el valor máximo que toma I_D en 6.48 y que corresponde al punto límite $V_{DS} = 3.97$ V. El resultado es $I_D = 1.41$ mA. La aproximación dada por 6.47 da 1.6 mA.

La conclusión que se desprende del ejemplo 6.8 es que la aproximación dada por las ecuaciones 6.45 y 6.47 es suficientemente precisa como para poder ser asumida en el resto de este estudio. No es preciso repetir la deducción de la ecuación de la corriente de drenador para un transistor de canal P. Basta con tener en cuenta los siguientes aspectos:

- En la figura 6.9a, si se tratara de un pMOS, para pasar de las curvas inferiores a las superiores se debería aplicar una tensión de puerta progresivamente más pequeña. En un transistor *de acumulación*, en el que $V_{GS} < V_T < 0$, esto significa una tensión negativa de valor absoluto progresivamente mayor.

- El drenador se polariza con una tensión negativa respecto al surtidor. La corriente de drenador circula, por tanto, de surtidor a drenador. Este es el sentido que se tomará como positivo.

- En la figura 6.9b, I_D aumenta al tomar V_{GS} valores cada vez más negativos.

Teniendo en cuenta estas consideraciones, se pueden utilizar las ecuaciones 6.45 y 6.47. Como en un MOST de canal P *de acumulación* todas las tensiones que aparecen en estas ecuaciones son negativas, suele ser más cómodo sustituir las variables V_{GS}, V_{DS}, y V_T, por sus opuestas $V_{SG} \equiv V_S - V_G$, $V_{SD} \equiv V_S - V_D$ y $|V_T|$, de forma que puedan seguir utilizándose las mismas ecuaciones con valores positivos de todas las variables.

Ejercicio 6.9

En el MOST del ejemplo 6.7 se desea modelar el comportamiento lineal de la función $I_D(V_{DS})$ cerca de $V_{DS} = 0$ por una resistencia r. Calcular su valor.

$$r^{-1} \equiv \frac{dI_D}{dV_{DS}} \approx \frac{d}{dV_{DS}}\left[\mu_n C_{ox} \frac{W}{L}\left(V_{GS} - V_T\right)V_{DS} \right] = \mu_n C_{ox} \frac{W}{L}\left(V_{GS} - V_T\right) = 0.29\frac{mA}{V} \Rightarrow r = 3.4\,k\Omega$$

En circuitos digitales el transistor trabaja como un interruptor. La magnitud calculada representa la resistencia parásita del interruptor en conducción.

Ejercicio 6.10

Considérese el mismo transistor trabajando en modo de saturación. Hallar la relación g_m que existe entre los valores incrementales de la tensión de puerta y los de la corriente de drenador.

$$g_m \equiv \frac{dI_D}{dV_{GS}} = \frac{d}{dV_{GS}}\left[\frac{1}{2}\mu_n C_{ox}\frac{W}{L}\left(V_{GS} - V_T\right)^2 \right] = \mu_n C_{ox}\frac{W}{L}\left(V_{GS} - V_T\right)$$

En el punto de trabajo del ejemplo 6.7, esta magnitud vale 0.29 mA/V. Este parámetro se denomina transconductancia y caracteriza el funcionamiento del dispositivo como amplificador.

CUESTIONARIO 6.2.a

1. Examinar la influencia del efecto sustrato en los parámetros r y g_m de un MOST e indicar cuál de las siguientes afirmaciones relativas al efecto de un aumento de la polarización entre sustrato y surtidor es correcta.

    a) g_m disminuye y r aumenta.   *b)* g_m y r aumentan.

    c) r disminuye y g_m aumenta.   *d)* g_m y r disminuyen.

2. Considérese el circuito de la figura con $V_{GS} = 5$ V. ¿Cuál es el valor de la tensión entre drenador y surtidor?

    a) 0.6 V   *b)* 1.1 V   *c)* 4.4 V   *d)* 3.9 V

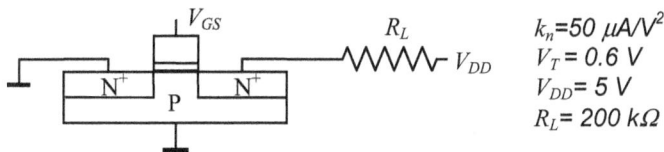

$k_n = 50 \ \mu A/V^2$
$V_T = 0.6$ V
$V_{DD} = 5$ V
$R_L = 200 \ k\Omega$

Fig. 6.10.

3. Considérese el circuito de la figura de la cuestión 2 con $V_{GS} = 2$ V. ¿Cuál es el valor de la corriente que circula por el terminal de drenador?

    a) 23 μA *b)* 49 μA *c)* 98 μA *d)* 0.48 mA

4. En el circuito de la figura de la cuestión 2 se sustituye la resistencia de 100 $k\Omega$ por otra de 20 $k\Omega$. Se quiere saber la condición (necesaria y suficiente) para que el transistor esté en saturación.

    a) $V_{GS} < 0.6V$ *b)* $0.6 < V_{GS} < 2.6V$ *c)* $1.4 < V_{GS} < 2.6V$ *d)* $2.6 < V_{GS} < 5V$

5. En el cálculo de la corriente de drenador de un transistor que trabaja en modo óhmico es cómodo poder utilizar la expresión 6.46 en lugar de la 6.45. Se quiere saber el error que se comete al hacer estas aproximaciones si los datos del problema son los siguientes: $V_T = 1$ V, $V_{GS} = 5$ V, $V_{DS} = 0.5$ V.

    a) 14.3%   *b)* 12.5%   *c)* 6.7% d)   6.25%

6. Una manera de determinar el punto de trabajo del transistor de la figura 6.10 es el análisis gráfico que consiste en encontrar el punto de intersección de dos curvas: la ecuación de corriente del transistor, $I_D(V_{DS}, V_{GS})$, y la ley de Kirchhoff de las tensiones para la malla de drenador, $V_{DD} = I_D R_L + V_{DS}$. Aplicando este procedimiento, indicar cuál de las siguientes afirmaciones es falsa:

a) Si $V_{GS} < V_T$, entonces $V_{DD} = V_{DS}$.

b) Si $V_{GS} > V_T$, el transistor se encuentra en conducción, pero no se puede afirmar, a priori, si trabajará en la región óhmica o en la de saturación.

c) Para un valor de $V_{GS} > V_T$, si $R_L \to \infty$ el transistor entra en región óhmica y $I_D \to 0$.

d) Para un valor de $V_{GS} > V_T$, si $R_L \to 0$ el transistor entra en saturación y $I_D \to \infty$.

6.3 Símbolos circuitales

No hay un consenso universal sobre los símbolos para representar los transistores MOS en un circuito. En la figura 6.1 se muestran los más utilizados y que corresponden a los siguientes casos

- La figura (a) representa un MOST de canal N de acumulación, con el terminal de sustrato accesible. La flecha va del sustrato (tipo P) al canal (N). El mismo símbolo, con el sentido de la flecha invertido, se utiliza para dispositivos de canal P. Obsérvese que no hay diferencia entre los terminales de drenador y de surtidor, puesto que actúan de una u otra forma según la tensión aplicada.

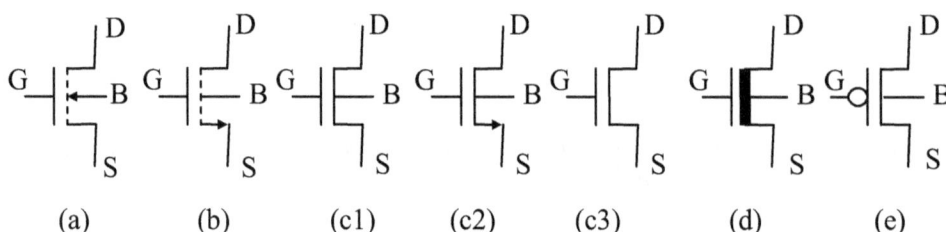

Fig. 6.11 Símbolos circuitales del MOST.

- La figura (b) corresponde también a un MOST de canal N de acumulación. La flecha indica que la corriente en el canal circula de drenador a surtidor. El mismo símbolo se puede utilizar para transistores de canal P invirtiendo el sentido de la flecha.

- El símbolo de la figura (c1) se utiliza por algunos autores para el MOST de canal N de acumulación, mientras que otros le dan el mismo uso que los de las figuras (a) y (b). Para transistores de vaciamiento se utiliza el símbolo de la figura (d). Conviene señalar que en tecnología NMOS que utiliza circuitos como el de la figura 6.13b, el transistor de vaciamiento tiene, por construcción, el sustrato y el surtidor cortocircuitados.

- El símbolo de la figura (c2) tiene el mismo significado que el de la (c1), pero especificando mediante una flecha que se trata de un nMOS. Invirtiendo el sentido de la flecha se obtiene el símbolo del pMOS. Cuando en un circuito no se utiliza el terminal de sustrato, se suele eliminar este terminal en el símbolo. Así, (c1) se reduciría a (c3).

- El símbolo equivalente de la figura (c1) para pMOS es el de la figura (e). No hay equivalente de (d) para canal P, puesto que los pMOS de vaciamiento no se utilizan. Nótese que en los símbolos (a), (c1), (c3), (d) y (e) no se indica qué terminal es el drenador. Si el MOST es de canal N, el terminal que tiene aplicada una tensión mayor es el que actúa como drenador, mientras que ocurre lo contrario si el canal es P.

En muchos casos el terminal de sustrato no se utiliza o se mantiene a una tensión fija, y entonces se puede prescindir de este terminal en el esquema del circuito.

PROBLEMA GUIADO 6.2

Considérese el circuito de la figura 6.12 con los siguientes datos: Transistor: $V_T = 0.8$ V, $k_n' = 20\ \mu A/V^2$, $W = 5\ \mu m$, $L = 1\ \mu m$. Circuito: $V_{DD} = 5$ V, $R_L = 10\ k\Omega$. Se pide:

1. Hallar la relación que existe entre las variables del circuito V_i, V_o, R_L I_L y las del transistor, V_{GS}, V_{DS} y I_D. Calcular la tensión de salida cuando $V_i = 2.8$ V. ¿En qué región trabaja el transistor?

2. Calcular la transconductancia del transistor (véase ejercicio 6.10). Hallar la expresión del cociente de valores incrementales $\Delta V_o / \Delta V_i$, que se define como ganancia de tensión, G_V. Calcular su valor en el punto de trabajo.

3. Proponer estrategias en el diseño de los dos componentes del circuito para incrementar el valor de G_V. A la vista de estos resultados discutir qué aplicación podría ser apropiada para esta estructura en un circuito amplificador.

4. Supóngase que se quiere utilizar este circuito anterior como un inversor lógico (puerta NOT) en la que la tensión de alimentación $V_{DD} = 5$ V representa el valor lógico alto, mientras que el nivel bajo es 0 V. Demostrar que para una entrada de 0 V la salida vale 5 V, pero que para una entrada de 5 V, la salida está muy alejada de 0 V. ¿Qué ocurre si se cambia la resistencia por una de 100 kΩ? Considerando que una tensión corresponde a un cero lógico, si su valor es menor que la tensión umbral del MOST, ¿se puede afirmar que el circuito es un inversor?

5. Supóngase que se desea realizar esta resistencia en el mismo circuito integrado que el transistor. Para esto se utiliza una pista N^+ creada dentro del sustrato P en el mismo proceso que las regiones de drenador y de surtidor. Si esta región presenta una resistividad de 10 m$\Omega\times$cm y un grosor de 1 μm, determinar la relación L/W entre la longitud y la anchura de la pista. Suponiendo que $W = 1\ \mu m$, evaluar la superficie de silicio ocupada por la resistencia y compararla con la del transistor.

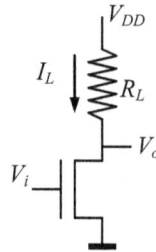

Fig. 6.12 Circuito del problema guiado 6.2

PROBLEMA GUIADO 6.3

Se dispone de dos alternativas para evitar el despilfarro de superficie de silicio que supone realizar resistencias de valor elevado. La primera consiste en sustituir la resistencia por un transistor nMOS de vaciamiento. La segunda, utilizar un pMOS. En ambos casos la polarización de este transistor "sustituto" (transistor de carga) debe asegurar que esté conduciendo, tal como se indica en la figura 6.13. Se pide calcular la tensión de salida cuando la entrada es el nivel alto ($V_i = 5$ V) en ambos casos, suponiendo los siguientes parámetros:

nMOS de acumulación: $k_n' = 20$ $\mu A/V^2$, $V_T = 0.8$ V, $W = 1$ μm, $L = 1$ μm

nMOS de vaciamiento: $k_n' = 20$ $\mu A/V^2$, $V_T = -3$ V, $W = 1$ μm, $L = 5$ μm

pMOS: $k_p' = 10$ $\mu A/V^2$, $V_T = -0.8$ V, $W = 1$ μm, $L = 5$ μm

1. Demostrar que en ambos casos $V_O = V_{DD}$ cuando $V_i = 0$

2. Justificar que para un buen funcionamiento del circuito como inversor se requiere que cuando $V_i = 5$ V el transistor de carga esté en saturación y el otro (también denominado transistor inversor) trabaje en la región óhmica, tanto en el caso a) como en el b).

3. Calcular el valor de I_L. Sugerencia: hacerlo a partir de las ecuaciones del transistor de carga.

4. Calcular el valor de V_O. Sugerencia: hacerlo a partir de las ecuaciones del transistor inversor

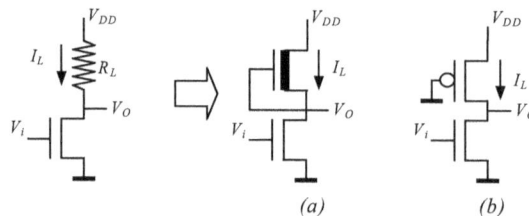

Fig. 6.13 a) Inversor nMOS con carga de vaciamiento. b) Inversor pseudo-nMOS.

PROBLEMA GUIADO 6.4

Una alternativa tecnológica a los circuitos del problema anterior es la utilización de un transistor nMOS y otro pMOS en una conexión conocida como MOS complementarios (CMOS), representada en la Fig. 6.14. La tensión V_{DD} es de 5 V, y los datos de los transistores son los siguientes:

nMOS: $k_n' = 20 \ \mu A/V^2$, $V_T = 0.8 \ V$, $W = 1 \ \mu m$, $L = 1 \ \mu m$

pMOS: $k_p' = 10 \ \mu A/V^2$, $V_T = -0.8 \ V$, $W = 2 \ \mu m$, $L = 1 \ \mu m$

Se pide:

    1. Determinar en qué región trabaja cada transistor para $V_i = V_{DD}$ y para $V_i = 0$.

    2. Evaluar V_o y I_D en los dos casos del apartado anterior.

    3. En función de los resultados anteriores, evaluar las prestaciones de este circuito como inversor.

    4. Hallar el punto de trabajo de los transistores para $V_i = V_{DD}/2$.

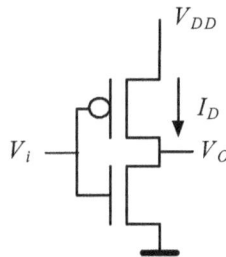

Fig. 6.14 Inversor CMOS.

6.4 Tecnología MOS

El modelo de transistor que ha sido descrito hasta ahora es útil para analizar de forma aproximada circuitos como los de los problemas 6.2 a 6.4. Las tecnologías más avanzadas exigen mejorar este modelo incluyendo efectos que han sido ignorados, con el objetivo de hacer cálculos más realistas. Pero esta acción exige el conocimiento de la estructura real del dispositivo, que sólo se puede tener a partir del proceso de fabricación. Entre las tecnologías MOS están la NMOS, que requiere fabricar en el mismo sustrato transistores de canal N de acumulación y de vaciamiento, como en el circuito de la figura 6.13a, la CMOS, que utiliza estructuras como la de la figura 6.14, y que requiere fabricar transistores con los dos tipos de canal en el mismo sustrato, y la BiCMOS, que integra transistores bipolares y MOS. Al ser la tecnología CMOS la más utilizada actualmente, sobretodo en circuitos digitales, será la que se presentará a continuación, describiendo la fabricación de un inversor por ser el circuito más simple que contiene todos los elementos de la tecnología CMOS.

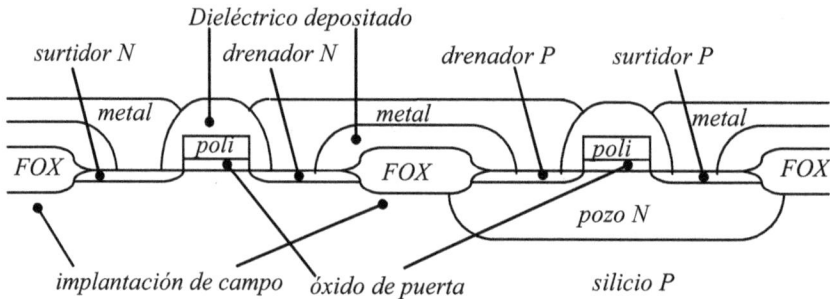

Fig. 6.15 Sección de un inversor CMOS. La conexión entre las dos regiones de polisilicio no es visible en este esquema de dos dimensiones.

La figura 6.15 representa esquemáticamente una sección perpendicular a la superficie del silicio de un inversor CMOS donde aparecen los dos transistores que forman la pareja. En los siguientes párrafos se hará referencia a esta figura y se supondrán conocidas las etapas básicas de los procesos de fabricación presentadas en el capítulo 3, así como el encadenamiento de la secuencia de etapas necesarias para fabricar un dispositivo como la presentada en el capítulo 5 para el transistor bipolar. En este encadenamiento es esencial entender el conjunto de máscaras de fotolitografía utilizadas y que dan lugar a la composición en planta del dispositivo (*layout*), que es la herramienta básica del diseñador del circuito integrado. A continuación se presenta un proceso genérico para fabricar un circuito CMOS, esquematizado, por etapas, en la figura 6.16.

6.4.1 Elección del sustrato

Para hacer transistores de canal N se parte de un sustrato de tipo P, mientras que se utiliza silicio N para obtener transistores de canal P. Si en un circuito integrado se utilizan los dos tipos de transistores, la única solución es realizar unas islas que se denominan *pozos* (en inglés *wells* o *tubs*) de tipo N en una oblea de silicio de tipo P, o bien pozos de tipo P en una oblea de tipo N. En el primer caso se trata de una *tecnología de pozo N,* mientras que el segundo se denomina *tecnología de pozo P*. En nuestro ejemplo se utilizará tecnología de pozo N, por ser la más común. Conviene aclarar que también existen procesos que utilizan los dos tipos de pozo simultáneamente.

Realizar el pozo es la primera etapa del proceso de fabricación que requiere la utilización de una máscara. Con esta máscara se abre una ventana en la capa de óxido térmico que se ha crecido previamente en la superficie de la oblea, y a través de ella se hace un dopado tipo N. Este dopado no puede ser muy elevado si se quiere crear en su superficie el canal de un transistor (inferior a 10^{17} cm^{-3}). Una región de canal muy dopada exigiría una tensión de puerta muy elevada para producir el canal. Por otra parte, debe ser relativamente profunda para dar cabida a las zonas de vaciamiento que se formarán en las uniones de drenador y surtidor con el sustrato (aquí el pozo hace de sustrato). En tecnologías tradicionales su profundidad superaba las 4 μm, mientras que en las avanzadas se ha reducido por debajo de las 2 μm para reducir las capacidades parásitas. La técnica de dopado utilizada más habitualmente es la implantación iónica seguida de una redistribución térmica. La figura 6.16a representa esquemáticamente el resultado de esta etapa de fabricación.

6.4.2 Definición de las áreas activas

Una vez realizado el pozo, se elimina el óxido térmico residual de la etapa anterior y se hace crecer una nueva capa de óxido, denominado *óxido de campo* (*field oxide* o, abreviado, *FOX*). Se abrirán ventanas en esta capa con una segunda máscara (denominada de *área activa*), que permitirá crear los transistores, tanto dentro de los pozos como fuera de ellos. Este óxido de campo ya no se eliminará y pasará a formar parte de la estructura final.

En la práctica, sin embargo, las cosas son un poco más complicadas debido a que el óxido de campo puede contener un número importante de cargas fijas positivas, que pueden provocar una capa de inversión no deseada en la superficie de las regiones P subyacentes (canal parásito), y que podrían causar cortocircuitos. Para evitar este problema, se dopa fuertemente con impurezas aceptoras las regiones susceptibles de tener canales parásitos antes de realizar la oxidación de campo. Esta operación se denomina *implantación de campo* (*channel stop*). La secuencia de operaciones es la siguiente. Después de eliminar el óxido térmico de la etapa anterior, se recubre la oblea con una capa de nitruro de silicio, sobre la cual se deposita a su vez una capa de fotorresina. Con la máscara de región activa se deja al descubierto las regiones de campo en las que se elimina el nitruro y se realiza una implantación P^+. Se elimina la fotorresina residual y se realiza una oxidación térmica de la oblea que solo crecerá en las regiones de campo, ya que las regiones activas siguen recubiertas de la capa de nitruro que evita la oxidación. Finalmente, se elimina el nitruro de las regiones activas.

Esta técnica se denomina de *oxidación local del silicio* (abreviadamente, *LOCOS*). Es una técnica muy utilizada para evitar canales parásitos, si bien no es la única. No se detallarán en este texto otras técnicas alternativas, pero conviene señalar que una de las ventajas de esta técnica es que respeta la planaridad de la superficie del silicio, y que uno de sus inconvenientes es que el límite entre las regiones activas y las de campo están poco definidos, como puede observarse en la figura 6.16b (perfil de pico de pájaro o *bird's beak)*

Una vez eliminada la capa residual de nitruro, se hace crecer el óxido de puerta en toda la superficie de las regiones activas sin utilizar ninguna operación adicional de fotolitografía. Por esta razón, la máscara de región activa se denomina a menudo *máscara de óxido delgado* (*thinox*).

6.4.3 Formación de los transistores

En este momento del proceso de fabricación existe la posibilidad de hacer una nueva implantación en la región activa (implantación de canal) para ajustar la tensión umbral de los transistores al valor deseado. La siguiente etapa consiste en depositar el material del electrodo de puerta, habitualmente polisilicio. Mediante una nueva etapa fotolitográfica se define el contorno de las pistas de este material. A continuación se elimina el óxido delgado que aún cubre la superficie de las regiones de drenador y de surtidor. Para realizar este ataque no hace falta litografía, ya que el polisilicio protege el óxido delgado que se ha de mantener debajo de la puerta. La figura 6.16c muestra el resultado de esta etapa.

Para dopar las regiones de drenador y de surtidor hay que hacer dos implantaciones, una con donadores para los transistores nMOS y otra con aceptores para los transistores pMOS. Se requieren, por tanto, dos nuevas máscaras. En este momento no es posible hacer crecer óxido térmico para hacer de barrera para estas implantaciones. Una alternativa es utilizar la propia fotorresina para proteger las regiones que no deben ser implantadas. La región de canal no recibirá la implantación, ya que está protegida por el polisilicio de la puerta, y de esta forma los límites de las regiones de drenador y de surtidor quedan definidos por el propio electrodo de polisilicio (véase la figura 6.16d). Por este motivo se dice que este proceso es *autoalineado*, presentando, como principal ventaja, la reducción de las capacidades parásitas entre la región de puerta y las de drenador y surtidor, al evitarse el solapamiento entre estas regiones. Esta característica no ocurría en los primeros años de la tecnología MOS con puerta de aluminio, ya que no permitía dicha autoalineación.

6.4.4 Realización de los contactos

Una vez obtenidos los transistores, hay que realizar los contactos, que son generalmente metálicos. El procedimiento es igual que el descrito en el capítulo anterior para el transistor bipolar: depósito químico en fase vapor (*CVD*) de una capa aislante, a menudo de óxido de silicio, apertura de ventanas en esta capa mediante fotolitografía, depósito de una capa metálica, y posterior definición de las pistas mediante otra etapa fotolitográfica.

El número de niveles de conexión ha ido aumentando a medida que los circuitos han aumentado en complejidad. Dos niveles de polisilicio y tres de metal suelen ser actualmente habituales. Cada nivel añadido comporta dos depósitos, el del aislante y el del conductor, y dos máscaras, la de apertura de contactos y la de definición de pistas. Uno de los problemas asociados al uso de un gran número de niveles es la pérdida de planaridad de la superficie de la oblea.

Ejercicio 6.11

En un inversor CMOS como el de la figura 6.14, los electrodos de puerta son parte de una única pista de polisilicio (para verla completa se requiere un esquema en tres dimensiones). Esta pista mide 10 μm de longitud por 2 μm de anchura. Las dimensiones de los canales son: $L_n = W_n = L_p = 1$ μm, $W_p = 2$ μm. El grosor del óxido de puerta es de 300 Å y el del óxido de campo 1 μm. Determinar la capacidad entre la pista y el sustrato de silicio.

La capacidad pedida está formada por dos capacidades en paralelo: la que corresponde a las regiones de puerta y la de las regiones de campo. Las primeras tienen un valor unitario de $\varepsilon_{ox}/t_{ox} = 3.9 \times 8.85 \times 10^{-14} / 3 \times 10^{-6} = 1.15 \times 10^{-7}$ F/cm^2 y una superficie de $2\mu m^2 + 1\mu m^2 = 3\mu m^2$. Para las segundas los valores respectivos son 3.45×10^{-9} F/cm^2 y $10 \times 2\mu m^2 - 3\mu m^2 = 17\mu m^2$. El resultado total es: 1.15×10^{-7} F/cm$^2 \times 3 \times 10^{-8}$ cm$^2 + 3.45 \times 10^{-9}$ F/cm$^2 \times 17 \times 10^{-8}$ cm$^2 = 4.45$ fF + 0.59 fF = 5 fF.

EJEMPLO 6.9

Una de las tecnologías ofrecidas por Fujitsu (CS100A) a los diseñadores de circuitos integrados, en mayo del 2004, tiene las características siguientes: longitud de canal en máscara, 100 nm; longitud física del canal, 80 nm; grosor del óxido de puerta, 2.7 nm; tensión de alimentación prevista, 1.2 V; corriente de drenador máxima, en los nMOS, 820 μA por micra de anchura del canal (395 μA en los PMOS); conexiones, 1 nivel de polisilicio y 10 niveles de metal (9 de cobre y 1 de aluminio).

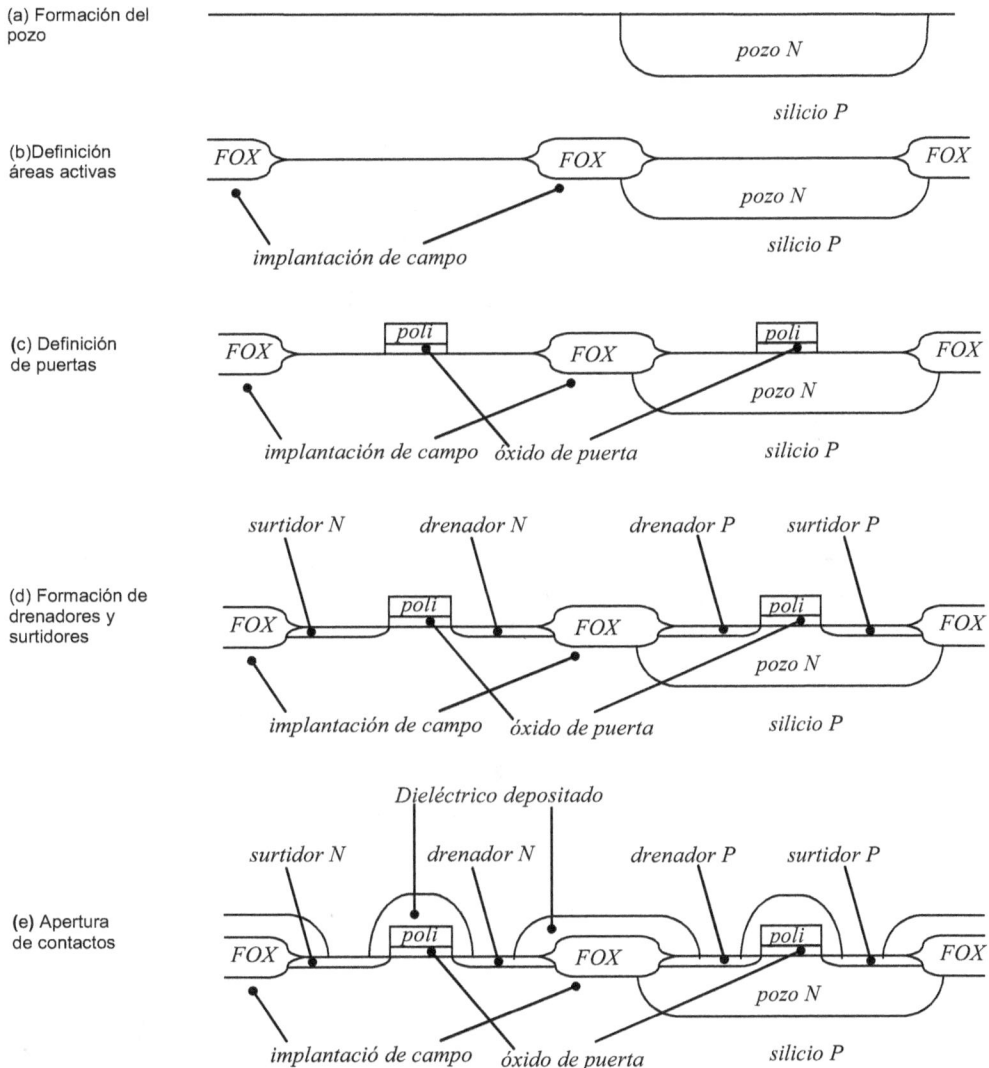

Fig. 6.16 Sección de semiconductor que muestra esquemáticamente un proceso CMOS. La figura con las pistas metálicas definidas sería una repetición de la figura. 6.15.

CUESTIONARIO 6.4.a

1. *En circuitos digitales CMOS un pozo se conecta normalmente a la tensión alta y el sustrato P a la baja. ¿Cuál es la razón?*

    a) Provocar un incremento de la tensión umbral de los pMOS por efecto sustrato.

    b) Inhibir el efecto sustrato en los nMOS.

    c) Polarizar inversamente la unión entre las regiones de drenador de los nMOS y el sustrato para eliminar corrientes de fuga entre drenador y sustrato.

    d) Polarizar inversamente la unión entre pozo y sustrato para evitar corrientes de fuga entre transistores.

2. *Considérese un pozo N con un dopado de 10^{16} impurezas por cm^3 y una región de drenador P^+ con un grosor de 0.5 μm y un dopado de 5×10^{18} cm^{-3}. Sabiendo que la tensión del drenador puede llegar hasta 5 V por debajo de la del pozo, determinar la profundidad mínima que debe tener esta región.*

    a) 1.35 μm   *b) 0.85 μm*   *c) 0.82 μm*   *d) 0.32 μm*

3. *Calcular la dosis de las implantaciones del pozo y del drenador de la cuestión anterior.*

    a) 2.5×10^{14} cm^{-2}   *b) 2.5×10^{18} cm^{-2}*   *c) 10^{19} cm^{-2}*   *d) 10^{15} cm^{-2}*

4. *En un proceso CMOS el óxido de campo tiene un grosor de 1μm. Se desea saber a qué tensión debería estar una pista de polisilicio para inducir un canal parásito en la región de campo de tipo P, suponiendo que el dopado de esta región sea de 3×10^{15} cm^{-3}, que no hay implantación de campo y que se encuentra a la tensión de referencia (0 V).*

    a) -6.77 V   *b) -8.47 V*   *c) 6.77 V*   *d) 8.47 V*

5. *¿Qué concentración de carga fija en un óxido de campo que recubre una región de silicio dopada con 3×10^{15} aceptores/cm^3 sin implantación de campo causará inversión de la superficie del semiconductor?*

    a) -24 nC/cm^2   *b) 24 nC/cm^2*   *c) -17 nC/cm^2*   *d) 17 nC/cm^2*

6. *En el caso del ejercicio anterior se desea prevenir la formación del canal parásito mediante una implantación de campo. Se pide cuál deberá ser el valor del dopado resultante de la región superficial para que la carga fija admisible sea 10 veces mayor que la que se ha calculado.*

    a) 3×10^{17} donadores/cm^3   *b) 3×10^{17} aceptores/cm^3*

    c) 3×10^{16} donadores/cm^3   *d) 3×10^{16} aceptores/cm^3*

6.5 Efectos no ideales en transistores MOS

El modelo de transistor MOS que se ha desarrollado contiene un conjunto de simplificaciones que son necesarias para lograr expresiones analíticas cerradas. Estas expresiones son útiles para discutir la influencia de cada parámetro en el funcionamiento del dispositivo y para hacer cálculos a mano. Ahora bien, una predicción precisa del comportamiento del MOST exige incluir efectos de segundo orden, lo cual conlleva utilizar métodos de cálculo numéricos. En el presente apartado se describirán los más importantes de estos efectos.

6.5.1 Modulación de la longitud del canal

Se ha calculado la corriente que circula por el canal de un MOST suponiendo que fuera una corriente de arrastre que circulara entre drenador y surtidor. Cuando el transistor entra en modo de saturación, hay una parte del canal que está estrangulado, tal como se representa en la figura 6.17, no habiendo en esta zona portadores acumulados para contribuir a la corriente de arrastre. La longitud efectiva del canal depende de la tensión V_{DS}.

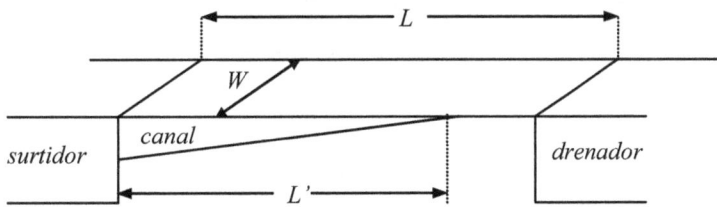

Fig. 6.17 Modulación de la longitud del canal.

Una forma sencilla de incorporar este efecto en el modelo de corriente del transistor consiste en suponer que la longitud efectiva del canal no es la distancia L entre las regiones de drenador y surtidor, sino la longitud del canal no estrangulado L'. Suponiendo un nMOS para fijar ideas:

$$I_D = \frac{1}{2} \mu_n C_{ox} \frac{W}{L'} (V_{GS} - V_T)^2 \qquad (6.50)$$

Para determinar L' se supone que en el punto final del canal hay la tensión umbral profunda. Tomando el surtidor como origen de tensiones, puede escribirse esta condición como $V(L') = V_{DSsat}$. Como la zona comprendida entre este punto y el drenador es una ZCE, se puede escribir:

$$\Delta L = L - L' = \sqrt{\frac{2\varepsilon_s}{qN_A} (V_{DS} - V_{DSsat})} \qquad (6.51)$$

que permite calcular L' y usarla en la ecuación 6.50. La dependencia de I_D con V_{DS} es una función incómoda de utilizar.

Cuando el efecto no es muy acusado, esta función se puede linealizar de forma similar a lo realizado con la modulación de la anchura de la base del transistor bipolar. El resultado es una expresión que se acostumbra a escribir de la siguiente forma:

$$I_D = \frac{1}{2}\mu_n C_{ox} \frac{W}{L}(V_{GS} - V_T)^2 [1 + \lambda V_{DS}] \tag{6.52}$$

El efecto de esta modulación en las curvas tensión-corriente del MOST se puede observar en la figura 6.18.

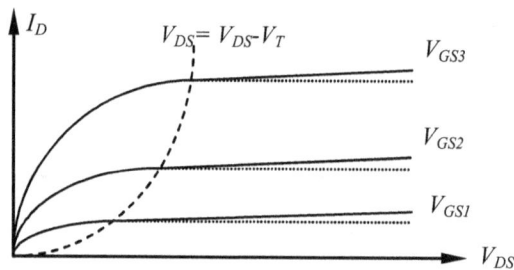

Fig. 6.18 Efecto de la modulación de la longitud del canal en las curvas corriente-tensión. En líneas de puntos las curvas correspondientes a la ecuación 6.47.

6.5.2 Efectos ligados a la reducción de dimensiones del canal

Las tecnologías avanzadas utilizan dispositivos de dimensiones cada vez menores. Cuando las dimensiones del canal son del orden de la micra o inferiores, se pone de manifiesto un conjunto de efectos que son irrelevantes en transistores más grandes. A continuación se describirán algunos de los más importantes.

Efecto de canal corto

En la deducción de la expresión de la tensión umbral, (ecuaciones 6.17 y 6.37), se ha supuesto que la carga por unidad de área Q_B era uniforme en toda la región de canal. Dicho de otra forma, la carga total, integrando Q_B en toda la región de canal, es proporcional a su longitud L. Esto no es completamente exacto, ya que cerca de las regiones de drenador y de surtidor la región de vaciamiento debajo del canal queda solapada con las regiones de vaciamiento de las uniones entre drenador y sustrato y entre surtidor y sustrato, tal como se ilustra en la figura 6.19(a). La carga Q_B inducida por efecto de la puerta está localizada en el trapecio de la figura en lugar del rectángulo, como se había

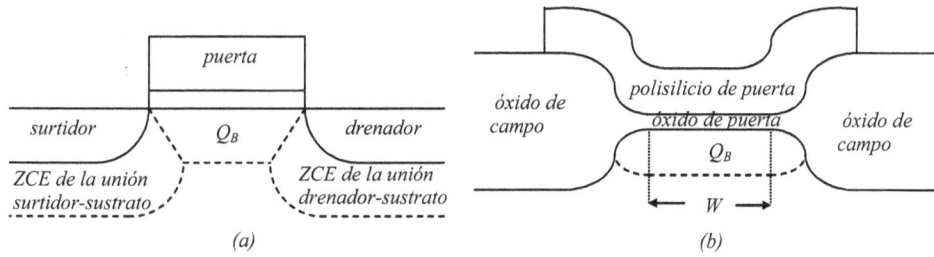

Fig. 6.19 a) Reducción de la carga Q_B por efecto de canal corto.
b) Incremento de Q_B por efecto de canal estrecho.

supuesto anteriormente. Por tanto, el valor de Q_B que se ha utilizado hasta ahora ha sido sobreestimado, y con él, el de la tensión umbral. Esta desviación solo es apreciable para canales de longitudes inferiores a 2 μm.

Efecto de canal estrecho

El efecto de pico de pájaro que aparece en la técnica de oxidación local del silicio provoca que el valor de Q_B haya sido subestimado y, por tanto, también el de V_T, como se ilustra en la figura 6.19(b), que es una sección transversal al canal. Este efecto es apreciable en canales de anchura W inferior a 2 μm y ha sido notablemente atenuado con el perfeccionamiento de las técnicas de oxidación local.

Conducción subumbral

En canales muy cortos puede haber una corriente apreciable para tensiones de puerta inferiores a la umbral, la cual es conocida como corriente subumbral. Para entender este fenómeno, considérese un transistor de canal N con la superficie de la región de canal en condiciones de inversión débil. Si $V_{DS}>$ 0, la diferencia de tensión entre la puerta y el sustrato es menor en el extremo de drenador que en el de surtidor. La consecuencia es que la curvatura de las bandas, mostrada en la figura 6.4d, es menos pronunciada cerca de la región de drenador y la concentración de minoritarios en la superficie es mayor que en la proximidad del surtidor. El resultado es un gradiente de concentración de portadores a lo largo de la región de canal que da origen a una corriente de difusión de drenador a surtidor aunque no haya inversión profunda en ningún punto de la superficie. Esta corriente subumbral es importante cuando la longitud del canal es muy pequeña. Una estimación basada en la expresión de la corriente de difusión da como resultado:

$$I_{Dsub} = \mu_n \frac{W}{L}\left(\frac{k_B T}{q}\right)^2 \sqrt{\frac{q\varepsilon_s N_A}{2(V_s - V_{BS})}}\left(\frac{n_i}{N_A}\right)^2 \exp\left\{\frac{q(V_s - V_{BS})}{k_B T}\right\}\left[1 - \exp\left\{-\frac{qV_{DS}}{k_B T}\right\}\right] \quad (6.53)$$

donde V_s es la tensión del extremo de surtidor de la superficie del semiconductor en relación al interior del material. La expresión $I_{Dsub}(V_s)$ dada por la ecuación 6.53 es más útil si es transforma en $I_{Dsub}(V_{GS})$, de manera similar a las ecuaciones 6.2 a 6.7. El resultado es una expresión compleja que da una relación del tipo $I_{Dsub} \propto \exp(qV_{GS}/k_BT)$. La figura 6.20(a) representa este resultado en el caso particular $V_{BS} = 0$. Obsérvese la proporcionalidad $I_{Dsub} \propto n_i^2$ que determina una dependencia de I_{Dsub} con la temperatura similar a la de la corriente de un diodo de unión PN.

Reducción de la barrera inducida por el drenador

La figura 6.20(b) representa la banda de conducción de la estructura N^+PN^+ constituida por las regiones de surtidor, sustrato y drenador y el cambio en su curvatura por efecto de una polarización V_{DS} en el caso de un transistor de canal largo (línea continua) y en uno de canal corto (línea de rayas).

La barrera de potencial que han de superar los electrones, en ausencia de canal, para pasar del surtidor al drenador no es alterada por V_{DS} si el canal es largo. Pero si es muy corto, las curvaturas de las bandas asociadas a las dos uniones pueden llegar a unirse a causa de un incremento de V_{DS} y de esta forma disminuir la altura de la barrera. Este efecto se denomina *reducción de barrera inducida por el drenador (Drain Induced Barrier Lowering, DIBL)*. El resultado es una disminución de la tensión umbral, V_T, que aparece en las ecuaciones 6.45 y 6.47. En las curvas de la figura 6.9(a) se manifiesta como una pendiente no nula de las curvas en la región de saturación, de manera similar a como lo hace el efecto de modulación de longitud del canal. La disminución de V_T también se manifiesta en la figura 6.20(a) como un desplazamiento de la curva hacia la izquierda, sin cambiar la pendiente.

Una de las estrategias utilizadas para reducir el DIBL consiste en modificar el diseño de la región de drenador de forma que el dopado cerca del canal sea menor (LDD, *Low Doped Drain*) para que así la barrera de potencial se extienda en parte hacia la región de drenador en lugar de hacerlo exclusivamente hacia la región de canal.

6.5.3 Efectos ligados a campos intensos

A lo largo de la historia de la tecnología MOS ha habido una continua reducción de las dimensiones de los dispositivos. La longitud de canal ha pasado de las decenas de micras en las primeras generaciones a las pocas décimas de micra actuales, mientras que el grosor del dieléctrico de puerta ha evolucionado desde unos 1000 Å iniciales a unas pocas decenas actuales. Las tensiones también han pasado, en circuitos digitales, desde los 5 V

iniciales, como en la tecnología TTL, a valores actuales del orden de 1.5 V. El resultado es que en los transistores avanzados aparecen campos eléctricos muy intensos, tanto a lo largo del canal como a través del óxido de puerta. A continuación se describirán algunos efectos relacionados con estos campos.

La corriente de drenador se ha calculado suponiendo que la movilidad de los portadores era constante. Si el campo es suficientemente intenso como para que los portadores que circulan por el canal adquieran la velocidad de saturación, v_{sat}, entonces las expresiones obtenidas sobreestiman el valor de I_D. Una evaluación simple de la corriente a partir de la suposición de que la carga de minoritarios del canal se mueve con velocidad v_{sat} conduce a la expresión:

$$I_D = C_{ox}W(V_{GS} - V_T)v_{sat} \tag{6.54}$$

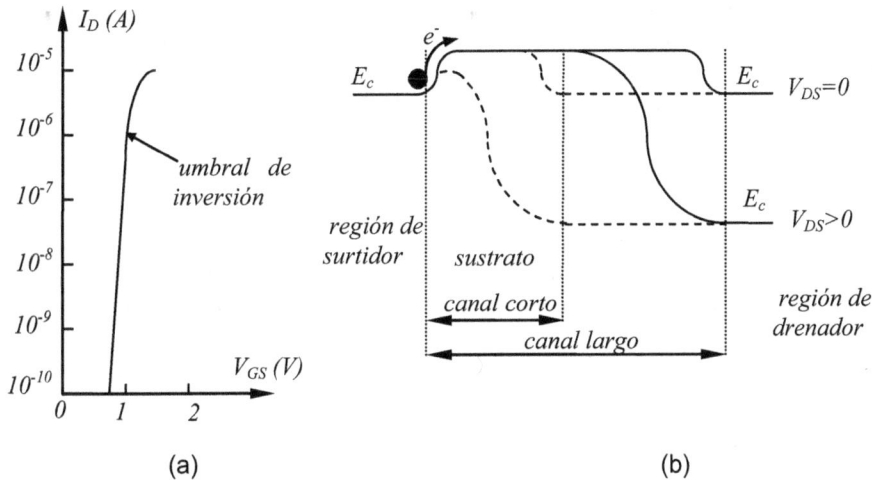

Fig. 6.20 a) Corriente subumbral. b) Reducción de la barrera inducida por el drenador.

Cuando el campo eléctrico a lo largo del canal es débil, inferior a 10^3 V/cm, la aproximación de movilidad constante de los portadores es válida. Entre estos valores del campo y los que provocan la saturación de la velocidad hay un intervalo en el que la función $v_n(E_{el})$ es creciente pero no lineal, como se vio en el capítulo 1. Los transistores trabajan a menudo en este intervalo. Una forma de incluir este efecto en la ecuación de la corriente del MOST consiste en utilizar una expresión de la movilidad dependiente del campo eléctrico. Con frecuencia, los simuladores de dispositivos incorporan en la región de saturación una expresión del tipo $\mu_n = \mu_{n0}/(1 + \text{const} \times E_{el})$.

La movilidad de los electrones en campos débiles, μ_{n0}, es función de la tensión de puerta (o, si se quiere, del campo perpendicular a la superficie), según una ley del tipo:

$$\mu_{n0} = \frac{A}{1 + \theta(V_{GS} - V_T)} \qquad (6.55)$$

donde A y θ son constantes. La razón física de esta dependencia es que incrementa el número de colisiones de los portadores con la superficie del silicio debido al campo perpendicular.

Fenómenos de ruptura

La unión entre la región de drenador y el sustrato soporta una tensión inversa que, cuando el transistor está en corte, es aproximadamente V_{DS}. Si se alcanza la ruptura se observa un rápido incremento da la corriente de drenador. En transistores de canal largo se puede evaluar la tensión de ruptura de acuerdo a la teoría de la unión PN, de igual forma a como se hace en el transistor bipolar en configuración de base común. Si el canal es corto el fenómeno se asemeja más a la ruptura de un transistor bipolar en configuración de emisor común.

Otra ruptura a considerar es la del dieléctrico de puerta cuando el campo eléctrico en esta región es mayor que el que puede soportar el material. Para reducir la tensión umbral y poder trabajar con tensiones menores, los óxidos de puerta se han ido haciendo progresivamente más delgados. Por debajo de unas decenas de angstroms la ruptura dieléctrica limita la reducción del valor de t_{ox}. Por este motivo, se tiende a sustituir el dióxido de silicio por otros dieléctricos, entre los que está el óxido de tántalo, que tienen una constante dieléctrica ε_{ox} mayor y, por tanto, permiten trabajar con grosores t_{ox} mayores sin incrementar V_T.

Al igual que ocurría en el caso del transistor bipolar, las tensiones de ruptura establecen los valores límite de las tensiones que se pueden aplicar al MOST. Cada nuevo paso hacia la miniaturización de los transistores exige encontrar una nueva solución a estos problemas que provoca esta reducción de dimensiones.

Defectos y cargas inducidos por corriente

Los portadores efectúan colisiones (*scattering*) cuando se desplazan. Este fenómeno es particularmente importante en la región de canal porque a los impactos propios del movimiento dentro del cristal (con las impurezas, defectos, etc.) hay que añadir el efecto de la superficie. A consecuencia de este hecho, la movilidad en la región de canal es menor que en el volumen del semiconductor. Si la velocidad alcanzada por los portadores es muy grande (caso de los portadores calientes), entonces se producen dos efectos nuevos. El primero es la creación de defectos en la interfaz entre el dieléctrico y el semiconductor. Estos defectos pueden atrapar portadores y de esta forma acumular carga. El segundo efecto es la entrada de portadores en la región del óxido a consecuencia de una colisión si la energía implicada es suficientemente grande. Estos portadores pueden quedar atrapados en defectos propios del dieléctrico y así modificar su estado de carga. En ambos casos se tiene una modificación no deseada de la tensión umbral del transistor. Los efectos de los portadores calientes se encuentran entre las limitaciones más severas en el proceso de miniaturización de los MOST.

6.5.4 Corrientes de fuga

Hay dos grupos de corrientes no deseadas que se pueden encontrar en un transistor MOS: las que circulan entre puerta y sustrato y las que lo hacen entre drenador y sustrato. Entre las corrientes de puerta se pueden citar las debidas al efecto túnel cuando el dieléctrico de puerta es muy delgado y las debidas a portadores calientes, ya citadas en el apartado anterior, que pueden atravesar toda la región del óxido. Entre drenador y sustrato siempre habrá la corriente inversa propia de la unión PN formada por estas dos regiones. Además, en el solapamiento entre el electrodo de puerta y la región de drenador se puede producir un efecto conocido como *fuga de corriente de drenador inducida por la puerta* (GIDL, *Gate Induced Drain Leakage*), que tiene su origen en una corriente túnel asociada a la curvatura de las bandas causada por la tensión de puerta.

Las corrientes de fuga colectadas por el sustrato pueden dar lugar a una caída de tensión óhmica apreciable en esta región y dar, de esta manera, origen a un efecto sustrato no deseado. Esta es una de las razones por las cuales, en tecnología MOS, se evita trabajar con regiones de sustrato muy profundas y poco dopadas.

6.5.5 Efectos resistivos

Entre los extremos del canal y los terminales metálicos de drenador y de surtidor los portadores han de recorrer un camino en el que pueden darse caídas de potencial a causa de las resistencias que presenten estas regiones. Su dopado es elevado y, por tanto, su resistividad baja, pero su sección es pequeña, especialmente en los MOST avanzados, en los que las profundidades de las regiones de drenador y de surtidor se hacen pequeñas para minimizar las capacidades parásitas. Estos efectos se introducen en los modelos circuitales del dispositivo como resistencias, de igual forma a como se hizo en el transistor bipolar.

EJEMPLO 6.10

Considérese un transistor con $\mu_n = 500$ cm²/(Vs) y $V_T = 1$ V en el que se aplica a la puerta una tensión $V_{GF} = 5$ V. Suponiendo que la velocidad de saturación de los electrones es 10^7 cm/s se puede comprobar que el efecto de saturación de la velocidad en el canal es dominante, es decir, que el valor de I_D calculado según la expresión 6.54 es menor que el calculado por la ecuación 6.47 cuando $L < 1$ μm. Si se trabaja con tensiones menores, como $V_{GS} = 3$ V, el efecto no es perceptible hasta longitudes de canal de 0.5 μm.

Ejercicio 6.12

Evaluar la corriente subumbral en el transistor del ejemplo 6.8 cuando Φ_s vale el 50% del valor necesario para el umbral de inversión (conocido como *umbral de inversión débil*). ¿Qué valor de la tensión de puerta le correspondería? Repetir el cálculo en el umbral de inversión profunda. En ambos casos prescíndase del efecto sustrato ($V_{BS} = 0$) y considérese V_{DS} lo suficientemente elevado para poder aproximar $[1 - \exp(-qV_{DS}/k_BT)] \approx 1$.

En el primer caso debe aplicarse la expresión 6.53 con $V_s = (2\Phi_B)/2 = 0.335$ V (véase ejemplo 6.8). El resultado es:

$$I_{Dsub} = 500 \times 2 \times 0.025^2 \sqrt{\frac{1.6 \times 10^{-19} \times 10^{-12} \times 10^{16}}{2 \times 0.335}} \left(\frac{1.5 \times 10^{10}}{10^{16}}\right)^2 \exp\left\{\frac{0.335}{0.025}\right\} = 4.53 \times 10^{-14} \, A$$

Para calcular la tensión de puerta recuperamos los resultados del ejemplo citado, $C_{ox} = 1.38 \times 10^{-7}$ F/cm² y $V_{FB} = -0.885$ V:

$$V_s = \Phi_B = 0.335V$$

$$V_{ox} = \frac{\sqrt{2q\varepsilon_s N_A \Phi_s}}{C_{ox}} = \frac{\sqrt{2 \times 1.6 \times 10^{-19} \times 10^{-12} \times 10^{16} \times 0.335}}{1.38 \times 10^{-7}} = 0.237V$$

$$V_{GS} = V_{FB} + V_s + V_{ox} = -0.31V$$

En el segundo caso se repiten los cálculos con $\Phi_s = 2\Phi_B = 0.67$ V y se obtiene $I_{sub} = 2.11\times10^{-8}$ A y 0.12 V, respectivamente. Obsérvese que este último valor es la tensión umbral del dispositivo en ausencia de cargas en el óxido y sin implantación de canal.

CUESTIONARIO 6.5.a

1. *Hacer una estimación del parámetro de modulación de longitud de canal (λ) en un MOST de canal N con los datos siguientes: $N_{sustrato}=10^{16}$ cm^{-3}, $V_{DSsat}= 2.5$ V, $V_{DS}= 5$ V $L= 2$ μm, $W= 2$ μm, $k'_n= 50$ $\mu A/$ V^2.*

   a) 0.15 V^{-1}   *b) -0.11 V^{-1}*   *c) -0.15 V^{-1}*   *d) 0.11 V^{-1}*

2. *¿Cuál de las afirmaciones siguientes relativas al efecto de canal corto es falsa?*

  a) Disminuyendo el dopado del sustrato se hace al dispositivo más sensible a este efecto.

  b) Disminuyendo significativamente el dopado de drenador se hace al dispositivo menos sensible a este efecto.

  c) El diseño de la región de surtidor no influye en el efecto de canal corto

  d) Se utiliza habitualmente una implantación de canal para reducir el impacto del efecto de canal corto en las características del transistor.

3. *¿Cuál de las afirmaciones siguientes es falsa?*

  a) Un incremento del dopado de sustrato hace disminuir la importancia del efecto de canal estrecho.

  b) La implantación de campo limita la incidencia del efecto de canal estrecho.

  c) La implantación de canal incrementa la sensibilidad del dispositivo al efecto de canal estrecho.

  d) La tecnología de crecimiento del óxido de campo es esencial para reducir el efecto de canal estrecho.

4. *Considerar un transistor nMOS con 1 μm de longitud de canal y una tensión umbral $V_T = 0.5$ V. Cuando el campo a lo largo del canal es próximo a cero, la movilidad de los electrones es de 500 cm^2/(Vs). Para campos intensos estos portadores alcanzan una velocidad de saturación de 10^7 cm/s. Se desea saber para qué tensión de puerta, V_{GS}, hay que dejar de utilizar la ecuación 6.47 y pasar a considerar la 6.54.*

   a) 4.5 V   *b) 2.5 V*   *c) 4 V*   *d) 0.5 V*

5. *En un transistor MOS se produce una acumulación de carga en el óxido de puerta por efecto de la captura de portadores calientes, la cual provoca un cambio en la tensión umbral, V_T. ¿Cuál de las afirmaciones siguientes es falsa?*

a) En un transistor nMOS, V_T aumenta.

b) En un transistor nMOS, para una V_{GS} dada I_{Dsat} disminuye.

c) En un transistor pMOS, V_T disminuye.

d) En un transistor pMOS, para una V_{GS} dada I_{Dsat} aumenta.

6. *Las resistencias parásitas en un transistor nMOS producen una deformación de las curvas tensión-corriente representadas en la figura 6.9. ¿Cuál de las afirmaciones siguientes es correcta?*

a) En las curvas $I_D(V_{DS}, V_{GS})$ el efecto de una resistencia de drenador es un desplazamiento del límite entre las regiones óhmica y de saturación hacia valores menores de V_{DS} para un valor dado de I_{Dsat}

b) En las curvas $I_D(V_{DS}, V_{GS})$ el efecto de una resistencia de surtidor es un desplazamiento del límite entre las regiones óhmica y de saturación hacia valores mayores de V_{DS} para un valor dado de I_{Dsat}

c) El efecto de una resistencia de drenador en la curva $I_D(V_{GS})$ en saturación es un desplazamiento de todos los puntos con $V_{GS} > V_T$ hacia la derecha.

d) La resistencia del electrodo de puerta no tiene influencia en las curvas de la figura 6.9.

6.6 Capacidades en el transistor MOS

Para estudiar el comportamiento del MOST en régimen dinámico hay que conocer las capacidades internas del dispositivo. Este es un problema bastante complejo, pero admite algunas aproximaciones que permiten construir un modelo suficientemente preciso para evaluar la respuesta del transistor a tensiones que dependen del tiempo.

6.6.1 Capacidades de puerta

La conexión de la puerta con el resto del dispositivo es de tipo capacitivo. El valor de la capacidad "vista" desde el terminal de puerta depende del modo de funcionamiento del transistor.

a) En corte ($V_{GS} < V_T$), la puerta forma un condensador con el sustrato. El valor de la capacidad correspondiente, denominada C_{GB}, se ha analizado en el apartado 6.1.6. Una buena aproximación consiste en tomar $C_{GB} \approx C_{ox}$, si V_{GS} es menor o próxima a V_{FB}. En muchos circuitos el transistor trabaja en la región de corte cuando la tensión de puerta es $V_{GS} = 0$ y se puede aplicar esta aproximación.

b) En el modo óhmico el canal apantalla el sustrato, de manera que la capacidad "vista" desde la puerta es la del condensador entre puerta y canal. Si el canal es uniforme ($V_{DS} = 0$), su valor por unidad de área es C_{ox}, distribuida uniformemente en tota la superficie. Como en un modelo circuital hay que conectar la capacidad entre nudos, la forma más simple de hacerlo es poner un condensador de valor $C_{GS} = C_{ox}WL/2$ entre puerta y surtidor y otro igual, C_{GD}, entre puerta y drenador. Cuando $V_{DS} > 0$, la distribución de carga en el canal no es uniforme y por tanto $C_{GS} \neq C_{GD}$. En este texto ignoraremos la diferencia entre estas dos capacidades y utilizaremos el modelo con dos capacidades iguales.

c) En saturación puede verse el canal conectado con el surtidor y no con el drenador. En este modo se toma $C_{GD} = 0$, mientras que C_{GS} puede ser fácilmente evaluada a partir de las ecuaciones utilizadas en el apartado 6.2.2. Para calcular el valor de la carga en el canal en términos de la tensión de puerta se parte de las ecuaciones 6.39 y 6.43. Eliminando dy entre ellas se puede escribir:

$$dQ_n = \frac{\mu_n}{I_D} W^2 C_{ox}^2 \left[V_{GS} - V(y) - V_T\right]^2 dV(y) \tag{6.56}$$

Para calcular Q_n se integra esta expresión entre el extremo de drenador, $V(y) = 0$, y el punto de estrangulamiento del canal $V(y) = V_{DSsat}$. Para I_D se usa la expresión 6.47. El resultado es:

$$Q_n = \frac{2}{3} WLC_{ox} \left(V_{GS} - V_T\right) \tag{6.57}$$

A partir de aquí se encuentra el valor de la capacidad:

$$C_{GS} \equiv \frac{dQ_n}{dV_{GS}} = \frac{2}{3} WLC_{ox} \tag{6.58}$$

Las capacidades deducidas en este apartado se presentan en la tabla 6.1.

d) A las capacidades deducidas hasta este momento hay que añadirles las parásitas que aparecen como consecuencia del solapamiento entre el electrodo de puerta y las regiones de drenador y de surtidor que se denominan respectivamente C_{GDO} y C_{GSO}. En la tecnología autoalineada descrita en el apartado 6.4.3 el solapamiento aparece como consecuencia de la redistribución de las impurezas implantadas en las regiones de drenador y surtidor. Si se denomina x_d la profundidad de penetración de estas impurezas debajo el electrodo de puerta, que se conoce como difusión lateral y se representa en la figura 6.21, el área de cada solapamiento es $W x_d$, siendo W la anchura del canal. La capacidad parásita asociada se puede expresar como:

$$C_{GS0} = Wx_d C_{GS0}^{''} = WC_{GS0}^{'} \tag{6.59}$$

donde el valor unitario $C_{GS0}^{'} \equiv x_d C_{GS0}^{''}$ (F/cm) es un parámetro que depende de la tecnología mientras que el otro factor, W, es una variable de diseño del circuito integrado. La misma consideración vale para $C_{GDO} = WC'_{GDO}$.

6.6.2 Capacidades de las uniones

Las regiones de drenador y de surtidor forman con el sustrato unas uniones con polarización inversa o nula. Por tanto, presentarán unas capacidades de transición que se denominan C_{SB} y C_{DB}, respectivamente. Se pueden calcular aplicando la teoría de la unión PN (capítulo 2, sección 2.5). El valor de estas capacidades por unidad de superficie es

$$C'_{SB} \equiv \frac{C_{SB}}{\grave{a}rea} = \frac{C_{j0}}{\left(1 - \dfrac{V_{BS}}{V_{bi}}\right)^m} \qquad C'_{DB} \equiv \frac{C_{DB}}{\grave{a}rea} = \frac{C_{j0}}{\left(1 - \dfrac{V_{BD}}{V_{bi}}\right)^m} \qquad (6.60)$$

En el cálculo del área de las dos uniones hay que considerar no solo el plano de la unión paralelo a la superficie del silicio, sino también las paredes laterales perpendiculares a la superficie. Si x_j es la profundidad de las uniones de las regiones de drenador y surtidor y se considera que la región de drenador tiene un área A y un perímetro P, el valor de la capacidad será:

$$C_{DB} = C'_{DB}\left(A + x_j P\right) = C'_{DB}A + C''_{DB}P$$
$$\text{con } C''_{DB}(F/cm) \equiv C'_{DB}x_j \qquad (6.61)$$

Los valores unitarios C'_{DB} y C''_{DB} están determinados por la tecnología. El diseño del circuito integrado (composición en planta del circuito integrado) determina A y P. Una expresión similar rige para C_{SB}. En tecnología CMOS la unión entre pozo y sustrato, que se mantiene siempre en polarización inversa, también presenta una capacidad de transición que se puede evaluar siguiendo el mismo procedimiento. En la figura 6.21 se representan todas estas capacidades.

Todos los parámetros que se han definido en los párrafos precedentes se utilizan, con otra notación, en el modelo SPICE que se presentará en el apéndice 6.2.

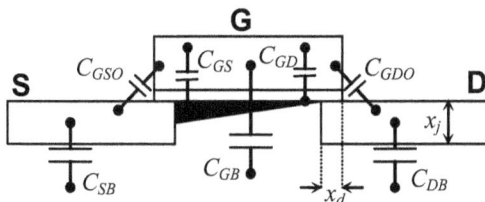

	C_{GB}	C_{GS}	C_{GD}
corte	$C_{ox}WL$	0	0
óhmico	0	$C_{ox}WL/2$	$C_{ox}WL/2$
saturación	0	$2C_{ox}WL/3$	0

Fig. 6.21 Capacidades en el MOST.   *Tabla 6.1 Capacidades de puerta.*

EJEMPLO 6.11

La tecnología CMOS de 0.35 μm de un fabricante europeo de circuitos integrados a medida especifica los parámetros para las capacidades de sus circuitos CMOS, según se muestra en la tabla siguiente.

Parámetro	Unidad	nMOS	pMOS
C_{ox}	fF/μm^2	4.4	4.54
x_d	μm	0.02	0.02
C'_{GD0}	fF/μm	0.0013	0.00062
C'_{GS0}	fF/μm	0.0013	0.00062
C_{j0}	fF/μm^2	0.93	1.42
m		0.31	0.55
V_{bi}	V	0.69	1.02

Ejercicio 6.13

Calcular el máximo error que se comete en la evaluación de la capacidad de puerta si despreciamos los términos de solapamiento en el caso del ejemplo 6.11.

$$error\ máximo = \frac{C_{GDO} + C_{GSO}}{C_{ox} \times área\ de\ canal\ mínima} = \frac{\left(C'_{GD0} + C'_{GDS}\right)W}{C_{ox}WL_{mínimo}} = \frac{0.0013 \times 2}{4.4 \times 0.35} = 0.17\%$$

CUESTIONARIO 6.6.a

1. Evaluar el grosor del óxido de puerta en la tecnología referenciada en el ejemplo 6.11.

   a) 7.8 nm   b) 22.4 nm   c) 78 Å   d) 224 Å

2. La evolución de la tecnología de fabricación ha conducido a la realización de óxidos progresivamente más delgados (menor t_{ox}) y por tanto, valores de C_{ox} cada vez mayores. ¿Cuál de las siguientes afirmaciones es falsa?

   a) C_{ox} mayor significa circuitos más lentos. Es un precio que hay que pagar para lograr valores de V_T menores, compatibles con tensiones de alimentación inferiores a 3 V.

b) Las corrientes que circulan por los transistores y que han de cargar y descargar las capacidades de puerta son proporcionales a C_{ox}. Por tanto, el tiempo de conmutación de estas capacidades no varía con la disminución de t_{ox}.

c) Dado que las capacidades parásitas no dependen de t_{ox} y que las corrientes son proporcionales a C_{ox}, el resultado es un circuito más rápido.

d) La dosis de implantación de canal necesaria para producir un desplazamiento determinado de la tensión umbral es mayor si el óxido de puerta es más delgado.

3. *Se conocen los siguientes datos de un transistor nMOS: $V_T = 0.5$ V, $t_{ox} = 87$ nm, $W = 2L = 1.5$ μm. Se mide su capacidad de puerta y se obtiene el valor de 3.3 fF. ¿Cuál de las combinaciones de valores siguientes no es compatible con el valor medido?*

a) $V_{DS} = 2.5$ V; $V_{GS} = 1$.

b) $V_{DS} = 1$ V; $V_{GS} = 1$ V

c) $V_{DS} = 2.5$ V,; $V_{GS} = 2.5$ V

d) $V_{DS} = 1$ V; $V_{GS} = 2.5$ V

4. *Las dimensiones de la región de drenador en la composición en planta del dispositivo son de 2.5 μm×2.5 μm. Su dopado es de 5×10^{18} donadores/cm^3, mientras que el del sustrato es de 10^{16} aceptores/cm^3. Suponiendo que la unión PN formada por las dos regiones citadas es abrupta, determinar entre qué valores puede variar la capacidad C_{DB}, sabiendo que $V_{BS} = 0$ y que V_{DS} puede variar entre 0 y 2.5 V. Ignorar el término perimetral de la capacidad.*

a) Entre 1.95 y 0.97 fF

b) Entre 31.8 y 15.5 fF

c) Entre 1.15 y 0.57 fF

d) Entre 18.8 y 9.15 fF

5. *La unión formada por el pozo de una estructura CMOS y el sustrato tiene, evidentemente, una capacidad, que en el estudio presentado no ha sido incluida. ¿Cuál es la razón de esta omisión?*

a) La unión entre pozo y sustrato está polarizada en inversa y, por tanto, su capacidad es muy pequeña.

b) El área de esta unión es pequeña y, por tanto, su capacidad también lo es.

c) La capacidad de la unión citada es grande y está en serie con otras capacidades de valor mucho menor.

d) Está polarizada a tensión constante.

6. *A la vista de los parámetros de la tabla del ejemplo 6.11 y suponiendo que se trata de un proceso de pozo N, ¿cuál de las afirmaciones siguientes es falsa?*

a) Se puede estudiar el diodo formado por la región de drenador del pMOS y el pozo haciendo la hipótesis de unión abrupta.

b) La distribución de dopado gradual lineal es una buena aproximación para el diodo formado por la región de drenador del nMOS y el sustrato.

c) En la oxidación para obtener el dieléctrico de puerta, la velocidad de crecimiento del óxido es un poco mayor en la superficie del pozo que en la del sustrato.

d) La causa que C_{j0} sea diferente en los dos transistores es que la tensión de drenador es negativa en el pMOS y positiva en el nMOS.

6.7 Modelos dinámicos del transistor MOS

El estudio de la respuesta del MOST a tensiones que dependen del tiempo se puede abordar construyendo un modelo de control de carga similar al del transistor bipolar. El resultado es un conjunto de ecuaciones complejo que solo se puede resolver por métodos numéricos. Un procedimiento más intuitivo y directo consiste en desarrollar un modelo circuital que se pueda estudiar con los procedimientos de análisis circuitos. Esta segunda aproximación es la que se utiliza por los simuladores de la familia SPICE.

6.7.1 Modelo de gran señal

En la figura 6.22 se reúnen gran parte de los resultados encontrados hasta ahora. La corriente de drenador, I_D, depende de todas las tensiones aplicadas al dispositivo, V_{GS}, V_{DS} y V_{BS}. No es posible, pues, calcularla como una corriente que circula por un componente pasivo de dos terminales, como una resistencia o un diodo. La función I_D (V_{GS}, V_{DS}, V_{BS}) reúne la información presentada a las secciones 6.2 y 6.5, si bien a menudo se prescinde de determinados efectos, según las características particulares de cada dispositivo y de la precisión exigida.

En los simuladores SPICE hay diferentes niveles que permiten incluir un número variable de estos efectos. Los niveles más altos permiten una modelación más precisa al precio de un coste computacional más elevado.

- Las capacidades representadas son las descritas en la sección 6.5. Los términos C_{GDO} y C_{GSO} de capacidades parásitas han de ser sumadas, respectivamente, a las expresiones de C_{GD} y C_{GS} dadas en la tabla 6.1. En la figura 6.22 se considera que estas sumas ya están incorporadas en C_{GD} y C_{GS}.

- Las uniones de las regiones de drenador y surtidor con el sustrato son modeladas por diodos de unión PN. El símbolo del diodo representa la componente de corriente dada por la ecuación del diodo, mientras que sus capacidades respectivas se representan en paralelo con ellos.

- Las resistencias parásitas de drenador y de surtidor se han descrito en el apartado de efectos no ideales.

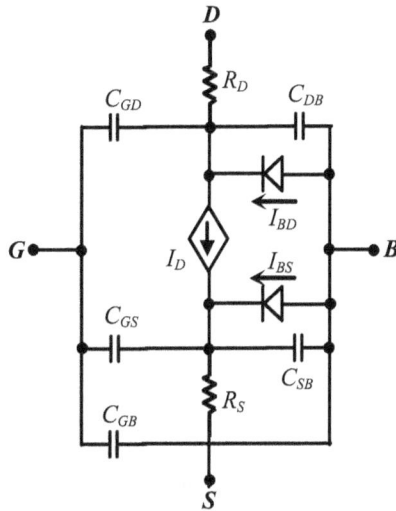

Fig. 6.22 Modelo dinámico de gran señal del MOST .

6.7.2 Modelo de pequeña señal

El MOST en circuitos de pequeña señal suele trabajar en la configuración de surtidor común. La variable de entrada es el valor incremental de la tensión de puerta, ΔV_{GS}, mientras que la de salida es el incremento de la corriente de colector, ΔI_D, respecto a su valor en reposo, I_{DQ}. Considérese la función I_D (V_{GS}, V_{DS}, V_{BS}) que proporciona la corriente de drenador, según se describió en el apartado 6.2.2, incluyendo el efecto sustrato V_T (V_{BS}) estudiado en el apartado 6.2.1. La linealización de esta función en el entorno del punto de reposo da la expresión:

$$\Delta I_D = \frac{\partial I_D}{\partial V_{GS}}\bigg|_{V_{DS},V_{BS}} \Delta V_{GS} + \frac{\partial I_D}{\partial V_{DS}}\bigg|_{V_{GS},V_{BS}} \Delta V_{DS} + \frac{\partial I_D}{\partial V_{BS}}\bigg|_{V_{GS},V_{DS}} \Delta V_{BS} \qquad (6.62)$$

Los tres coeficientes de la ecuación 6.62 se definen respectivamente como:

- *Transconductancia de puerta*:

$$g_m \equiv \frac{\partial I_D}{\partial V_{GS}}\bigg|_{V_{DS},V_{BS}} \qquad (6.63)$$

Que se modela mediante un generador controlado de corriente. En saturación corresponde a la definición dada en el ejercicio 6.9. Es el caso más frecuente y por esto se suele definir este parámetro únicamente en saturación.

- *Conductancia de drenador:*

$$g_d \equiv \left.\frac{\partial I_D}{\partial V_{DS}}\right|_{V_{GS},V_{BS}} \tag{6.64}$$

que se puede modelar por una resistencia $r_d \equiv 1/g_d$. Incorpora el efecto de la modulación de la longitud del canal en saturación (apartado 6.5.1).

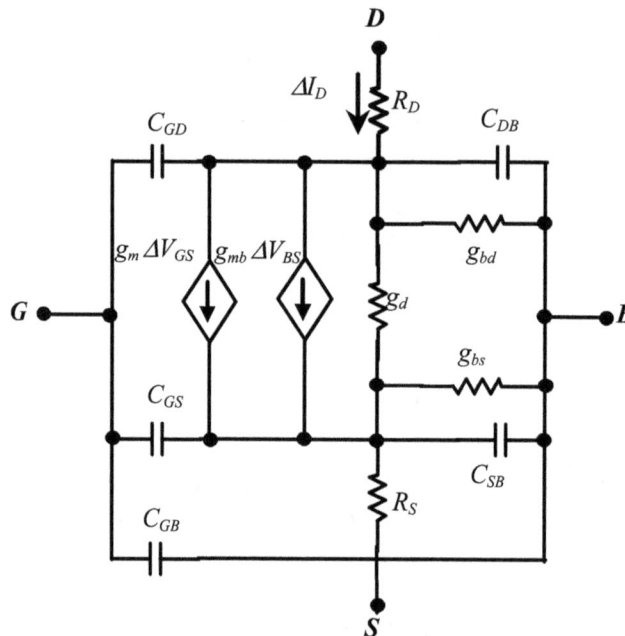

Fig. 6.23 Modelo de pequeña señal del MOST .

- *Transconductancia de sustrato:*

$$g_{mb} \equiv \left.\frac{\partial I_D}{\partial V_{BS}}\right|_{V_{GS},V_{DS}} \tag{6.65}$$

Que también se representa mediante generador controlado de corriente, que incorpora el efecto sustrato.

En la figura 6.23 se representa este modelo. El resto de parámetros son:

La linealización, en el entorno del punto de trabajo, de las curvas corriente-tensión de los diodos entre drenador y sustrato y entre surtidor y sustrato, g_{bd} y g_{bs} respectivamente. Como que estas uniones trabajan en inversa estas dos conductancias son muy pequeñas.

Las capacidades son las del modelo de gran señal en el punto de reposo.

CUESTIONARIO 6.7.a

1. *Un transistor nMOS, con $C_{ox} = 20\,fF$ tiene una tensión umbral $V_T = 0.6$ V (supondremos $V_{BS} = 0$). La tensión aplicada a la puerta es $V_{DS} = 2.5$ V. Se desea conocer el valor de la capacidad de puerta cuando V_{GS} varía entre 0 y 2.5 V. Indicar cuál de las siguientes curvas no es correcta.*

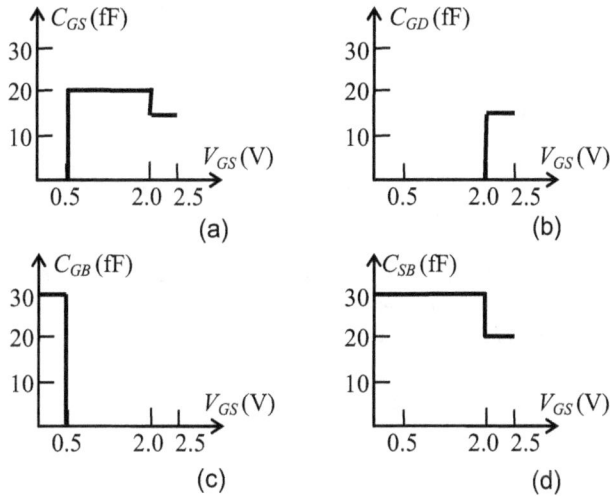

(a)   (b)   (c)   (d)

2. *Considerar un transistor MOS de canal N con los parámetros siguientes: $k'_n = 50\ \mu A/V^2$, $W/L = 1$, $V_T = 0.5$ V. La tensión $V_{DS} = 2.5$ V es constante. ¿Cuál de las afirmaciones siguientes es falsa?*

a) $g_m = 0$ si $V_{GS} = 0.25$ V

b) $g_m = 25\ \mu A/V$ si $V_{GS} = 1$ V

c) $g_m = 125\ \mu A/V$ si $V_{GS} = 3$ V

d) $g_m = 225\ \mu A/V$ si $V_{GS} = 5$ V

3. *Sea un transistor MOS de canal N con los parámetros siguientes: $k'_n = 50\ \mu A/V^2$, $W/L = 1$, $V_T = 0.5$ V. La tensión $V_{DS} = 2.5$ V es constante. ¿Cuál de las siguientes afirmaciones es falsa, suponiendo despreciable el efecto de modulación de la longitud del canal?*

a) $g_d = 0$ si $V_{GS} = 0.25\ V$

b) $g_d = 0$ si $V_{GS} = 1\ V$

c) $g_d = 50\ \mu A/V$ si $V_{GS} = 2\ V$

d) $g_d = 100\ \mu A/V$ si $V_{GS} = 5\ V$

4. En un MOST de canal N se tienen los parámetros siguientes: $k'_n = 50\ \mu A/V^2$, $W/L = 1$, $V_T = 0.5\ V$. La tensión $V_{DS} = 2.5\ V$ es constante. El parámetro de modulación de longitud de canal es $\lambda = 0.1\ V^{-1}$. ¿Cuál de las afirmaciones siguientes no es correcta?

a) $g_d = 0$ si $V_{GS} = 0.5\ V$

b) $g_d = 0.625\ \mu A/V$ si $V_{GS} = 1\ V$

c) $g_d = 5.625\ \mu A/V$ si $V_{GS} = 2\ V$

d) $g_d = 50.6\ \mu A/V$ si $V_{GS} = 5\ V$

5. Se desea conocer el efecto de las resistencias parásitas de drenador, R_D, y de surtidor, R_S, en los parámetros g_m y g_d de un transistor MOS. La expresión de estas magnitudes en términos de los valores respectivos g_{m0} y g_{d0} que tendrían si $R_D = R_s = 0$ es:

a) $\quad g_m = \dfrac{g_{m0}}{1 + g_{m0}R_S + g_{d0}(R_S + R_D)} \quad g_{ds} = \dfrac{g_{d0}}{1 + g_{m0}R_S + g_{d0}(R_S + R_D)}$

b) $\quad g_m = \dfrac{g_{m0}}{1 + g_{d0}R_S + g_{m0}(R_S + R_D)} \quad g_{ds} = \dfrac{g_{d0}}{1 + g_{m0}R_S + g_{d0}(R_S + R_D)}$

c) $\quad g_m = \dfrac{g_{m0}}{1 + g_{m0}R_S + g_{d0}(R_S + R_D)} \quad g_{ds} = \dfrac{g_{d0}}{1 + g_{d0}R_S + g_{m0}(R_S + R_D)}$

d) $\quad g_m = \dfrac{g_{m0}}{1 + g_{d0}R_S + g_{m0}(R_S + R_D)} \quad g_{ds} = \dfrac{g_{d0}}{1 + g_{d0}R_S + g_{m0}(R_S + R_D)}$

6. Suponiendo que en el circuito de la figura 6.12 el valor de R_L es suficientemente pequeño para mantener el transistor en saturación, encontrar una expresión de la ganancia de tensión $\Delta V_{DS}/\Delta V_{GS}$ en función de los parámetros del transistor y de los elementos del circuito.

a) $R_L k_n (V_{GS} - V_T)$ b) $-R_L k_n (V_{GS} - V_T)$ c) $\dfrac{1}{R_L k_n (V_{GS} - V_T)}$ d) $\dfrac{-1}{R_L k_n (V_{GS} - V_T)}$

PROBLEMA GUIADO 6.5

Del proceso de fabricación de un transistor nMOS se conocen los siguientes datos: el material de partida es silicio de tipo P con una concentración de impurezas de $3 \times 10^{16}\ cm^{-3}$. El óxido de puerta tiene un grosor de 300 Å. Se realiza una implantación de la región de canal parar que la tensión umbral resultante (en ausencia de efecto sustrato) sea de 0.65 V. Las máscaras de región activa y de polisilicio definen un canal de 5 μm de anchura y 2 μm de longitud. El dopado de drenador y de surtidor es de 7×10^{18} donadores por cm^3 que representa una resistividad de 5 mΩ×cm y se puede *considerar constante hasta una profundidad de 0.4 µm. Estas dos regiones están representadas en la composición en planta del circuito integrado por dos rectángulos de 5µm×7µm. Las medidas de las características del dispositivo permiten afirmar que la movilidad de los electrones en el canal es de $\mu_n= 400\ cm^2/(Vs)$ y que el parámetro de modulación de longitud de canal vale $\lambda= 0.1\ V^1$. Se pide:*

1. Escribir la expresión de I_D del modelo de gran señal (figura 6.22) en función de las tensiones V_{GS}, V_{DS} y V_{BS}. Calcular su valor para $V_{GS} = V_{DS} = 3V$ y $V_{BS} = -3\ V$.

2. Calcular los valores de las capacidades del modelo para estos mismos valores de las tensiones.

3. Evaluar los parámetros de pequeña señal g_m, g_d y g_{mb} (figura 6.23) en el punto de trabajo considerado.

4. Estimar las resistencias parásitas utilizando las hipótesis que se crean razonables.

5. Justificar que los valores de g_{bd} y g_{bs} son despreciables.

6.8 Otros transistores de efecto de campo: el JFET y el MESFET

Hay otras estructuras de transistor que comparten con el MOST la propiedad esencial de poder modular la corriente que circula por un canal mediante una tensión aplicada a un electrodo de puerta. En este texto se analizarán dos de ellos, el transistor de efecto de campo de unión (JFET, *Junction Field Effect Transistor*) y el transistor de efecto de campo metal-semiconductor (MESFET, *Metal Semiconductor Field Effect Transistor*), que comparten una estructura similar, pero presentan unas prestaciones y unas aplicaciones bien diferentes.

6.8.1 Estructura de los dispositivos

En el JFET (figura 6.24) el canal está constituido por una región neutra de semiconductor y su sección (y, por tanto, su conductancia) se modula por la expansión o contracción de una zona de carga espacial de una unión PN polarizada en inversa mediante la tensión de puerta. Los extremos del canal se denominan drenador (D, *drain*) y surtidor (S, *source*) respectivamente. La corriente que circula por el canal se denomina de drenador. Si el canal es un semiconductor tipo N (caso más frecuente para aprovechar la mayor movilidad de los electrones) la región P que forma la unión PN se conoce como región de puerta (G. *gate*). La estructura MESFET (figura 6.25) es similar a la anterior pero en lugar de una unión PN hay un contacto rectificador metal-semiconductor (diodo Schottky) que también crea una ZCE que modula la sección del canal. La similitud de ambas estructuras permite que una parte importante del análisis sea válido para los dos dispositivos.

La idea del JFET es históricamente casi tan antigua como la del transistor bipolar, pero su popularización data de los años 70. Realizado con tecnología de silicio, ha sido ampliamente utilizado como componente discreto en circuitos con transistores bipolares. Sus prestaciones como amplificador son inferiores a las del transistor bipolar, pero en cambio, presenta una elevada impedancia de entrada que puede ser útil en muchas aplicaciones. Su inclusión en circuitos integrados bipolares es tecnológicamente factible (tecnología BiFET). También existen dispositivos de esta familia realizados en arseniuro de galio. La estructura MESFET es más fácil de realizar con este semiconductor, que es más apropiado que el silicio para trabajar a frecuencias elevadas. A partir de la década de los 60 es ampliamente utilizado en circuitos de microondas.

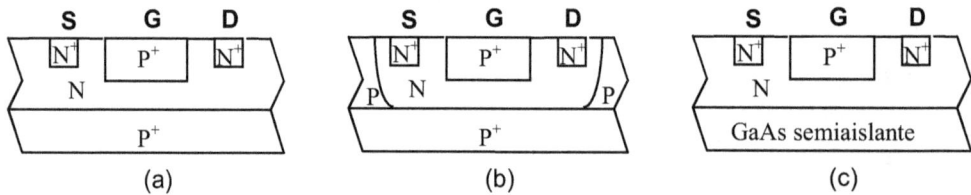

Fig. 6.24 Estructuras JFET: a) Canal epitaxial. b) Canal difundido. c) Canal epitaxiado encima de material semiaislante (tecnología de arseniuro de galio).

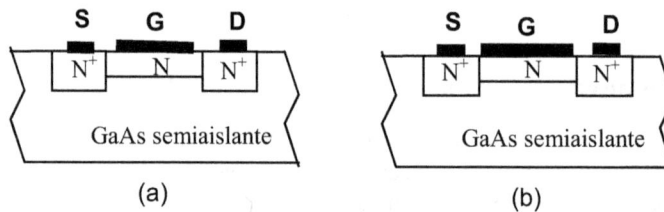

Fig. 6.25 Estructuras MESFET: a) Con puerta no autoalineada. b) Con puerta autoalineada. Las áreas de color negro corresponden a metal.

En los próximos apartados se obtendrán las leyes corriente-tensión en continua para estos transistores y, posteriormente, se discutirá su comportamiento en régimen dinámico. Debido a la similitud estructural y de funcionamiento, se tratarán los dos dispositivos conjuntamente.

EJEMPLO 6.12

Valores usuales en transistores MESFET son los siguientes: dopados del orden de 10^{17} cm^{-3} en la región de canal y de 10^{18} cm^{-3} en las de surtidor y drenador (en el GaAs el abanico de valores de dopado que se pueden lograr es más limitado que en el Si). La profundidad de canal puede tener valores como 0.2 μm. Entre los materiales utilizados para el electrodo de puerta hay Al, Ti-Pt-Au, Pt, W y WSi$_2$, mientras que para los contactos de surtidor y drenador es habitual la aleación AuGe. La relación de aspecto del canal L/W próxima a 4 es un buen compromiso entre diferentes exigencias de diseño, como la velocidad, efectos no ideales, etc.

6.8.2 Ley corriente-tensión en continua

El objetivo de este apartado es obtener la corriente de drenador, I_D, en función de las tensiones aplicadas. Se tomará la referencia de tensión en el terminal de surtidor y por tanto se considerarán las tensiones de drenador, V_{DS}, y de puerta, V_{GS}. Se tomará como referencia el esquema de la figura 6.26, que representa una región de canal de tipo N, y una zona de carga espacial que modula su sección.

Esta ZCE es creada por una unión PN (caso del JFET) o por un contacto Schottky (caso del MESFET) entre las regiones de puerta y de canal. En la figura se indican los terminales y las coordenadas y dimensiones que se utilizarán en la deducción de la ecuación I_D (V_{DS}, V_{GS}). La puerta debe estar polarizada inversamente en relación a la región de canal, ya que de lo contrario circularía una corriente importante por este terminal, cosa no deseada. Como en el caso del MOST, $V_{DS} > 0$ y, por tanto, la tensión inversa entre puerta y canal es mayor en el extremo de drenador que en el de surtidor. Por esta razón, la ZCE es más ancha cerca del drenador. Si la tensión entre puerta y drenador se hace suficientemente grande, se puede estrangular el canal como ocurría en el MOST.

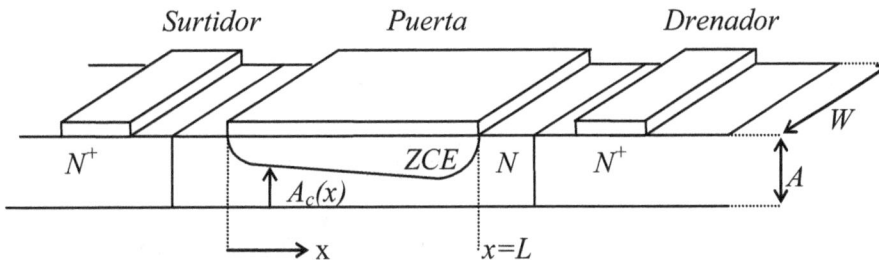

Fig. 6.26 Estructura esquemática del JFET y del MESFET.

Supóngase inicialmente que el canal no esté estrangulado. Se dice que en estas condiciones el transistor trabaja en modo óhmico. Se puede modelar el canal como un conductor constituido por un conjunto de elementos infinitesimales de longitud dx conectados en serie. El elemento situado en la coordenada x tendrá una sección $W \times A_c(x)$, donde la anchura $A_c(x)$ se puede evaluar restando a la anchura total A el espesor de la ZCE. La tensión aplicada a la unión PN es $V_{GS} - V(x)$, siendo $V(x)$ la tensión del canal en el punto x respecto del surtidor. Por tanto:

$$A_c(x) = A - \left[\frac{2\varepsilon_s}{qN_D} \left(V_{bi} - V_{GS} + V(x) \right) \right]^{\frac{1}{2}} \tag{6.66}$$

Nótese que vale la misma expresión para el JFET (unión P$^+$N) que para el MESFET (contacto Schottky). El elemento infinitesimal considerado presenta una resistencia dR. La caída de tensión entre sus extremos será:

$$dV(x) = I_D dR = \frac{I_D}{q\mu_n N_D} \frac{dx}{WA_c(x)} \tag{6.67}$$

Sustituyendo la expresión 6.66 en la 6.67 e integrando:

$$\int_0^L I_D dx = \int_{V(0)=0}^{V(L)=V_{DS}} q\mu_n N_D WA_c(x)dV(x) \tag{6.68}$$

Esta integración es trivial, resultando:

$$I_D = g_0 V_{DS} - \frac{2g_0}{3V_p^{1/2}}\left[(V_{DS} + V_{bi} - V_{GS})^{3/2} - (V_{bi} - V_{GS})^{3/2}\right] \tag{6.69}$$

donde el coeficiente g_0 vale:

$$g_0 \equiv \frac{q\mu_n N_D WA}{L} \tag{6.70}$$

que no es más que la inversa de la resistencia del canal cuando la anchura de la ZCE es nula, y V_p, que se denomina *tensión de estrangulamiento* (*pinch-off* en inglés), vale:

$$V_p \equiv \frac{qN_D A^2}{2\varepsilon_s} \tag{6.71}$$

Esta tensión V_p es la caída de potencial en la ZCE de la unión PN que provoca que $A_c(x)$ sea nula. Es decir, de acuerdo con la expresión 6.66, $V_p = V_{bi} - V_{GS} + V(x)$ para que $A_c(x)$ valga cero. Si $V_{DS} = 0$, todos los puntos del canal tendrán una tensión $V(x) = 0$, y no existirá canal, por lo que I_D será nula. La tensión V_{GS} que hay que aplicar a la puerta para que exista canal cuando $V_{DS} = 0$ debe ser mayor que la tensión umbral V_T, cuyo valor, por tanto, será:

$$V_{GS} = V_{bi} - V_p \equiv V_T \tag{6.72}$$

La corriente I_D en función de V_{DS} dada por la expresión 6.69 para una tensión V_{GS} fija presenta el comportamiento de una función aproximadamente lineal cerca del origen. Se puede hacer la aproximación:

$$I_{Dlin} \approx \frac{g_0}{2V_p}(V_{GS} - V_T)V_{DS} \tag{6.73}$$

En esta región el dispositivo se comporta como una resistencia controlada por la tensión V_{GS} de valor

$$R = \frac{V_{DS}}{I_{Dlin}} = \frac{2V_p}{g_0(V_{GS} - V_T)} \tag{6.74}$$

Esta resistencia es importante cuando el transistor funciona como un interruptor, como ocurre en circuitos digitales o de potencia. Los fabricantes especifican su valor con el nombre de R_{on} o $R_{ds,on}$.

Cuando la tensión de drenador, V_{DS}, aumenta, la corriente de drenador crece cada vez más lentamente, de manera similar a lo que ocurriría en el MOST (figura 6.9). La causa física que explica este comportamiento es que el aumento de la tensión de drenador produce una dilatación de la ZCE en la proximidad de esta región y, por tanto, una reducción de la sección del canal, que se hace más resistivo. Este proceso no puede durar indefinidamente, sino que I_D alcanza un máximo, a partir del cual la función $I_D(V_{DS})$, dada por la expresión 6.69 presentaría un comportamiento decreciente, lo cual no tiene sentido físico. Lo que ocurre en realidad es que el valor de la corriente a partir del máximo se mantiene constante, y se conoce como corriente de saturación. El punto de entrada en saturación se puede encontrar determinando el máximo de la expresión 6.68:

$$\left.\frac{\partial I_D}{\partial V_{DS}}\right|_{V_{GS}=const} = 0 \Rightarrow V_{DS} - V_{GS} + V_{bi} = V_p \tag{6.75}$$

Esta condición se cumple precisamente cuando aparece el estrangulamiento del canal en el extremo drenador. La tensión entre puerta y canal en este punto, en estas condiciones, será:

$$V_{GD} = V_{GS} - V_{DS} = V_{bi} - V_p = V_T \tag{6.76}$$

Por tanto, el valor de V_{DS} para el que se inicia la saturación, V_{DSsat}, es:

$$V_{DSsat} = V_{GS} - V_T \tag{6.77}$$

que es la misma expresión encontrada para el transistor MOS. El valor de la corriente de saturación se puede obtener sustituyendo la expresión 6.77 en 6.69. El resultado es:

$$I_{Dsat} = g_0\left[\frac{V_p}{3} - V_{bi} + V_{GS} + \frac{2}{3V_p^{1/2}}(V_{bi} - V_{GS})^{\frac{3}{2}}\right] \tag{6.78}$$

Los resultados obtenidos se representan gráficamente en las curvas características corriente-tensión de salida del transistor, tal como se muestra en la figura 6.27a. La línea de rayas de la izquierda corresponde al estrangulamiento del canal. Su intersección con cada curva determina V_{DSsat} y I_{Dsat}.

Cuanto mayor es la tensión de puerta más tensión hay que aplicar al drenador para llegar a la saturación, al igual que ocurría en el MOST. Pero en este dispositivo V_{GS} no puede aumentar indefinidamente ya que se polarizaría directamente la unión PN de puerta. La ecuación 6.78 se suele aproximar desarrollando $I_{Dsat}(V_{GS})$ en serie de Taylor en el entorno de V_T, que será válida en la medida que V_{GS} no está muy alejada de V_T:

$$I_{Dsat} \approx \frac{g_0}{4V_p}\left(V_{GS} - V_T\right)^2 = I_{DSS}\left(V_{GS} - V_T\right)^2 \quad con \quad I_{DSS} \equiv \frac{g_0}{4V_p} \tag{6.79}$$

Esta expresión es similar a la característica de transferencia del MOST y se representa en la figura 6.27b .

En todo el estudio precedente se ha supuesto válida la aproximación de movilidad constante. En dispositivos de canal corto el campo eléctrico puede llegar a ser lo bastante intenso como para que

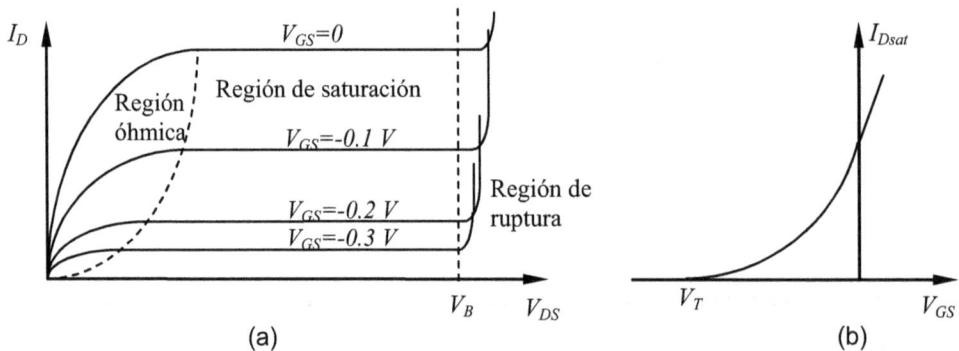

Fig. 6.27 a) Curvas características corriente-tensión de salida de un MESFET.
b) Característica de transferencia.

los portadores alcancen la velocidad de saturación, v_{sat}. En este caso la entrada en saturación viene dada, en lugar de la expresión 6.77, por:

$$V_{DSsat} = E_{el,crit} L \tag{6.80}$$

donde $E_{el,crit}$ es el campo eléctrico crítico para que se produzca la saturación de la velocidad. La corriente de saturación en este caso es:

$$I_{Dsat} \approx q v_{sat} W N_D A\left(1 - \sqrt{\frac{V_{bi} - V_{GS}}{V_p}}\right) \tag{6.81}$$

como se puede comprobar con un cálculo simple que se deja como ejercicio para el lector. El análisis de la región comprendida entre la aproximación de movilidad constante y la de campo intenso es más compleja y va más allá de los límites de este estudio.

El coeficiente de temperatura de la corriente de drenador en el JFET y en el MESFET es negativo, como en el MOST. La razón es que las diferentes aproximaciones presentadas contienen entre sus factores la movilidad de los portadores o la velocidad de saturación que disminuyen al aumentar la temperatura, a diferencia de lo que ocurría en el transistor bipolar donde aparecía el término n_i^2 que aumentaba con *T*. Este hecho simplifica el circuito de polarización de los transistores de efecto de campo, puesto que no es necesario limitar el nivel de corriente, ya que no hay peligro de embalamiento térmico.

Una diferencia importante del MESFET y del JFET respecto al MOST es que hay una pequeña corriente de puerta, I_G, propia de la unión entre puerta y canal en polarización inversa. Finalmente, debe considerarse el fenómeno de ruptura que se produce en toda unión polarizada en inversa. Puesto que en el extremo de drenador es el punto en el que la tensión inversa es máxima, para una determinada tensión de puerta, la ruptura se producirá cuando la tensión de drenador alcance un valor determinado V_B, tal como se indica en la figura 6.27(a). En esta situación la corriente de puerta es comparable a la del drenador. Los parámetros I_G y V_B son dos especificaciones importantes generalmente proporcionadas por los fabricantes.

EJEMPLO 6.13

La limitación de corriente por saturación de la velocidad de los portadores en un MESFET es habitual para longitudes de canal entre 0.5 μm y 2 μm. Para canales más cortos aparecen fenómenos de transporte balístico, lo que significa que los portadores pueden recorrer todo el canal sin efectuar colisiones. En este caso no se pueden aplicar los modelos presentados. La ley basada en la aproximación de movilidad constante es aplicable en canales más largos de 2 μm.

Ejercicio 6.14

Sea un MESFET cuyo canal es de GaAs dopado con 10^{17} donadores/cm^3 y con una profundidad de 0.2 μm. Los datos que se dispone sobre el material son los siguientes: afinidad electrónica 4.07 eV, constante dieléctrica relativa 12.9 y densidad efectiva de estados 4.7×10^{17} cm^{-3}. La función trabajo del material de puerta es 4.25 eV. El dispositivo trabaja a 300 K. Se pide calcular la profundidad de la ZCE cuando no hay tensión aplicada entre puerta y canal. También se desea saber la tensión de puerta necesaria para llevar el transistor a condiciones de umbral, suponiendo $V_{DS}=0$.

$$E_c - E_f = k_B T \ln \frac{N_c}{N_D} = 0.025 \times \ln \frac{4.7 \times 10^{17}}{10^{17}} = 0.039 \ eV$$

$$\Rightarrow \Phi_s = 4.07 + 0.039 = 4.1 \ eV \Rightarrow V_{bi} = \Phi_m - \Phi_s = 0.15 \ eV$$

$$w_{d0} = \sqrt{\frac{2\varepsilon_s}{q} \frac{1}{N_D} V_{bi}} = \sqrt{\frac{2 \times 12.9 \times 8.85 \times 10^{-14}}{1.6 \times 10^{-19}} \frac{1}{10^{17}} \times 0.15} \ cm = 0.046 \ \mu m$$

$$w_d = w_{d0} \sqrt{1 - \frac{V}{V_{bi}}} \Rightarrow 0.2 \mu m = 0.046 \mu m \sqrt{1 - \frac{V_T}{0.15V}} \Rightarrow V_T = -2.65 \ \text{V}$$

Ejercicio 6.15

Sea un JFET de silicio cuyo dopado en la región de canal es de 10^{17} donadores/cm^3 y el de la región de puerta de 10^{19} aceptores/cm^3. Se desea calcular la profundidad de la ZCE para $V_{GS} = 0$ y para $V_{GS} = 5$ V. La temperatura de trabajo es 300 K.

$$V_{bi} = \frac{k_B T}{q} \ln \frac{N_A N_D}{n_i^2} = 0.025 \times \ln \frac{10^{19} \times 10^{17}}{\left(1.5 \times 10^{10}\right)^2} = 0.9\,V$$

$$w_{d0} \approx \sqrt{\frac{2\varepsilon_s}{q} \frac{1}{N_D} V_{bi}} = \sqrt{\frac{2 \times 10^{-12}}{1.6 \times 10^{-19}} \frac{1}{10^{17}} \times 0.9}\ cm = 0.1\,\mu m$$

$$w_d = w_{d0} \sqrt{1 - \frac{V}{V_{bi}}} = 0.1 \mu m \sqrt{1 + \frac{5}{0.9 V}} \Rightarrow V_T = 0.256\,\mu m$$

6.8.3 Tipos de transistores y símbolos circuitales.

El caso presentado, que es el más frecuente, corresponde a un transistor que conduce con $V_{GS} = 0$ (transistor de vaciamiento). Con una construcción adecuada es posible que la ZCE ocupe toda la región de canal de forma que el transistor solo pueda conducir si se aplica una tensión positiva a la puerta (transistor de acumulación). El estudio anterior puede aplicarse a este caso con un valor $V_T > 0$.

Por otra parte, los dispositivos de canal P también existen. Se pueden analizar con las mismas ecuaciones, cambiando los signos de las tensiones y los sentidos de las corrientes. O alternativamente, manteniendo los signos y trabajando con valores absolutos en todas las magnitudes. La figura 6.28 muestra los símbolos circuitales de los cuatro casos posibles.

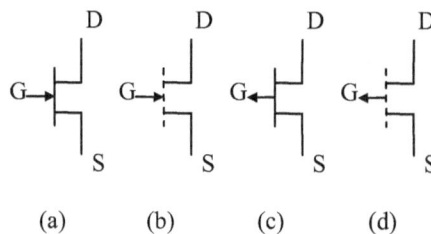

Fig. 6.28 Símbolos de transistores MESFET y JFET. a) Transistor de canal N con canal abierto para $V_{GS} = 0$.
b) Transistor de canal N con canal estrangulado para $V_{GS} = 0$. c) Dual de (a) para canal P.
d) Dual de (b) para canal P.

CUESTIONARIO 6.8.a

1. *Considerar el MESFET del ejercicio 6.13. Calcular la resistencia de cuadro R_s (definida como la resistencia de un canal cuando $W = L$) de la región de canal cuando $V_{GS} = 0$, y en ausencia de ZCE. Dato: movilidad de los electrones $\mu_n = 5 \times 10^3 \ cm^2/(Vs)$.*

      a) 625 Ω b) 62.5 $m\Omega$ c) 16 Ω d) 1.6 $m\Omega$

2. *¿Cuál es la relación entre la resistencia de cuadro definida en la cuestión 1 y la conductancia g_0?*

      a) $g_0 = 1/R_s$ b) $g_0 = L/(WR_s)$ c) $g_0 = W/(LR_s)$ d) $g_0 = LW/R_s$

3. *Suponiendo que el canal del MESFET del ejercicio 6.13 es cuadrado, $W = L$, que la puerta está polarizada con una tensión $V_{GS} = -1$ V, y que el drenador está a una tensión suficiente para mantener el transistor en saturación, determinar el valor de la corriente de drenador utilizando la aproximación de la ecuación 6.79*

      a) 190 mA   b) 39 mA   c) 1.9 mA   d) 390 μA

4. *Considerar el JFET del ejercicio 6.15 que presenta la geometría de la figura 6.24(a). Determinar el grosor que debe tener la capa epitaxial si se desea que el transistor conduzca cuando $V_{GS} = 0$ con una tensión umbral de -0.5 V. La profundidad de la región de puerta es de 0.25 μm.*

      a) 0.5 μm b) 0.38 μm c) 0.25μm d) 0.13 μm

5. *Considerar el JFET de la cuestión anterior. Se pide realizar una estimación de la corriente de puerta para $V_{GS} > V_T$, haciendo las hipótesis adecuadas. Datos: $W = 5 \times L = 20$ μm, $A = 0.5$ μm, L_p(región de canal) $= 5$ μm, D_p(región de canal) $= 5$ cm^2/s, D_n(regiones P^+) $= 2$ cm^2/s, L_n(regiones P^+) $= 1$ μm, profundidad de las regiones P^+: 0.25 μm.*

      a) 1.15×10^{-12} A   b) 6.2×10^{-13} A   c) 1.15×10^{-16} A   d) 6.2×10^{-17} A

6. *Considérense dos MESFET, uno fabricado con tecnología de puerta autoalineada, descrita en la figura 6.25(b), y el otro realizado con una tecnología que no lo es. Los dispositivos son idénticos, pero en el segundo debe haber una tolerancia de 0.5 μm entre el electrodo de puerta y las regiones de drenador y surtidor. Se pide qué resistencia serie introduce la región adicional necesaria para cumplir esta condición. Datos de la región de canal: anchura 15 μm, profundidad 0.2 μm, resistividad 12.5 $m\Omega \times cm$*

      a) 8.3 Ω b) 16.7 Ω c) 20.8 Ω d) 41.7 Ω

6.8.4 El JFET y el MESFET en régimen dinámico.

Es difícil encontrar un único modelo circuital ampliamente aceptado para el funcionamiento del transistor en régimen dinámico. Por otra parte un análisis muy preciso del dispositivo conduce a modelos complejos poco apropiados para cálculos manuales. En este apartado se presentarán modelos simplificados que permitan una comprensión de la respuesta del MESFET (el JFET es comporta de manera similar) a señales que varían con el tiempo.

Capacidades en el MESFET

Las capacidades no parásitas más importantes del MESFET son las que conectan la puerta con el resto del dispositivo. Se trata de una capacidad distribuida a lo largo de toda la región de canal que debe agruparse, para poder construir un circuito equivalente simple, en dos términos: una capacidad entre puerta y surtidor, C_{GS}, y otra entre puerta y drenador, C_{GD}.

La aproximación más simple al cálculo de estas dos capacidades consiste en suponer un diodo Schottky entre puerta y surtidor polarizado con una tensión inversa V_{GS} y otro entre puerta y drenador polarizado con $V_{GD} = V_{GS} - V_{DS}$. El área asignada a cada diodo es $WL/2$. El resultado es:

$$C_{GS} = \frac{1}{2} \frac{C_{g0}}{\sqrt{1 - \dfrac{V_{GS}}{V_{bi}}}} \quad , \quad C_{GD} = \frac{1}{2} \frac{C_{g0}}{\sqrt{1 - \dfrac{V_{GD}}{V_{bi}}}} \quad con \quad C_{g0} \equiv WL\sqrt{\frac{qN_D\varepsilon_s}{2V_{bi}}} \tag{6.82}$$

Esta aproximación solo es válida para tensiones $V_{GS} > V_T$. Otra aproximación un poco más precisa consiste en realizar un cálculo similar al considerado en el MOST y resumido en la tabla 6.1, con algunas diferencias:

- En la región subumbral ($V_{GS} < V_T$) no hay cambio de la carga acumulada en la ZCE cuando la tensión de puerta varía. Por tanto las capacidades son nulas: $C_{GS} = C_{GD} = 0$.

- En saturación, igual que en el MOST, $C_{GD} = 0$, $C_{GS} = 2/3\ C_g$, siendo C_g la capacidad de puerta en las condiciones de inicio de la estrangulación del canal, dada por la expresión:

$$C_g \equiv WL\sqrt{\frac{qN_D\varepsilon_s}{2(V_{bi} - V_{GS})}} \tag{6.83}$$

- En la región óhmica con $V_{DS} << V_{GS} - V_T$ se tiene $C_{GS} = C_{GD} = 1/2\ C_g$. Para el caso general de región óhmica se pueden utilizar las expresiones del modelo de Meyer para el MOST de canal largo:

$$C_{GS} = \frac{2}{3}C_g\left[1 - \left(\frac{V_{DSsat} - V_{DS}}{2V_{DSsat} - V_{DS}}\right)^2\right] \quad C_{GD} = \frac{2}{3}C_g\left[1 - \left(\frac{V_{DSsat}}{2V_{DSsat} - V_{DS}}\right)^2\right] \tag{6.84}$$

Modelo de gran señal del MESFET

Con los elementos presentados anteriormente, el modelo circuital del dispositivo resultante es el de la figura 6.29, donde el generador controlado de corriente sigue la ecuación 6.69. Para hacer más realista el modelo hay que incorporar elementos parásitos, como por ejemplo las resistencias de los tres terminales: R_D (drenador), R_S (surtidor) y R_G (puerta).

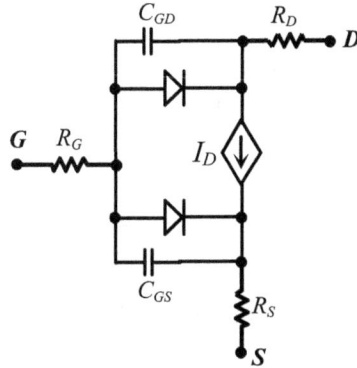

Fig. 6.29 Modelo de gran señal del MESFET. Los símbolos de diodo representan el término continua de la corriente, es decir, la proporcionada por la ecuación del diodo.

Modelo de pequeña señal del MESFET

La linealización de la expresión de la corriente de drenador en función de los incrementos de tensión aplicados en el punto de trabajo permiten sustituir los elementos de la figura 6.29 por elementos lineales. Los resultados obtenidos son:

a) Las capacidades C_{GS} y C_{GD} se calculan para los valores de V_{DS} y V_{GS} propios del punto de trabajo. Las resistencias R_D, R_S y R_G tienen valores constantes.

b) La expresión 6.69 de la corriente de drenador se puede desarrollar en serie de Taylor resultando:

$$\Delta I_D = \frac{\partial I_D}{\partial V_{GS}}\bigg|_{V_{DS}} \Delta V_{GS} + \frac{\partial I_D}{\partial V_{DS}}\bigg|_{V_{GS}} \Delta V_{DS} \tag{6.85}$$

Las dos derivadas parciales, calculadas en el punto de trabajo, proporcionan dos parámetros:

$$g_m \equiv \frac{\partial I_D}{\partial V_{GS}}\bigg|_{V_{DS}} \tag{6.86}$$

que se denomina *transconductancia del transistor*. Es fácil de calcular en la región lineal y en la de saturación:

$$g_{m,lin} \equiv \frac{\partial I_{Dlin}}{\partial V_{GS}}\bigg|_{V_{DS}} = \frac{g_0 V_{DS}}{2\sqrt{V_p(V_{bi} - V_{GS})}} \tag{6.87}$$

$$g_{m,sat} \equiv \frac{\partial I_{Dsat}}{\partial V_{GS}}\bigg|_{V_{DS}} = g_0\left(1 - \sqrt{\frac{V_{bi} - V_{GS}}{V_p}}\right) \qquad (6.88)$$

En régimen de velocidad de saturación de los portadores, la expresión de la transconductancia es:

$$g_{m,sat} \equiv \frac{\partial I_{Dsat}}{\partial V_{GS}}\bigg|_{V_{DS}} = \frac{qN_D v_{sat} WA}{\sqrt{V_p\left(V_{bi} - V_{GS}\right)}} \qquad (6.89)$$

La transconductancia se incorpora en el modelo circuital de pequeña señal a través de un generador controlado de corriente de valor $g_m \Delta V_{GS}$.

La otra derivada parcial es la conductancia de salida:

$$g_{ds} \equiv \frac{\partial I_D}{\partial V_{DS}}\bigg|_{V_{GS}} \qquad (6.90)$$

que en el modelo se representa mediante una resistencia en paralelo con el generador controlado citado anteriormente. En un transistor ideal en saturación g_{ds} es nula. El modelo de pequeña señal es utilizado habitualmente en circuitos analógicos en los cuales el transistor trabaja en la región de saturación.

La figura 6.30 representa el modelo en pequeña señal obtenido del análisis anterior, junto con algunos elementos no ideales que se comentarán a continuación.

El modelo considera un nudo externo de surtidor, S, y un nudo interno, S'. Entre ellos hay un camino resistivo que se modela mediante la resistencia parásita R_S, y la resistencia R_i que incorpora los efectos resistivos del propio canal. Además, R_D y R_G modelan las resistencias parásitas de drenador y puerta. El nudo S' es el que aparece como surtidor en el modelo ideal. Por esta razón la corriente del generador controlado se evalúa utilizando la tensión $V_{GS'} = V_G - V_{S'}$.

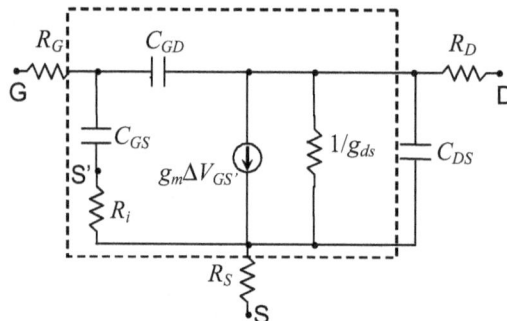

Fig. 6.30 Modelo de pequeña señal del MESFET. Los elementos dentro del rectángulo constituyen el modelo intrínseco del dispositivo.

La capacidad C_{DS} es un elemento parásito que incorpora el acoplamiento capacitivo entre drenador y el surtidor a través del sustrato de GaAs semiaislante.

Finalmente, en alta frecuencia los efectos inductivos de las conexiones son importantes y deben ser considerados, modelándose mediante bobinas en los tres terminales del transistor. Estos elementos no se han representado en la figura 6.30, como tampoco se han representado las capacidades parásitas asociadas a los puntos de conexión que aparecen en muchos circuitos equivalentes. La evaluación de los elementos parásitos a partir de la estructura física del dispositivo suele ser muy difícil y se suele recurrir al ajuste de sus valores a partir de medidas experimentales.

Ejercicio 6.16

Se desea investigar como influye la resistencia parásita R_s en el valor de la transconductancia en saturación. Para simplificar los cálculos se utilizará la aproximación 6.78.

La caída de tensión entre la puerta y el nudo externo de surtidor es $V_{GS} + I_{Dsat}R_s$. Por tanto, se puede escribir:

$$I_{Dsat} = I_{DSS}(V_{GS} + I_{Dsat}R_s - V_T)^2 \Rightarrow \frac{dI_{Dsat}}{dV_{GS}} = 2I_{DSS}(V_{GS} + I_{Dsat}R_s - V_T)\left(1 + R_s\frac{dI_{Dsat}}{dV_{GS}}\right)$$

$$2I_{DSS}(V_{GS} + I_{Dsat}R_s - V_T) = \frac{dI_{Dsat}}{d(V_{GS} + I_{Dsat}R_s)} \equiv g_m \qquad \frac{dI_{Dsat}}{dV_{GS}} = g_{mo} \equiv g_m\big|_{R_s=0}$$

Resultando: $\quad g_m = \dfrac{g_{m0}}{1 + R_s g_{m0}}$

Respuesta en frecuencia del MESFET

Una estimación del comportamiento del dispositivo cuando la frecuencia de la señal aumenta se puede hacer partiendo de un modelo de pequeña señales simplificado, como el de la figura 6.31

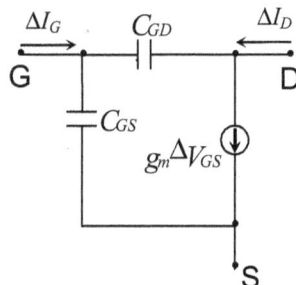

Fig. 6.31 Modelo simplificado de pequeña señal del MESFET para el análisis de la respuesta en frecuencia.

La ganancia de corriente en función de la frecuencia de la señal se puede hallar de forma similar a la utilizada para el transistor bipolar:

$$h_{fe} \equiv \left.\frac{\Delta I_D}{\Delta I_G}\right|_{\Delta V_{ds}=0} = \frac{g_m \Delta V_{GS} + j(C_{GS}+C_{GD})\omega\Delta V_{GS}}{j(C_{GS}+C_{GD})\omega\Delta V_{GS}}$$

$$\approx \frac{g_m}{j(C_{GS}+C_{GD})\omega} = \frac{g_m}{j(C_{GS}+C_{GD})2\pi f} \qquad (6.91)$$

El lector no tendrá ninguna dificultad para justificar la aproximación realizada utilizando los resultados del cuestionario 6.10. Se define la frecuencia de corte, f_T, como aquella en la que el módulo de h_{fe} cae al valor unidad. De acuerdo con la expresión 6.91 su valor es:

$$f_T = \frac{g_m}{2\pi(C_{GS}+C_{GD})} \qquad (6.92)$$

Una frecuencia de corte elevada exige una transconductancia grande y unas capacidades pequeñas. La reducción de las dimensiones del canal es una de las principales estrategias utilizadas parar minimizar el valor de las capacidades.

CUESTIONARIO 6.8.b

1. *Considérese el MESFET del ejercicio 6.13 con unas dimensiones de canal L = 3 μm, W = 15 μm. Las tensiones entre terminales son: V_{GS}= -1 V, V_{DS}= 2 V. ¿Cuál es el valor de las capacidades del modelo de pequeña señal?*

    a) C_{GS}= 26.7 fF C_{GD}= 0   b) C_{GS}= 20 fF C_{GD}= 20 fF

    c) C_{GS}= 0 C_{GD}= 26.7 fF   d) C_{GS}= 26.7 fF C_{GD}= 13.3 fF

2. *Calcular la frecuencia de corte del MESFET de la cuestión 1. Dato: $\mu_n = 5\times10^3$ cm²/(Vs).*

    a) 5.7 GHz   b) 11 GHz   c) 17 GHz   d) 51 GHz

3. *Se desea analizar la influencia de los diferentes parámetros de un MESFET trabajando en saturación en su frecuencia de corte. Indicar cuál de las siguientes afirmaciones es falsa:*

    a) Una disminución del dopado en la región de canal hace aumentar f_T.

    b) Un incremento de la movilidad de los portadores en el canal hace aumentar f_T.

    c) Un aumento de la longitud del canal hace disminuir f_T.

    d) f_T. es independiente de la anchura del canal.

4. *Calcular el máximo valor admisible de la resistencia parásita R_s de un MESFET para que la frecuencia de corte no quede reducida en más de 3 dB respecto a su valor ideal. En el límite $R_s = 0$ la transconductancia es de 2.87 mA/V.*

     a) 125 Ω   *b) 144 Ω*   *c) 348 Ω*   *d) 696 Ω*

PROBLEMA GUIADO 6.6

Las dimensiones de un MESFET de GaAs son: $L = 0.35$ μm de longitud, $W = 1.5$ μm de anchura y $A = 0.2$ μm de profundidad. Su dopado es 10^{17} donadores/cm³. Manteniendo una tensión nula entre puerta y surtidor se consideran dos valores de la polarización de drenador: $V_{DS} = 0.1$ V y $V_{DS} = 1.5$ V. La constante dieléctrica relativa del arseniuro de galio es 12.9. Se pide calcular:

    1. La tensión umbral suponiendo que el diodo Schottky entre puerta y canal tiene una tensión de difusión de 0.3 V.

Hallar también para cada uno de los puntos de trabajo:

    2. La intensidad de la corriente de drenador

    3. La transconductancia

    4. Las capacidades intrínsecas entre puerta y surtidor y entre puerta y drenador del modelo de pequeña señal

    5. La frecuencia de corte

Información adicional: para campos eléctricos en el canal inferiores a 3 kV/cm,- se puede aplicar en el GaAs la aproximación de movilidad constante con un valor $\mu_n = 8500$ cm²/(Vs), mientras que para campos más intensos de 10 kV/cm, la velocidad de arrastre de los electrones se satura a $1.2 \cdot 10^7$ cm/s.

APÉNDICE 6.1 Relación entre carga y potencial en el semiconductor

Se desea calcular la carga localizada en el semiconductor, Q_s, en función de la caída de potencial en esta región, V_s. Las concentraciones de portadores de corriente en la región del semiconductor no afectada por la deformación de las bandas (zona neutra) tienen los valores que corresponden al equilibrio:

$$p_0 \approx N_A \qquad n_0 = \frac{n_i^2}{p_0} \approx \frac{n_i^2}{N_A} \tag{6.93}$$

Entre estas dos magnitudes también hay la relación dada por la condición de neutralidad:

$$p_0 - n_0 = N_A \tag{6.94}$$

En un punto x de la zona de carga espacial los valores son:

$$p(x) = p_0 \exp\left(\frac{qV(x)}{k_B T}\right) \qquad n(x) = n_0 \exp\left(-\frac{qV(x)}{k_B T}\right) \tag{6.95}$$

donde $V(x)$ es el potencial en el punto x, tomando $V = 0$ en la zona neutra del semiconductor.

En la ZCE hay una densidad de carga:

$$\rho(x) = q[p(x) - n(x) - N_A] \tag{6.96}$$

La relación entre esta carga y el potencial viene dada por la ecuación de Poisson:

$$\frac{d^2 V(x)}{dx^2} = -\frac{\rho(x)}{\varepsilon} \tag{6.97}$$

Una primera integración de esta ecuación proporciona el campo eléctrico:

$$E_{el} = -\frac{dV(x)}{dx} \tag{6.98}$$

$$E_{el} = \frac{\sqrt{2}k_B T}{qL_D} f\{V(x)\} \tag{6.99}$$

donde L_D es la longitud de Debye en el semiconductor:

$$L_D = \sqrt{\frac{\varepsilon_s k_B T}{q^2 N_A}} \tag{6.100}$$

y la función f es:

$$f\{V(x)\} = \pm\left\{\left[\exp\left(-\frac{qV(x)}{k_B T}\right) + \frac{qV(x)}{k_B T} - 1\right] + \frac{n_0}{p_0}\left[\exp\left(\frac{qV(x)}{k_B T}\right) - \frac{qV(x)}{k_B T} - 1\right]\right\}^{1/2} \qquad (6.101)$$

A partir de aquí se puede calcular el valor del campo eléctrico en la superficie del semiconductor:

$$E_s \equiv E_{el}(0) = \frac{\sqrt{2}k_B T}{qL_D} f\{V(0)\} = \frac{\sqrt{2}k_B T}{qL_D} f(V_s) \qquad (6.102)$$

La ley de Gauss permite conocer la carga Q_s en el semiconductor:

$$Q_s = -\varepsilon_s E_s \qquad (6.103)$$

El resultado de este cálculo se muestra gráficamente en la figura 6.32.

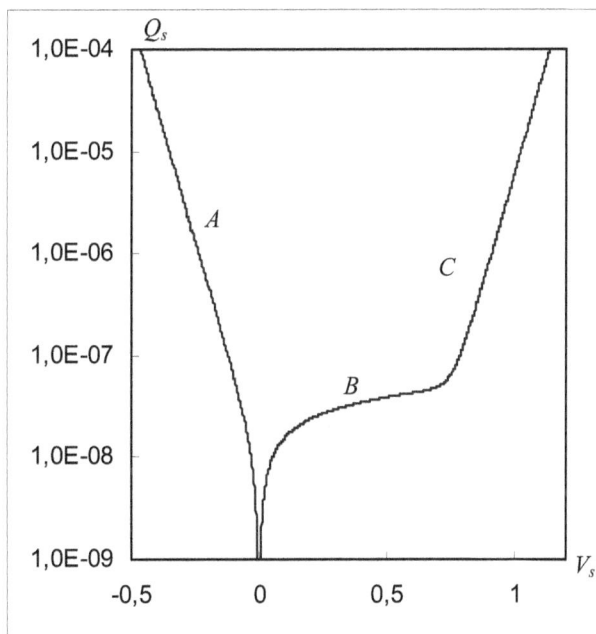

Fig. 6.32 *Carga en el semiconductor en función de la caída de tensión en este material.*
Cálculo realizado con $N_A = 10^{16}\,cm^{-3}$.

Como discusión del resultado, se pueden hacer las consideraciones siguientes:

- La región A corresponde a la acumulación de mayoritarios. El término dominante en la expresión 6.101 es $[\exp(-qV/k_BT)]^{1/2}$. La capacidad $C_s=dQ_s/dV_s$ es mucho mayor que C_{ox}.

- El punto $V_s = 0$ corresponde a las condiciones de bandas planas.

- En la región B domina el término $[qV/k_BT]^{1/2}$ de la ecuación 6.101, es decir, la carga de la ZCE corresponde a los modos de vaciamiento de mayoritarios e inversión débil.

- La dominio del término $[\exp(qV/k_BT)]^{1/2}$ en la expresión 6.101 aparece para tensiones V_s grandes (obsérvese la influencia del factor n_0/p_0). La acumulación de carga de minoritarios en la capa de inversión domina el comportamiento del semiconductor que se encuentra, pues, en inversión profunda. La capacidad C_s vuelve a ser mucho mayor que C_{ox}. En esta región un pequeño incremento de V_s produce uno muy grande de Q_s, debido al rápido crecimiento de Q_n, pero Q_B (prolongación de la región B) casi no varía. El resultado es un incremento importante de V_{ox}.

APÉNDICE 6.2 Modelos SPICE para transistores MOS

Los simuladores de la familia SPICE son ampliamente utilizados por los diseñadores de circuitos. Su utilidad es especialmente importante en el diseño de circuitos integrados que incluyen un gran número de transistores. En el caso de circuitos fabricados a medida del usuario (*custom design*) la necesidad de simuladores es todavía mayor. Por esta razón se han desarrollado modelos de dispositivos sofisticados para poder predecir con precisión el comportamiento del circuito. La presentación de los parámetros utilizados por los diferentes niveles de modelos SPICE va más allá de este estudio. La tabla siguiente muestra la mayoría de parámetros necesarios para usar los niveles 1 a 3. La mayoría de ellos se han descrito en el presente capítulo.

Nombre del parámetro	Símbolo (localización en el texto)	Nombre SPICE	Unidades	Valor por defecto
Tensión umbral del MOS	V_{T0} (ec. 6.17)	VTO	V	1
Transconductancia de proceso	k' (ec. 6.45)	KP	A/V^2	1.0×10^{-5}
Coeficiente del efecto sustrato	γ (ec. 6.37)	GAMMA	V$^{1/2}$	0
Modulación de longitud de canal	λ (ec. 6.52)	LAMBDA	V^{-1}	0
Grosor del óxido	t_{ox} (ec. 6.4)	TOX	m	1.0×10^{-7}
Difusión lateral	x_d (ec. 6.59)	LD	m	0
Profundidad de la unión de drenador	x_j (ec. 6.61)	XJ	m	0
Potencial de inversión de la superficie	$2\lvert \Phi_B \rvert$ (ec. 6.11)	PHI	V	0.6
Dopado del sustrato	N_A, N_D (ec. 6.2)	NSUB	cm^{-3}	0
Movilidad en el canal	μ (ec. 6.42)	UO	cm^2/(Vs)	600
Velocidad de saturación en el canal	v_{sat} (ec. 6.54)	VMAX	m/s	0
Campo crítico (inicio de saturación de la velocidad)	E_{crot}	UCRIT	V/cm	1.0×10^4
Resistencia de surtidor	R_S (fig. 6.22)	RS	Ω	0
Resistencia de drenador	R_D (fig. 6.22)	RD	Ω	0
Resistencia de cuadro de las regiones de surtidor y drenador		RSH	Ω	0

Capacidad de transición de las uniones de surtidor y drenador (región paralela a la superficie)	C_{j0} (ec. 6.60)	CJ	F/m^2	0
Coeficiente de gradualidad de las uniones anteriores	m (ec. 6.60)	MJ	-	0.5
Capacidad de transición de las uniones de surtidor y drenador (regiones perpendiculares a la superficie)	C_{j0} (ec. 6.60)	CJSW	F/m^2	0
Coeficiente de gradualidad de las uniones anteriores	m (ec. 6.60)	MJSW	-	0.3
Capacidad de solapamiento puerta-surtidor	C'_{GS0} (ejerc. 6.12)	CGS0	F/cm	0
Capacidad de solapamiento puerta-drenador	C'_{GD0} (ejerc. 6.12)	CGD0	F/cm	0
Densidad de corriente inversa de saturación de la unión drenador-sustrato	J_s (fig. 6.22)	JS	A/cm^2	1.0×10^8
Tensión de difusión de la unión drenador-sustrato	V_{bi} (ec. 6.60)	PB	V	0.8
Longitud del canal en la composición en planta del circuito	L (ec. 6.45)	L	m	-
Anchura del canal en la composición en planta del circuito	W (ec. 6.45)	W	m	-
Área de la región de surtidor	A (ec. 6.61)	AS	m^2	0
Área de la región de drenador	A (ec. 6.61)	AD	m^2	0
Perímetro de la región de surtidor	P (ec. 6.61)	PS	m	0
Perímetro de la región de drenador	P (ec. 6.61)	PD	m	0

PROBLEMAS PROPUESTOS

Parámetros de los materiales. Si: $\Phi_s = 10^{-12}$ F/cm, $n_i = 1.5 \times 10^{10}$ cm^{-3}, $E_g = 1.12$ eV: SiO$_2$: $\varepsilon_{ox} = 3.45 \times 10^{-13}$ F/cm. GaAs: $\Phi_s = 1.14 \times 10^{-12}$ F/cm, $n_i = 2 \times 10^6$ cm^{-3}, $E_g = 1.43$ eV. Constantes: $q = 1.6 \times 10^{-19}$ C, $k_B T/q = 0.025$ V (temperatura ambiente).

P6.1 *Considérese una estructura MOS, cuyo sustrato es silicio tipo P con un dopado de 5×10^{16} cm^{-3}, el dieléctrico tiene un grosor de 120 Å y la puerta es de polisilicio N^+. Se pide: a) Calcular la tensión de banda plana. b) Calcular la tensión umbral de inversión profunda. c) Dibujar la característica capacidad-tensión en baja frecuencia. d) Determinar el tipo y la dosis de implantación de canal necesaria para lograr una tensión umbral de 0.6 V. e) ¿Cuál es la máxima densidad de carga fija en el óxido admisible para que la tensión umbral deseada se mantenga dentro del 10% del valor previsto?*

P6.2 *Se construye un MOSFET con la estructura MOS del problema anterior, incluyendo la implantación de canal. El canal mide 2 μm de longitud y 10 μm de anchura. La movilidad de los electrones en el canal es de 600 cm^2/(Vs). Se pide: a) La máxima intensidad de corriente de drenador si se utiliza el transistor en un circuito digital alimentado a 5 V. Suponer un cortocircuito entre surtidor y sustrato. b) Si se utiliza el transistor como una resistencia controlada por tensión, hallar el mínimo valor de la resistencia que se puede obtener. La tensión de alimentación es de 5 V y $V_{BS} = 0$. c) Evaluar la longitud efectiva del canal para una polarización $V_{DS} = V_{GS} = 5$ V y, a partir de ahí, estimar el valor del parámetro λ que se usa para modelar el efecto de modulación de la longitud del canal. d) Hallar la tensión umbral si se aplica al sustrato una tensión de 5 V respecto al surtidor.*

P6.3 *Considérese el MOST del problema anterior con $V_{BS} = 0$. Se pide: a) El máximo valor de la transconductancia que se puede obtener en saturación. b) El valor de la capacidad de puerta en saturación. c) Los valores de las capacidades de las uniones cuando $V_{DS} = V_{GS} = 5$ V. Las regiones de surtidor y drenador tienen una anchura de 12 μm, una longitud de 8 μm y una profundidad de 0.5 μm. d) Estimar el valor de las resistencias parásitas de surtidor y drenador asociadas a las regiones descritas en el apartado anterior, haciendo hipótesis razonables. ¿Cómo queda alterado el valor de la transconductancia calculado en el apartado a)?*

P6.4 *Un MESFET ha sido fabricado con GaAs de tipo N y un dopado de 8×10^{16} cm^{-3}. La puerta es de tungsteno, cuya función trabajo vale 4.54 eV. Las dimensiones del canal son L=0.5 μm, W=3 μm y A=0.25 μm. La movilidad de los electrones en el canal es de 5×10^3 cm^2/(Vs). Calcular: a) La tensión umbral. b) El coeficiente I_{DSS} de la ecuación de la corriente de drenador en saturación. c) La transconductancia para $V_{GS} = 0$, $V_{DS} = 1.5$ V. d) La frecuencia de corte para este punto de trabajo.*

FORMULARIO DEL CAPÍTULO 6

Tensión de banda plana del MOS: $V_{FB} = \Phi_m - \Phi_s$

Capacidad del óxido por unidad de área: $C_{ox} = \dfrac{\varepsilon_{ox}}{t_{ox}}$

Tensión umbral del MOS:

$$V_{T0} = V_{FB} + 2\Phi_B - \frac{Q_B}{C_{ox}} = V_{FB} + 2\Phi_B + \frac{\sqrt{4q\varepsilon_s N_A \Phi_B}}{C_{ox}} \qquad \Phi_B = \frac{k_B T}{q}\ln\frac{N_A}{n_i}$$

Modificaciones de la tensión umbral del MOS: $\quad \Delta V_{T0} = -\dfrac{Q_{ox}}{C_{ox}} \qquad \Delta V_{T0} = \dfrac{Q_I}{C_{ox}}$

Efecto sustrato del MOST: $\quad V_T = V_{T0} + \gamma\left[\sqrt{2\Phi_B - V_{BS}}\right] - \sqrt{2\Phi_B} \quad$ amb $\quad \gamma \equiv \dfrac{\sqrt{2q\varepsilon_s N_A}}{C_{ox}}$

Corriente de drenador del MOST en modo óhmico:

$$I_D = k_n\left[(V_{GS} - V_T)V_{DS} - \frac{V_{DS}^2}{2}\right] \quad k_n = k_n'\frac{W}{L} \quad k_n' = \mu_n C_{ox}$$

Corriente de drenador del MOST en saturación: $\quad I_D = \dfrac{1}{2}k_n(V_{GS} - V_T)^2$

Capacidad de puerta del MOST saturado: $\quad C_{GS} \equiv \dfrac{dQ_n}{dV_{GS}} = \dfrac{2}{3}WLC_{ox}$

Corriente de drenador en el MESFET/JFET:

$$I_D = g_0 V_{DS} - \frac{2g_0}{3V_{p0}^{1/2}}\left[(V_{DS} + V_{bi} - V_{GS})^{3/2} - (V_{bi} - V_{GS})^{3/2}\right] \quad g_0 = \frac{q\mu_n N_D WA}{L} \quad V_p = \frac{qN_D A^2}{2\varepsilon}$$

Tensión umbral en el MESFET/JFET: $\quad V_T = V_{bi} - V_p$

Aproximación de la corriente de drenador en el MESFET/JFET en saturación:

$$I_{Dsat} \approx \frac{g_0}{4V_p}(V_{GS} - V_T)^2 = I_{DSS}(V_{GS} - V_T)^2 \quad I_{DSS} \equiv \frac{g_0}{4V_p}$$

Transconductancia en el MESFET/JFET:

$$g_{m,lin} \equiv \left.\frac{\partial I_{Dlin}}{\partial V_{GS}}\right|_{V_{DS}} = \frac{g_0 V_{DS}}{2\sqrt{V_p(V_{bi} - V_{GS})}} \qquad g_{m,sat} \equiv \left.\frac{\partial I_{Dsat}}{\partial V_{GS}}\right|_{V_{DS}} = \frac{qN_D v_{sat} WA}{\sqrt{V_p(V_{bi} - V_{GS})}}$$

Frecuencia de corte en el MESFET: $\quad f_T = \dfrac{g_m}{2\pi(C_{GS} + C_{GD})}$

Apéndice A. Resolución de ecuaciones diferenciales

Introducción

El estudio de los dispositivos electrónicos requiere la resolución de algunas ecuaciones diferenciales muy simples:

La ecuación de continuidad en el dominio temporal,

$$\frac{\partial p}{\partial t} = g - \frac{p - p_o}{\tau_p} \tag{A.1}$$

en el dominio espacial,

$$D_p \frac{\partial^2 p}{\partial x^2} - \mu_p \frac{\partial(pE_{el})}{\partial x} - \frac{p - p_o}{\tau_p} + g = 0 \tag{A.2}$$

y el modelo de control de carga del dispositivo:

$$i(t) = \frac{Q_s}{\tau_t} + \frac{\partial Q_s}{\partial t} \tag{A.3}$$

Todas estas ecuaciones diferenciales son lineales y de coeficientes constantes (en la ecuación 2 se considera solamente el caso en el que E_{el} es constante), cuya resolución el estudiante ha llevado a cabo en otras materias. Sin embargo, la experiencia demuestra que algunos alumnos han olvidado en cierta medida esos conocimientos, lo cual provoca un cierto temor a la hora de enfrentarse a esas ecuaciones. Para ayudar a resolver este problema, se ofrece este resumen, casi como «receta».

Resolución de ecuaciones diferenciales lineales de coeficientes constantes

Considérese la siguiente ecuación diferencial:

$$\frac{\partial^n y}{\partial x^n} + a_1 \frac{\partial^{n-1} y}{\partial x^{n-1}} + ... + a_{n-1} \frac{\partial y}{\partial x} + a_n y - b(x) = 0 \tag{A.4}$$

en la que a_i son constantes. El procedimiento para la resolución de esta ecuación consiste en el seguimiento de estas etapas:

1. Escritura de la ecuación diferencial de forma estándar. Los términos que contienen la incógnita y sus derivadas en el primer miembro de la igualdad, y el resto de términos en el segundo miembro:

$$\frac{\partial^n y}{\partial x^n} + a_1 \frac{\partial^{n-1} y}{\partial x^{n-1}} + ... + a_{n-1} \frac{\partial y}{\partial x} + a_n y = b(x) \tag{A.5}$$

2. Hallar la solución general de la ecuación homogénea. La ecuación homogénea es la constituida por el primer miembro de 5 igualado a cero:

$$\frac{\partial^n y}{\partial x^{n2}} + a_1 \frac{\partial^{n-1} y}{\partial x^{n-1}} + ... + a_{n-1} \frac{\partial y}{\partial x} + a_n y = 0 \tag{A.6}$$

Para la resolución de esta ecuación se ensaya una solución del tipo $y = e^{\lambda x}$, y se determina el parámetro λ para que sea solución. Si se sustituye esta expresión y sus derivadas en 6 resulta

$$e^{\lambda x} \left[\lambda^n + a_1 \lambda^{n-1} + ... + a_n \right] = 0 \tag{A.7}$$

El polinomio de λ contenido en el paréntesis se denomina *ecuación característica de la ecuación diferencial*. Para que $e^{\lambda x}$ sea solución se debe cumplir la última ecuación. Esa ecuación se cumple si $e^{\lambda x}$ es nula o si el paréntesis es nulo. La primera alternativa no es adecuada, dado que implica la solución trivial $y = 0$ únicamente. Contrariamente, la anulación del paréntesis conduce a una solución no nula para y. Si λ_0 es una solución de la ecuación característica, $y = \exp(\lambda_0 x)$ es una solución de la ecuación diferencial.

La solución general de la ecuación diferencial viene dada por cualquier combinación lineal de n soluciones linealmente independientes de la ecuación homogénea. Se producen dos situaciones:

a) Las n raíces de la ecuación característica son distintas.

En ese caso, si las raíces son $\lambda_1, \lambda_2, ... \lambda_n$, la solución general de la ecuación homogénea es

$$y_h = c_1 e^{\lambda_1 x} + c_2 e^{\lambda_2 x} + ... + c_n e^{\lambda_n x} \tag{A.8}$$

donde c_i son constantes arbitrarias. Esta proposición se comprueba de forma inmediata sustituyendo 8 en la ecuación homogénea 6.

b) Si las raíces de la ecuación característica tienen grados de multiplicidad mayores que la unidad.

Si la raíz λ_i tiene un grado de multiplicidad m_p, esta raíz proporciona las m_p soluciones linealmente independientes siguientes:

$$e^{\lambda_i x}, x e^{\lambda_i x}, ..., x^{m_p - 1} e^{\lambda_i x} \tag{A.9}$$

La solución general de la ecuación diferencial es cualquier combinación lineal de las n soluciones linealmente independientes, obtenidas con las soluciones de la ecuación característica.

3. Hallar una solución particular de la ecuación completa. Se trata de encontrar una solución y_p que cumpla la ecuación diferencial completa 5. Uno de los métodos que permiten hallar esa solución cuando el término independiente $b(x)$ adopta unas determinadas formas —que son las que normalmente se dan en los problemas que se abordan en el contexto de los dispositivos— es el *método de los coeficientes indeterminados*.

En el caso que b(x) sea un polinomio de x de grado m, y la ecuación característica de la homogénea no tenga raíz nula, se ensaya una solución particular de la forma

$$y_p = A_o x^m + A_1 x^{m-1} + ... + A_m \tag{A.10}$$

Sustituyendo 10 en 5, el primer miembro de la igualdad proporciona un polinomio en x de orden m que se debe igualar al polinomio del segundo miembro b(x). Identificando los coeficientes de las distintas potencias de x en los dos miembros de la igualdad se determinan los coeficientes $A_o,...,A_m$.

Si la ecuación característica de la ecuación homogénea tiene el cero como una de sus raíces con grado de multiplicidad r, la solución particular ensayada debe ser de la forma

$$y_p = x^r (A_o x^m + A_1 x^{m-1} + ... + A_m) \tag{A.11}$$

y los coeficientes se determinan empleando el mismo procedimiento de identificación de polinomios.

También se puede aplicar el mismo método si b(x) = $P_m(x) \cdot e^{\alpha x}$, siendo $P_m(x)$ un polinomio de x de grado m y α una constante. Si α es una raíz de la ecuación característica con grado de multiplicidad r, la solución que se debe ensayar es

$$y_p = x^r (A_o x^m + A_1 x^{m-1} + ... + A_m) e^{\alpha x} \tag{A.12}$$

Si α no es solución de la ecuación característica, la solución particular que se debe ensayar es la 12 con $r = 0$.

4. Formulación de la solución matemática de la ecuación diferencial. La solución de la ecuación diferencial 5 viene dada por la suma de la ecuación particular hallada en el apartado 3, y_p, más la solución general de la ecuación homogénea hallada en el apartado 2, y_h:

$$y(x) = y_p + y_h \tag{A.13}$$

La verificación de que 13 es solución de 5 es inmediata. Puesto que la solución homogénea y_h viene dada por la combinación lineal de n soluciones linealmente independientes, la solución general (13) contiene n constantes c_i indeterminadas. Para cualquier valor que adopten esas constantes, 13 es solución, por lo que 13 contiene infinitas soluciones que cumplen *matemáticamente* la ecuación diferencial.

5. Hallar la solución física mediante la aplicación de condiciones de contorno. Se trata de elegir, entre todas las soluciones matemáticas, aquellas que tengan sentido físico. Para ello es preciso determinar las n constantes c_i incluidas en la solución 13, de manera que se cumplan las condiciones de contorno. Esas condiciones son los valores que adopta la función y/o sus derivadas en el inicio y/o el final de la región sobre la que se resuelve la ecuación diferencial, y que se conoce por consideraciones físicas, ajenas a la ecuación diferencial. Con n condiciones de contorno se originan n ecuaciones que permiten determinar las n constantes c_i.

EJEMPLO

Se aplica el procedimiento descrito en el apartado anterior para resolver la ecuación 2 sobre una región del semiconductor en la que E_{el} y g son nulas y p_0 es constante. Esa ecuación se denomina *ecuación de difusión*. Por razonamientos de la física del dispositivo se sabe que $p(0) = p_0 + p_a$ y que $p(d) = p_0$. Siguiendo los pasos detallados en el apartado anterior se obtiene que:

1.- La ecuación que se debe resolver es:

$$D_p \frac{\partial^2 p}{\partial x^2} - \frac{p}{\tau_p} = -\frac{p_o}{\tau_p} \tag{A.14}$$

2.- La ecuación homogénea es:

$$D_p \frac{\partial^2 p}{\partial x^2} - \frac{p}{\tau_p} = 0 \tag{A.15}$$

La ecuación característica de la homogénea,

$$D_p \lambda^2 - \frac{1}{\tau_p} = 0 \tag{A.16}$$

tiene las raíces

$$\lambda_1 = \frac{1}{L_p} \qquad \lambda_2 = -\frac{1}{L_p} \qquad \text{con} \qquad L_p = \sqrt{D_p \tau_p} \tag{A.17}$$

Por lo tanto, la solución general de la ecuación homogénea es

$$p_h = c_1 e^{x/L_p} + c_2 e^{-x/L_p} \tag{A.18}$$

Para compactar la formulación de la solución final, la expresión 18 se suele escribir de una forma equivalente en términos de las funciones hiperbólicas sinh y cosh —cabe recordar que $\sinh(z) = (e^z - e^{-z})/2$ y que $\cosh(z) = (e^z + e^{-z})/2$—:

$$p_h = c_1^* \cosh\left[\frac{x}{L_p}\right] + c_2^* \sinh\left[\frac{x}{L_p}\right] \tag{A.19}$$

3.- Se obtiene una solución particular de la ecuación diferencial completa ensayando un polinomio de grado cero, es decir, $y_p = A_0$. Sustituyendo esa solución en la ecuación 14,

$$-\frac{A_o}{\tau_p} = -\frac{p_o}{\tau_p} \quad \Rightarrow \quad A_o = p_o \tag{A.20}$$

4.- La solución matemática general es

$$p = p_o + c_1 e^{x/\sqrt{D_p \tau_p}} + c_2 e^{-x/\sqrt{D_p \tau_p}} = p_o + c_1^* \cosh\left[\frac{x}{L_p}\right] + c_2^* \sinh\left[\frac{x}{L_p}\right] \tag{A.21}$$

5.- Las constantes $c_1{}^*$ y $c_2{}^*$ se determinan aplicando las condiciones de contorno:

$$p(0) = p_a + p_o = p_o + c_1^*$$

(A.22)

$$\mathrm{p}(d) = p_o = p_o + c_1^* \cosh\left[\frac{d}{L_p}\right] + c_2^* \sinh\left[\frac{d}{L_p}\right]$$

(A.23)

De este sistema de dos ecuaciones se determina c_1 y c_2:

$$c_1^* = p_a \qquad c_2^* = -\frac{1}{\tanh(d/L_p)} p_a$$

(A.24)

que sustituidas en la solución matemática 20 proporcionan la solución de la ecuación diferencial:

$$\mathrm{p}(x) = p_o + p_a\left[\cosh\frac{x}{L_p} - \frac{1}{\tanh(d/L_p)}\sinh\frac{x}{L_p}\right]$$

(A.25)

Apéndice B.   Constantes, unidades y parámetros

Magnitud	Símbolo	Valor
Nº de Avogadro	N_{Av}	6.022×10^{23} mol^{-1}
Constante de Boltzmann	k_B	1.38×10^{-23} J/K
	k_B	8.62×10^{-5} eV/K
Carga del electrón	q	1.602×10^{-19} C
Electrón-voltio	eV	1.602×10^{-19} J
Masa del electrón en reposo	m_0	0.911×10^{-30} kg
Permeabilidad del vacío	μ_0	1.262×10^{-8} H/cm·$(4\pi\times10^{-9})$
Constante dieléctrica del vacío	ε_0	8.854×10^{-14} F/cm
Constante de Planck	h	6.626×10^{-34} J·s
Velocidad de la luz	c	2.998×10^{8} m/s
Tensión térmica a 300 K	$V_t(300K) = k_B T/q$	0.02586 V
	$k_B T(300K)$	0.02586 eV
1 Ángstrom	1 Å	1×10^{-8} cm
1 micrómetro	1 μm	1×10^{-4} cm
1 pulgada (en inglés, *inch*)	1 in o 1"	2.54 cm

Magnitud	Si	Ge	GaAs	AlAs	GaP	InP	InGaAs
E_g (eV)	1.11	0.67	1.424	2.16	2.26	1.35	0.75
Tipo de BP	ind.	ind.	dir.	ind.	ind.	dir.	dir.
Afinidad $q\chi$ (eV)	4.05	4.13	4.07		4.3	4.4	4.6
Constante de red a (Å)	5.43	5.66	5.65	5.66	5.45	5.87	5.87
Densidad (g/cm^3)	2.33	5.32	5.31	3.60	4.13	4.79	
Temp. fusión (ºC)	1415	936	1238	1740	1467	1070	
ε_r	11.8	16	13.2	10.9	11.1	12.4	13.5
m_n/m_0	1.18	0.55	0.063			0.08	0.045
m_p/m_0	0.81	0.3	0.53			0.869	0.535
N_c (10^{18} cm^{-3})	3.22×10^{19}	1.04×10^{19}	4.7×10^{17}			5.68×10^{17}	2.8×10^{7}
N_v (cm^{-3})	1.83×10^{19}	6.0×10^{18}	7×10^{18}			6.35×10^{19}	6×10^{18}
n_i (cm^{-3})	1.02×10^{10}	2.33×10^{13}	2.1×10^{6}			1.0×10^{7}	6.5×10^{11}
μ_n (cm^2/Vs)	1450	3900	8500	180	300	4600	13800
μ_p (cm^2/Vs)	500	1900	500		150	150	100
Cond. térm. (W/[cm·ºC])	1.31	0.6	0.54	0.8	0.97	0.68	0.26

* Los parámetros del semiconductor compuesto Al$_x$Ga$_{1-x}$As son función de x:

$E_g = 1.424 + 1.247x$ (BP indirecta hasta $x = 0.4$), $q\chi = 4.07 - 1.1x$, $\varepsilon_r = 13.1 - 3.12x$

* En el semiconductor compuesto GaAs$_{1-x}$P$_x$, la banda prohibida varía linealmente entre $x = 0$ (GaAs, $E_g = 1.424$ eV) y $x = 0.45$ ($E_g = 2$ eV). En ese intervalo, la BP es del tipo directo.

* Los datos del semiconductor compuesto In$_x$Ga$_{1-x}$As corresponden a un valor de $x = 0.53$.

Apéndice C.   El cuestionario interactivo DELFOS*

El cuestionario interactivo DELFOS es un programa informático que contiene los enunciados y soluciones de los cuestionarios y problemas guiados contenidos en este libro. Está concebido como una herramienta de auto-aprendizaje que permite practicar de forma fácil y cómoda los conceptos básicos de dispositivos electrónicos y fotónicos expuestos en este texto.

DELFOS permite tres formas de trabajo: el modo estudio, el modo evaluación y el modo de resolución de los problemas guiados. El usuario debe elegir uno de los modos de trabajo (véase figura apéndice C-1), seleccionándolo en la página inicial.

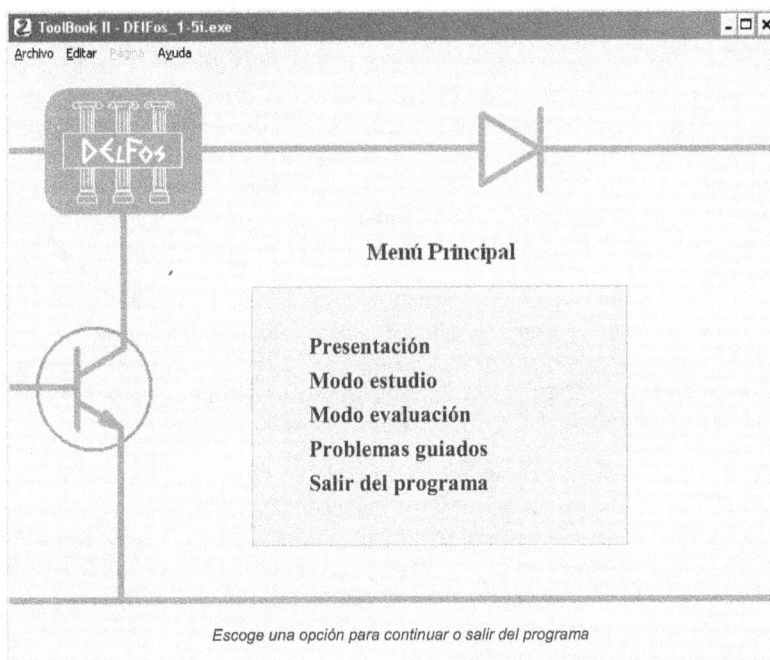

Fig. Apéndice C-1.- Modos de trabajo de DELFOS

* Los autores de DELFOS son los profesores del Departamento de Enginyeria Electrònica de la UPC: Lluís Prat Viñas, Josep Calderer Cardona, Vicente Jiménez Serres y Joan Pons Nin

Supongamos que se ha seleccionado el modo estudio. Al activarlo, aparece la pantalla de selección de cuestionario, que se muestra en la figura apéndice C-2. Debe seleccionarse un capítulo concreto y posteriormente el cuestionario que se desea trabajar. Una vez realizada la selección hay que pulsar el botón de navegación de la parte superior derecha que contiene una flecha apuntando a la derecha.

Aparece, entonces, una pantalla con la primera pregunta del cuestionario seleccionado. Con los dos botones de la izquierda, el usuario puede navegar por las diversas cuestiones. En cada cuestión (véase figura apéndice C-3), se presenta el enunciado y cuatro respuestas posibles, de las cuales sólo una es correcta. El usuario debe marcar la respuesta que considera correcta y después debe corregirla, pulsando el segundo botón de la parte superior derecha (en claro en la figura), lo que habilita la consulta de la solución correcta (botón inferior derecha).

En el modo de evaluación, el programa genera un examen de preguntas escogidas de los cuestionarios. El usuario puede elegir entre un examen de un capítulo o un examen global de todo el texto. Para cada cuestión del examen se ofrecen cuatro respuestas posibles (de las que sólo una es correcta), más la posibilidad de no contestar. El usuario puede navegar entre las cuestiones propuestas y acceder, en todo momento, una hoja resumen de las respuestas realizadas (véase figura apéndice C-4), pero no puede consultar las soluciones hasta después de haber corregido el examen. Cuando el usuario da por concluido el examen activa su corrección (pulsando el botón de navegación del extremo superior derecho de la hoja resumen). Entonces aparece en la hoja resumen los resultados del examen realizado: las respuestas correctas e incorrectas, el tiempo dedicado a realizar el examen, y la nota obtenida (que se calcula restando un tercio de punto por cada respuesta incorrecta). El usuario tiene la opción de obtener una copia impresa de esta página resumen (que se denomina *certificado de nota*) escribiendo su nombre y apellidos y pulsando la tecla OK en el recuadro correspondiente.

En el modo de resolución de los problemas guiados, el usuario debe empezar seleccionando uno de ellos. El programa presenta el enunciado del problema con diversos apartados, generalmente encadenados entre sí, junto a unos botones de navegación que permiten seleccionar la "pista" o la "solución" de cada apartado (véase figura apéndice C-5). La "pista" es una ayuda indicativa del procedimiento a seguir para resolver el apartado correspondiente.

La base de datos que contiene las cuestiones dispone de un procedimiento para cambiar de forma aleatoria el orden de las respuestas que aparecen en la pantalla, y también, cuando procede, los valores numéricos de los datos de la cuestión. Cada vez que se selecciona un cuestionario o un examen se realiza de forma automática esta inicialización aleatoria de datos numéricos y orden de las respuestas. En consecuencia, las cuestiones que se presentan al usuario, así como los exámenes que las contienen, son distintas cada vez que se genera un cuestionario o un examen.

El programa interactivo DELFOS puede obtenerse por Internet siguiendo las instrucciones de la página web: www.edicionsupc.es/poli131.

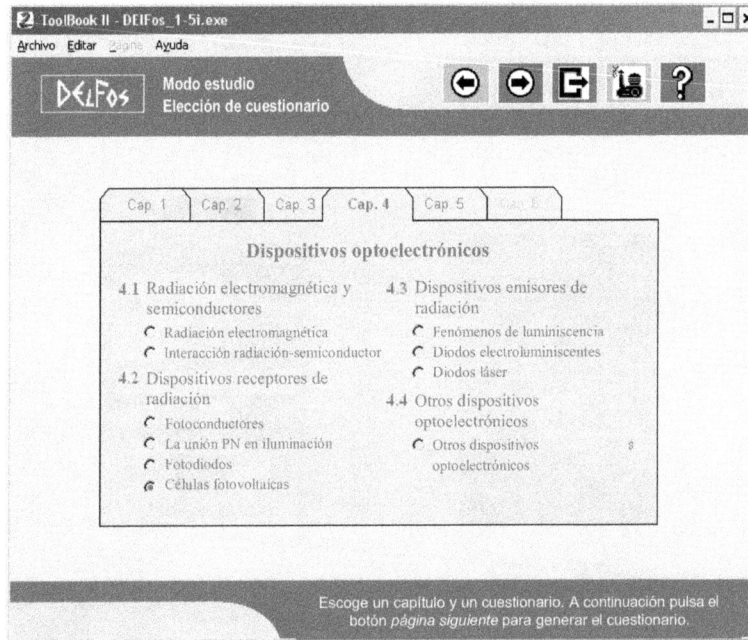

Fig. Apéndice C-2.- Página de selección de un cuestionario en modo estudio

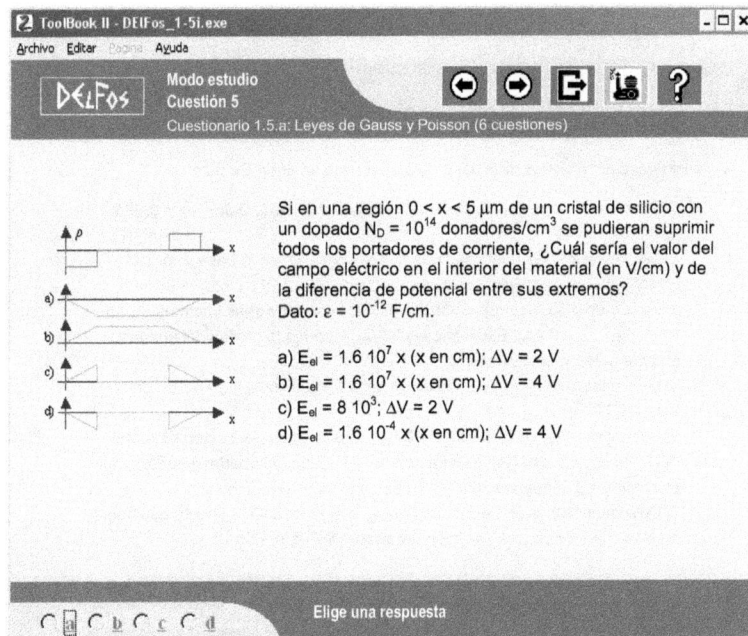

Fig. Apéndice C-3.- Ejemplo de una cuestión en el modo estudio

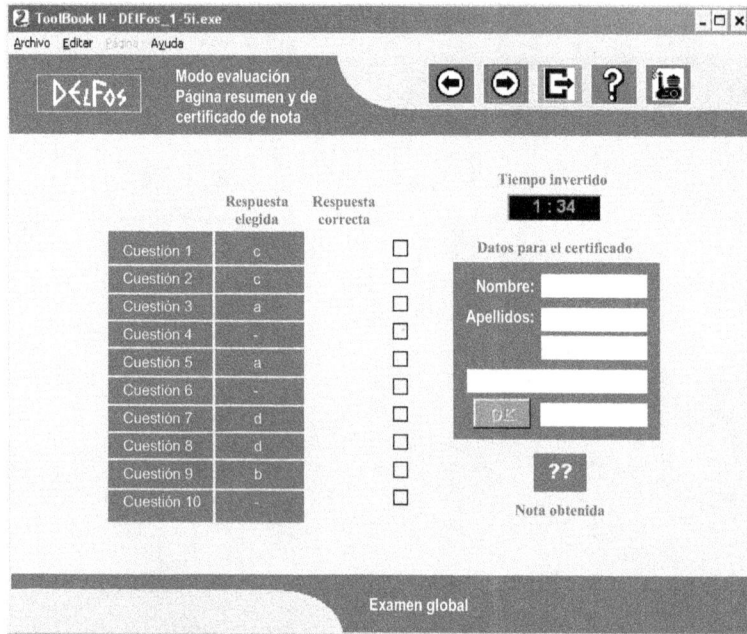

Fig. Apéndice C-4.- Ejemplo de hoja resumen en el modo evaluación, antes de la corrección

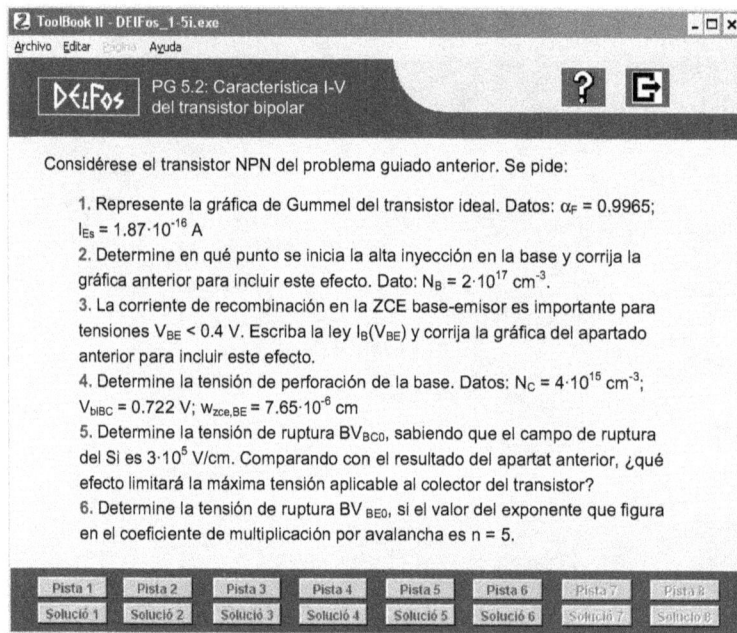

Fig. Apéndice C-5.- Ejemplo de problema guiado

Índice alfabético

www.ingramcontent.com/pod-product-compliance
Lightning Source LLC
Chambersburg PA
CBHW082128210326
41599CB00031B/5913